BIM 技术与应用系列教程

基于 BIM 的 Revit 建筑与结构设计实例教程

胡仁喜　刘昌丽　编　著

電子工業出版社
Publishing House of Electronics Industry
北京•BEIJING

内 容 简 介

本书以住宅设计实例为主线重点介绍了 Autodesk Revit 2020 中文版的各种基本操作方法、技巧及新功能。全书共 11 章，分别是 Autodesk Revit 2020 简介、标高和轴网、柱和基础、梁和结构楼板、结构配筋、墙、楼板和屋顶、门窗、楼梯坡道、布局和出图。在介绍该软件的过程中，本书注重由浅入深、从易到难，各章节既相对独立又前后关联。编者根据自己多年经验及学习者的心理，及时给出总结和相关提示，帮助读者快速掌握所学知识。

本书内容翔实、图文并茂、语言简洁、思路清晰、实例丰富，可以作为相关院校的教材，也可作为初学者的自学指导书。

图书在版编目（CIP）数据

基于 BIM 的 Revit 建筑与结构设计实例教程 / 胡仁喜，刘昌丽编著. —北京：电子工业出版社，2021.5

ISBN 978-7-121-41053-6

Ⅰ. ①基… Ⅱ. ①胡… ②刘… Ⅲ. ①建筑设计－计算机辅助设计－应用软件－教材②建筑结构－计算机辅助设计－应用软件－教材 Ⅳ. ①TU201.4②TU311.41

中国版本图书馆 CIP 数据核字（2021）第 076660 号

责任编辑：王昭松　　　　特约编辑：田学清
印　　刷：固安县铭成印刷有限公司
装　　订：固安县铭成印刷有限公司
出版发行：电子工业出版社
　　　　　北京市海淀区万寿路 173 信箱　　邮编：100036
开　　本：787×1092　1/16　印张：16.25　字数：416 千字
版　　次：2021 年 5 月第 1 版
印　　次：2023 年 1 月第 2 次印刷
定　　价：56.00 元

凡所购买电子工业出版社图书有缺损问题，请向购买书店调换。若书店售缺，请与本社发行部联系，联系及邮购电话：（010）88254888，88258888。

质量投诉请发邮件至 zlts@phei.com.cn，盗版侵权举报请发邮件到 dbqq@phei.com.cn。

本书咨询联系方式：（010）88254015，wangzs@phei.com.cn，QQ83169290。

前　言

建筑行业的竞争极为激烈，我们需要采用独特的技术来充分发挥专业人员的技能和经验。建筑信息模型（Building Information Modeling，BIM）支持建筑师在施工前更好地预测竣工后的建筑，使他们在如今日益复杂的商业环境中保持竞争优势。BIM 以建筑工程项目的各项相关信息数据作为基础，建立起三维的建筑模型，通过数字信息仿真模拟建筑物所具有的真实信息。BIM 涵盖几何学、空间关系、地理资讯、各种建筑元件的性质及数量。BIM 可以用来展示整个建筑的生命周期，包括兴建过程和运营过程，还可以十分方便地提取建筑内材料的信息。建筑内各个部分、各个系统都可以通过 BIM 呈现出来。

BIM 是一种应用于设计、建造、管理的数字化方法，这种方法支持建筑工程的集成管理环境，可以提前预演工程建设，提前发现问题并解决，能够显著提高效率，减少风险。在一定范围内，BIM 可以模拟实际的建筑工程建设行为，BIM 还可以四维模拟实际施工，以便在早期设计阶段就发现后期真正施工阶段会出现的各种问题，为后期活动打下坚实的基础。在后期施工时既能作为施工的实际指导，也能作为可行性指导，以提供合理的施工方案，进行材料的合理配置，从而在最大范围内实现资源的合理利用。

Autodesk Revit 软件专为 BIM 构建，使用 Autodesk Revit 软件，可以使建筑公司在整个流程中使用一致的信息来设计和绘制项目，通过精确实现建筑外观的可视化来支持更好的沟通，模拟真实性能以便让项目各方了解成本、工期与环境影响。

本书是一本针对 Autodesk Revit 2020 的教、学相结合的指导书，内容全面、具体，适合不同读者的需求。为了在有限的篇幅内提高学习效果，编者对所讲述的知识点进行精心剪裁。以实例操作驱动知识点讲解，使读者在实例操作过程中就可以牢固掌握软件功能。实例的种类也非常丰富，有知识点讲解的小实例，还有几个知识点或全章知识点的综合实例。各种实例交错讲解，达到巩固理解的目的。

本书以住宅设计实例为主线，重点介绍了 Autodesk Revit 2020 中文版的各种基本操作方法、技巧及新功能。全书共 11 章，分别是 Autodesk Revit 2020 简介、标高和轴网、柱和基础、梁和结构楼板、结构配筋、墙、楼板和屋顶、门窗、楼梯坡道、布局和出图。

本书除利用传统的纸面讲解外，随书配有电子资料包（可登录 www.hxedu.com.cn 免费领取），包含全书实例源文件（原始文件和结果文件）和操作过程视频。为了增强教学效果，进一步方便读者学习，编者亲自对视频进行了配音讲解，通过扫描书中的二维码，观看总时长约 4 小时的操作过程视频文件，读者可以像看电影一样轻松愉悦地学习本书。

本书由河北交通职业技术学院的胡仁喜博士和石家庄三维书屋文化传播有限公司的刘昌丽老师编写。其中胡仁喜执笔编写了第 1～6 章，刘昌丽执笔编写了第 7～11 章。另外，张亭、康士廷等也在本书的编写、校对方面做了大量工作，保证了书稿内容的系统、全面和实用，在此向他们表示感谢！

由于编者水平有限，书中疏漏之处在所难免，恳请读者批评指正。读者在学习过程中有任何问题，请通过邮箱 714491436@qq.com 与我们联系。也欢迎加入三维书屋图书学习交流群 QQ：725195807 交流探讨，编者将在线提供问题咨询解答及软件安装服务。需要授课 PPT 文件和模拟试题的老师也可以联系编者索取。

编　者

2021.1

目　　录

第 1 章

Autodesk Revit 2020 简介

知识导引

Autodesk Revit 软件是一个设计和记录平台，它支持建筑信息建模所需的设计、图纸和明细表。在 Autodesk Revit 中，所有的图纸、二维视图、三维视图及明细表都是同一个虚拟建模模型的信息表现形式。对建筑模型进行操作时，Autodesk Revit 将收集相关建筑项目的信息，并在项目的其他所有表现形式中协调该信息。

1.1 建筑信息模型概述

1.1.1 BIM 简介

建筑信息模型（Building Information Modeling，BIM）以建筑工程项目的各项相关信息数据作为基础，建立起三维的建筑模型，通过数字信息仿真模拟建筑物所具有的真实信息。

BIM 涵盖几何学、空间关系、地理资讯、各种建筑元件的性质及数量。BIM 可以用来展示整个建筑的生命周期，包括兴建过程和运营过程，并能够十分方便地提取建筑内材料的信息。建筑内各个部分、各个系统都可以呈现出来。

简单说来，BIM 可被视为数码化的建筑三维几何模型，在这个模型中，所有建筑构件包含的信息，除了几何，还具有建筑或工程的数据。这些数据提供程式系统充分的计算依据，使这些程式能根据构件的数据，自动计算出查询者所需要的准确信息。此处所指的信息具有很多表达形式，如建筑平面图、立面图、剖面图、详图、三维立体视图、透视图、材料表或计算每个房间自然采光的照明效果、所需要的空调通风量、冬季和夏季需要的空调电力消耗等。

1.1.2 BIM 的特点

BIM 具有可视化、协调性、模拟性、优化性、可出图性、一体化性、参数化性和信息完备性八大特点。

1. 可视化

可视化就是“所见即所得”，对于建筑行业来说，可视化在建筑业的作用非常大，如经常拿到的施工图纸，只是各个构件的信息在图纸上采用线条绘制的表达，但是真正的构造形式就需要建筑业参与人员去自行想象了。对于一般简单的构造形式，这种想象也未尝不可，但是近几年建筑业的建筑物形式各异，复杂造型被不断地推出，这种光靠想象的方式就未免有点不太现实了。所以，BIM 提供了可视化的思路，将以往线条式的构件以一种三维的立体实物图形式展示在人们的面前。以往，建筑效果图通常被分包给专业的效果图制作团队进行识读和设计，并不是通过构件的信息自动生成的，缺少了同构件之间的互动性和反馈性，然而 BIM 的可视化是一种能够同构件之间形成互动性和反馈性的可视化，在 BIM 中整个过程都是可视化的，不仅可以用来展示效果图和报表的生成，连项目设计、建造、运营过程中的沟通、讨论、决策等都在可视化的状态下进行。

2．协调性

协调性是建筑业中的重点内容，不管是施工单位还是业主及设计单位，无不在做着协调及配合的工作。一旦在项目的实施过程中遇到了问题，就要将有关人士组织起来开协调会，找出施工问题发生的原因并给出解决方法。那么，问题协调真的就只能在出现问题后再进行协调吗？在设计时，往往由于各专业设计师之间沟通不到位，而出现各种专业之间的碰撞问题。例如，暖通等专业中的管道在进行布置时，由于施工图纸是各自绘制在各自的施工图纸上的，在施工过程中，可能在布置管线时正好在此处有结构设计的梁等构件在此妨碍着管线的布置，这种就是施工中常遇到的碰撞问题，像这样的碰撞问题的协调解决就只能在问题出现之后再进行解决吗？BIM 的协调性服务可以帮助处理这种问题，也就是说 BIM 可以在建筑物建造前期对各专业的碰撞问题进行协调，生成并提供协调数据。当然，BIM 的协调作用并不是只能解决各专业间的碰撞问题，它还可以解决诸如电梯井布置与其他设计布置及净空要求之协调、防火分区与其他设计布置之协调、地下排水布置与其他设计布置之协调等问题。

3．模拟性

模拟性不仅能模拟设计出建筑物模型，还可以模拟不能在真实世界中进行操作的事物。在设计阶段，BIM 可以对设计上需要进行模拟的一些东西进行模拟实验。例如，节能模拟、紧急疏散模拟、日照模拟、热能传导模拟等；在招投标和施工阶段可以进行四维模拟（三维模型加项目的发展时间），根据施工的组织设计模拟实际施工，从而确定合理的施工方案。还可以进行五维模拟（基于三维模型的造价控制），从而实现成本控制；后期运营阶段可以模拟日常紧急情况的处理方式，如地震时人员逃生模拟及火灾时消防人员疏散模拟等。

4．优化性

事实上，整个设计、施工、运营的过程是一个不断优化的过程，优化和 BIM 不存在实质性的必然联系，但在 BIM 的基础上可以更好地做优化。优化受三样东西的制约：信息、复杂程度和时间。没有准确的信息做不出合理的优化结果，BIM 提供了建筑物的实际存在的信息，包括几何信息、物理信息、规则信息，还提供了建筑物变化以后的实际存在。当建筑物的复杂程度高到一定程度时，参与人员本身的能力无法掌握所有信息，必须基于一定的科学技术和设备的帮助，现代建筑物的复杂程度大多超过参与人员本身的能力极限，BIM 及与其配套的各种优化工具提供了对复杂项目进行优化的可能。基于 BIM 的优化可以实现以下功能。

（1）项目方案优化。把项目设计和投资回报分析结合起来，设计变化对投资回报的影响可以实时计算出来，这样业主就知道哪种项目设计方案更符合自身的需求。

（2）特殊项目的设计优化。裙楼、幕墙、屋顶、大空间到处可以看到异形设计，这些内容看起来占整个建筑物的比例不大，但是占投资和工作量的比例和前者相比却往往要大得多，而且通常也是施工难度比较大和施工问题比较多的地方，将这些内容的设计施工方案进行优化，可以显著改进工期和造价。

5. 可出图性

通过对建筑物进行可视化展示、协调、模拟、优化，BIM 可以帮助业主出如下图纸：

（1）综合管线图（经过碰撞检查和设计修改，消除了相应的错误以后）；

（2）综合结构留洞图（预埋套管图）；

（3）碰撞检查侦错报告和建议改进方案。

6. 一体化性

基于 BIM 技术可进行从技术到施工再到运营贯穿工程项目全生命周期的一体化管理。BIM 的技术核心是一个由计算机三维模型所形成的数据库，不仅包含建筑物的设计信息，而且可以容纳从设计到建成使用，甚至是使用周期终结的全过程信息。

7. 参数化性

参数化建模指的是通过参数而不是数字建立和分析模型，简单地改变模型中的参数值就能建立和分析新的模型。BIM 中的图元是以构件的形式出现的，这些构件之间的不同，是通过参数的调整反映出来的，参数保存了图元作为数字化建筑构件的所有信息。

8. 信息完备性

信息完备性体现为 BIM 可对工程对象进行三维几何信息和拓扑关系的描述，以及完整的工程信息描述。

1.2　Autodesk Revit 概述

1.2.1　软件介绍

Autodesk Revit 提供支持建筑设计、MEP 工程设计和结构工程的工具。

1. Architecture

Autodesk Revit 可以按照建筑师和设计师的思考方式进行设计，因此可以提供更高质量、更加精确的建筑设计。Autodesk Revit 通过使用专为支持建筑信息模型工作流而构建的工具，可以获取并分析概念，并可通过设计、文档和建筑保持用户的视野。强大的建筑设计工具可以帮助用户捕捉和分析概念，以及保持从设计到建筑的各个阶段的一致性。

2．MEP

Autodesk Revit 向暖通、电气和给排水（MEP）工程师提供工具，可以设计最复杂的建筑系统。Autodesk Revit 支持建筑信息建模，可帮助导出更高效的建筑系统从概念到建筑的精确设计、分析和文档。Autodesk Revit 使用信息丰富的模型在整个建筑生命周期中支持建筑系统。为暖通、电气和给排水工程师构建的工具可以帮助用户设计和分析高效的建筑系统，以及为这些系统编档。

3．Structure

Autodesk Revit 为结构工程师和设计师提供了工具，可以更加精确地设计和建造高效的建筑结构。

1.2.2 Autodesk Revit 特性

BIM 支持建筑师在施工前更好地预测竣工后的建筑，使他们在如今日益复杂的商业环境中保持竞争优势。

建筑行业的竞争极为激烈，人们需要采用独特的技术来充分发挥专业人员的技能和经验。Autodesk Revit 消除了很多庞大的任务，提高了整个行业的工作效率。

Autodesk Revit 能够帮助用户在项目设计流程前期探究最新颖的设计概念和外观，并能在整个施工文档中真实传达用户的设计理念。Autodesk Revit 面向 BIM 而构建，支持可持续设计、碰撞检测、施工规划和建造，同时帮助工程师、承包商业主更好地沟通协作。设计过程中的所有变更都会在相关设计与文档中自动更新，实现更加协调一致的流程，获得更加可靠的设计文档。

Autodesk Revit 全面创新的概念设计功能带来易用工具，帮助用户进行自由形状建模和参数化设计，并且还能够让用户对早期设计进行分析。借助这些功能，用户可以自由绘制草图，快速创建三维形状，交互地处理各个形状。可以利用内置的工具进行复杂形状的概念澄清，为建造和施工准备模型。随着设计的持续推进，Autodesk Revit 能够围绕复杂的形状自动构建参数化框架，并为用户提供更高的创建控制能力、精确性和灵活性。从概念模型到施工文档的整个设计流程都在一个直观的环境中完成。

1.3 Autodesk Revit 2020 界面

单击桌面上的 Autodesk Revit 2020 图标，进入如图 1-1 所示的 Autodesk Revit 2020 主视图，此时“主视图”按钮高亮显示，再次单击“主视图”按钮，关闭主视图。如果在绘图界面中单击“主视图”按钮，则可以打开主视图并切换到主视图界面，单击“后退”按钮（快捷键：Ctrl+D），可以显示活动模型或族。

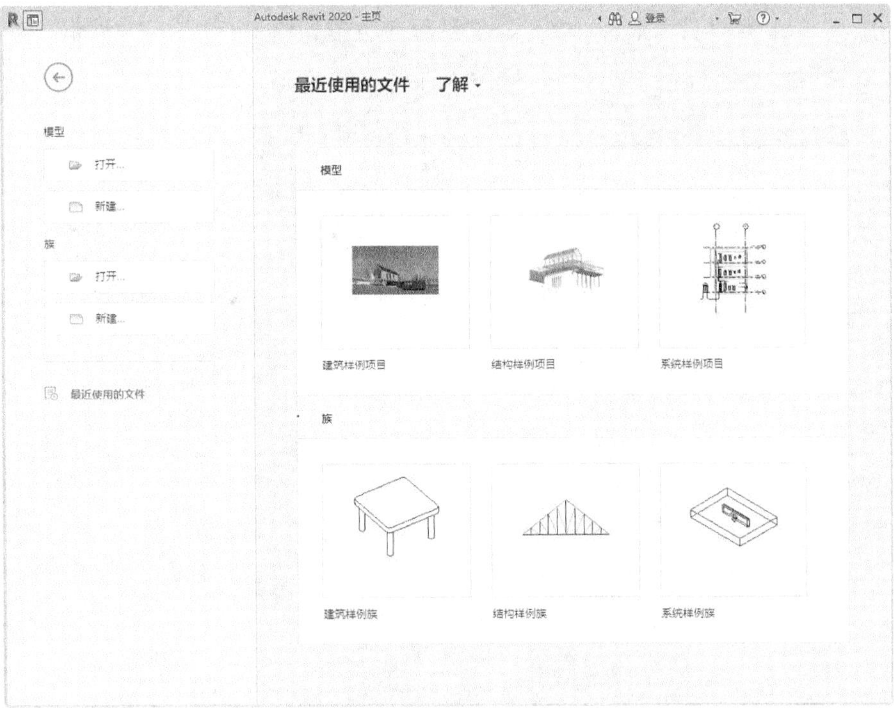

图 1-1　Autodesk Revit 2020 主视图

在主视图中单击“新建”按钮，打开如图 1-2 所示“新建项目”对话框，采用默认设置，单击“确定”按钮，进入 Autodesk Revit 2020 绘图界面，如图 1-3 所示。

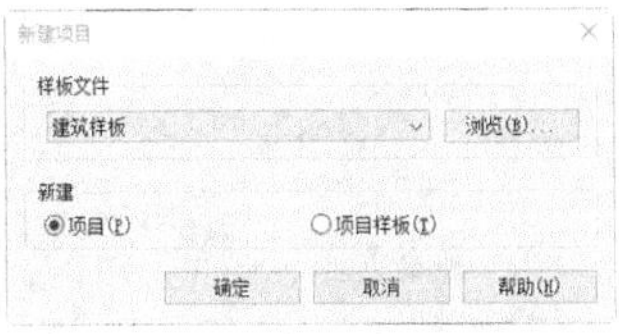

图 1-2　“新建项目”对话框

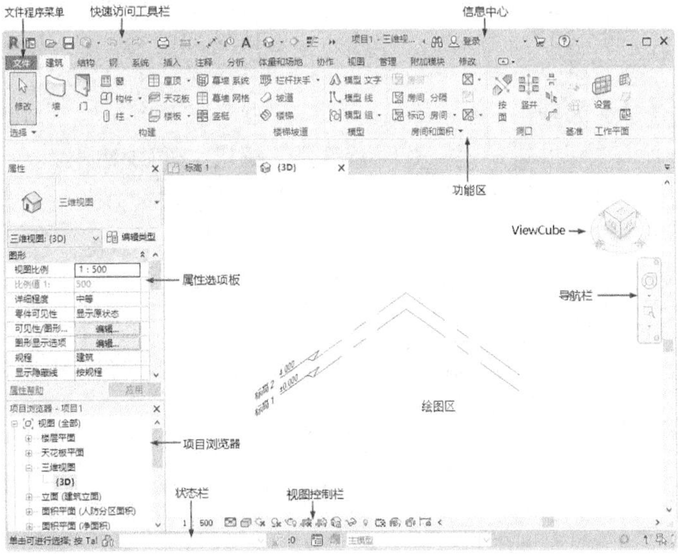

图 1-3　Autodesk Revit 2020 绘图界面

1.3.1　文件程序菜单

文件程序菜单提供了常用文件操作，如“新建”“打开”“保存”等，还允许使用更高级的工具（如“导出”）来管理文件。文件程序菜单如图 1-4 所示。文件程序菜单无法在功能区移动。

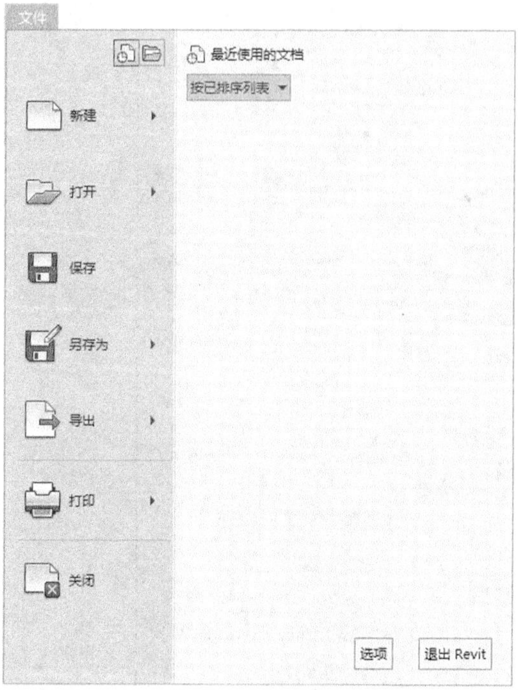

图 1-4　文件程序菜单

1. 新建

单击“新建”下拉按钮，打开“新建”菜单，用于创建项目文件、族文件、概念体量等，如图 1-5 所示。

下面以新建项目文件为例介绍新建文件的步骤。

（1）选择“文件”→“新建”→“项目”命令，打开如图 1-6 所示的“新建项目”对话框。

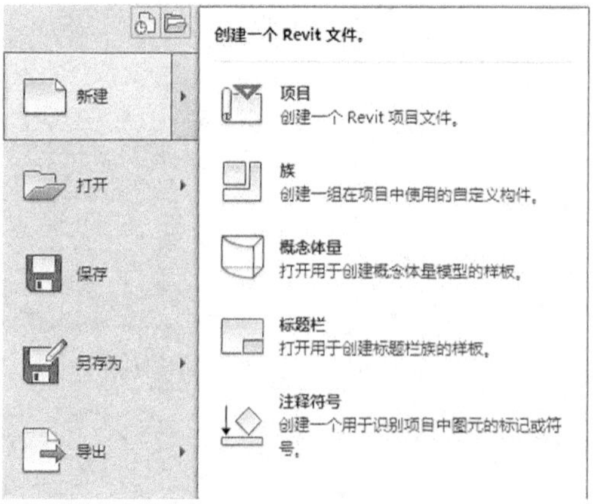

图 1-5　“新建”菜单

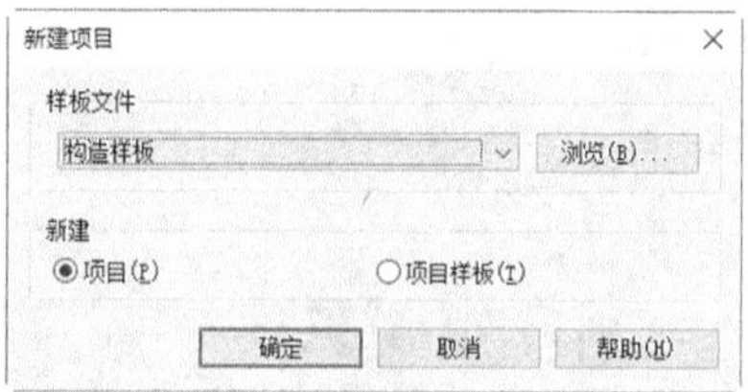

图 1-6　“新建项目”对话框

（2）在“样板文件”下拉列表中选择样板（包括构造样板、建筑样板、结构样板和机械样板），也可以单击“浏览”按钮，打开如图 1-7 所示的“选择样板”对话框，选择需要的样板，单击“打开”按钮，打开样板文件。

图 1-7　“选择样板”对话框

（3）选择“项目”选项，单击“确定”按钮，创建一个新项目文件。

注意：

在 Autodesk Revit 中，项目是整个建筑物设计的联合文件。建筑的所有标准视图、建筑设计图及明细表都包含在项目文件中，只要修改模型，所有相关的视图、施工图和明细表都会随之自动更新。

2. 打开

单击“打开”下拉按钮，打开“打开”菜单，用于打开项目文件、族文件、IFC 文件、样例文件等，如图 1-8 所示。

图 1-8　“打开”菜单

（1）项目：单击此命令，打开“打开”项目文件对话框，在对话框中可以选择要打开的 Revit 项目文件或项目样板文件，如图 1-9 所示。

图 1-9　“打开”项目文件对话框

（2）族：单击此命令，打开“打开”族文件对话框，可以打开软件自带族库中的族文件，或用户自己创建的族文件，如图 1-10 所示。

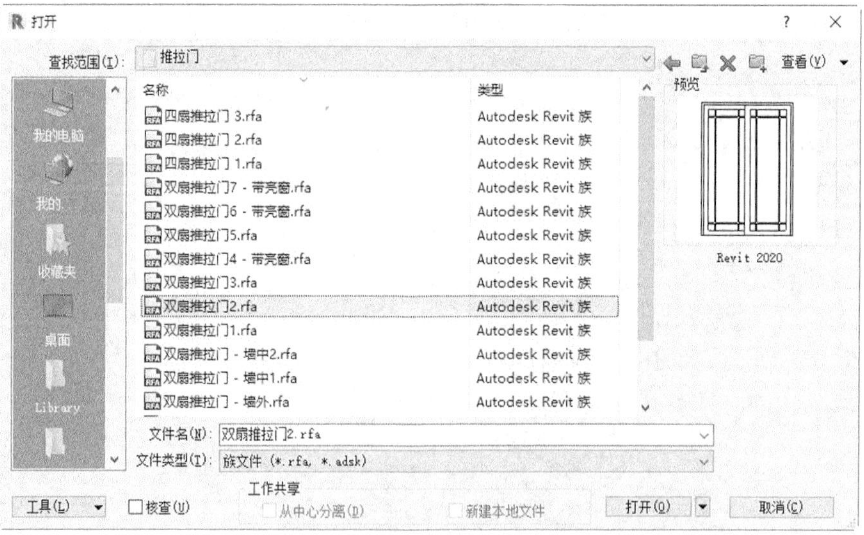

图 1-10　“打开”族文件对话框

（3）Revit 文件：单击此命令，可以打开 Revit 所支持的文件，如项目文件（.rvt）、族文件（.rfa）、Autodesk 交换文件（.adsk）和样板文件（.rte）文件。

（4）建筑构件：单击此命令，在对话框中选择要打开的 Autodesk 交换文件（.adsk）。

（5）IFC：单击此命令，在对话框中可以打开 IFC 类型文件，如图 1-11 所示。IFC 文件格式含有模型的建筑物或设施，也含有空间的元素、材料和形状。IFC 文件通常用于 BIM 工业程序之间的交互。

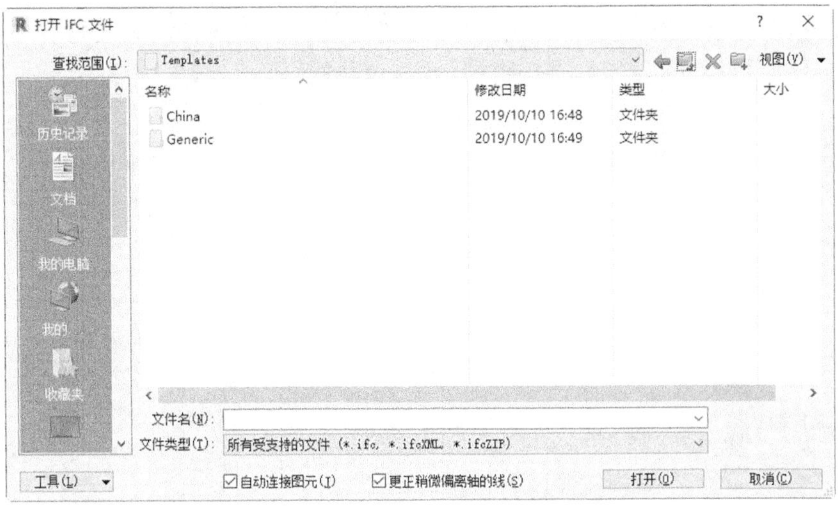

图 1-11　“打开 IFC 文件”对话框

（6）IFC 选项：单击此命令，打开“导入 IFC 选项”对话框，在对话框中可以设置 IFC 类名称对应的 Revit 类别，如图 1-12 所示。此命令只有在打开 Revit 文件的状态下才可以使用。

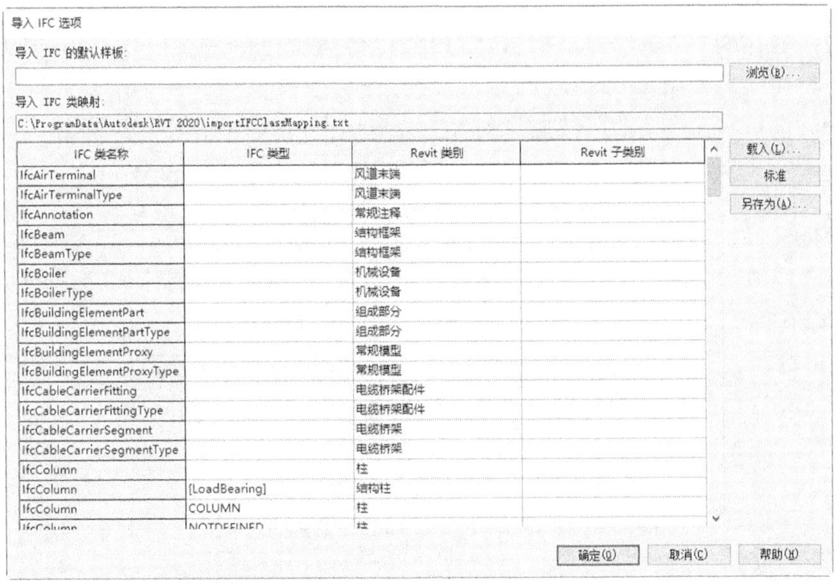

图 1-12　“导入 IFC 选项”对话框

（7）样例文件：单击此命令，打开“打开”样例文件对话框，可以打开软件自带的样例项目文件和族文件。

3．保存

单击此命令，可以保存当前项目、族文件、样板文件等。若文件已命名，则 Revit 自动保存。若文件未命名，则系统打开如图 1-13 所示的“另存为”对话框，用户可以命名保存。在“保存于”下拉列表中可以指定保存文件的路径；在“文件类型”下拉列表中可以指定保存文件的类型。为了防止因意外操作或计算机系统出现故障而导致正在绘制的图形文件丢失，可以对当前图形文件设置自动保存。

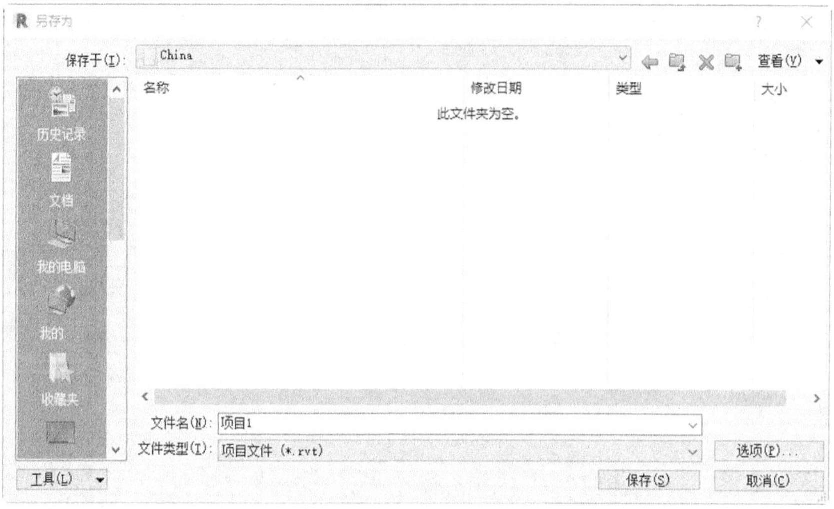

图 1-13　“另存为”对话框

4．另存为

单击“另存为”下拉按钮，打开“另存为”菜单，可以将文件保存为项目、族、样板和库 4 种类型，如图 1-14 所示。

执行其中一种命令后打开“图形另存为”对话框，Revit 用另存名保存，并把当前图形更名。

5．导出

单击“导出”下拉按钮，打开“导出”菜单，可以将项目文件导出为其他格式文件，如图 1-15 所示。

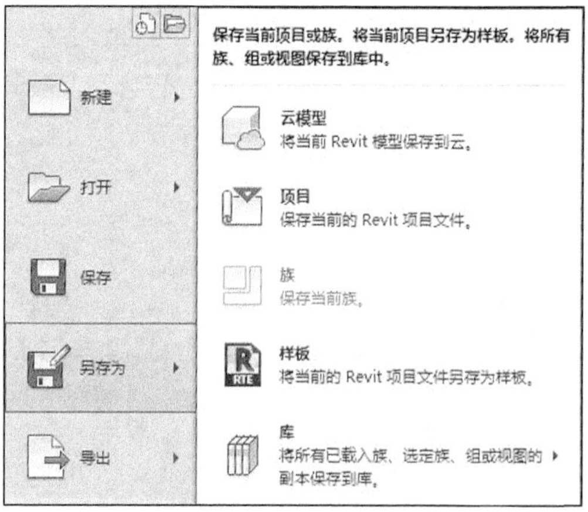

图 1-14　“另存为”菜单

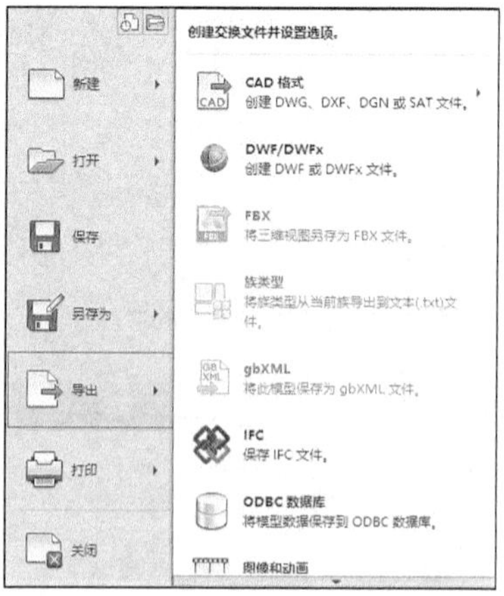

图 1-15　“导出”菜单

（1）CAD 格式：单击此命令，可以将 Revit 模型导出为 DWG、DXF、DNG、ACIS 4 种格式，如图 1-16 所示。

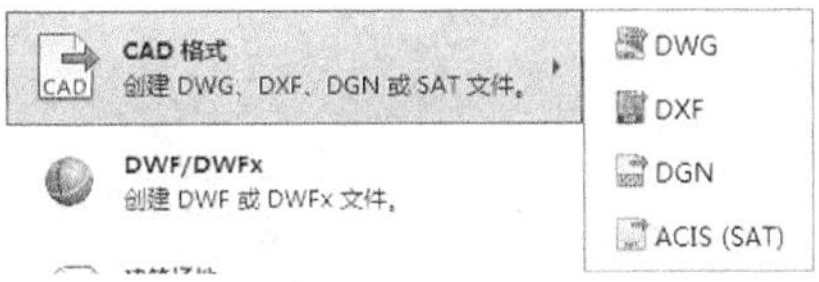

图 1-16　CAD 格式菜单

（2）DWF/DWFx：单击此命令，打开“DWF 导出设置”对话框，可以设置需要导出的视图和模型的相关属性，如图 1-17 所示。

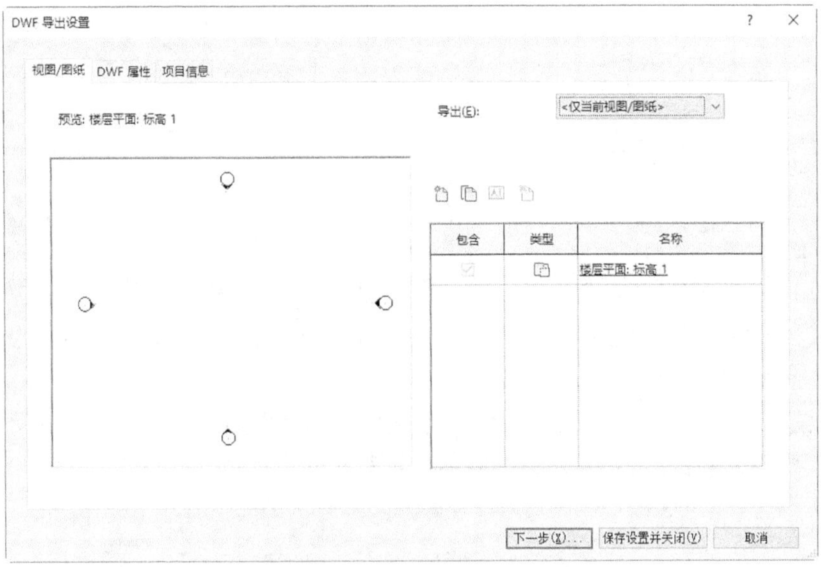

图 1-17　“DWF 导出设置”对话框

（3）FBX：单击此命令，打开“导出 3ds Max(FBX)”对话框，将三维模型保存为 FBX 格式供 3DS MAX 使用，如图 1-18 所示。此命令在三维视图中才能使用。

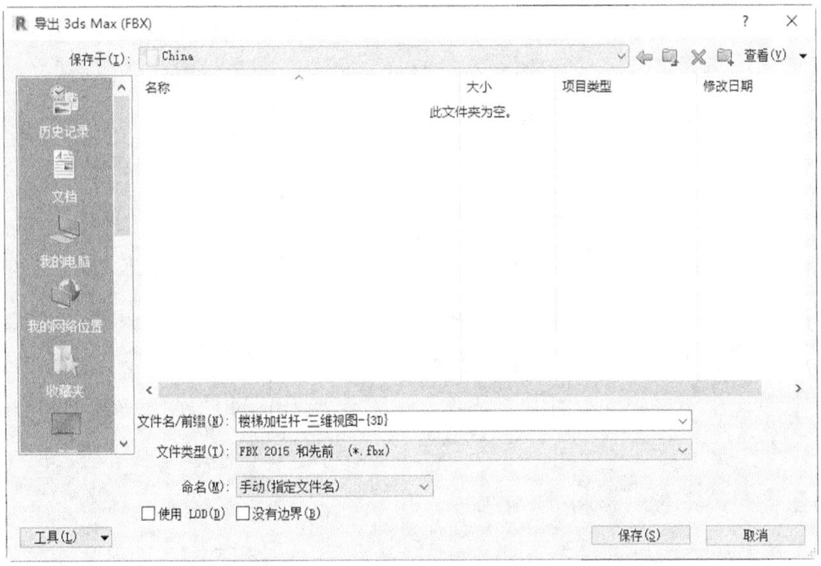

图 1-18　“导出 3ds Max(FBX)”对话框

（4）族类型：单击此命令，打开“另存为”对话框，将族类型从当前族导出到文本文件。

（5）gbXML：单击此命令，打开“导出 gbXML”对话框，将设计导出为 gbXML，使用能量设置或房间/空间体积来生成文件，如图 1-19 所示。

（6）IFC：单击此命令，打开“导出 IFC”对话框，将模型导出为 IFC 文件，如图 1-20 所示。

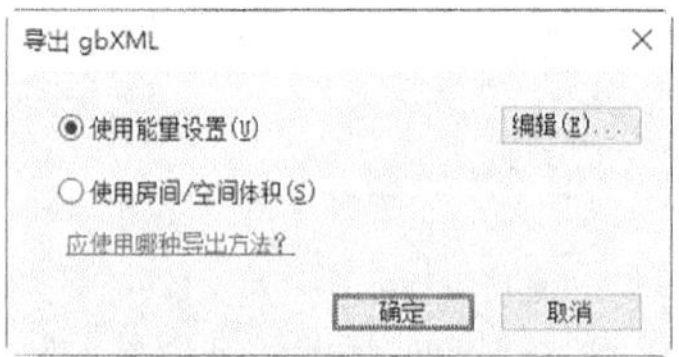

图 1-19　“导出 gbXML”对话框

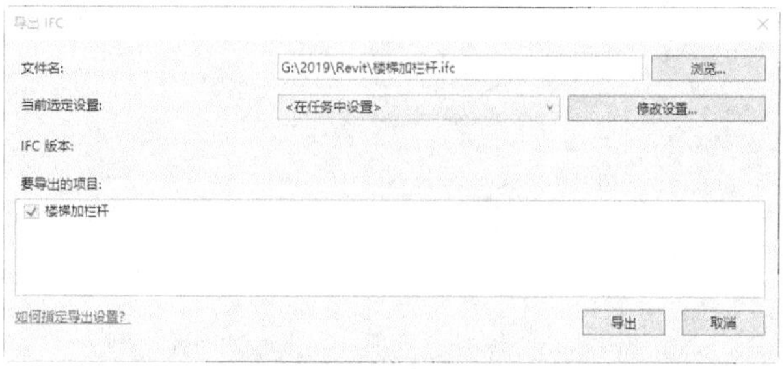

图 1-20　“导出 IFC”对话框

（7）ODBC 数据库：单击此命令，打开“选择数据源”对话框，将模型构件数据导出到 ODBC 数据库，如图 1-21 所示。

（8）图像和动画：单击此命令，打开“图像和动画”菜单，如图 1-22 所示。将项目文件中所制作的漫游、日光研究及渲染图形以对应的文件格式保存。

图 1-21　“选择数据源”对话框

图 1-22　“图像和动画”菜单

（9）报告：单击此命令，打开“报告”菜单，如图 1-23 所示，将项目文件中的明细表或房间/面积报告以对应的文件格式保存。

（10）选项：单击此命令，打开“选项”菜单，如图 1-24 所示，导出文件的参数设置。

图 1-23　“报告”菜单

图 1-24　“选项”菜单

6. 打印

单击“打印”下拉按钮，打开“打印”菜单，可以将当前区域或选定的视图和图纸进行预览并打印，如图 1-25 所示。

（1）打印：单击此命令，打开“打印”对话框，设置打印属性打印文件，如图 1-26 所示。

图 1-25 “打印”菜单

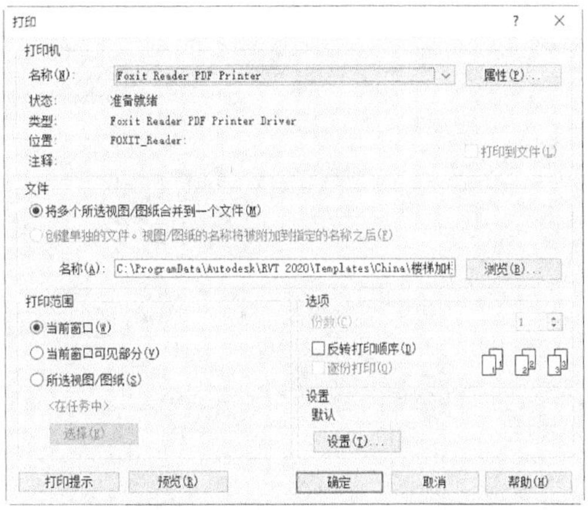

图 1-26 “打印”对话框

（2）打印预览：预览视图打印效果，如图 1-27 所示，查看没有问题可以直接单击“打印”按钮，进行打印。

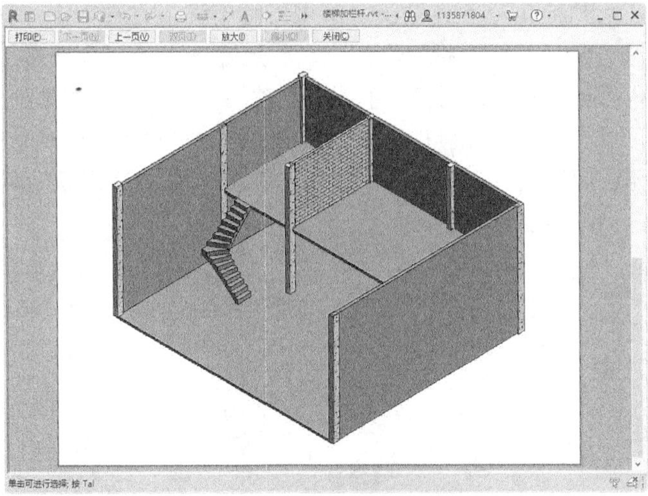

图 1-27 打印预览

（3）打印设置：单击此命令，打开“打印设置”对话框，定义从当前模型打印视图和图纸时或创建 PDF、PLT 或 PRN 文件时使用的设置，如图 1-28 所示。

7. 最近使用的文档

菜单的右侧默认显示最近打开文件的列表。使用该下拉列表可以修改最近使用的文档的排列顺序。

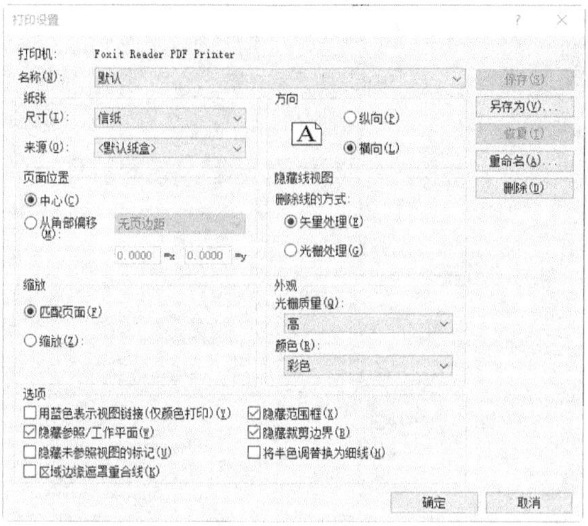

图 1-28　“打印设置”对话框

1.3.2　快速访问工具栏

快速访问工具栏默认放置一些常用的工具按钮。

单击快速访问工具栏上的“自定义访问工具栏”按钮，打开如图 1-29 所示的下拉菜单，可以对该工具栏进行自定义，勾选命令则在快速访问工具栏上显示，取消勾选命令则隐藏。

在快速访问工具栏的某个工具按钮上单击鼠标右键，打开如图 1-30 所示的快捷菜单，单击“从快速访问工具栏中删除”命令，将删除选中的工具按钮。单击“添加分隔符”命令，在工具的右侧添加分隔符。单击“在功能区下方显示快速访问工具栏”命令，快速访问工具栏可以显示在功能区的上方或下方。单击“自定义快速访问工具栏”命令，打开“自定义快速访问工具栏”对话框，如图 1-31 所示，可以对快速访问工具栏中的工具按钮进行排序、添加或删除分割符。

图 1-29　下拉菜单

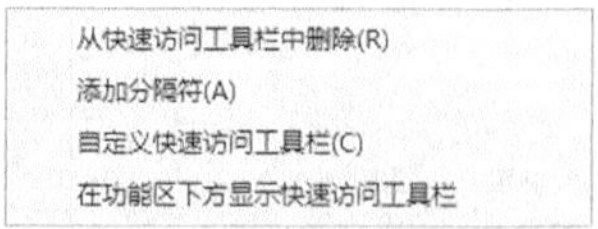

图 1-30　快捷菜单

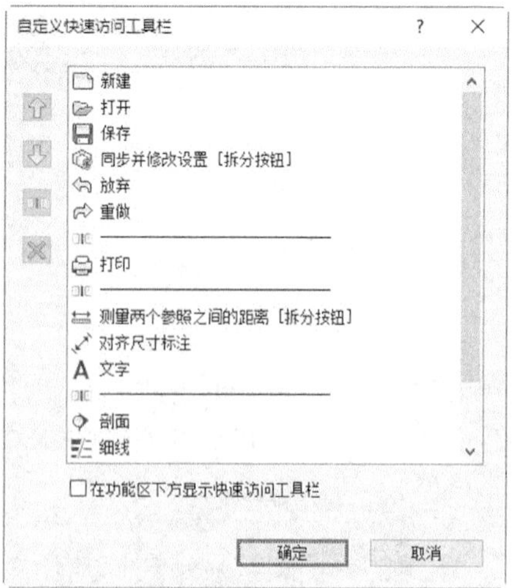

图 1-31　“自定义快速访问工具栏”对话框

在功能区上的任意工具按钮上单击鼠标右键，打开快捷菜单，然后单击“添加到快速访问工具栏”命令，将工具按钮添加到快速访问工具栏中。

注意：

选项卡中的某些工具无法添加到快速访问工具栏中。

1.3.3 信息中心

信息中心包括一些常用的数据交互访问工具，如图 1-32 所示，可以访问许多与产品相关的信息源。

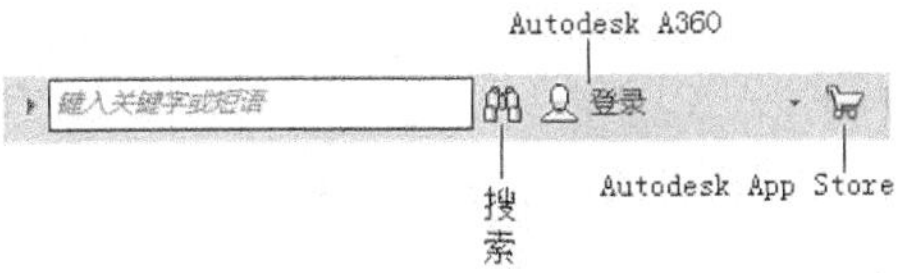

图 1-32　信息中心

1. 搜索

在搜索框中输入要搜索信息的关键字，然后单击“搜索”按钮，可以在联机帮助中快速查找信息。

2. Autodesk A360

使用该工具可以访问与 Autodesk Account 相同的服务，但增加了 Autodesk A360 的移动性和协作优势。个人用户通过申请 Autodesk 账户可登录到自己的云平台。

3. Autodesk App Store

单击此按钮，可以登录到 Autodesk 官方的 App 网站下载不同系列软件的插件。

1.3.4 功能区

创建或打开文件时，功能区会显示系统提供创建项目或族所需的全部工具，如图 1-33 所示。

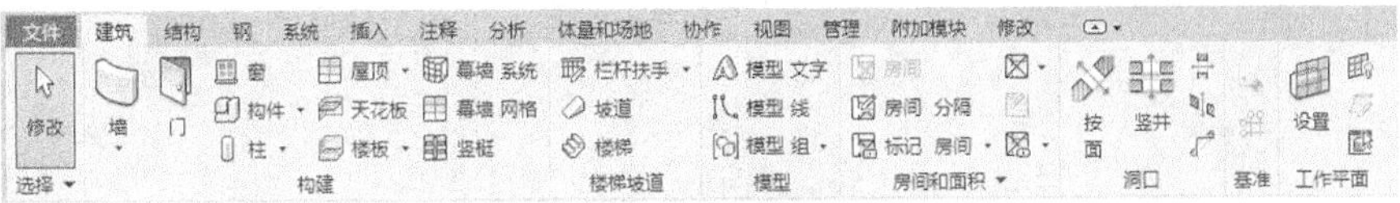

图 1-33　功能区

调整窗口的大小时，功能区中的工具会根据可用的空间自动调整大小。每个选项卡集成了相关的操作工具，便于用户使用。用户可以单击功能区选项后面的按钮控制功能的展开与收缩。

1. 修改功能区

单击功能区选项卡右侧的向下箭头，系统提供了功能区的显示方式：“最小化为选项卡”、“最小化为面板标题”、“最小化为面板按钮” 和 “循环浏览所有项”，如图 1-34 所示。

2. 移动面板

面板可以在绘图区 “浮动”，在面板上按住鼠标左键并拖动，如图 1-35 所示，将其放置到绘图区域或桌面上即可。将光标放到浮动面板的右上角位置处，显示 “将面板返回到功能区”，如图 1-36 所示。单击此处，使它变为固定面板。将光标移动到面板上以显示一个夹子，拖动该夹子到所需位置，移动面板。

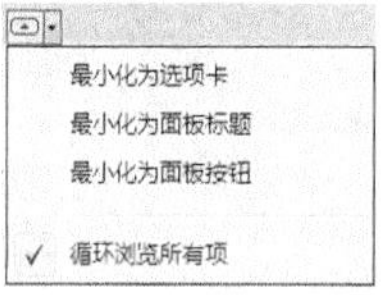

图 1-34　下拉菜单

图 1-35　移动面板

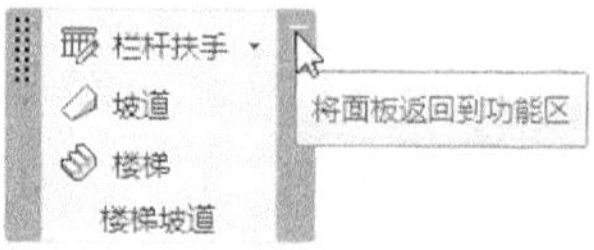

图 1-36　固定面板

3. 展开面板

单击面板标题旁的箭头▾展开面板，显示相关的工具和控件，如图 1-37 所示。在默认情况下，单击面板以外的区域时，展开的面板会自动关闭。单击图钉按钮，面板在其功能区选项卡显示期间始终保持展开状态。

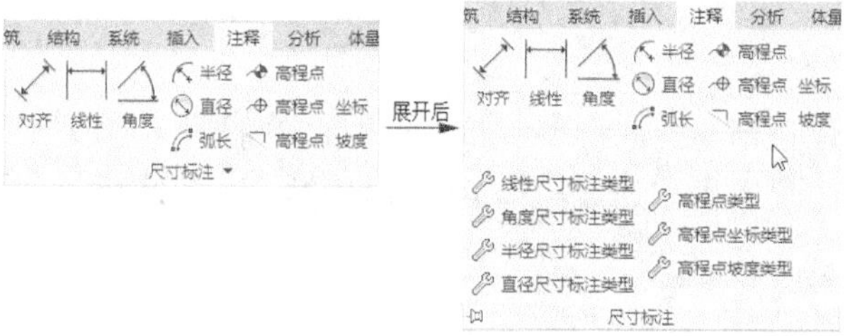

图 1-37　展开面板

4. 上下文功能区选项卡

使用某些工具或者选择图元时，上下文功能区选项卡中会显示与该工具或图元的上下文相关的工具，如图 1-38 所示。退出该工具或清除选择时，该选项卡将关闭。

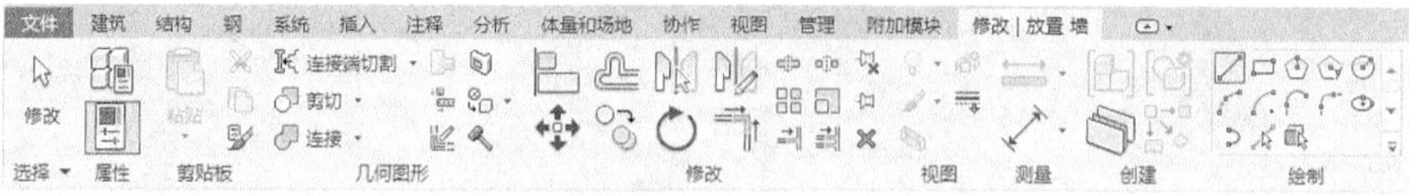

图 1-38　上下文功能区选项卡

1.3.5　属性选项板

属性选项板是一个无模式对话框，通过该对话框，可以查看和修改用来定义图元属性的参数。

第一次启动 Revit 时，属性选项板处于打开状态并固定在绘图区域左侧项目浏览器的上方，如图 1-39 所示。

1. 类型选择器

类型选择器显示当前选择的族类型，并提供一个可从中选择其他类型的下拉列表，如图 1-40 所示。

2. 属性过滤器

属性过滤器用来标识由工具放置的图元类别，或者标识绘图区域中所选图元的类别和数量。如果选择了多个类别或类型，则属性选项板上仅显示所有类别或类型共有的实例属性。当选择了多个类别时，使用属性过滤器的下拉列表可以仅查看特定类别或视图本身的属性。

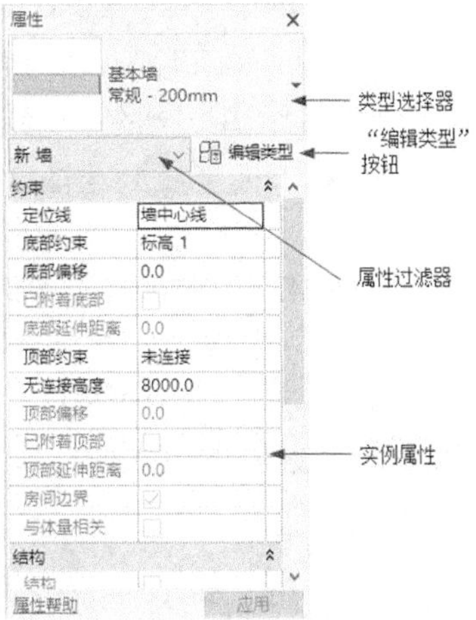

图 1-39　属性选项板

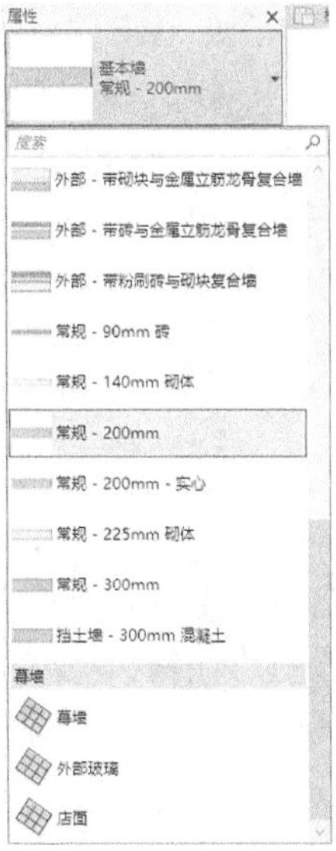

图 1-40　类型选择器下拉列表

3. "编辑类型"按钮

单击此按钮，打开相关的"类型属性"对话框，该对话框用来查看和修改选定图元或视图的类型属性，如图 1-41 所示。

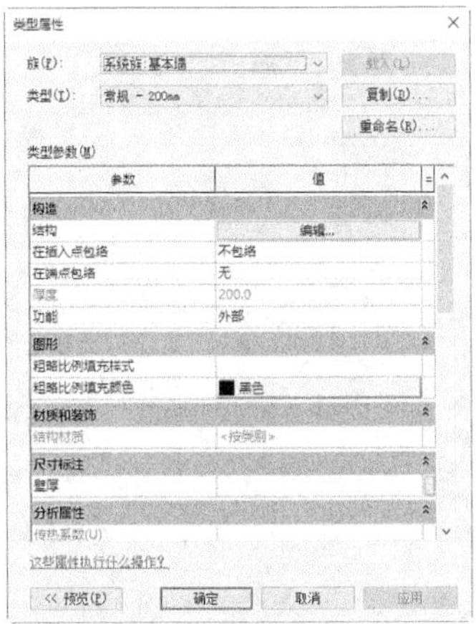

图 1-41　"类型属性"对话框

4．实例属性

在大多数情况下，属性选项板中既显示可由用户编辑的实例属性，又显示只读实例属性。当某属性的值由软件自动计算或赋值，或者取决于其他属性的设置时，该属性可能是只读属性，不可编辑。

1.3.6 项目浏览器

项目浏览器用于显示当前项目中所有视图、明细表、图纸、组和其他部分的逻辑层次。展开和折叠各分支时，将显示下一层项目，如图 1-42 所示。

（1）打开视图：双击视图名称，打开视图，也可以右击视图名称，打开如图 1-43 所示的快捷菜单，选择“打开”选项，打开视图。

（2）打开放置了视图的图纸：右击视图名称，打开如图 1-43 所示的快捷菜单，选择“打开图纸”选项，打开放置了视图的图纸。如果快捷菜单中的“打开图纸”选项不可用，则要么视图未放置在图纸上，要么视图是明细表或可放置在多个图纸上的图例视图。

（3）将视图添加到图纸中：将视图名称拖曳到图纸名称上或拖曳到绘图区域中的图纸上。

（4）从图纸中删除视图：右击图纸名称下的视图名称，在打开的快捷菜单中选择“从图纸中删除”选项，删除视图。

单击“视图”选项卡“窗口”面板中的“用户界面”按钮，打开如图 1-44 所示的下拉列表，选中“项目浏览器”复选框。如果取消“项目浏览器”复选框的勾选或单击项目浏览器顶部的“关闭”按钮×，可隐藏项目浏览器。

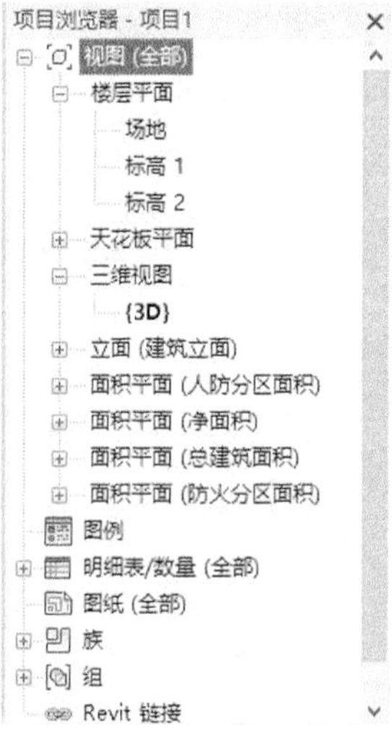

图 1-42　项目浏览器

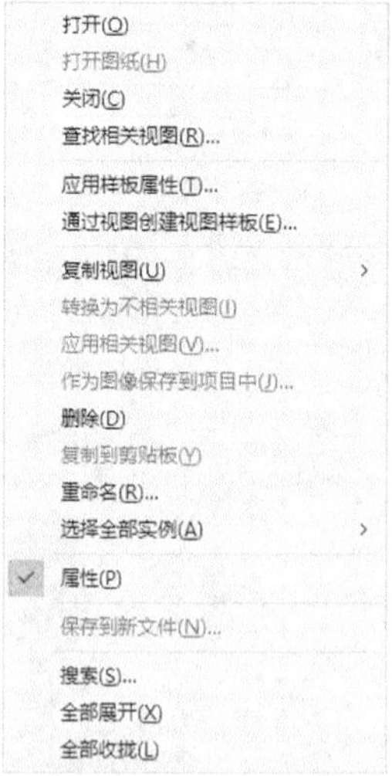

图 1-43　快捷菜单

图 1-44　下拉列表

拖曳项目浏览器的边框调整项目浏览器的大小。在 Revit 窗口中拖曳项目浏览器时会显示一个轮廓，当该轮廓指示项目浏览器将移动到的位置时松开鼠标，将项目浏览器放置到所需位置。还可以将项目浏览器从 Revit 窗口拖曳到桌面。

1.3.7　视图控制栏

视图控制栏位于视图窗口的底部，状态栏的上方，它可以快速访问影响当前视图的功能，如图 1-45 所示。

（1）比例：是指在图纸中用于表示对象的比例，可以为项目中的每个视图指定不同比例，也可以创建自定义视图比例。单击比例，打开如图 1-46 所示的比例列表，选择需要的比例，也可以单击“自定义…”选项，打开“自定义比例”对话框，输入比率，如图 1-47 所示。

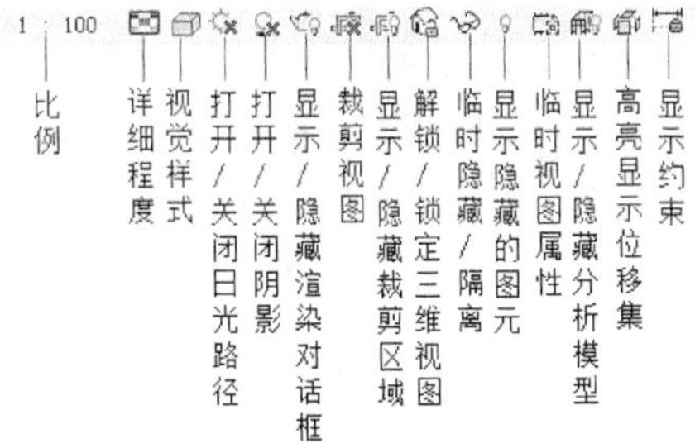

图 1-45　视图控制栏

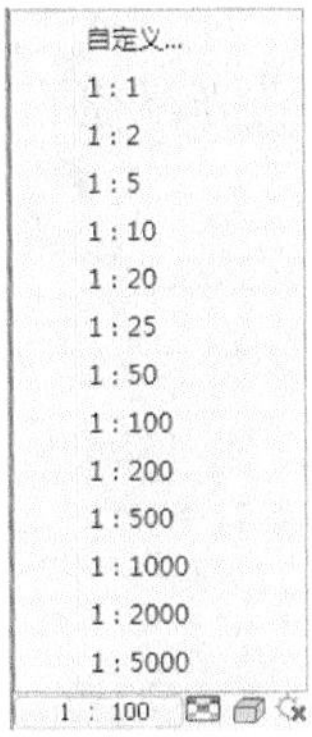

图 1-46　比例列表

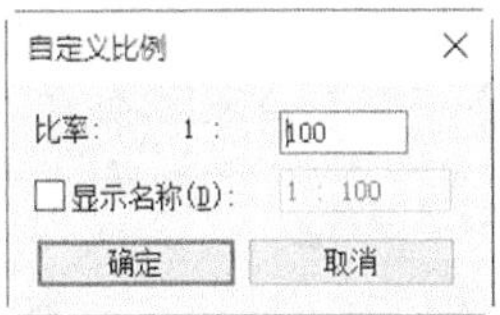

图 1-47　“自定义比例”对话框

注意：

不能将自定义视图比例应用于该项目中的其他视图。

（2）详细程度：可根据视图比例设置新建视图的详细程度，包括粗略、中等和精细 3 种程度。当在项目中创建新视图并设置视图比例后，视图的详细程度将会自动根据表格中的排列进行设置。通过预定义详细程度，可以影响不同视图比例下同一几何图形的显示。

（3）视觉样式：可以为项目视图指定许多不同的图形样式，如图 1-48 所示。

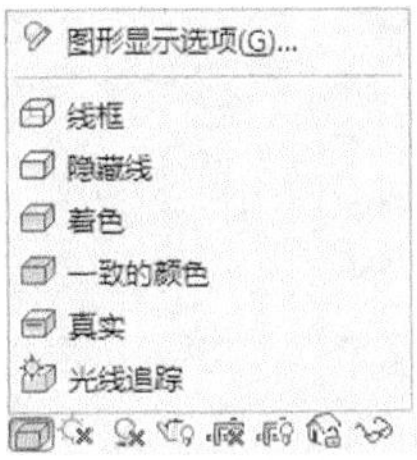

图 1-48　视觉样式

- 线框：显示绘制了所有边和线而未绘制表面的模型图像。视图显示线框视觉样式时，可以将材质应用于选定的图元类型。这些材质不会显示在线框视图中，但是表面填充图案仍会显示。
- 隐藏线：显示绘制了除被表面遮挡部分以外的所有边和线的图像。
- 着色：显示处于着色模式下的图像，而且具有显示间接光及其阴影的选项。

- 一致的颜色：显示所有表面都按照表面材质颜色设置进行着色的图像。该样式会保持一致的着色颜色，使材质始终以相同的颜色显示，无论以何种方式将其定向到光源。
- 真实：可在模型视图中即时显示真实材质外观。旋转模型时，表面会显示在各种照明条件下呈现的外观。

注意：

“真实”视觉视图中不会显示人造灯光。

- 光线追踪：该视觉样式是一种照片级真实感渲染模式，该模式允许平移和缩放模型。

（4）打开/关闭日光路径：控制日光路径的可见性。在一个视图中打开或关闭日光路径时，其他视图都不受影响。

（5）打开/关闭阴影：控制阴影的可见性。在一个视图中打开或关闭阴影时，其他视图都不受影响。

（6）显示/隐藏渲染对话框：单击此按钮，打开“渲染”对话框，定义控制照明、曝光、分辨率、背景和图像质量的设置，如图 1-49 所示。

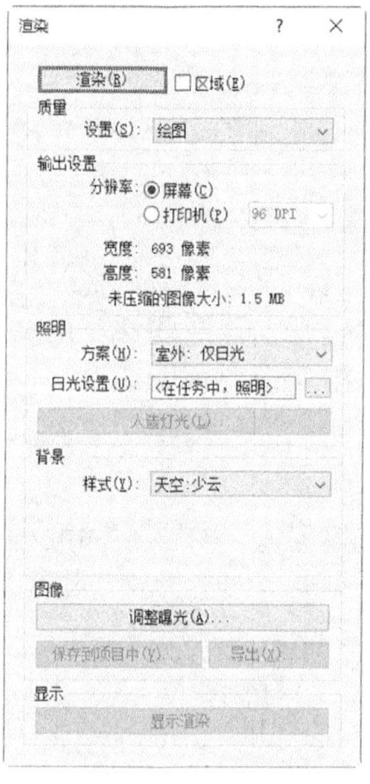

图 1-49　“渲染”对话框

（7）裁剪视图：定义了项目视图的边界。在所有图形项目视图中显示模型裁剪区域和注释裁剪区域。

（8）显示/隐藏裁剪区域：可以根据需要显示或隐藏裁剪区域。在绘图区域中，选择裁剪区域，会显示注释和模型裁剪。内部裁剪是模型裁剪，外部裁剪是注释裁剪。

（9）解锁/锁定三维视图：锁定三维视图的方向，以便在视图中标记图元并添加注释记号。包括保存方向并锁定视图、恢复方向并锁定视图和解锁视图 3 个选项。

- 保存方向并锁定视图：将视图锁定在当前方向。在该模式中无法动态观察模型。

- 恢复方向并锁定视图：将解锁的、旋转方向的视图恢复到原来锁定的方向。
- 解锁视图：解锁当前方向，从而允许定位和动态观察三维视图。

（10）临时隐藏/隔离：“隐藏”工具可在视图中隐藏所选图元，“隔离”工具可在视图中显示所选图元并隐藏其他所有图元。

（11）显示隐藏的图元：临时查看隐藏图元或取消隐藏。

（12）临时视图属性：包括启用临时视图属性、临时应用样板属性、最近使用的模板和恢复视图属性 4 种视图选项。

（13）显示/隐藏分析模型：可以在任何视图中显示分析模型。

（14）高亮显示位移集：单击此按钮，启用高亮显示模型中所有位移集的视图。

（15）显示约束：在视图中临时查看尺寸标注和对齐约束，以便解决或修改模型中的图元。“显示约束”绘图区域将显示一个彩色边框，以指示处于“显示约束”模式。所有约束都以彩色显示，而模型图元以半色调（灰色）显示。

1.3.8　状态栏

状态栏在屏幕的底部，如图 1-50 所示。状态栏会提供要执行的操作的提示。高亮显示图元或构件时，状态栏会显示族和类型的名称。

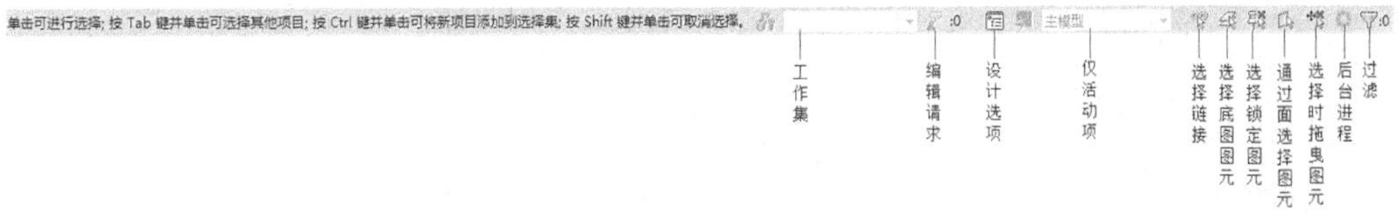

图 1-50　状态栏

（1）工作集：显示处于活动状态的工作集。

（2）编辑请求：对于工作共享项目，表示未决的编辑请求数。

（3）设计选项：显示处于活动状态的设计选项。

（4）仅活动项：用于过滤所选内容，以便仅选择活动的设计选项构件。

（5）选择链接：可在已链接的文件中选择链接和单个图元。

（6）选择底图图元：可在底图中选择图元。

（7）选择锁定图元：可选择锁定的图元。

（8）通过面选择图元：可通过单击某个面来选中某个图元。

（9）选择时拖曳图元：不用先选择图元就可以通过拖曳操作移动图元。

（10）后台进程：显示在后台运行的进程列表。

（11）过滤：用于优化在视图中选定的图元类别。

1.3.9　ViewCube

ViewCube 默认在绘图区的右上方。通过 ViewCube 可以在标准视图和等轴测视图之间切换。

（1）单击 ViewCube 上的某个角，可以根据由模型的 3 个侧面定义的视口将模型的当前视图重定向到四分之三视图，单击其中一条边缘，可以根据模型的 2 个侧面将模型的当前视图重定向到二分之一视图，单击相应面，将视图切换到相应的主视图。

（2）如果从某个面视图查看模型时 ViewCube 处于活动状态，则 4 个正交三角形会显示在 ViewCube 附近。使用这些三角形可以切换到某个相邻的面视图。

（3）单击或拖动 ViewCube 中指南针的东、南、西、北字样，切换到西南、东南、西北、东北等方向视图，或者绕上视图旋转到任意方向视图。

（4）单击“主视图”图标，不管视图目前是何种视图都会恢复到主视图方向。

（5）从某个面视图查看模型时，2 个滚动箭头按钮会显示在 ViewCube 附近。单击滚动箭头按钮，视图以 90° 逆时针或顺时针进行旋转。

（6）单击“关联菜单”按钮，打开如图 1-51 所示的关联菜单。

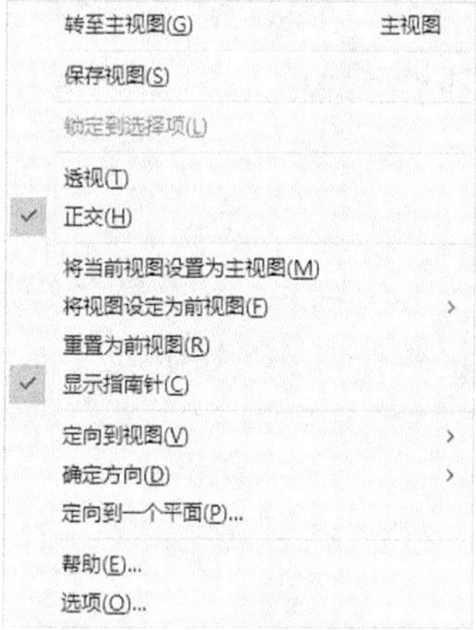

图 1-51　关联菜单

- 转至主视图：恢复随模型一同保存的主视图。
- 保存视图：使用唯一的名称保存当前的视图方向。此选项只允许在查看默认三维视图时使用唯一的名称保存三维视图。如果查看的是以前保存的正交三维视图或透视（相机）三维视图，则视图仅以新方向保存，而且系统不会提示用户提供唯一名称。
- 锁定到选择项：当视图方向随 ViewCube 发生更改时，使用选定对象可以定义视图的中心。
- 透视/正交：在三维视图的正交和透视模式之间切换。
- 将当前视图设置为主视图：根据当前视图定义模型的主视图。
- 将视图设定为前视图：在 ViewCube 上更改定义为前视图的方向，并将三维视图定向到该方向。
- 重置为前视图：将模型的前视图重置为默认方向。
- 显示指南针：显示或隐藏围绕 ViewCube 的指南针。
- 定向到视图：将三维视图设置为项目中的任何平面、立面、剖面或三维视图的方向。
- 确定方向：将相机定向到北、南、东、西、东北、西北、东南、西南或顶部。
- 定向到一个平面：将视图定向到指定的平面。

1.3.10　导航栏

导航栏在绘图区域中，沿当前模型的窗口的一侧显示，包括“SteeringWheels”和“缩放工具”，如图 1-52 所示。

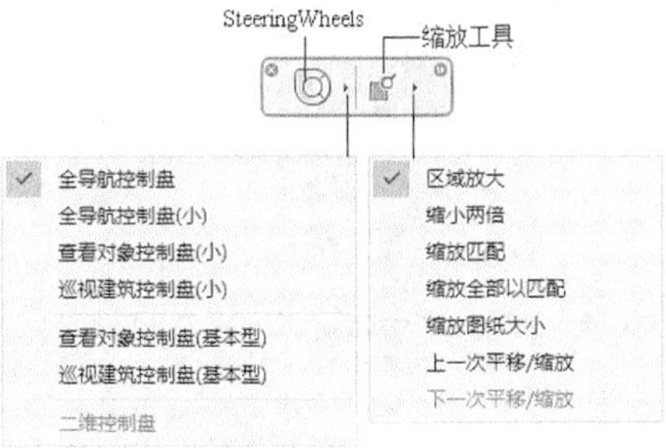

图 1-52　导航栏

1. SteeringWheels

SteeringWheels 是控制盘的集合，通过这些控制盘，可以在专门的导航工具之间快速切换。每个控制盘都被分成不同的按钮，每个按钮都包含一个导航工具，用于重新定位模型的当前视图。SteeringWheels 包含以下几种形式，如图 1-53 所示。

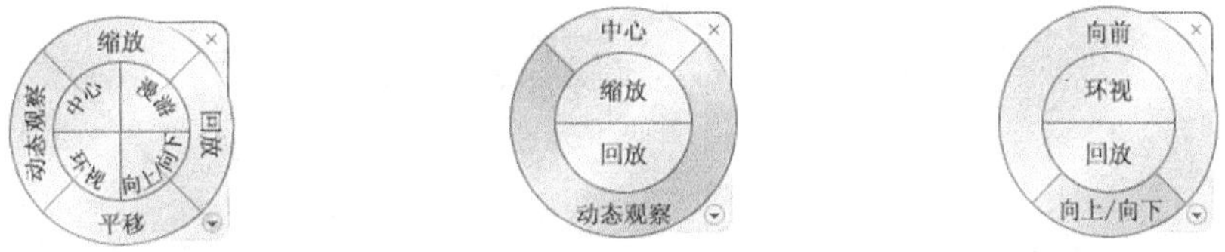

（a）全导航控制盘　（b）查看对象控制盘（基本型）（c）巡视建筑控制盘（基本型）

（d）二维控制盘　（e）查看对象控制盘（小）（f）巡视建筑控制盘（小）（g）全导航控制盘（小）

图 1-53　SteeringWheels 的形式

单击控制盘右下角的“显示控制盘菜单”按钮，打开如图 1-54 所示的控制盘菜单，菜单中包含了全导航控制盘的所有视图工具，单击“关闭控制盘”选项或控制盘上的“关闭”按钮，可以关闭控制盘。

2. 缩放工具

缩放工具包括区域放大、缩小两倍、缩放匹配、缩放全部以匹配和缩放图纸大小等工具。

（1）区域放大：放大所选区域内的对象。

（2）缩小两倍：将视图窗口显示的内容缩小两倍。

（3）缩放匹配：缩放以显示所有对象。

（4）缩放全部以匹配：缩放以显示所有对象的最大范围。

（5）缩放图纸大小：缩放以显示图纸内的所有对象。

（6）上一次平移/缩放：显示上一次平移或缩放结果。

（7）下一次平移/缩放：显示下一次平移或缩放结果。

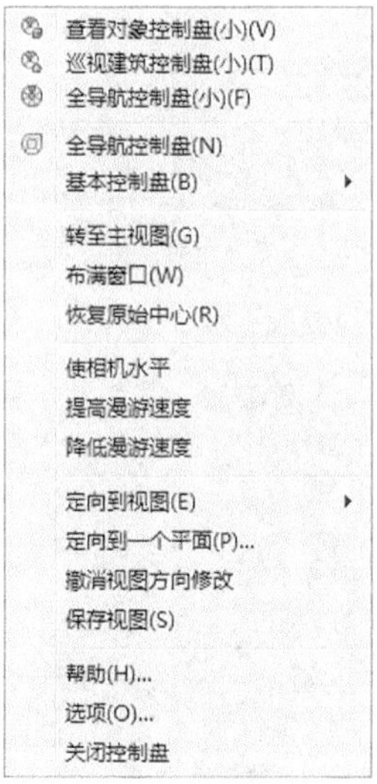

图 1-54　控制盘菜单

第 2 章

标高和轴网

知识导引

在 Revit 中标高和轴网是用来定位和定义楼层高度和视图平面的，也就是设计基准。在 Revit 中轴网确定了一个不可见的工作平面。轴网编号和标高符号样式均可定制修改。

2.1 标　　高

在 Revit 中几乎所有的建筑构件都是基于标高创建的，标高不仅可以作为楼层层高，还可以作为窗台和其他构件的定位。当标高修改后，这些建筑构件会随着标高的改变而发生高度上的变化。

在 Revit 中，标高是由标头和标高线组成的，如图 2-1 所示。标头包括标高的标头符号样式、标高值、标高名称等，标头符号由该标高采用的标头族定义。标高线用于反映标高对象投影的位置、线型、线宽和线颜色等，它由标高类型参数中对应的参数定义。

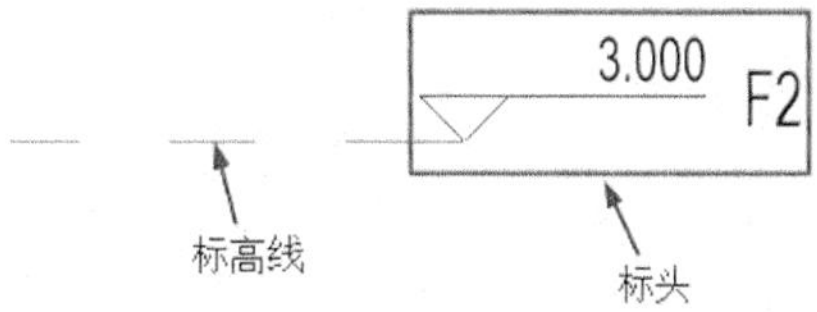

图 2-1　标高

2.1.1　创建建筑标高

视频：创建建筑标高

使用“标高”工具，既可定义垂直高度或建筑内的楼层标高，又可为每个已知楼层或其他必需的建筑参照（如第二层、墙顶或基础底端）创建标高。

在 Revit 中，“标高”命令必须在立面和剖面视图中才能使用，因此在正式开始项目设计之前，必须先打开一个立面视图。

具体绘制步骤如下。

（1）单击主页上的“模型”→“新建”按钮 新建...，打开“新建项目”对话框，在“样板文件”下拉列表中选择“构造样板”选项，单击“项目”单选按钮，如图 2-2 所示。单击“确定”按钮，新建项目 1 文件，并显示楼层平面标高 1。

（2）在如图 2-3 所示的项目浏览器中的“立面”节点下，双击“东”，将视图切换至东立面视图。在东立面视图中显示预设的标高，如图 2-4 所示。

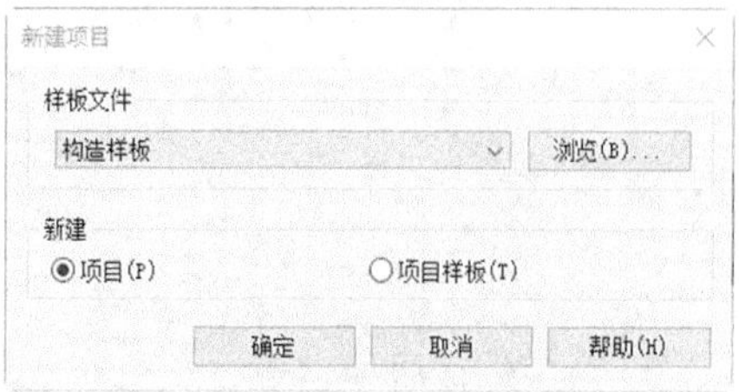

图 2-2 “新建项目”对话框

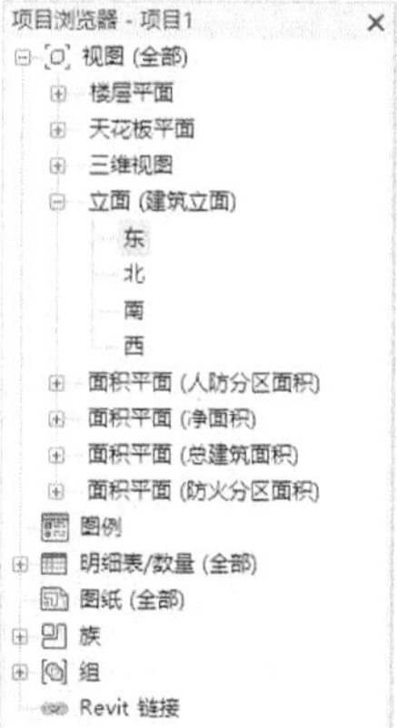

图 2-3 项目浏览器

提示：

一般来说，建筑专业选择“建筑样板”，结构专业选择“结构样板”。如果项目中既有建筑又有结构，或者不完全为单一专业绘图，则选择“构造样板”。

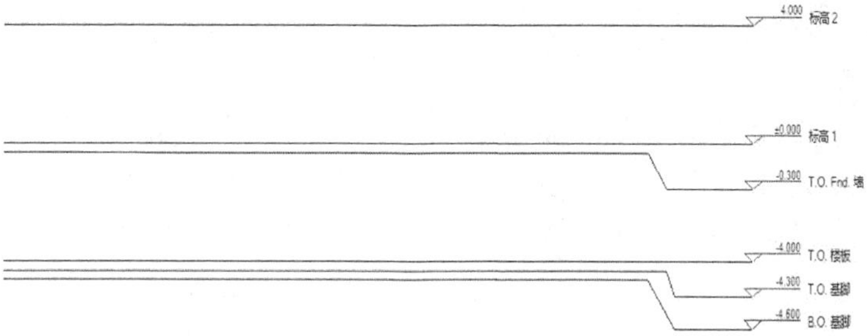

图 2-4 预设标高

（3）单击“建筑”选项卡“基准”面板中的“标高”按钮（快捷键：LL），打开“修改|放置 标高”选项卡和选项栏，如图 2-5 所示。默认激活“线”按钮。

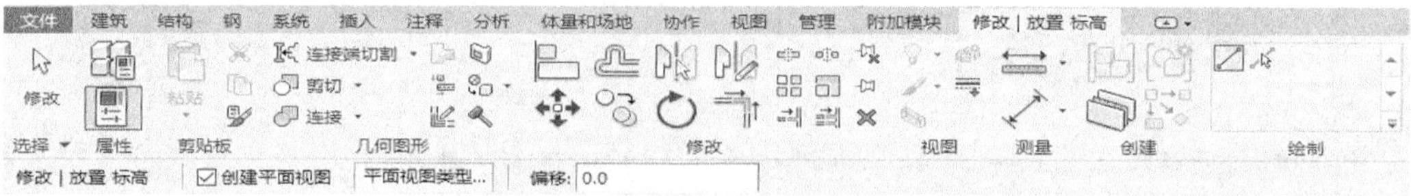

图 2-5 “修改|放置 标高”选项卡和选项栏

“修改|放置 标高”选项卡和选项栏中的选项说明如下。

- 创建平面视图：默认勾选此复选框，所创建的每个标高都是一个楼层，并且拥有关联楼层平面视图和天花板投影平面视图。如果取消勾选此复选框，则认为标高是非楼层的标高或参照标高，并且不创建关联的平面视图。墙及其他以标高为主体的图元可以将参照标高用作自己的墙顶定位标高或墙底定位标高。
- 平面视图类型：单击此选项，打开如图 2-6 所示的“平面视图类型”对话框，指定视图类型。

（4）当放置光标以创建标高时，如果光标与现有标高线对齐，则光标和该标高线之间会显示一个临时的垂直尺寸标注，如图 2-7 所示，单击确定标高线的起点。

（5）通过水平移动光标绘制标高线，直到捕捉到另一侧标头，如图 2-8 所示，单击确定标高线的终点。

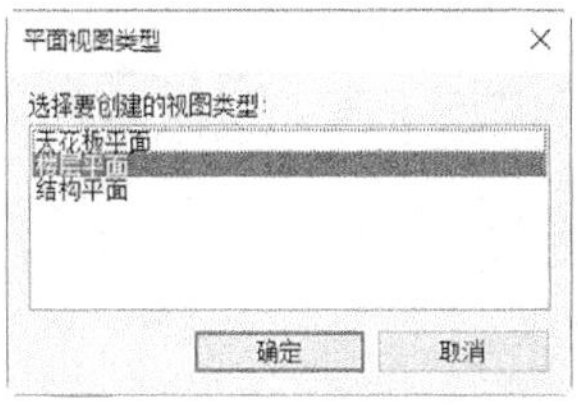

图 2-6 “平面视图类型”对话框

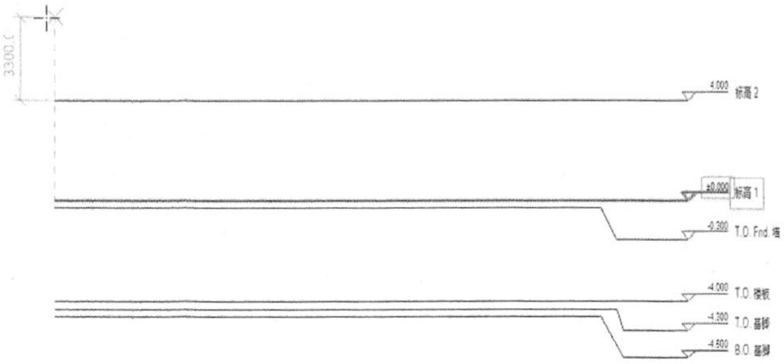

图 2-7 对齐标头

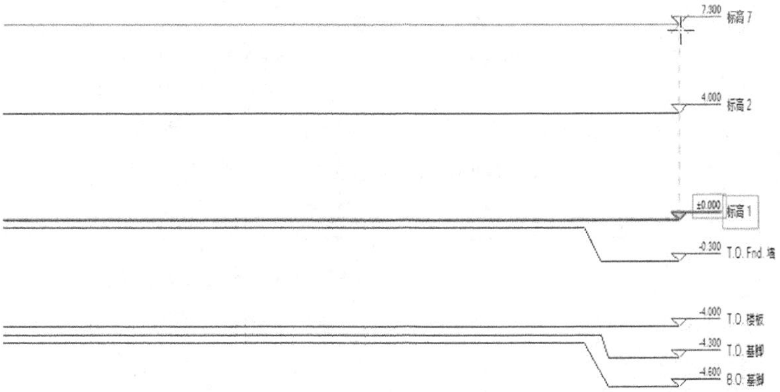

图 2-8 对齐另一侧标头

（6）选择与其他标高线对齐的标高线时，将会出现一个锁以显示对齐，如图 2-9 所示。如果水平移动标高线，则全部对齐的标高线会随之移动。

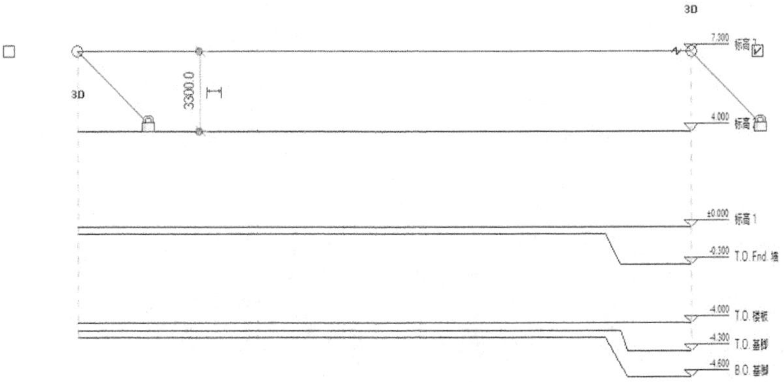

图 2-9 锁定对齐

（7）采用相同的方法，绘制其他标高线，如图 2-10 所示。

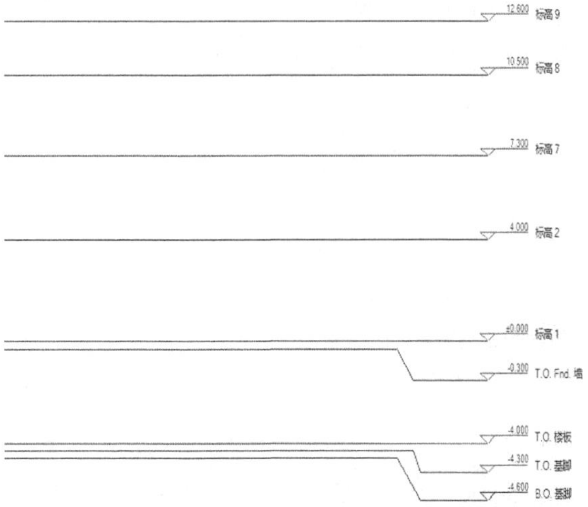

图 2-10　绘制标高线

提示：

如果想要生成多条标高线，还可以利用“复制”和“阵列”这两种工具创建，注意，利用这两种工具只能单纯地创建标高符号，而不会生成相应的视图，所以需要手动创建平面视图。

（8）在视图中选取多余的标高线，如 B.O.基脚标高线，单击鼠标右键，在弹出的快捷菜单中选择“删除”选项，如图 2-11 所示，系统弹出如图 2-12 所示的警告对话框，单击“确定”按钮，删除选中的标高线。采用相同的方法，删除其他多余的标高线，结果如图 2-13 所示。

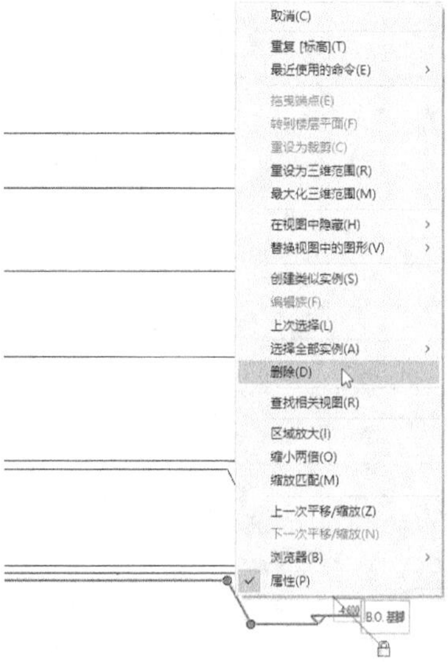

图 2-11　快捷菜单

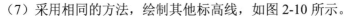

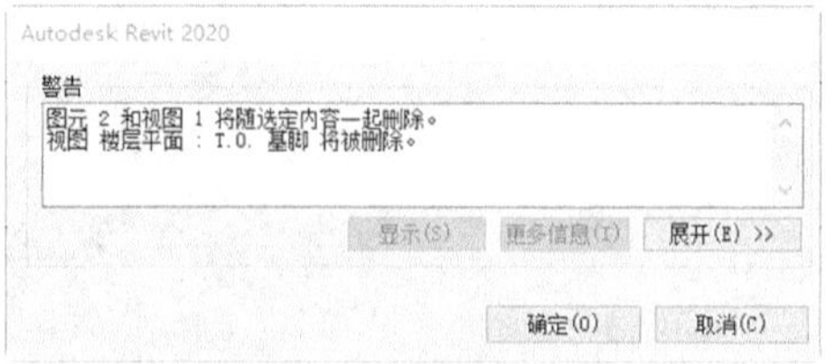

图 2-12　警告对话框

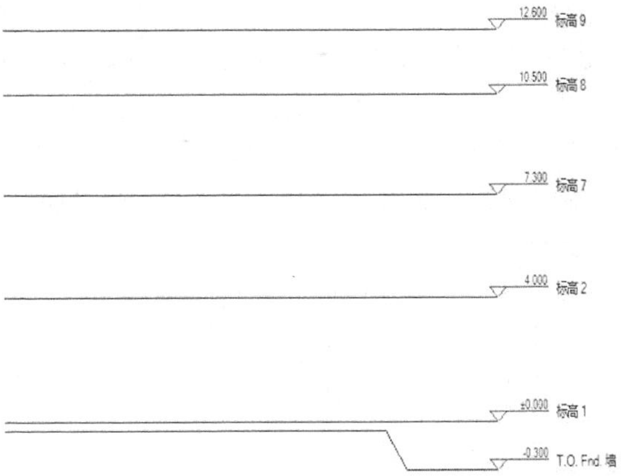

图 2-13　删除标高线

（9）选取视图中的标高 2，显示临时尺寸值，双击尺寸值 4000.0，在文本框中输入新的尺寸值 2800，按 Enter 键更改标高的高度，系统将自动调整标高线位置，如图 2-14 所示。

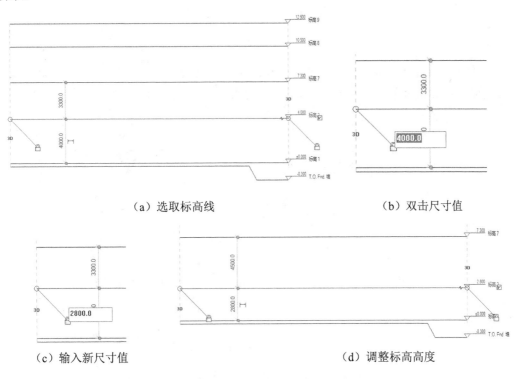

（a）选取标高线

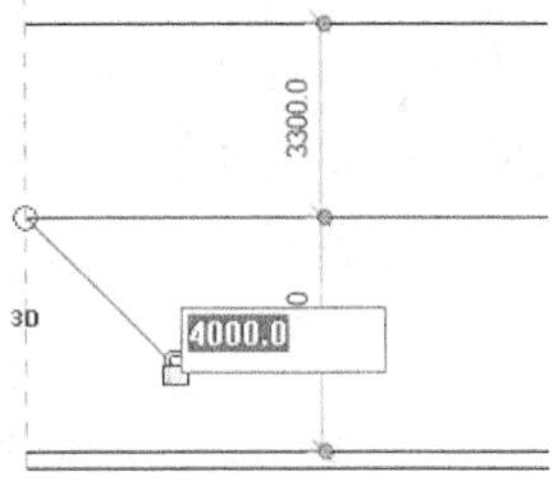

（b）双击尺寸值

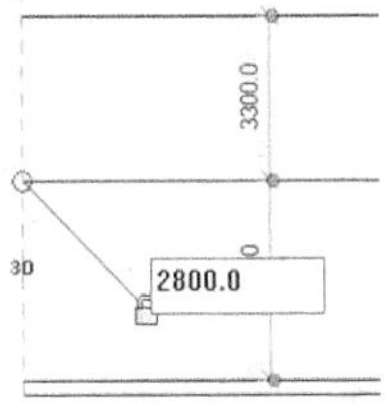

（c）输入新尺寸值

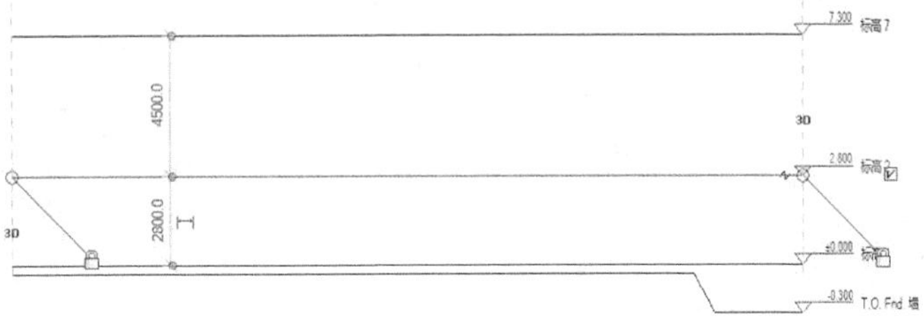

（d）调整标高高度

图 2-14　更改标高高度

（10）在属性选项板中通过修改实例属性来指定标高的高程、计算高度和名称，如图 2-15 所示。对实例属性的修改只会影响当前选中的图元。

标高属性选项板中的主要选项说明如下。

- 立面：标高的垂直高度。
- 上方楼层：与“建筑楼层”参数结合使用，此参数指示该标高的下一个建筑楼层。默认情况下，“上方楼层”是下一个启用“建筑楼层”的最高标高。
- 计算高度：在计算房间周长、面积和体积时要使用的标高之上的距离。
- 名称：标高的标签，可以为该属性指定任何所需的标签或名称。
- 结构：将标高标识为主要结构（如钢顶部）。
- 建筑楼层：指示标高对应于模型中的功能楼层或楼板，与其他标高（如平台和保护墙）相对。

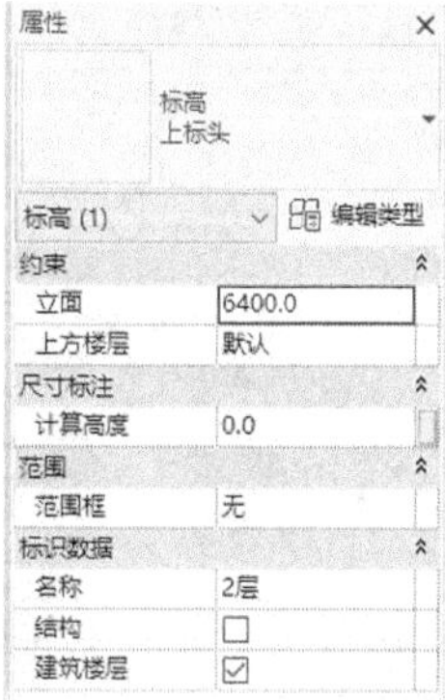

图 2-15　属性选项板

（11）双击标高 7 标头上的尺寸值 7.300，在文本框中输入新的尺寸值 6.4（标头上显示的尺寸值是以 m 为单位的），按 Enter 键更改标高的高度，系统将自动调整标高线位置，如图 2-16 所示。

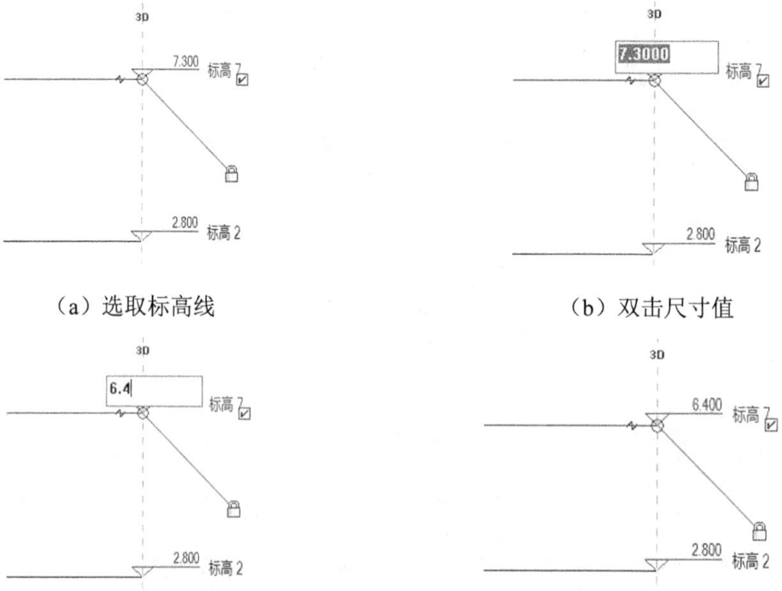

（a）选取标高线　（b）双击尺寸值

（c）输入新尺寸值　（d）调整标高

图 2-16　更改标头尺寸

（12）重复步骤（9）～（11），更改其他标高尺寸，结果如图 2-17 所示。

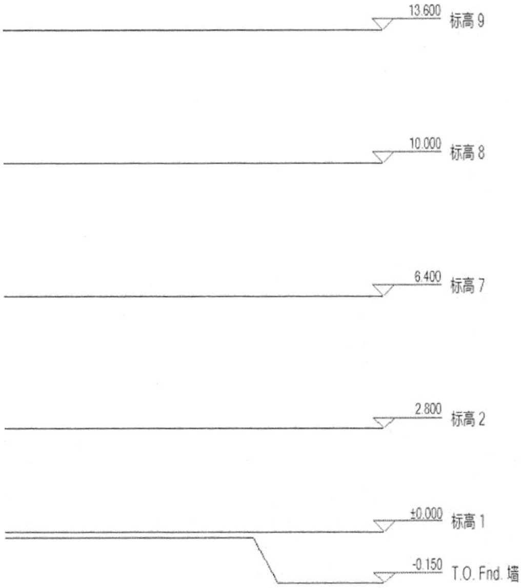

图 2-17　更改其他标高尺寸

（13）选取 T.O.Fnd.墙标高线，单击标高的名称，在文本框中输入新的名称“室外地坪”，按 Enter 键，打开“确认标高重命名”对话框，单击“是”按钮，相关的楼层平面和天花板投影平面的名称也将随之更新，如图 2-18 所示。

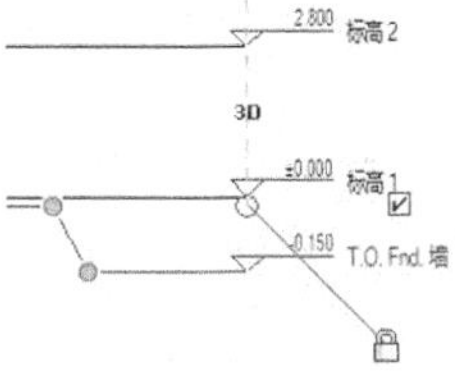

（a）选取标高线

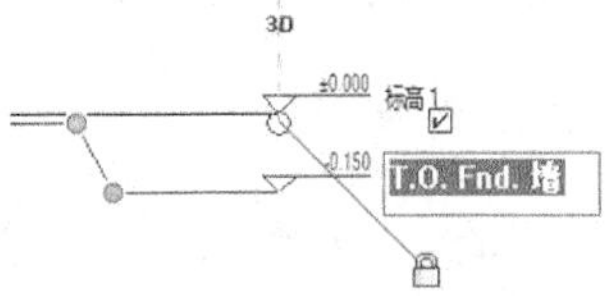

（b）单击标高名称

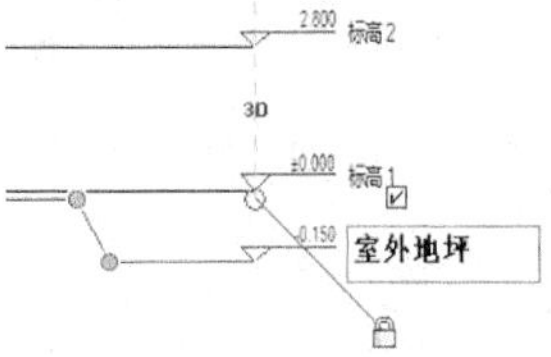

（c）输入新名称

（d）确认标高重命名

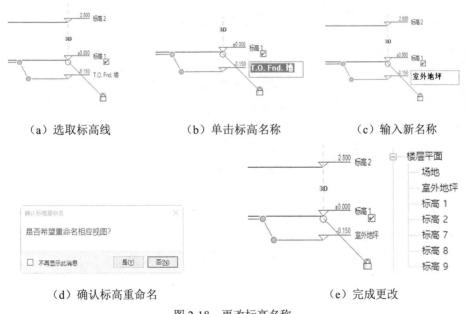

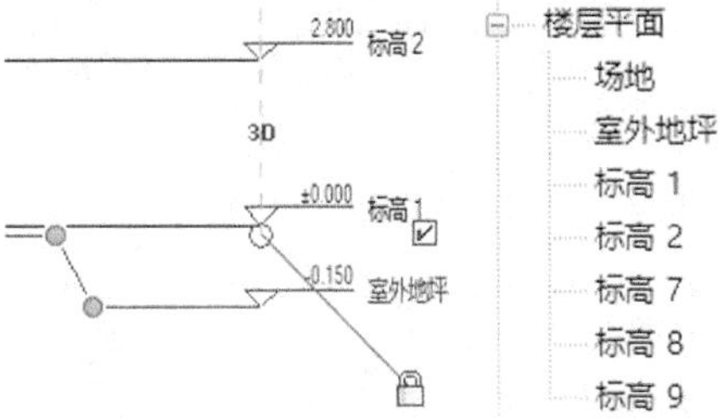

（e）完成更改

图 2-18　更改标高名称

（14）采用相同的方法，更改其他标高名称，结果如图 2-19 所示。

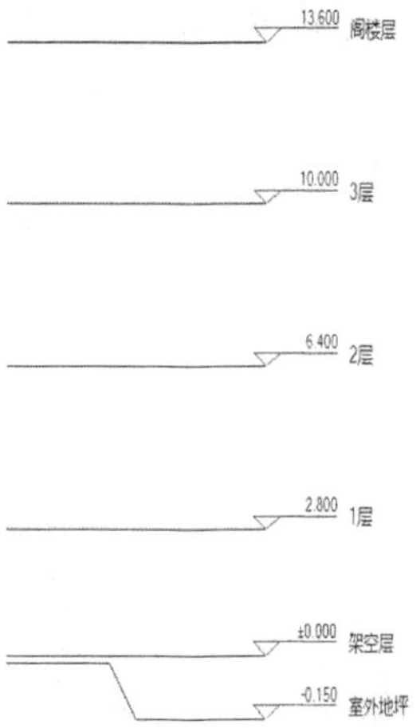

图 2-19　更改其他标高名称

提示：

如果输入的名称已存在，则会打开如图 2-20 所示的“Autodesk Revit 2020”错误提示对话框，单击“取消”按钮，重新输入名称。

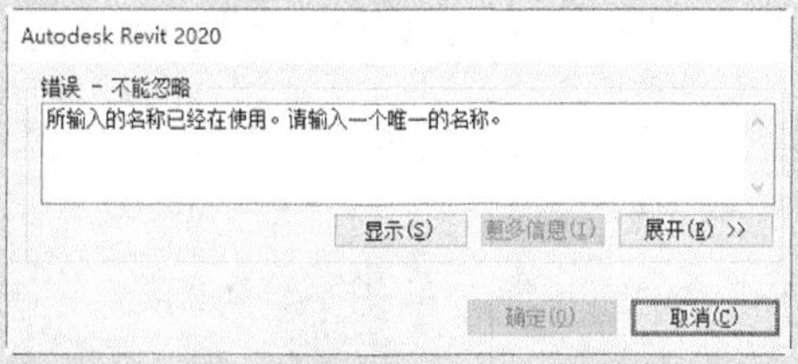

图 2-20　“Autodesk Revit 2020”错误提示对话框

注意：

在绘制标高时，要注意光标的位置，如果光标在现有标高的上方位置，则会在当前标高的上方生成标高；如果光标在现有标高的下方位置，则会在当前标高的下方生成标高。在拾取时，视图会以虚线表示即将生成的标高位置，可据此预览来判断标高位置是否正确。

（15）选取室外地坪标高线，在属性选项板中更改类型，如图 2-21 所示。

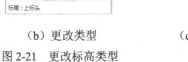

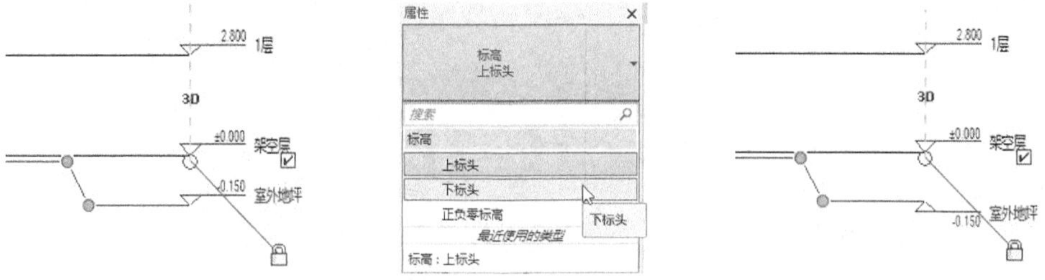

（a）选取标高线　　（b）更改类型　　（c）更改后的结果

图 2-21　更改标高类型

（16）选取标高线，拖动标高线两端的操纵柄，向左或向右移动鼠标，调整标高线的长度，如图 2-22 所示。

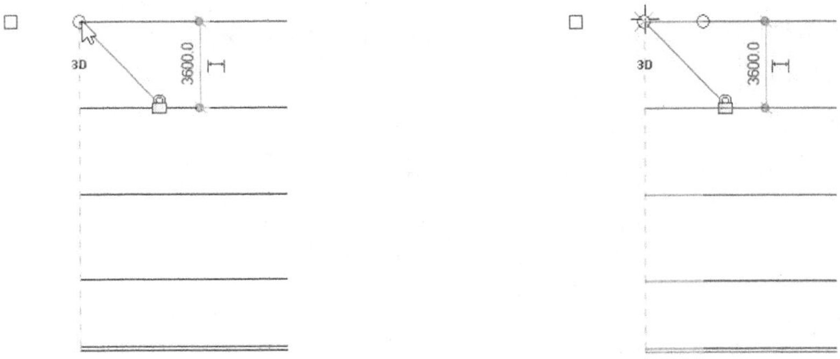

（a）选取标高线　　（b）拖动操纵柄

图 2-22　调整标高线长度

（17）单击属性选项板中的“编辑类型”按钮，打开如图 2-23 所示的“类型属性”对话框，可以在该对话框中修改“基面”“线宽”“颜色”等属性。

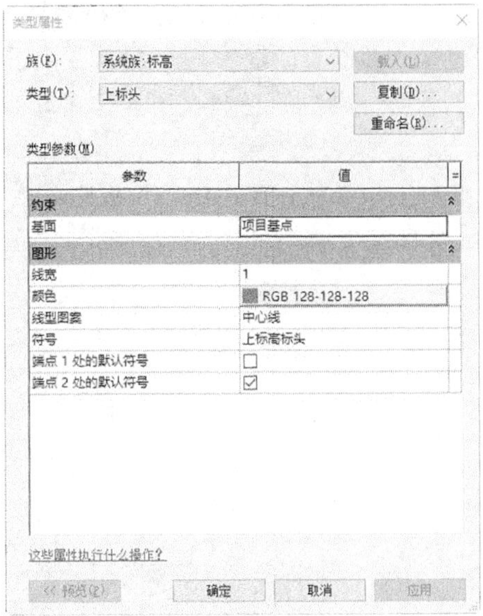

图 2-23　“类型属性”对话框

“类型属性”对话框中的选项说明如下。

- 基面：包括项目基点和测量点。如果选择项目基点，则在某一标高上报告的高程基于项目原点。如果选择测量点，则报告的高程基于固定测量点。
- 线宽：设置标高类型的线宽。可以从值列表中选择线宽型号。
- 颜色：设置标高线的颜色。单击“颜色”选项，打开“颜色”对话框，从对话框的颜色列表中选择颜色或自定义颜色。
- 线型图案：设置标高线的线型图案。线型图案可以是实线或虚线和圆点的组合。

可以从 Revit 定义的值列表中选择线型图案，或自定义线型图案。

- 符号：确定标高线的标头是否显示编号中的标高号（标高标头-圆圈）、显示标高号但不显示编号（标高标头-无编号）或不显示标高号（<无>）。
- 端点 1 处的默认符号：默认情况下，在标高线的左端点处不放置编号，勾选此复选框，可显示编号。
- 端点 2 处的默认符号：默认情况下，在标高线的右端点处放置编号。选择标高线时，标高编号旁边将显示复选框，取消此复选框的勾选，可隐藏编号。

（18）单击“文件”下拉菜单中的“另存为”→“项目”命令，打开“另存为”对话框，指定保存位置并输入文件名，单击“保存”按钮。

2.1.2 创建结构标高

视频：创建结构标高

（1）单击主页上的“模型”→“打开”按钮 打开… 或单击快速访问工具栏中的“打开”按钮（快捷键：Ctrl+O），打开“打开”对话框，选取 2.1.1 节保存的项目文件，单击“打开”按钮，打开项目文件。

（2）在项目浏览器的结构平面节点下选取所有的标高线，单击鼠标右键，在弹出的快捷菜单中选择“删除”选项，如图 2-24 所示，删除标高线。

（3）单击“建筑”选项卡“基准”面板中的“标高”按钮（快捷键：LL），从右向左绘制标高线，使标头显示在标高线的左端，使其和建筑标高线区分，然后更改名称和标高尺寸，如图 2-25 所示。

（4）选取步骤（3）中绘制的标高线，在属性选项板中取消勾选“建筑楼层”复选框，然后勾选“结构”复选框，如图 2-26 所示。选取基础标高线，在属性选项板中更改类型为下标头。

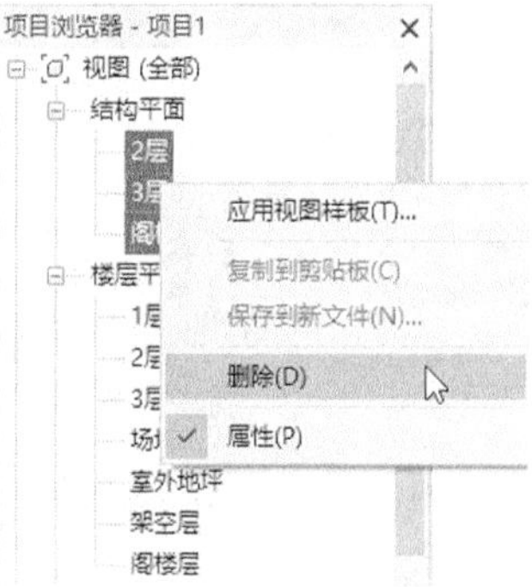

图 2-24 快捷菜单

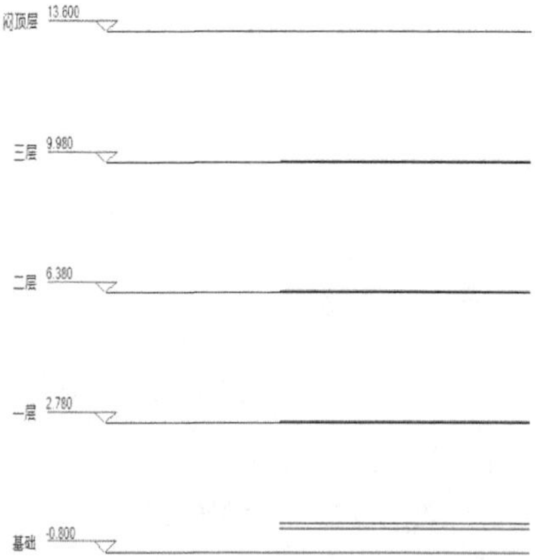

图 2-25 绘制结构标高

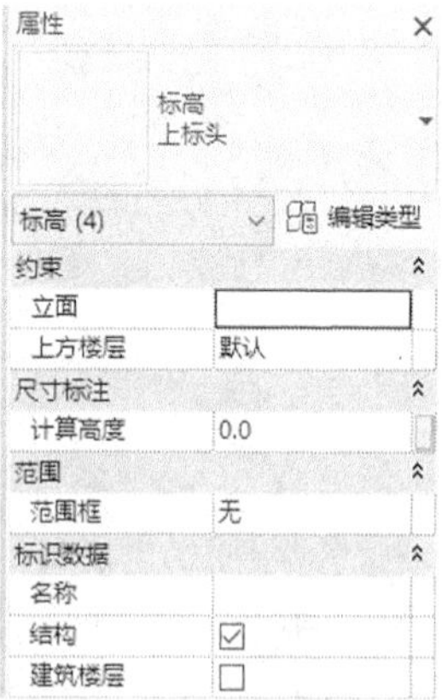

图 2-26 勾选“结构”复选框

（5）选取架空层标高线，单击左侧的“创建或删除长度或对齐约束”图标，解除对齐约束关系，拖动标高线的控制点，调整标高线的长度，使其与左侧的结构标高线对齐，如图 2-27 所示。

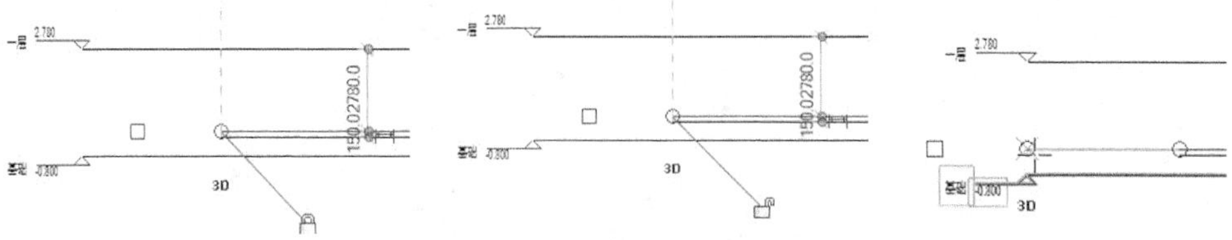

（a）选取标高线　　（b）解除约束　　（c）拖动控制点

图 2-27　调整标高线长度

（6）选取架空层标高线，在标高编号的附近会显示“隐藏或显示编号”复选框，勾选此复选框，显示标头，如图 2-28 所示。

（a）显示“隐藏或显示编号”复选框　　（b）勾选复选框

（c）显示标头

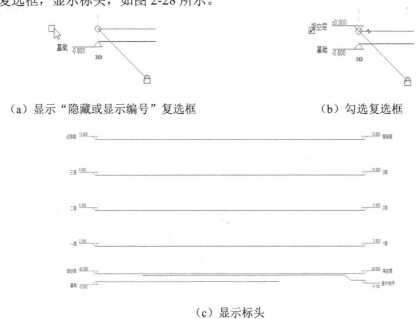

图 2-28　显示标头

（7）在项目浏览器的楼层平面节点中选取绘制的标高线（基础、一层、二层、三层及闷顶层），单击鼠标右键，在打开的快捷菜单中单击“删除”选项，删除标高线。在项目浏览器中显示对应的楼层平面和结构平面，如图 2-29 所示。

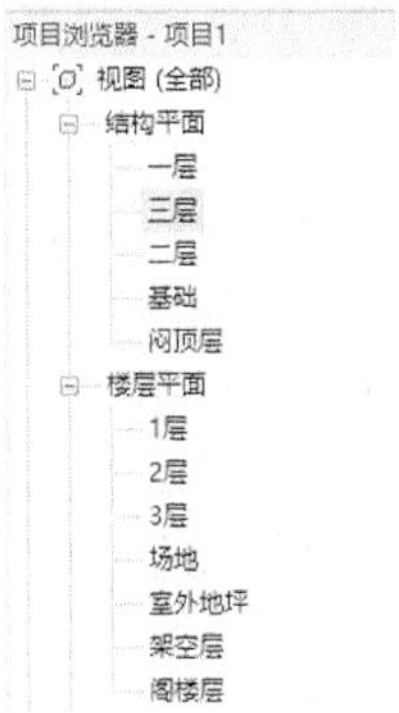

图 2-29　项目浏览器

（8）单击“文件”下拉菜单中的“另存为”→“项目”命令，打开“另存为”对话框，指定保存位置并输入文件名，单击“保存”按钮。

2.2 轴　网

轴网用于为构件定位，在 Revit 中轴网确定了一个不可见的工作平面。Autodesk Revit 软件目前可以绘制弧形和直线轴网，不支持绘制折线轴网。

2.2.1 创建轴网

视频：创建轴网

使用“轴网”工具，可以在建筑设计中放置轴网线。

在 Revit 中，轴网只需要在任意剖面视图中绘制一次，其他平面、立面、剖面视图中都将自动显示。

具体操作步骤如下。

（1）打开 2.1.2 节绘制的文件，在项目浏览器中的“楼层平面”节点下双击“1 层”，将视图切换至 1 层平面，楼层平面视图中的符号表示本项目中东、南、西、北各立面视图的位置，双击此符号将视图切换至对应的立面视图。

（2）单击“建筑”选项卡“基准”面板“轴网”按钮（快捷键：GR），打开“修改|放置 轴网”选项卡和选项栏，如图 2-30 所示。系统默认激活“线”按钮。

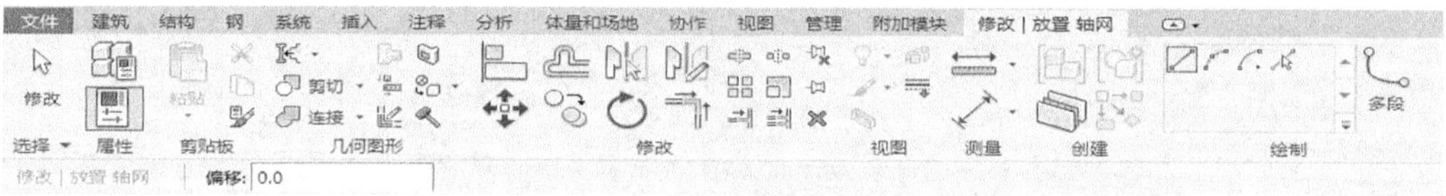

图 2-30　“修改|放置 轴网”选项卡和选项栏

（3）单击确定轴线的起点，向下移动光标，系统将在光标位置和起点之间显示轴线预览，并给出当前轴线方向与水平方向的临时角度，如图 2-31 所示，移动光标到适当位置，单击确定轴线的终点，完成一条竖直轴线的绘制，结果如图 2-32 所示。

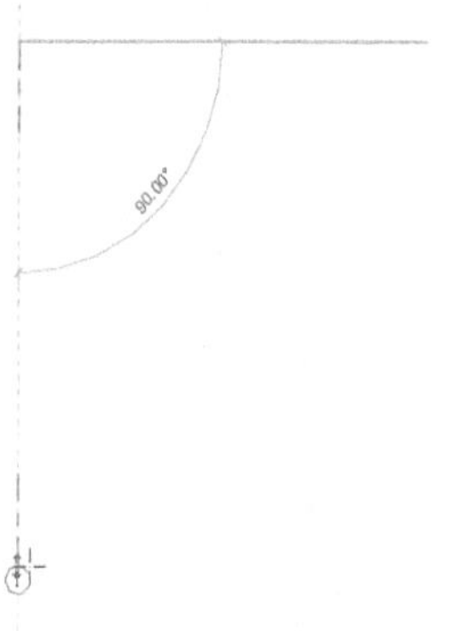

图 2-31　确定起点

图 2-32　绘制轴线

（4）移动光标到轴线 1 起点的右侧，系统将自动捕捉该轴线的起点，给出端点对齐捕捉参考线，并在光标和轴线之间显示临时尺寸，单击确定轴线的起点，向下移动光标，直到捕捉轴线 1 另一侧端点时单击确定轴线的端点，完成轴线 2 的绘制，系统自动将轴线编号为 2，如图 2-33 所示。

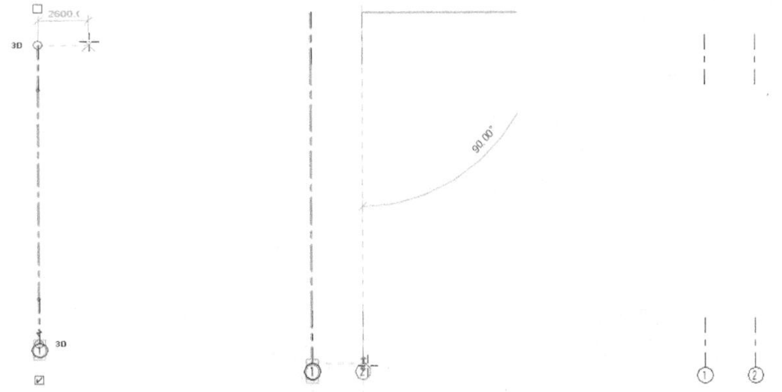

（a）确定起点　　（b）确定端点　　（c）轴线 2 绘制完毕

图 2-33　绘制轴线 2

（5）单击“修改”选项卡“修改”面板中的“复制”按钮（快捷键：CO），框选步骤（4）中绘制的轴线 2，然后按 Enter 键，指定起点，移动光标到适当位置，单击确定终点，如图 2-34 所示。也可以直接输入尺寸值确定两轴线之间的间距。复制的轴线编号是自动排序的。

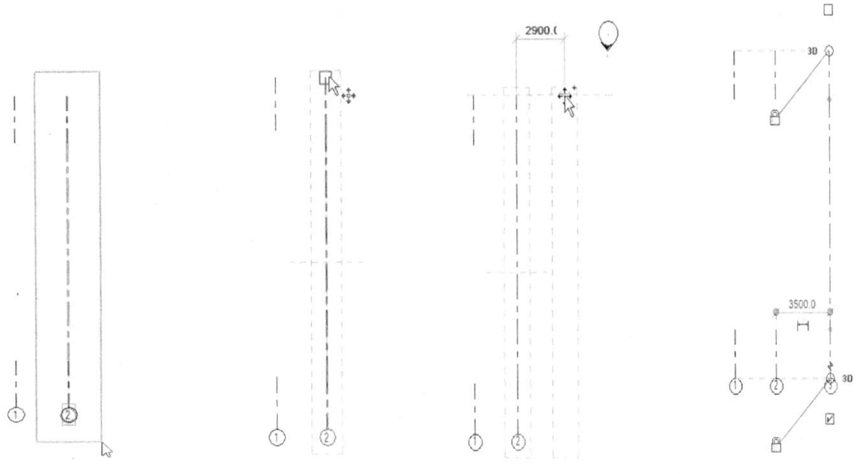

（a）框选轴线　　（b）指定起点　　（c）确定间距　　（d）复制完毕

图 2-34　复制轴线

（6）继续绘制其他竖轴线，如图 2-35 所示。如果轴线是对齐的，则选择轴线时会出现一个锁以指明对齐。如果移动轴网范围，则所有对齐的轴线都会随之移动。

（7）继续指定轴线的起点，水平移动光标到适当位置，单击确定终点，绘制一条水平轴线，如图 2-36 所示。系统将自动按轴线编号累计 1 的方式自动命名轴线编号为 10。

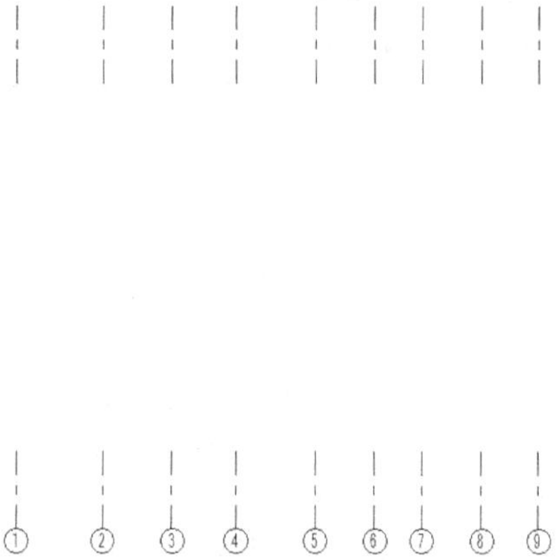

图 2-35　绘制竖轴线

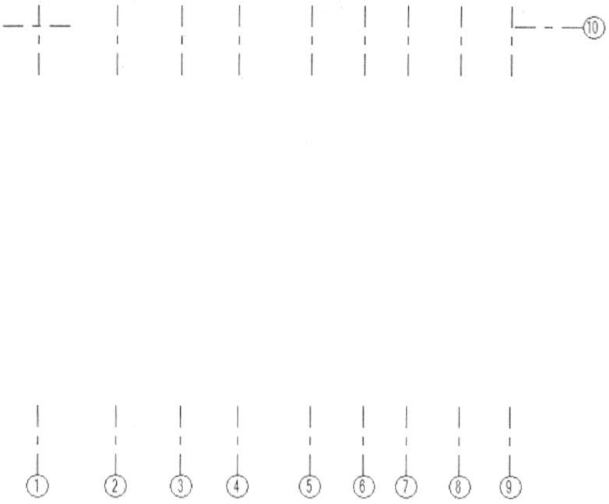

图 2-36　绘制水平轴线

（8）单击“修改”选项卡“修改”面板中的“阵列”按钮（快捷键：AR），选取步骤（7）中绘制的水平轴线，然后指定阵列起点，在选项栏中勾选“成组并关联”复选框，选择“最后一个”选项，拖动光标向下移动，指定最后一个阵列的位置，单击确定，并输入阵列个数为 9，按 Enter 键确定，绘制过程如图 2-37 所示。从图 2-37 中可以看出，采用“最后一个”选项阵列出来的轴线编号不是按顺序编号的，但是采用“第二个”选项阵列出来的轴线编号是按顺序编号的。

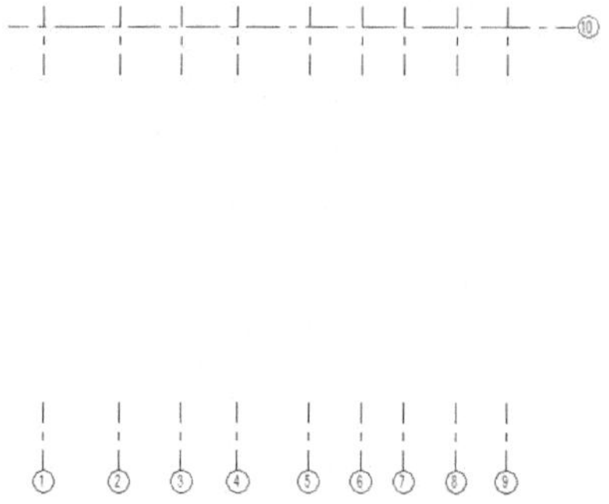

（a）选取轴线

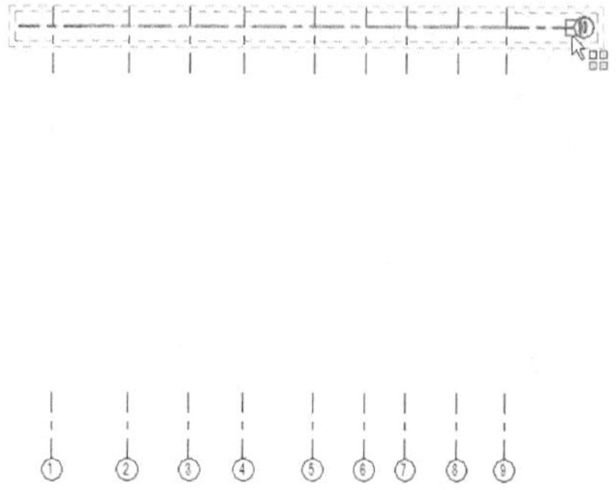

（b）指定起点

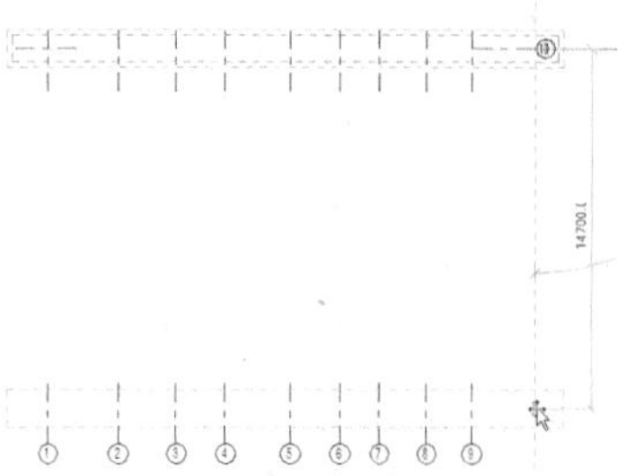

（c）确定最后一个阵列的位置

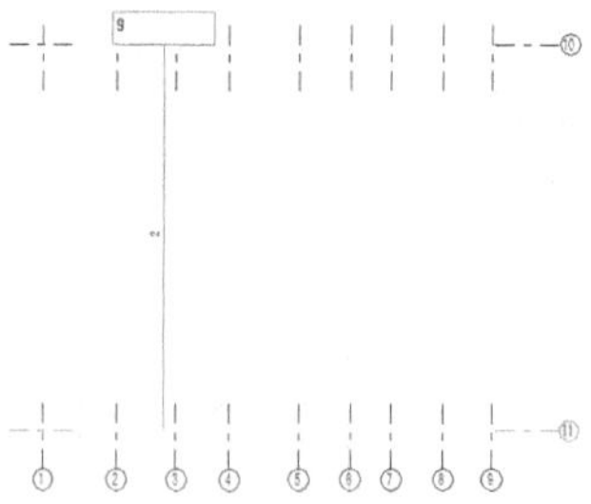

（d）输入阵列个数

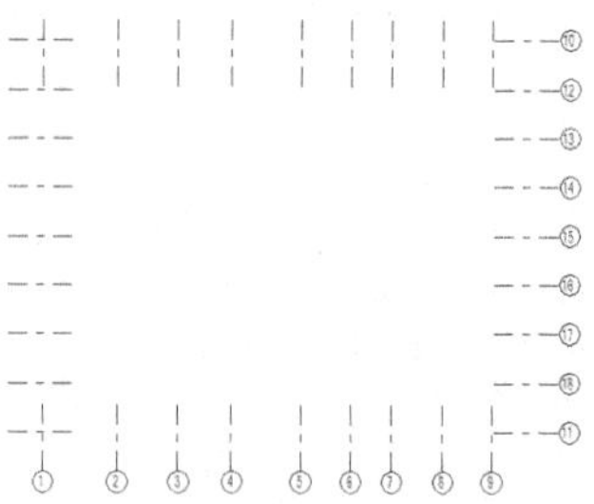

（e）阵列轴线绘制完毕

图 2-37　阵列轴线绘制过程图

（9）通过“阵列”命令创建的轴线是模型组，选取步骤（8）中创建的轴线 10~轴线 18，单击“修改|模型组”选项卡“成组”面板中的“解组”按钮（快捷键：UG），将轴线模型组恢复为图元。如果在阵列的时候取消勾选“成组并关联”复选框，则阵列创建的轴线是单个图元。

（10）单击“文件”下拉菜单中的“另存为”→“项目”命令，打开“另存为”对话框，指定保存位置并输入文件名，单击“保存”按钮。

2.2.2　编辑轴网

视频：编辑轴网

绘制完轴网后还需要修改轴网。

具体操作步骤如下。

（1）打开 2.2.1 节绘制的文件，选取所有轴线，然后在属性选项板中选择如图 2-38 所示的轴网类型，更改后的结果如图 2-39 所示。

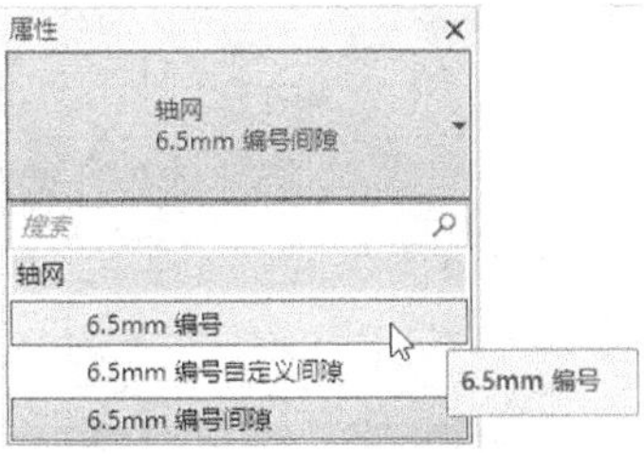

图 2-38　选择轴网类型

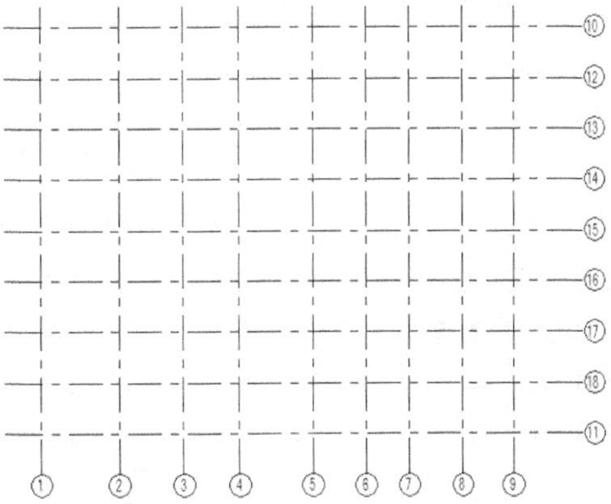

图 2-39　更改轴网类型

（2）一般情况下，横向轴线的编号是按从左到右的顺序编写的，纵向轴线的编号是用大写的拉丁字母从下到上编写的，不能用字母 I 和 O。选择最下端水平轴线，单击数字“18”，更改为“A”，按 Enter 键确认，修改轴号的过程如图 2-40 所示。

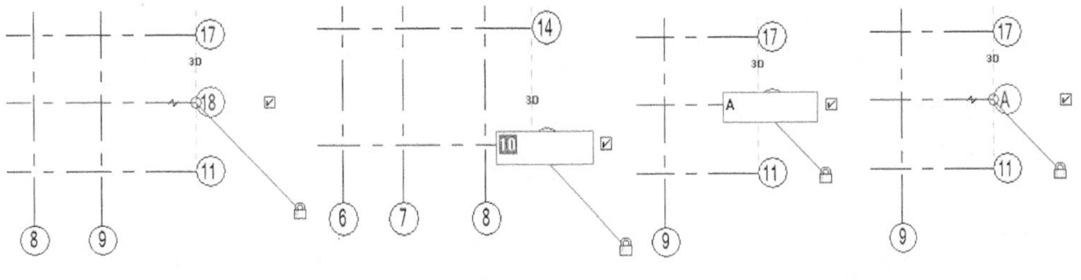

（a）选取轴线　（b）单击轴号　（c）输入轴号　（d）完成轴号修改

图 2-40　修改轴号过程

（3）采用相同的方法更改纵向轴线的编号，结果如图 2-41 所示。

（4）选取轴线 2，视图中将会显示临时尺寸，单击轴线 2 左侧的临时尺寸 2900.0，输入新的尺寸值 1500，按 Enter 键确认，轴线会根据新的尺寸值移动位置，如图 2-42 所示。

（5）采用相同的方法，更改轴线之间的所有尺寸，如图 2-43 所示。也可以直接拖曳轴线调整轴线之间的间距。

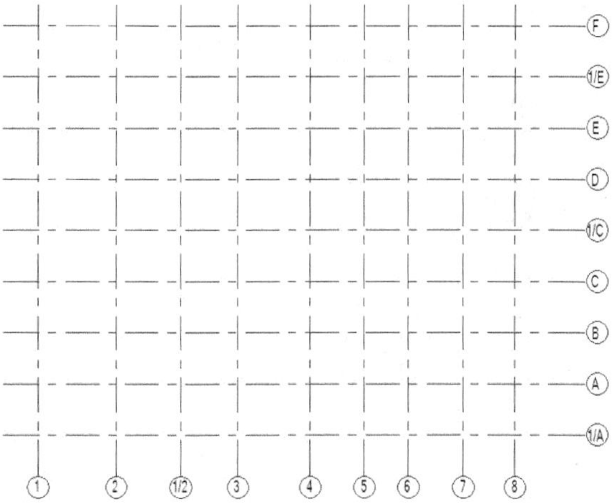

图 2-41　更改纵向轴线编号

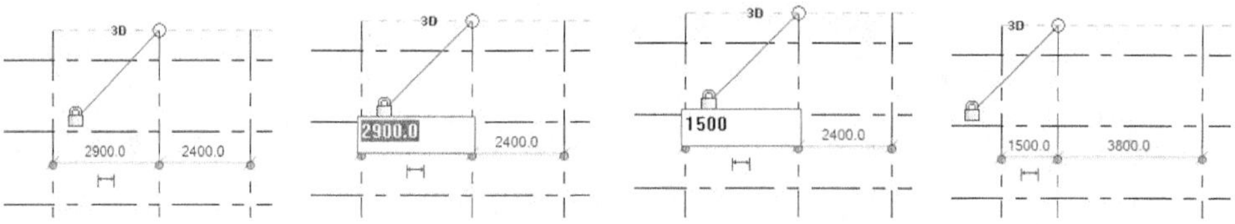

（a）显示临时尺寸　（b）单击临时尺寸　（c）输入新尺寸值　（d）调整轴线

图 2-42　修改轴线之间的尺寸过程

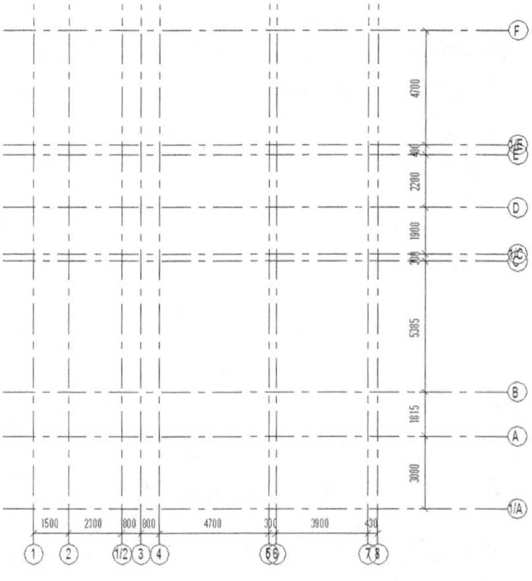

图 2-43　更改轴线之间的所有尺寸

（6）选取轴线，通过拖曳轴线端点⊙修改轴线的长度，如图 2-44 所示。

（7）选取视图中任一轴线，单击属性选项板中的“编辑类型”按钮，打开如图 2-45 所示的“类型属性”对话框，可以在该对话框中修改轴线类型、符号、颜色等属性。勾选“平面视图轴号端点 1（默认）”复选框，单击“确定”按钮，结果如图 2-46 所示。

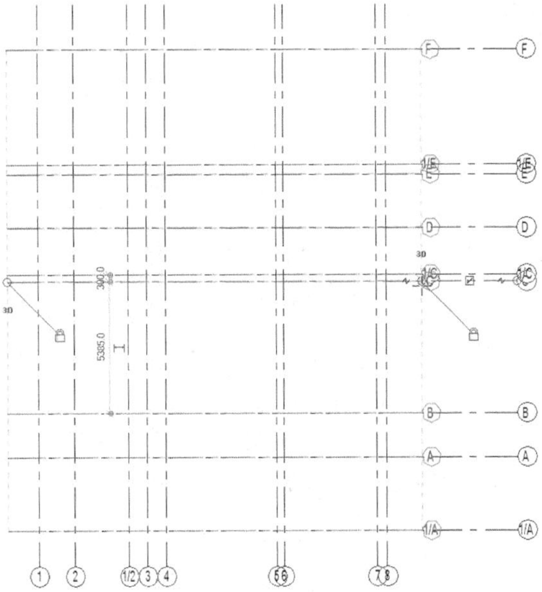

图 2-44　调整轴线长度

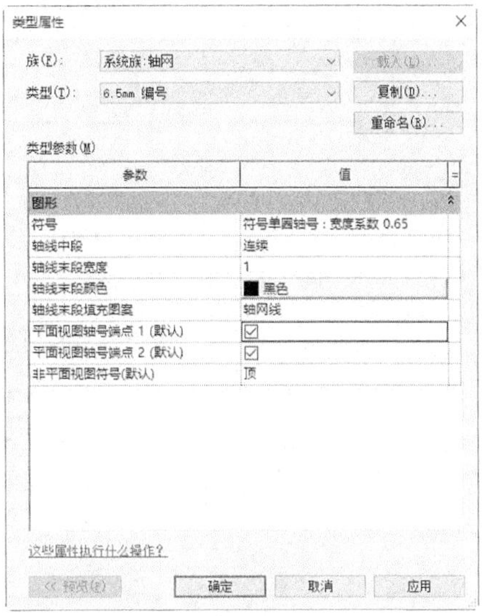

图 2-45　“类型属性”对话框

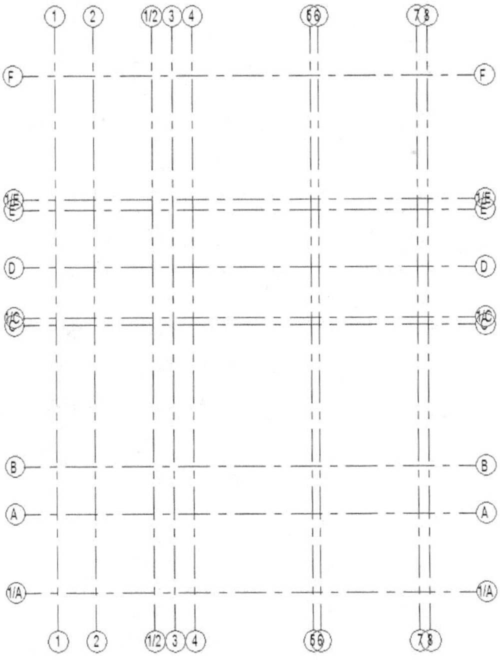

图 2-46　显示端点 1 的轴号

“类型属性”对话框中的选项说明如下。

- 符号：用于轴线端点的符号。
- 轴线中段：在轴线中显示轴线中段的类型，包括“无”、“连续”或“自定义”，如图 2-47 所示。
- 轴线末端宽度：表示连续轴线的线宽，或者在“轴线中段”为“无”或“自定义”的情况下表示轴线末段的线宽，如图 2-48 所示。

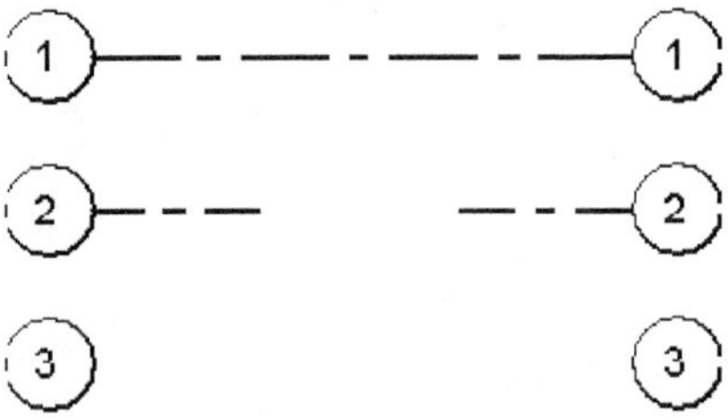

图 2-47　直线中段类型

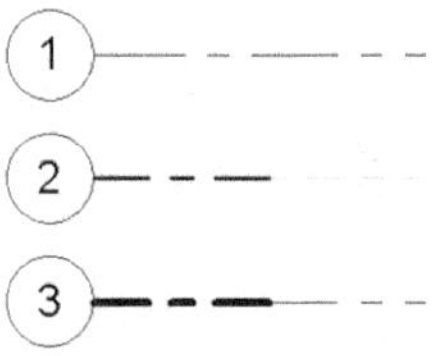

图 2-48　轴线末段宽度

- 轴线末段颜色：表示连续轴线的线颜色，或者在“轴线中段”为“无”或“自定义”的情况下表示轴线末段的线颜色，如图 2-49 所示。
- 轴线末段填充图案：表示连续轴线的线样式，或者在“轴线中段”为“无”或“自定义”的情况下表示轴线末段的线样式，如图 2-50 所示。

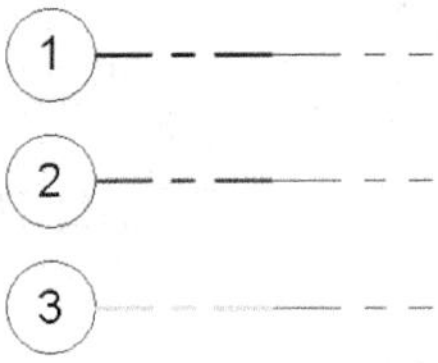

图 2-49　轴线末段颜色

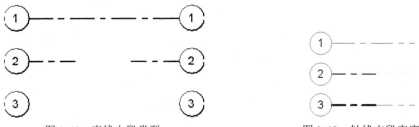

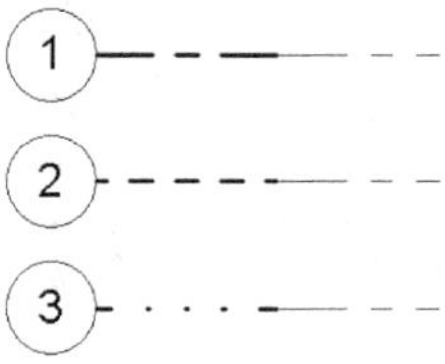

图 2-50　轴线末段填充图案

- 平面视图轴号端点 1（默认）：在平面视图中，在轴线的起点处显示编号的默认设置。也就是说，在绘制轴线时，编号显示在其起点处。
- 平面视图轴号端点 2（默认）：在平面视图中，在轴线的终点处显示编号的默认设置。也就是说，在绘制轴线时，编号显示在其终点处。
- 非平面视图符号（默认）：在非平面视图的项目视图（如立面视图和剖面视图）中，轴线上显示编号的默认位置：“顶”、“底”、“两者”（顶和底）或“无”。如果需要，可以显示或隐藏视图中各轴线的编号。

（8）选取轴线 2，取消勾选轴线下方的方框☑，关闭轴号显示，如图 2-51 所示。

（a）选取轴线　　（b）取消勾选

图 2-51　关闭轴号显示

（9）选取轴线 2，单击轴线下方的“创建或删除长度或对齐约束”按钮，使其变为，删除对齐约束，拖动轴线 2 下方的控制点，调整轴线 2 的长度，如图 2-52 所示。

（10）采用相同的方法，调整其他轴线，如图 2-53 所示。

（11）单击“建筑”选项卡“基准”面板“参照平面”按钮，绘制参照平面，选取参照平面，修改尺寸值，调整参照平面的位置，如图 2-54 所示。

（12）单击“建筑”选项卡“基准”面板“轴网”按钮（快捷键：GR），打开“修改|放置 轴网”选项卡和选项栏，单击“起点-终点-半径弧”按钮，捕捉轴线 8 与上部参照平面的交点为起点，然后捕捉轴线 7 与下部参照平面的交点为终点，绘制半径为 3170mm 的圆弧轴线，并取消轴号的显示，结果如图 2-55 所示。

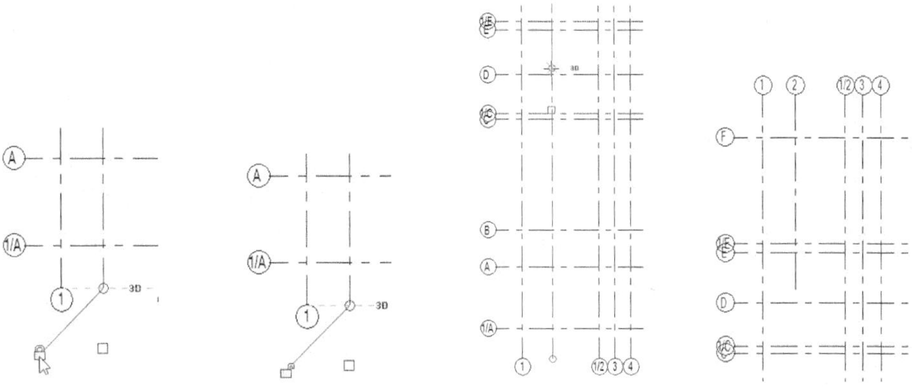

（a）选取轴线　　（b）解除对齐　　（c）拖动轴线控制点　　（d）调整轴线长度

图 2-52　调整轴线 2

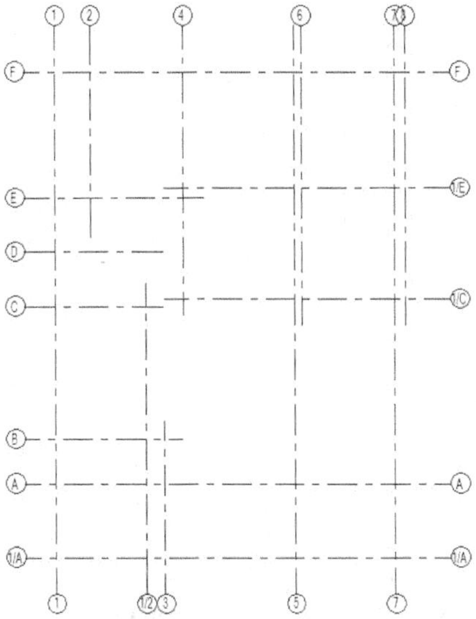

图 2-53　调整其他轴线

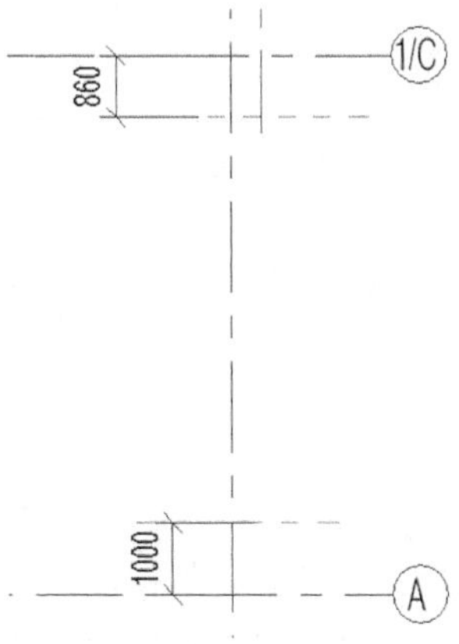

图 2-54　调整参照平面的位置

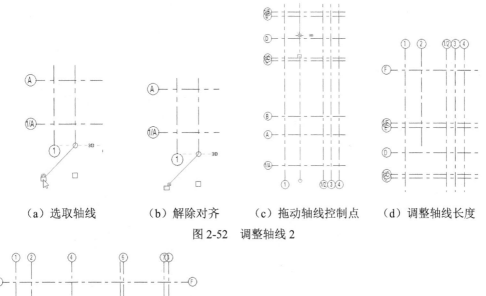

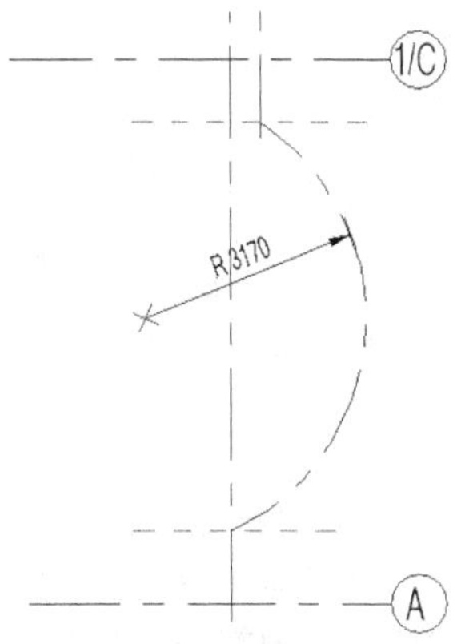

图 2-55　绘制弧形轴线

（13）从图 2-53 中可以看出轴线 1/2 和轴线 3 之间相距太近，可以选取轴线 1/2，单击“添加弯头”按钮，拖动控制点调整轴线位置，结果如图 2-56 所示。采用相同的方法，调整其他轴线，如图 2-57 所示。

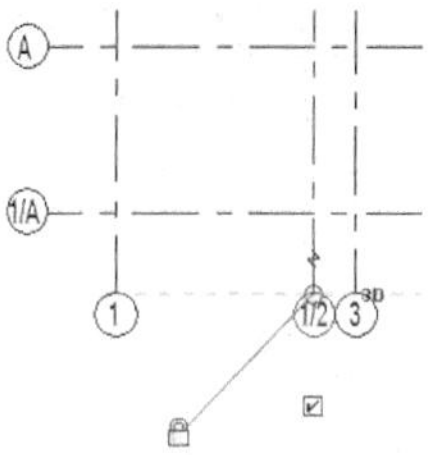

（a）选取轴线

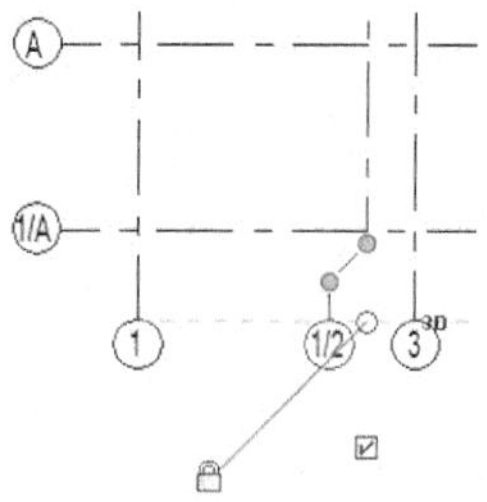

（b）添加弯头

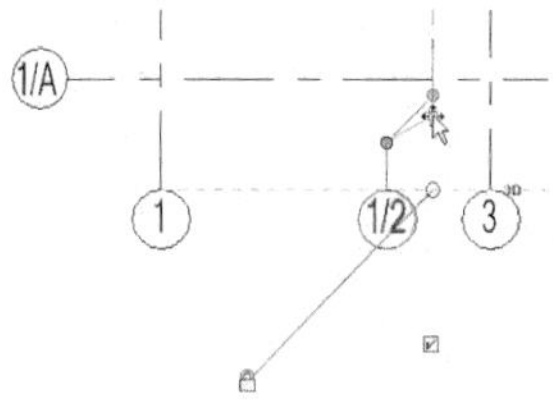

（c）拖动控制点

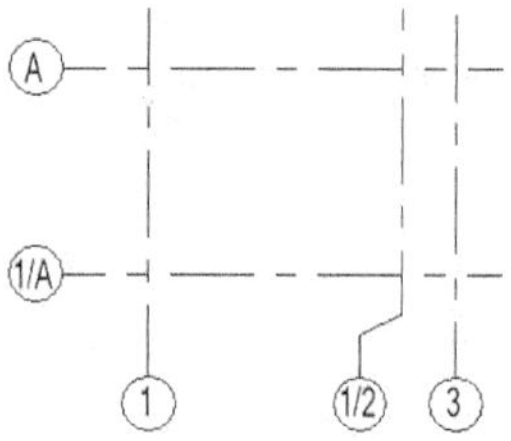

（d）调整轴线位置

图 2-56　添加弯头并调整轴线位置

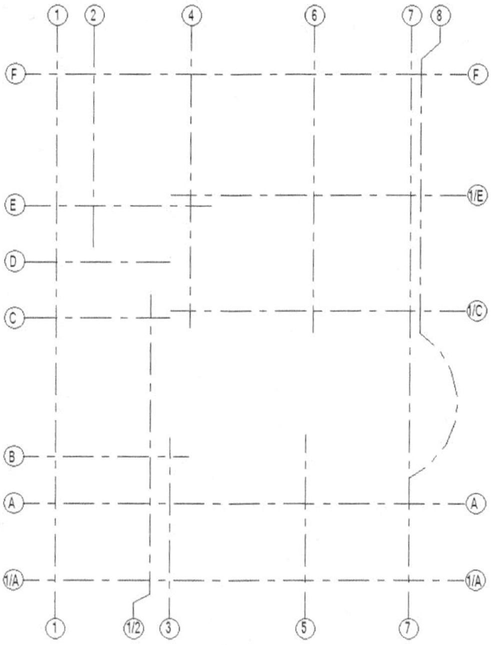

图 2-57　调整其他轴线

（14）将视图切换至 2 层平面视图，从视图中可以看出轴线没有像 1 层平面视图那样添加弯头和取消轴号的显示，这是由于添加的弯头和轴号的显示仅对当前视图有效。将视图切换至 1 层平面视图，选取所有轴线，单击“修改|轴网”选项卡“基准”面板中的“影响范围”按钮，打开“影响基准范围”对话框，如图 2-58 所示，在视图列表中勾选楼层平面和结构平面复选框，单击“确定”按钮。

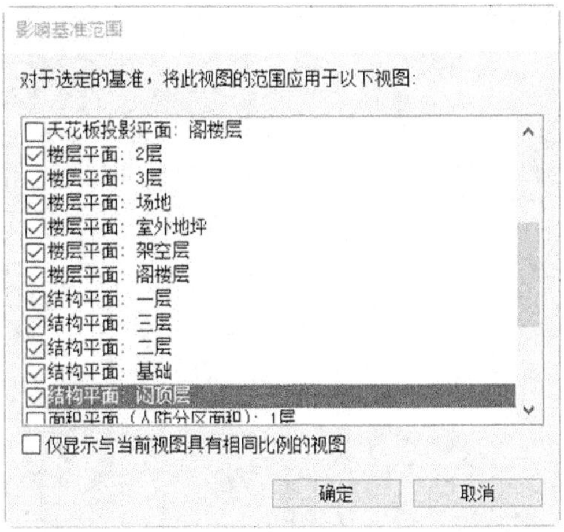

图 2-58　“影响基准范围”对话框

（15）单击“文件”下拉菜单中的“另存为”→“项目”命令，打开“另存为”对话框，指定保存位置并输入文件名，单击“保存”按钮。

第 3 章

柱和基础

知识导引

柱和基础是建筑结构中经常出现的构件。基础是建筑底部与地基接触的承重构件，主要作用是将建筑上部的荷载传给地基，是房屋、桥梁及其他构筑物的重要组成部分。结构柱在框架结构中用于承受梁和板传来的荷载，并将荷载传给基础，是主要的竖向受力构件。

3.1　创建结构柱

结构柱与建筑柱共享许多属性，但结构柱还具有许多由它自己的配置和行业标准定义的其他属性。结构柱具有一个可用于数据交换的分析模型。

3.1.1　布置矩形结构柱

视频：布置矩形结构柱

具体操作步骤如下。

（1）打开 2.2.2 节绘制的项目文件，在项目浏览器中的“结构平面”节点下双击“基础”，将视图切换至基础结构平面视图。

（2）单击“结构”选项卡“结构”面板中的“柱”按钮（快捷键：CL），打开“修改|放置 结构柱”选项卡和选项栏，如图 3-1 所示。默认激活“垂直柱”按钮，绘制垂直柱。

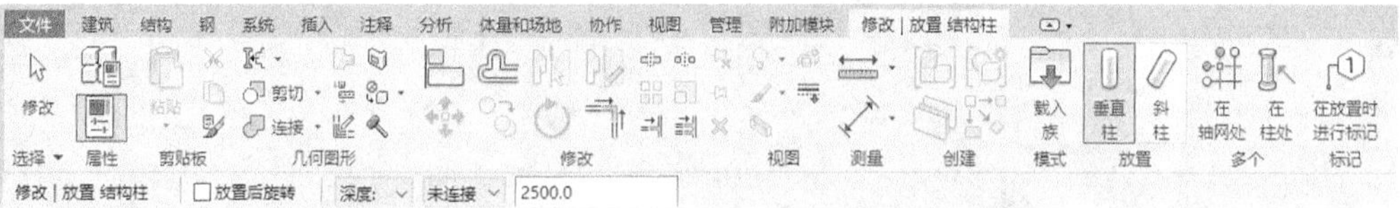

图 3-1　“修改|放置 结构柱”选项卡和选项栏

“修改|放置 结构柱”选项卡和选项栏中的选项说明如下。

- 放置后旋转：选择此选项可以在放置柱后立即将其旋转。
- 深度：此设置从柱的底部向下绘制。若要从柱的底部向上绘制，则选择“高度”。
- 标高/未连接：选择柱的顶部标高；或者选择“未连接”，然后指定柱的高度。

（3）在属性选项板的“类型”下拉列表中选择结构柱的类型，系统默认的只有“热轧 H 型钢柱”，需要载入其他结构柱类型。单击“模式”面板中的“载入族”按钮，打开“载入族”对话框，选择“China”→“结构”→“柱”→“混凝土”文件夹中的“混凝土-矩形-柱.rfa”族文件，如图 3-2 所示。

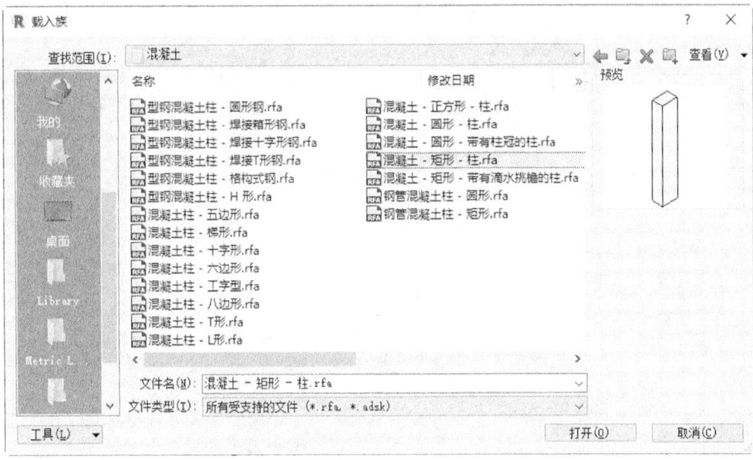

图 3-2 “载入族”对话框

（4）单击“打开”按钮，加载“混凝土-矩形-柱.rfa”族文件，在属性选项板中单击“编辑类型”按钮，打开如图 3-3 所示的“类型属性”对话框，单击“复制”按钮，打开“名称”对话框，输入名称为 KZ3，如图 3-4 所示，单击“确定”按钮，返回“类型属性”对话框，更改 b 为 350.0，h 为 600.0，其他采用默认设置，如图 3-5 所示，单击“确定”按钮，完成混凝土-矩形-柱 KZ3 类型的创建。

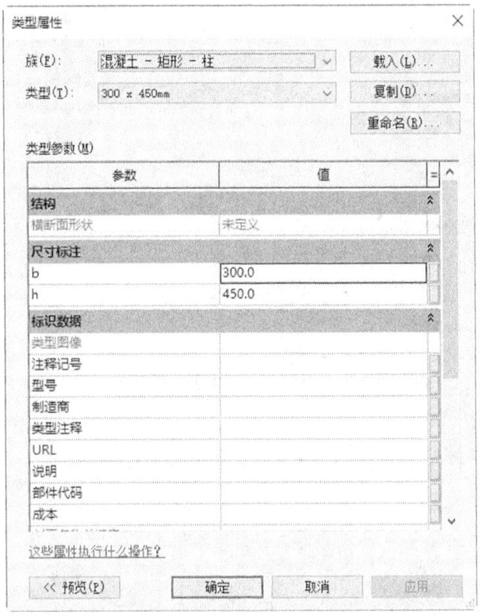

图 3-3 “类型属性”对话框

图 3-4 “名称”对话框

（5）在属性选项板的“结构材质”栏中单击，显示并单击此按钮，打开“材质浏览器”对话框，单击“主视图”→“AEC 材质”→“混凝土”节点，显示混凝土材质，选取“混凝土，现场浇注-C30”材质，单击“将材质添加到文档中”按钮，将材质添加到项目材质列表中并选中，如图 3-6 所示，单击“确定”按钮，完成材质的设置。

（6）在选项栏中设置高度：闷顶层，在轴线 E 和轴线 4 交点处放置柱，此时两组网格线将亮显，如图 3-7 所示，单击放置柱。

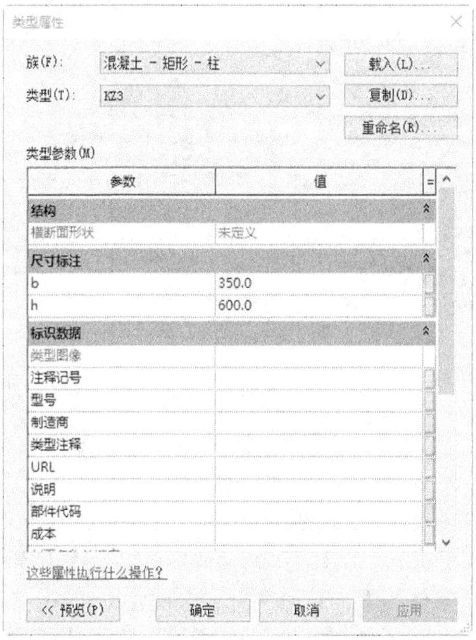

图 3-5　设置参数

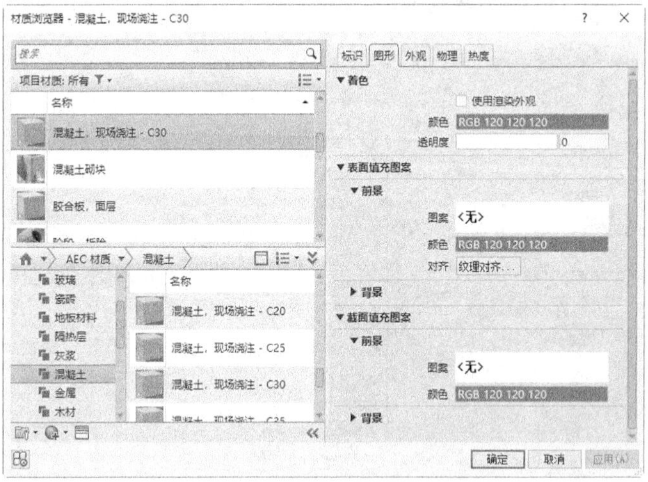

图 3-6　“材质浏览器”对话框

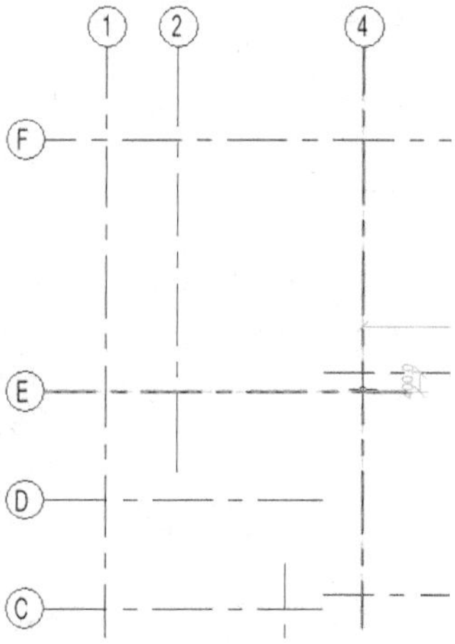

图 3-7　捕捉轴网交点

提示：

放置柱时，使用空格键更改柱的方向。每次按空格键时，柱将发生旋转，以便与选定位置的相交轴网对齐。在不存在任何轴网的情况下，按空格键时会使柱旋转 90°。

（7）单击“注释”选项卡“尺寸标注”面板中的“对齐”按钮（快捷键：DI），标注柱边线到轴线的距离，然后选取柱，使尺寸处于激活状态，输入新的尺寸，按 Enter 键调整柱的位置，如图 3-8 所示。

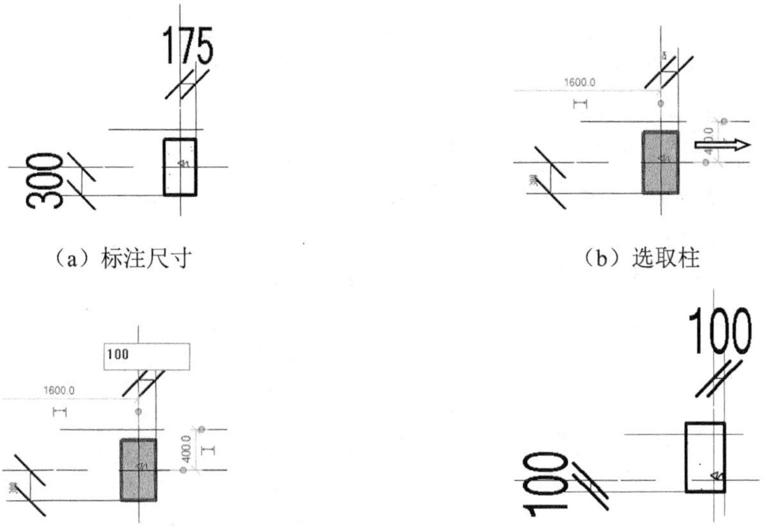

（a）标注尺寸　（b）选取柱

（c）输入尺寸　（d）修改尺寸

图 3-8　调整柱的位置

（8）单击“结构”选项卡“结构”面板中的“柱”按钮（快捷键：CL），在属性选项板中单击“编辑类型”按钮，打开“类型属性”对话框，单击“复制”按钮，打开“名称”对话框，输入名称为 KZ6，单击“确定”按钮，返回“类型属性”对话框，更改 b 为 350.0，h 为 500.0，其他采用默认设置，单击“确定”按钮，完成混凝土-矩形-柱 KZ6 类型的创建，将 KZ6 柱放置在如图 3-9 所示的轴网处。

（9）选取轴线 A 上的两根 KZ6 柱，在属性选项板中更改顶部标高为三层，其他采用默认设置，如图 3-10 所示。

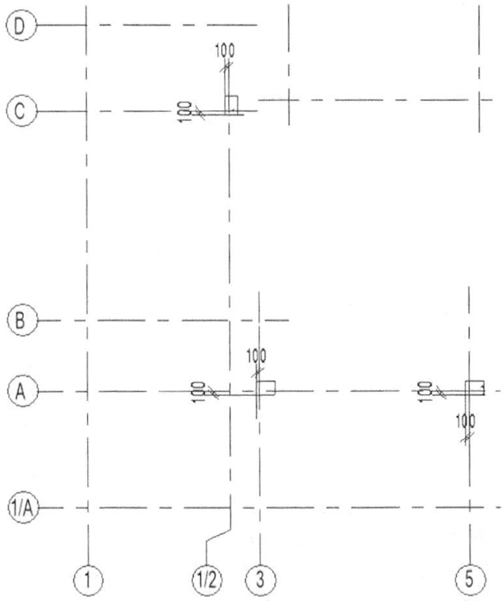

图 3-9　放置 KZ6 柱

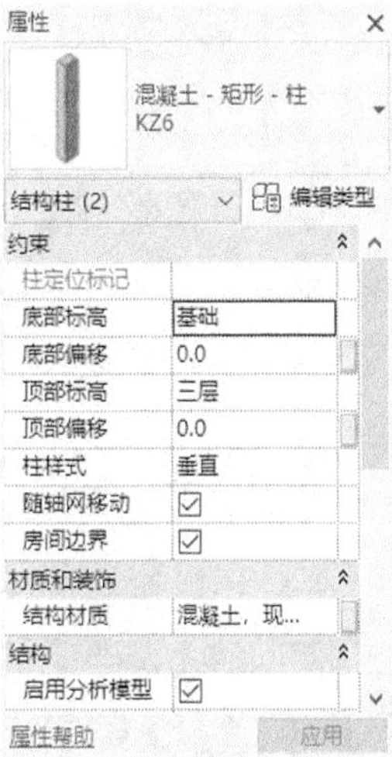

图 3-10　设置属性选项板

（10）单击“结构”选项卡“结构”面板中的“柱”按钮（快捷键：CL），在属性选项板中单击“编辑类型”按钮，打开“类型属性”对话框，单击“复制”按钮，打开“名称”对话框，输入名称为 KZ4，单击“确定”按钮，返回“类型属性”对话框，更改 b 为 350.0，h 为 400.0，其他采用默认设置，单击“确定”按钮，完成混凝土-矩形-柱 KZ4 类型的创建，将 KZ4 柱放置在如图 3-11 所示的轴网处。

（11）单击“结构”选项卡“结构”面板中的“柱”按钮（快捷键：CL），在属性选项板中单击“编辑类型”按钮，打开“类型属性”对话框，单击“复制”按钮，打开“名称”对话框，输入名称为 LZ1，单击“确定”按钮，返回“类型属性”对话框，更改 b 为 250.0，h 为 200.0，其他采用默认设置，单击“确定”按钮，完成混凝土-矩形-柱 LZ1 类型的创建，将 LZ1 柱放置在如图 3-12 所示的轴网处。

（12）单击“结构”选项卡“结构”面板中的“柱”按钮（快捷键：CL），在属性选项板中单击“编辑类型”按钮，打开“类型属性”对话框，单击“复制”按钮，打开“名称”对话框，输入名称为 KZ8，单击“确定”按钮，返回“类型属性”对话框，更改 b 为 350.0，h 为 1000.0，其他采用默认设置，单击“确定”按钮，完成混凝土-矩形-柱 KZ8 类型的创建，将 KZ8 柱放置在如图 3-13 所示的轴网处，并在属性选项板中更改顶部标高为三层。

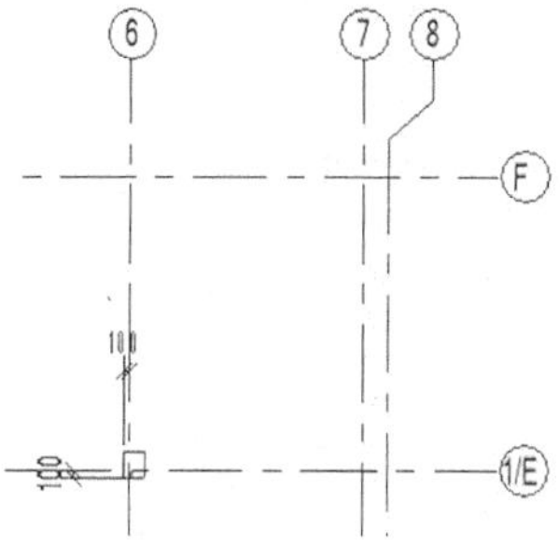

图 3-11　放置 KZ4 柱

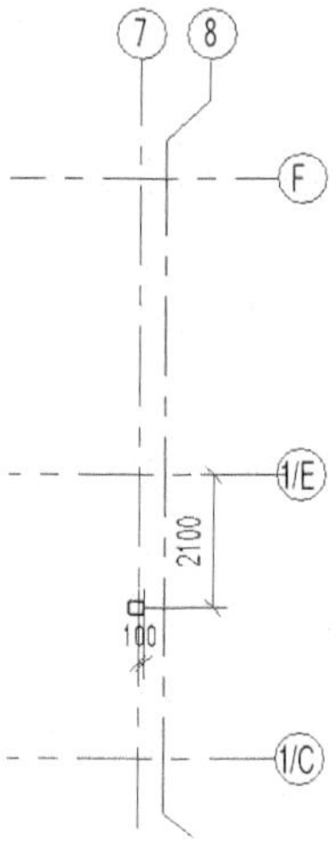

图 3-12　放置 LZ1 柱

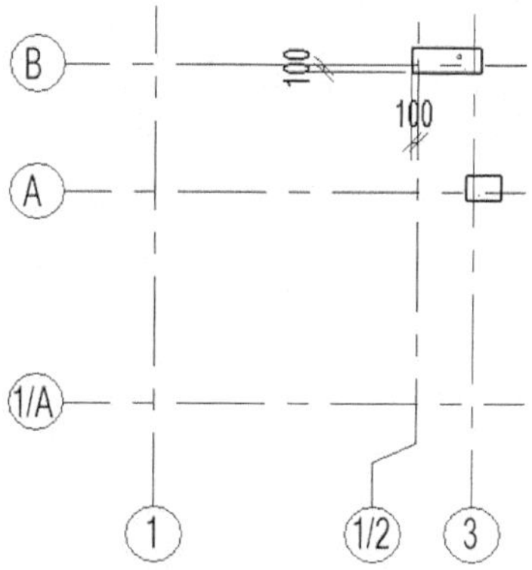

图 3-13　放置 KZ8 柱

（13）单击“文件”下拉菜单中的“另存为”→“项目”命令，打开“另存为”对话框，指定保存位置并输入文件名，单击“保存”按钮。

3.1.2　布置圆形结构柱

视频：布置圆形结构柱

具体操作步骤如下。

（1）打开 3.1.1 节绘制的项目文件，单击“结构”选项卡“结构”面板中的“柱”按钮（快捷键：CL），打开“修改|放置 结构柱”选项卡和选项栏，单击“模式”面板中的“载入族”按钮，打开“载入族”对话框，选择“China”→“结构”→“柱”→

“混凝土”文件夹中的“混凝土-圆形-柱.rfa”族文件。

（2）单击“打开”按钮，加载“混凝土-圆形-柱.rfa”族文件，在属性选项板中单击“编辑类型”按钮，打开“类型属性”对话框，单击“复制”按钮，打开“名称”对话框，输入名称为 KZ7，单击“确定”按钮，返回“类型属性”对话框，更改 b 为 500.0，其他采用默认设置，如图 3-14 所示，单击“确定”按钮，完成混凝土-圆形-柱 KZ7 类型的创建。将 KZ7 柱放置在如图 3-15 所示的轴网处，并将轴线 4 与轴线 1/C 处的圆形柱的顶部高度设置为二层。

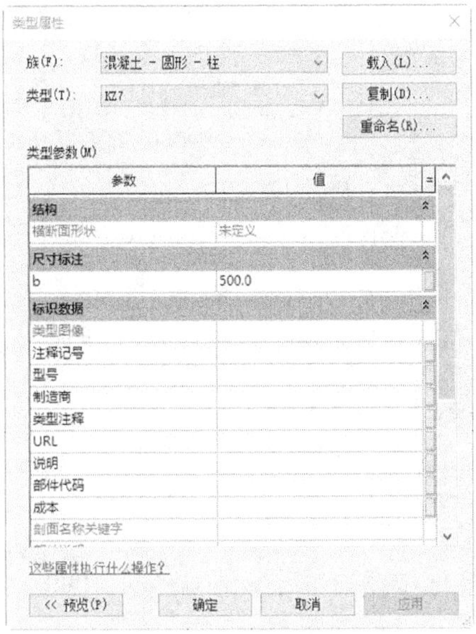

图 3-14　设置参数

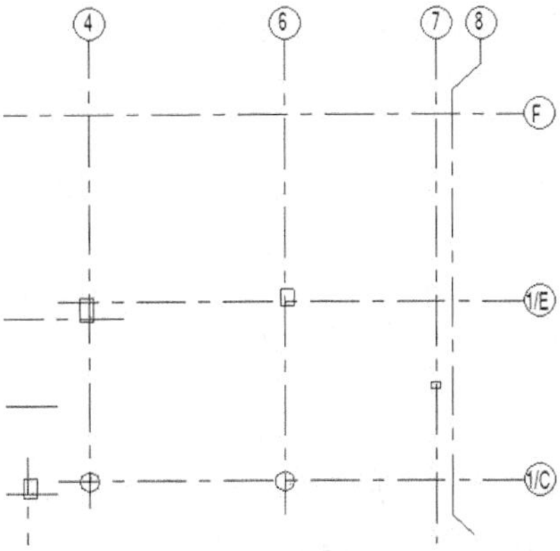

图 3-15　放置 KZ7 柱

（3）单击“结构”选项卡“结构”面板中的“柱”按钮（快捷键：CL），在属性选项板中单击“编辑类型”按钮，打开“类型属性”对话框，单击“复制”按钮，打开“名称”对话框，输入名称为 KZ9，单击“确定”按钮，返回“类型属性”对话框，更改 b 为 400.0，其他采用默认设置，单击“确定”按钮，完成混凝土-圆形-柱 KZ9 类型的创建，将 KZ9 柱放置在如图 3-16 所示的轴网处，并在属性选项板中更改顶部标高为三层。

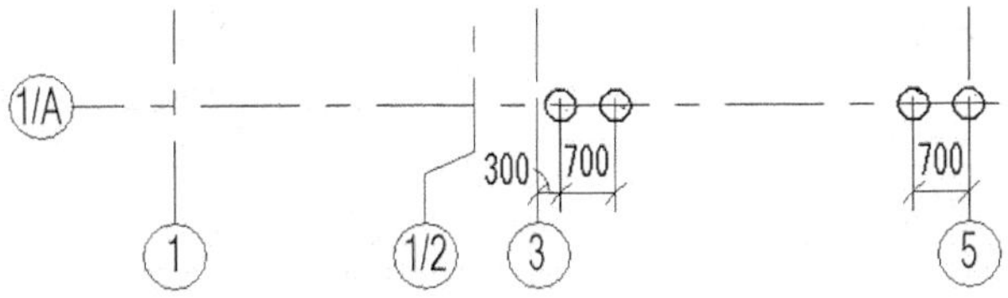

图 3-16　布置 KZ9 柱

（4）将视图切换至三层结构平面视图。单击“结构”选项卡“结构”面板中的“柱”按钮（快捷键：CL），在选项栏中设置高度：闷顶层。

（5）在属性选项板中单击“编辑类型”按钮，打开“类型属性”对话框，单击“复制”按钮，打开“名称”对话框，输入名称为 LZ2，单击“确定”按钮，返回“类型属性”对话框，更改 b 为 300.0，其他采用默认设置，单击“确定”按钮，完成混凝土-圆形-柱 LZ2 类型的创建，将 LZ2 柱放置在如图 3-17 所示的轴网处。

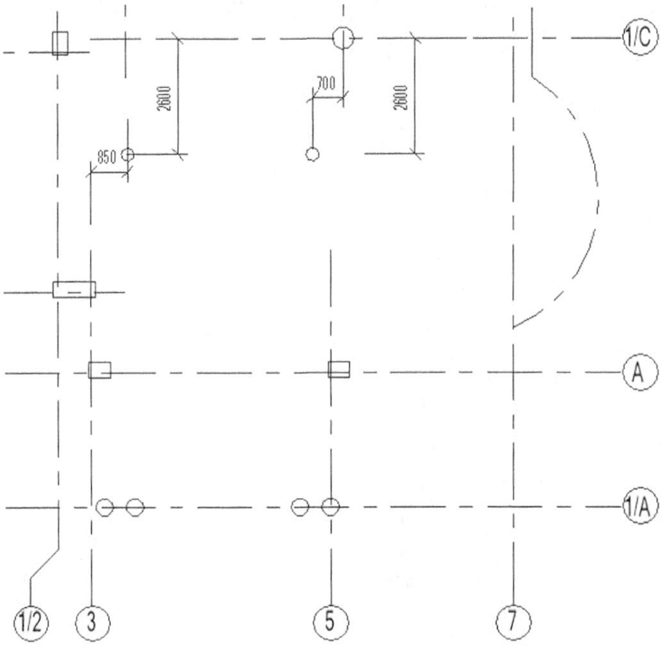

图 3-17　放置 LZ2 柱

（6）选取步骤（5）中绘制的 LZ2 柱，在属性选项板中更改底部偏移为-100.0，其他采用默认设置，如图 3-18 所示。

（7）选取轴线 A 和轴线 1/A 上的矩形柱和圆形柱，在属性选项板中更改顶部偏移为-100.0，其他采用默认设置，如图 3-19 所示。

（8）单击“文件”下拉菜单中的“另存为”→“项目”命令，打开“另存为”对话框，指定保存位置并输入文件名，单击“保存”按钮。

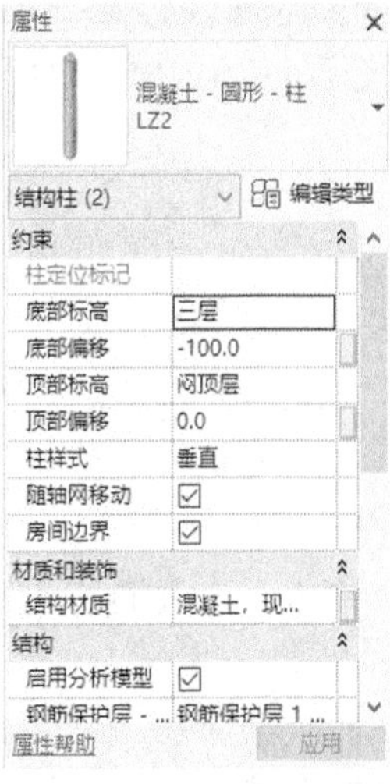

图 3-18　更改底部偏移

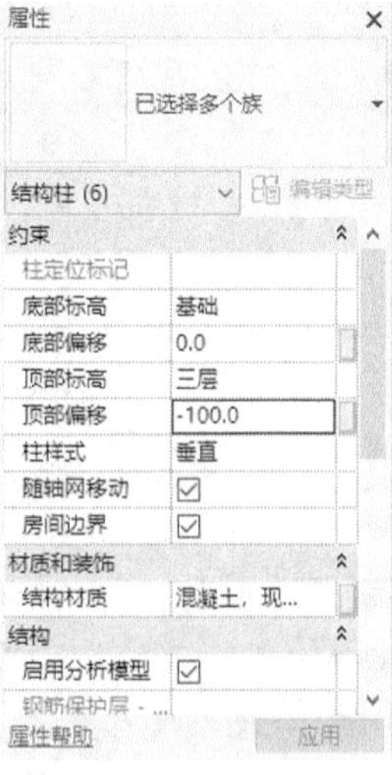

图 3-19　更改顶部偏移

3.1.3　创建异形结构柱族

视频：创建异形结构柱族

具体步骤如下。

（1）在主页中单击“族”→“新建”命令或者单击“文件”→“新建”→“族”命令，打开“新族-选择样板文件”对话框，选择“公制结构柱.rft”为样板族，如图 3-20 所示，单击“打开”按钮进入族编辑器，如图 3-21 所示。

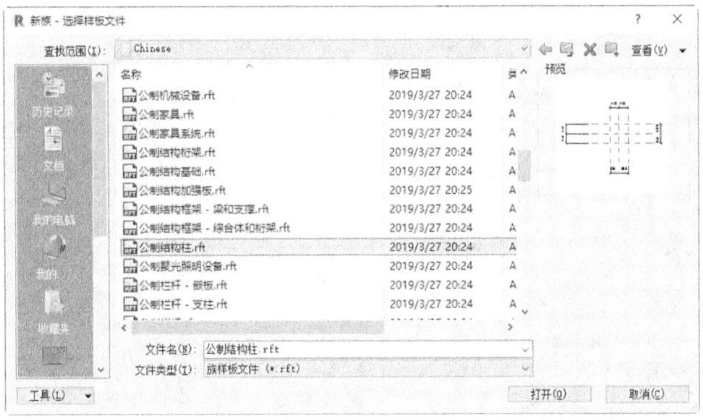

图 3-20　“新族-选择样板文件”对话框

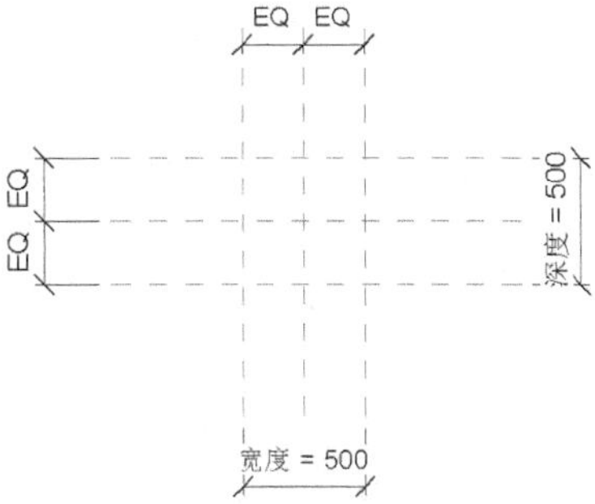

图 3-21　绘制结构柱界面

（2）单击“创建”选项卡“形状”面板“拉伸”按钮，打开“修改|创建拉伸”选项卡，单击“绘制”面板中的“线”按钮，绘制如图 3-22 所示的轮廓线。

（3）单击“模式”面板中的“完成编辑模式”按钮，在属性选项板中设置拉伸起点为 0.0，拉伸终点为 2500.0，如图 3-23 所示，单击“应用”按钮，完成拉伸模型的创建。

（4）将视图切换至前立面图，选取拉伸体，并拖动拉伸体的控制点，直到参照标高线，然后单击“创建或删除长度或对齐约束”按钮，将拉伸体的高度与参照标高锁定，如图 3-24 所示。

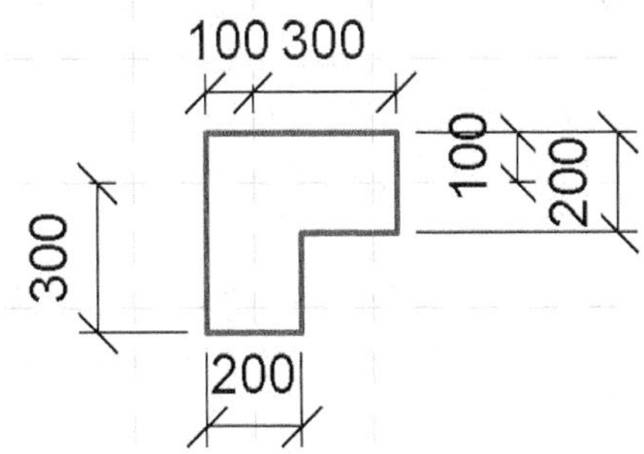

图 3-22　绘制轮廓线

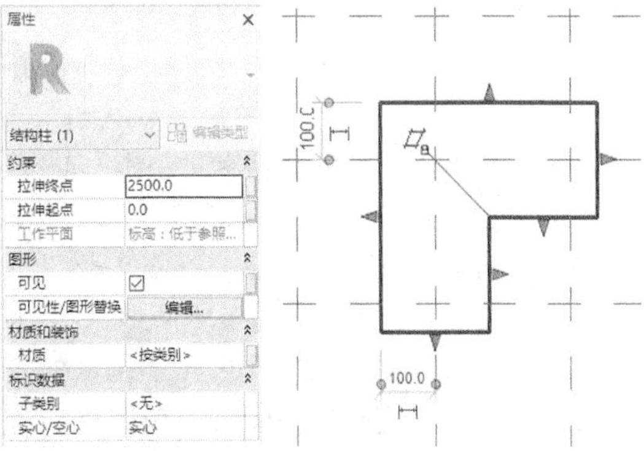

图 3-23　设置拉伸参数

（5）结构柱 KZ1 绘制完成，单击快速访问工具栏中的“保存”按钮（快捷键：Ctrl+S），打开“另存为”对话框，输入名称为 KZ1，单击“保存”按钮，保存族文件。

（6）采用相同的方法，按照如图 3-25 所示的截面创建其他形状的结构柱。

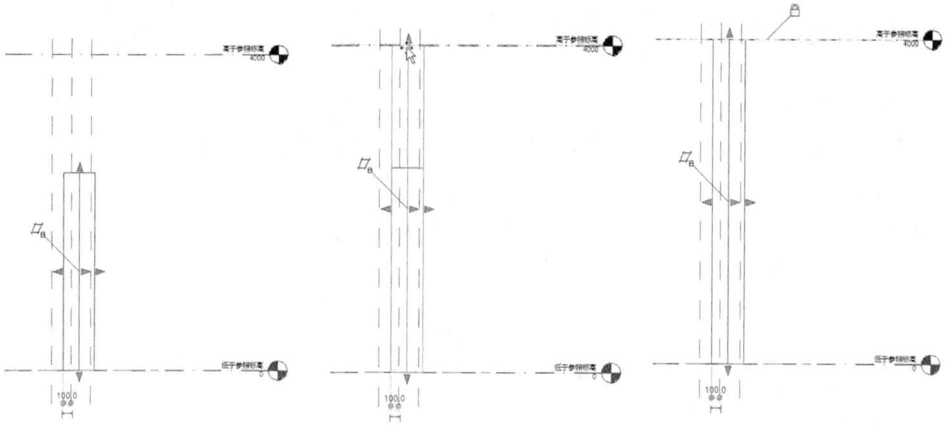

（a）选取拉伸体　　（b）拖动控制点　　（c）锁定参照标高

图 3-24　调整拉伸体的高度

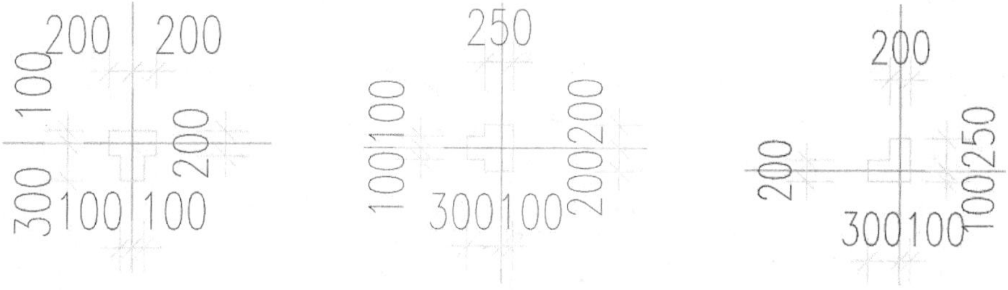

（a）KZ2　　（b）KZ5　　（c）KZ13

图 3-25　其他形状的结构柱截面

3.1.4　布置异形结构柱

视频：布置异形结构柱

具体操作步骤如下。

（1）打开 3.1.2 节绘制的项目文件，将视图切换至基础结构平面视图。

（2）单击“结构”选项卡“结构”面板中的“柱”按钮（快捷键：CL），打开“修改|放置 结构柱”选项卡和选项栏，单击“模式”面板中的“载入族”按钮，打开“载入族”对话框，选择已创建的“KZ1.rfa”族文件。

（3）单击“打开”按钮，加载“KZ1.rfa”族文件，在选项栏中设置高度：闷顶层，将 KZ1 柱放置在如图 3-26 所示的轴网处，在放置过程中按空格键调整柱的方向，也可以放置后利用“旋转”按钮，调整柱的方向。

（4）单击“结构”选项卡“结构”面板中的“柱”按钮（快捷键：CL），打开“修改|放置 结构柱”选项卡和选项栏，单击“模式”面板中的“载入族”按钮，打开“载入族”对话框，选择已创建的“KZ2.rfa”族文件。

（5）单击“打开”按钮，加载“KZ2.rfa”族文件，在选项栏中设置高度：闷顶层，将 KZ2 柱放置在如图 3-27 所示的轴网处，在放置过程中按空格键调整柱的方向，也可以放置后利用“旋转”按钮，调整柱的方向。

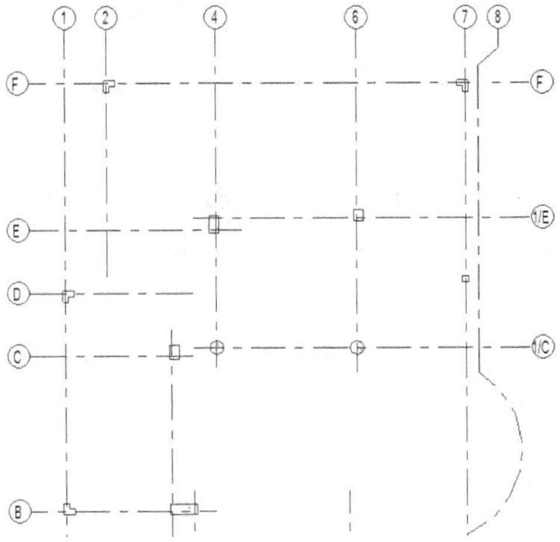

图 3-26　放置 KZ1 柱

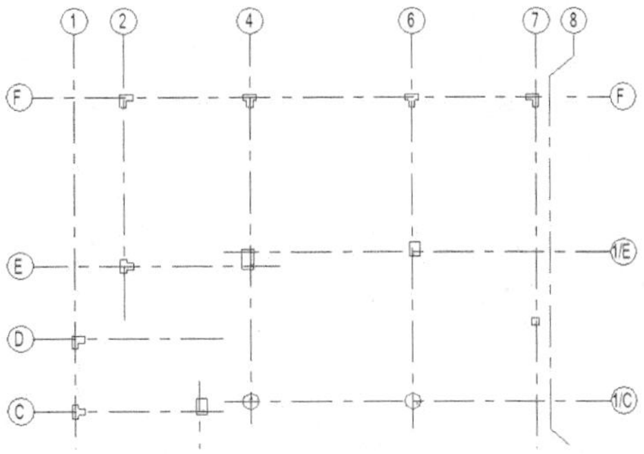

图 3-27　放置 KZ2 柱

（6）单击“结构”选项卡“结构”面板中的“柱”按钮（快捷键：CL），打开“修改|放置 结构柱”选项卡和选项栏，单击“模式”面板中的“载入族”按钮，打开“载入族”对话框，选择已创建的“KZ5.rfa”族文件。

（7）单击“打开”按钮，加载“KZ5.rfa”族文件，在选项栏中设置高度：闷顶层，将 KZ5 柱放置在如图 3-28 所示的轴网处。

（8）将视图切换至三层结构平面视图。单击“结构”选项卡“结构”面板中的“柱”按钮（快捷键：CL），打开“修改|放置 结构柱”选项卡和选项栏，单击“模式”面板中的“载入族”按钮，打开“载入族”对话框，选择已创建的“KZ13.rfa”族文件。

（9）单击“打开”按钮，加载“KZ13.rfa”族文件，在选项栏中设置高度：闷顶层，将 KZ13 柱放置在如图 3-29 所示的轴网处。

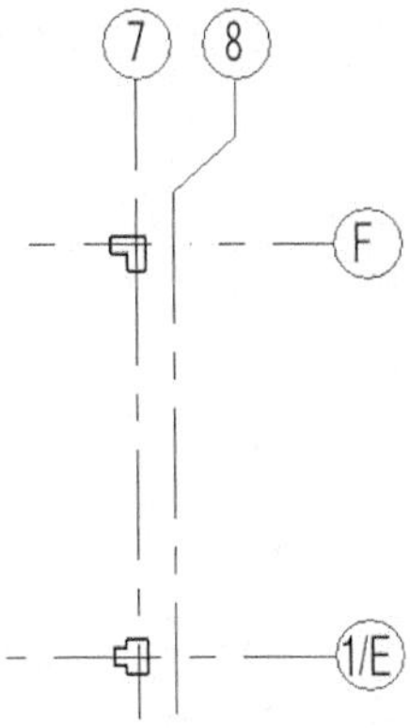

图 3-28　放置 KZ5 柱

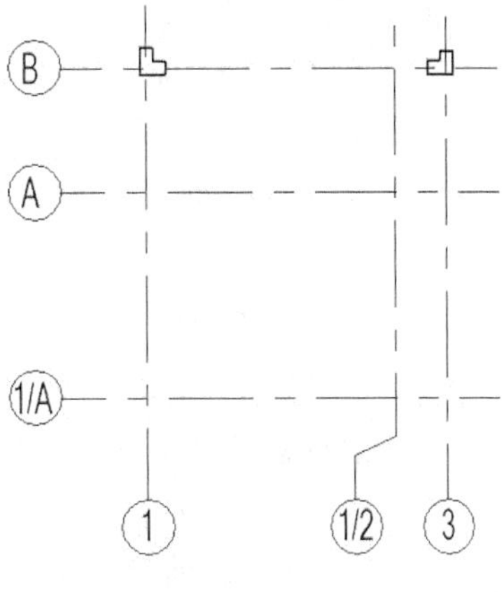

图 3-29　放置 KZ13 柱

（10）单击“文件”下拉菜单中的“另存为”→“项目”命令，打开“另存为”对话框，指定保存位置并输入文件名，单击“保存”按钮。

3.1.5 内建异形结构柱

视频：内建异形结构柱

具体操作步骤如下。

（1）打开 3.1.4 节绘制的项目文件，将视图切换至基础结构平面视图。

（2）单击“建筑”选项卡“构建”面板中“构件”下拉列表中的“内建模型”按钮，打开“族类别和族参数”对话框，在列表框中选择“结构柱”选项，如图 3-30 所示，单击“确定”按钮。

（3）打开“名称”对话框，输入名称为 KZ11，如图 3-31 所示，单击“确定”按钮，进入模型的创建界面。

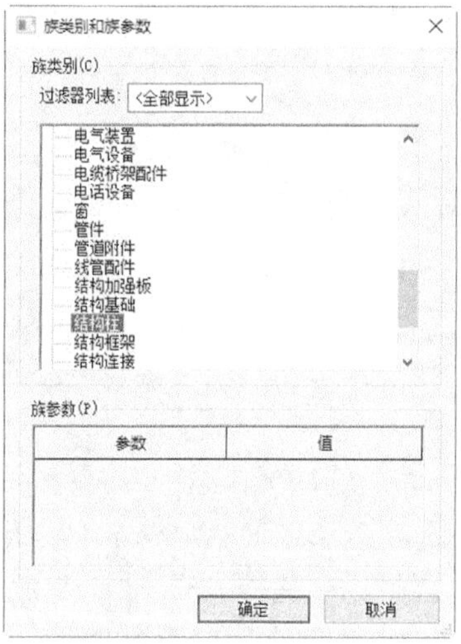

图 3-30 “族类别和族参数”对话框

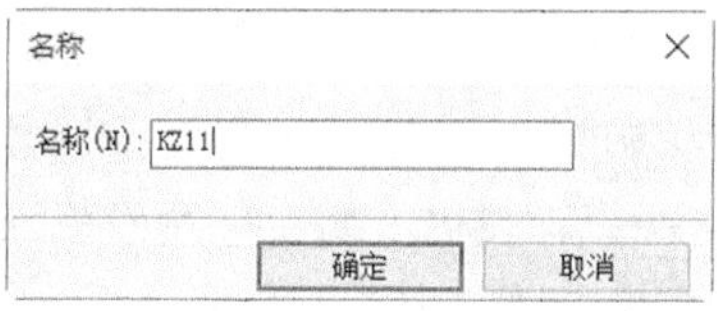

图 3-31 “名称”对话框

（4）单击“创建”选项卡“形状”面板中的“拉伸”按钮，打开“修改|创建拉伸”选项卡，单击“绘制”面板中的“线”按钮和“起点-终点-半径弧”按钮，绘制拉伸边界，如图 3-32 所示。

（5）在属性选项板中设置拉伸终点为 10680.0，在“材质”栏中单击，显示并单击此按钮，打开“材质浏览器”对话框，选取“混凝土，现场浇注-C30”材质，单击“确定”按钮，返回属性选项板，如图 3-33 所示。

（6）单击“模式”面板中的“完成编辑模式”按钮，完成拉伸模型的创建。在“修改”选项卡的“在位编辑器”中单击“完成模型”按钮，完成 KZ11 柱的创建，如图 3-34 所示。

（7）单击“插入”选项卡“链接”面板中的“链接 CAD”按钮，打开“链接 CAD 格式”对话框，选择“架空层-二层柱网平面图.dwg”文件，设置定位为自动-中心到中心，放置于“基础”，勾选“定向到视图”复选框，导入单位为毫米，其他采用默认设置，如图 3-35 所示，单击“打开”按钮，导入 CAD 图纸。

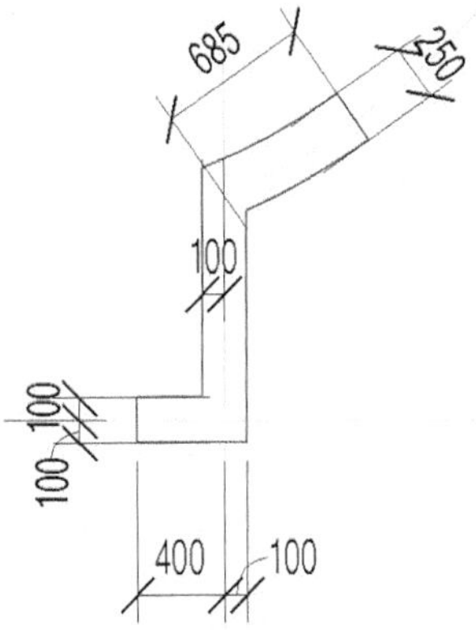

图 3-32　绘制拉伸边界

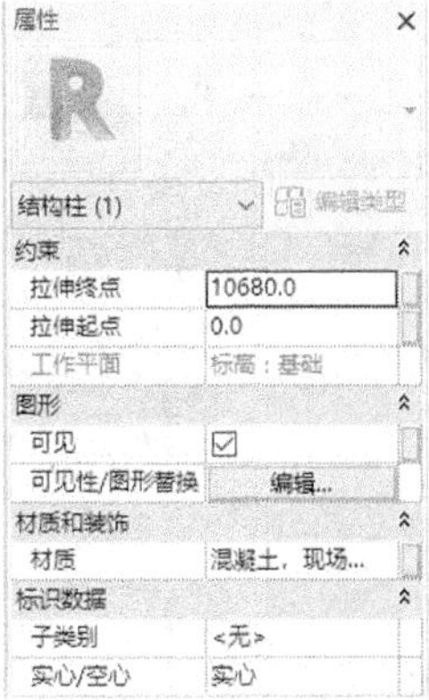

图 3-33　设置属性选项板

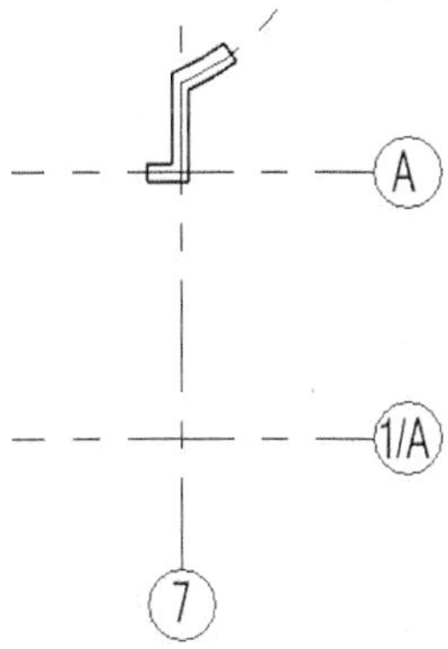

图 3-34　创建 KZ11 柱

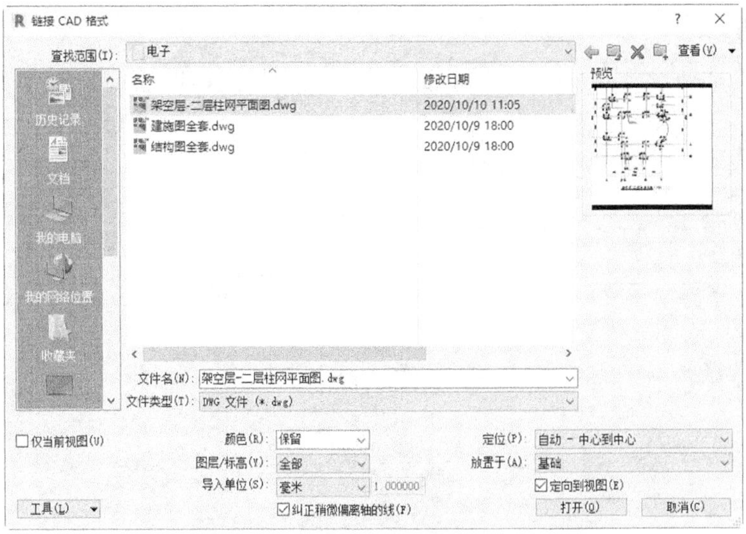

图 3-35　“链接 CAD 格式”对话框

（8）单击“修改”选项卡“修改”面板中的“对齐”按钮（快捷键：AL），在建筑模型中单击轴线 1，然后单击链接的 CAD 图纸中的轴线 1，将轴线 1 对齐；接着在建筑模型中单击轴线 A，然后单击链接的 CAD 图纸中的轴线 A，将轴线 A 对齐，此时，CAD 文件与建筑模型重合，如图 3-36 所示。

（9）单击“修改”选项卡“修改”面板中的“锁定”按钮（快捷键：PN），选择 CAD 图纸，将其锁定。

（10）单击“建筑”选项卡“构建”面板中“构件”下拉列表中的“内建模型”按钮，打开“族类别和族参数”对话框，在列表框中选择“结构柱”选项，单击“确定”按钮。打开“名称”对话框，输入名称为 KZ10，单击“确定”按钮，进入模型的创建界面。

（11）单击“创建”选项卡“形状”面板中的“拉伸”按钮，打开“修改|创建拉伸”选项卡，单击“绘制”面板中的“拾取线”按钮，拾取 CAD 图纸中 KZ10 柱的轮廓作为拉伸边界，如图 3-37 所示。

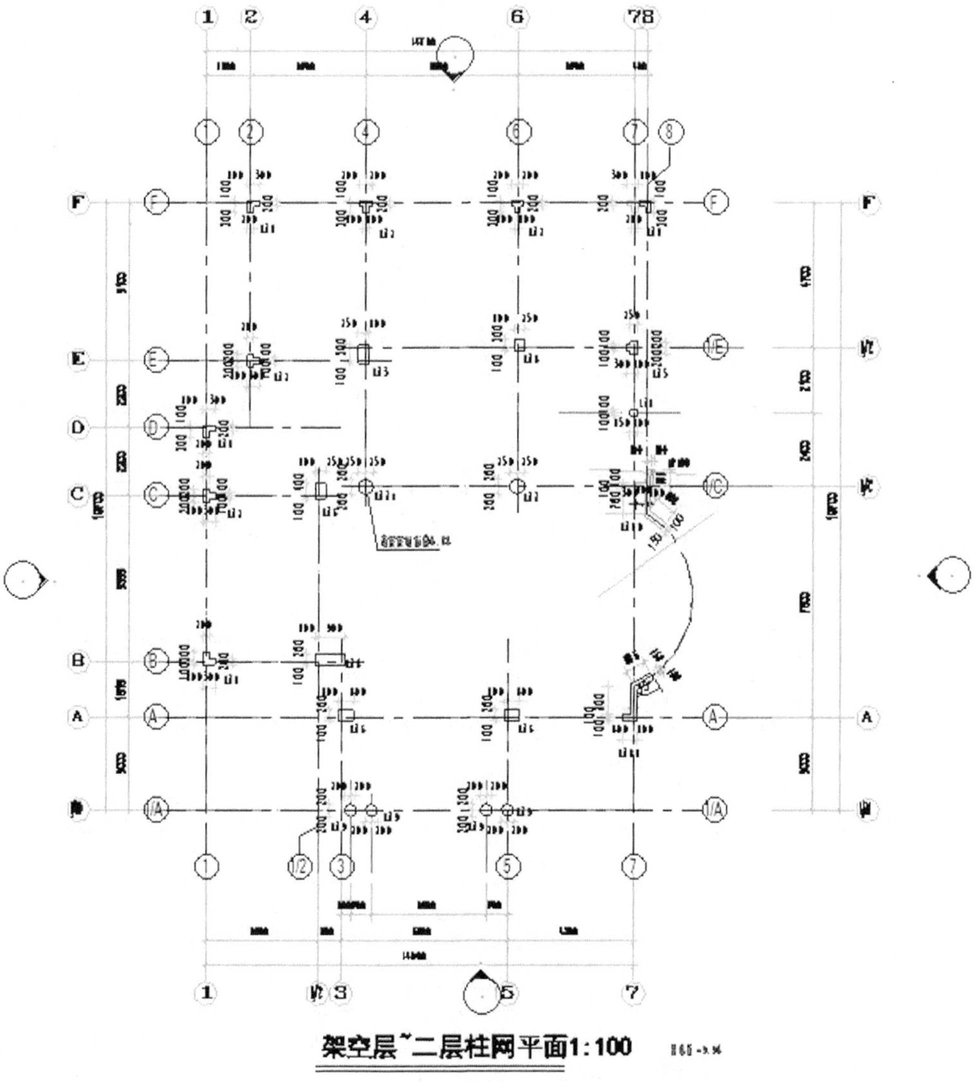

图 3-36　对齐图形

（12）在属性选项板中设置拉伸终点为 10680.0，在“材质”栏中单击，显示▢并单击此按钮，打开“材质浏览器”对话框，选取“混凝土，现场浇注-C30”材质，单击“确定”按钮。

（13）单击“模式”面板中的“完成编辑模式”按钮✔，完成拉伸模型的创建。在“修改”选项卡的“在位编辑器”中单击“完成模型”按钮✔，完成 KZ10 柱的创建，选取架空层-二层柱网平面图，单击“修改|架空层-二层柱网平面图.dwg”选项卡“视图”面板中“在视图中隐藏”下拉列表中的“隐藏图元”按钮，隐藏图纸，如图 3-38 所示。

（14）将视图切换至三层结构平面视图。单击“建筑”选项卡“构建”面板中“构件”

下拉列表中的“内建模型”按钮，打开“族类别和族参数”对话框，在列表框中选择“结构柱”选项，单击“确定”按钮。打开“名称”对话框，输入名称为 KZ12，单击“确定”按钮，进入模型的创建界面。

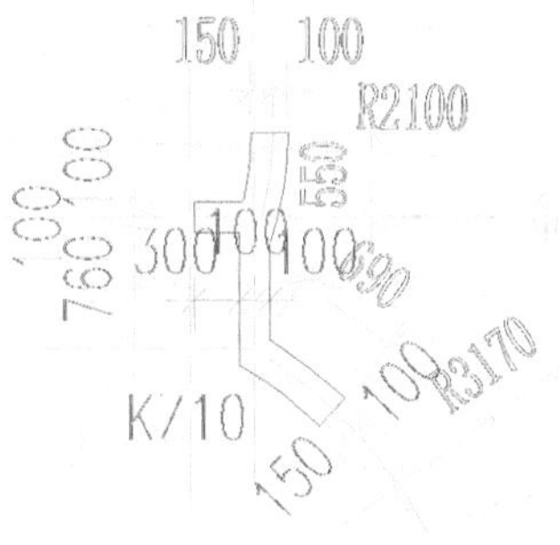

图 3-37　绘制拉伸边界

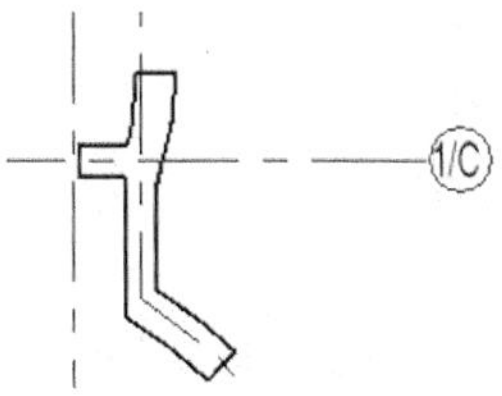

图 3-38　创建 KZ10 柱

（15）单击“创建”选项卡“形状”面板中的“拉伸”按钮，打开“修改|创建拉伸”选项卡，单击“绘制”面板中的“拾取线”按钮，拾取 KZ12 柱的轮廓，单击“线”按钮并结合“修剪/延伸为角”命令，绘制拉伸边界，如图 3-39 所示。

（16）在属性选项板中设置拉伸终点为 3620.0，拉伸起点为-100.0，在“材质”栏中单击，显示并单击此按钮，打开“材质浏览器”对话框，选取“混凝土，现场浇注-C30”材质，单击“确定”按钮。

（17）单击“模式”面板中的“完成编辑模式”按钮，完成拉伸模型的创建。在“修改”选项卡的“在位编辑器”中单击“完成模型”按钮，完成 KZ12 柱的创建，如图 3-40 所示。

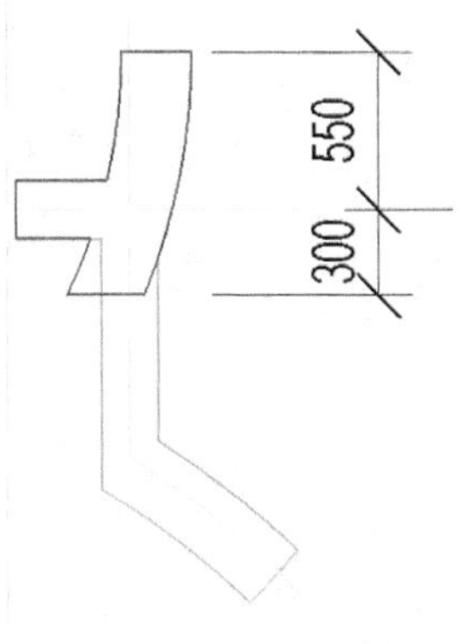

图 3-39　绘制拉伸边界

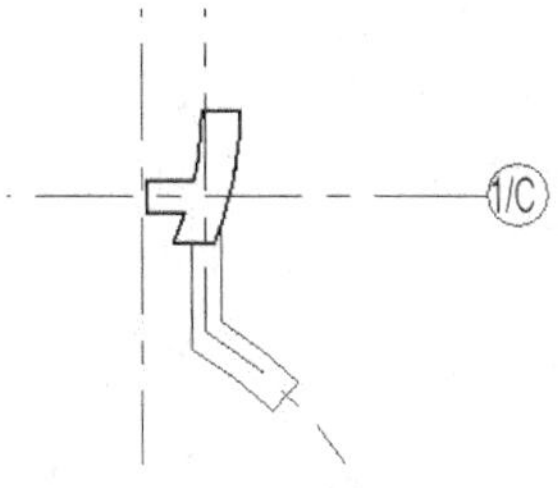

图 3-40　创建 KZ12 柱

（18）单击“文件”下拉菜单中的“另存为”→“项目”命令，打开“另存为”对话框，指定保存位置并输入文件名，单击“保存”按钮。

3.2　创建基础

基础是指建筑物地面以下的承重结构（如基坑、承台、框架柱、地梁等），是建筑物的墙或柱在地下的扩大部分，其作用是承受建筑物上部结构传下来的荷载，并把它们连同自重一起传给地基。

3.2.1 放置桩基承台-2 根桩

视频：放置桩基承台-2 根桩

具体操作步骤如下。

（1）打开 3.1.5 节绘制的项目文件，将视图切换至基础结构平面视图。

（2）单击“结构”选项卡“基础”面板中的“结构基础：独立”按钮，系统弹出如图 3-41 所示的提示对话框。

（3）单击“是”按钮，打开“载入族”对话框，选择“China”→“结构”→“基础”文件夹中的“桩基承台-2 根桩.rfa”族文件，如图 3-42 所示。

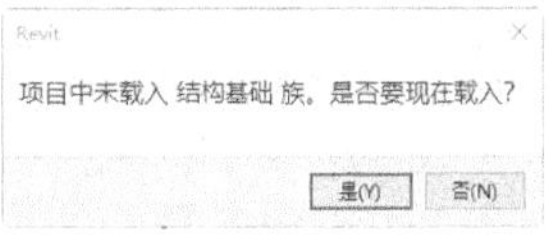
Revit
项目中未载入 结构基础 族。是否要现在载入?
是(Y)
否(N)

图 3-41 提示对话框

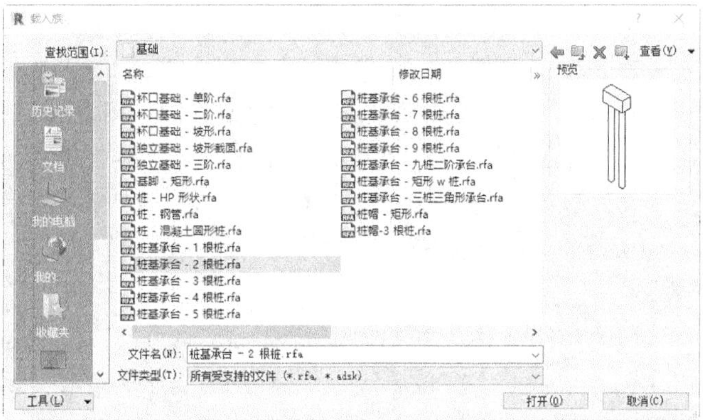

图 3-42 “载入族”对话框

提示：

当建筑物上部为框架结构或单独柱时，常采用独立基础；当柱为预制时，采用杯形基础。

（4）单击“打开”按钮，加载“桩基承台-2 根桩.rfa”族文件，并打开“修改|放置 独立基础”选项卡，如图 3-43 所示。

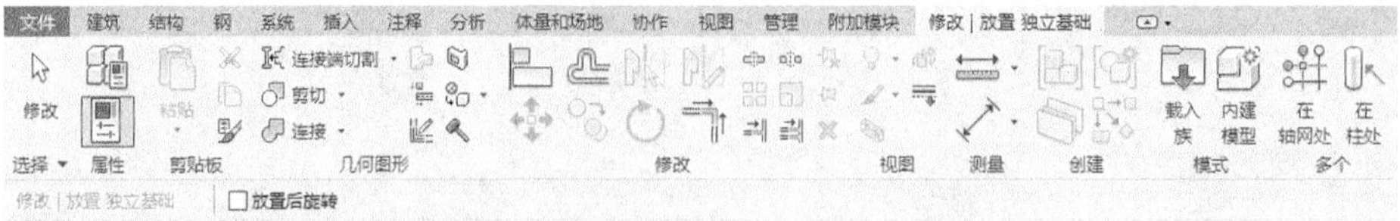

图 3-43 “修改|放置 独立基础”选项卡

（5）在属性选项板中选择“桩-钢管 400mm 直径”类型，单击“编辑类型”按钮，打开“类型属性”对话框，更改 Depth 为 1000，单击“确定”按钮。

（6）在属性选项板中选择“桩基承台-2 根桩 800×1800×900”类型，单击“编辑类型”按钮，打开“类型属性”对话框，单击“复制”按钮，打开“名称”对话框，输入名称为 800×2200×800，单击“确定”按钮，返回“类型属性”对话框，更改宽度为 2200.0，基础厚度为 800.0，其他采用默认设置，如图 3-44 所示，单击“确定”按钮，完成桩基承台-2 根桩 800×2200×800 类型的创建。

图 3-44 “类型属性”对话框

（7）在属性选项板的“结构材质”栏中单击，显示 并单击此按钮，打开“材质浏览器”对话框，单击“主视图”→“AEC 材质”→“混凝土”节点，显示混凝土材质，选取“混凝土，现场浇注-C60”材质，单击“将材质添加到文档中”按钮，将材质添加到项目材质列表中并选中，单击“确定”按钮，完成材质的设置。

（8）当将独立基础放置在轴网交点时，两组网格线将亮显，如图 3-45 所示。单击放置独立基础，如图 3-46 所示。

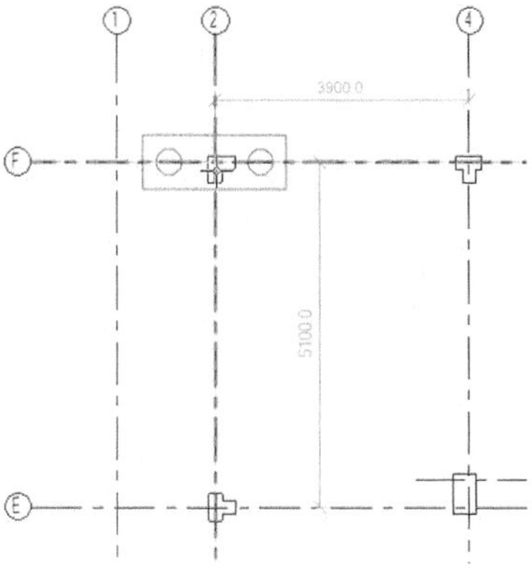

图 3-45 捕捉轴网交点

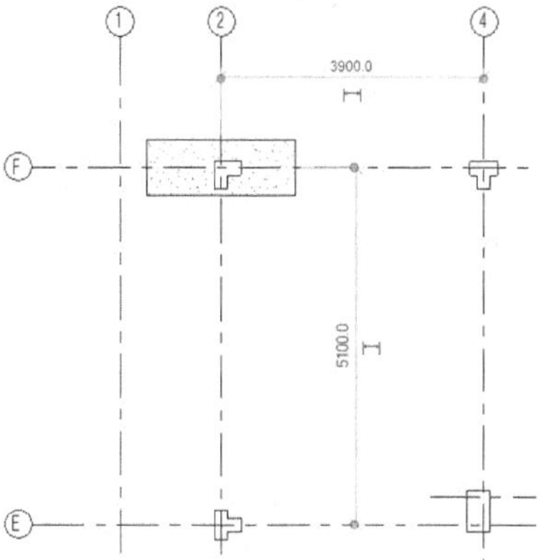

图 3-46 放置独立基础

（9）单击“多个”面板上的“在轴网处”按钮，打开“修改|放置 独立基础>在轴网交点处”选项卡，如图 3-47 所示。

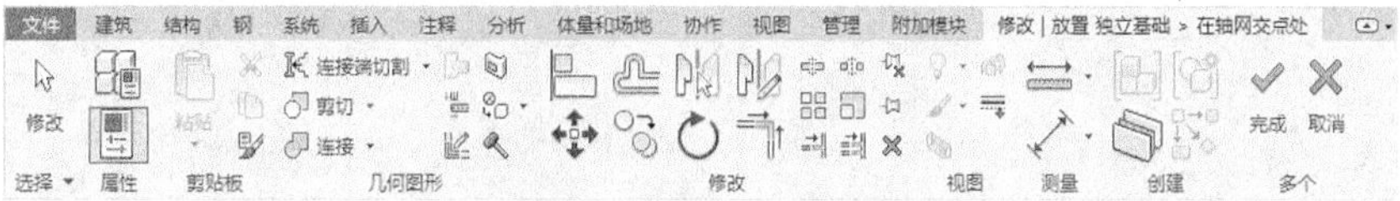

图 3-47 “修改|放置 独立基础>在轴网交点处”选项卡

（10）如图 3-48 所示框选轴线，在轴线的交点处放置独立基础。也可以按住 Ctrl 键选取放置桩基础的轴线，在选中的轴网交点处放置独立基础，单击“完成”按钮✔，结果如图 3-49 所示。

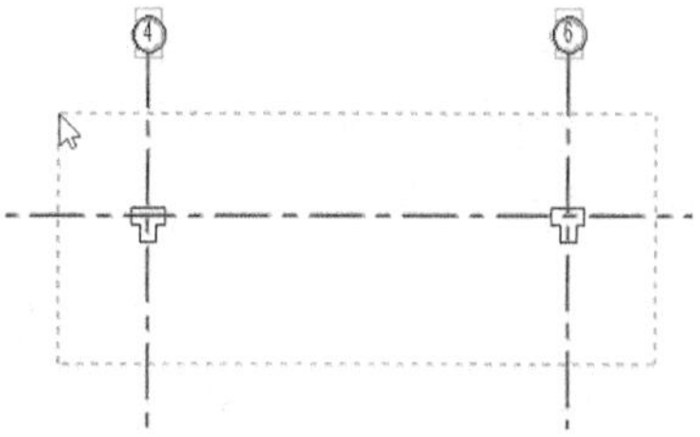

图 3-48　框选轴线

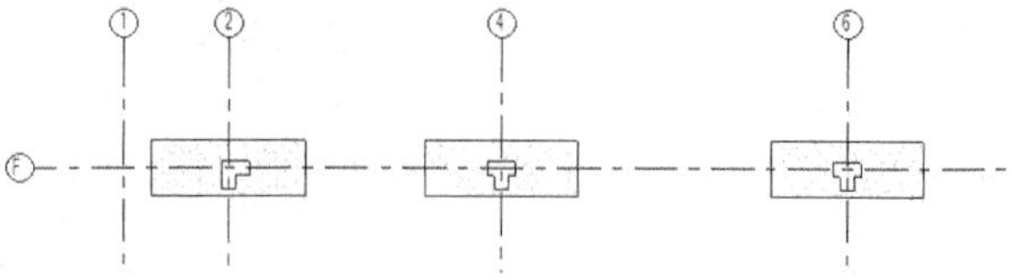

图 3-49　放置桩基承台-2 根桩

（11）单击“多个”面板上的“在柱处”按钮，打开“修改|放置 独立基础>在结构柱处”选项卡，如图 3-50 所示。

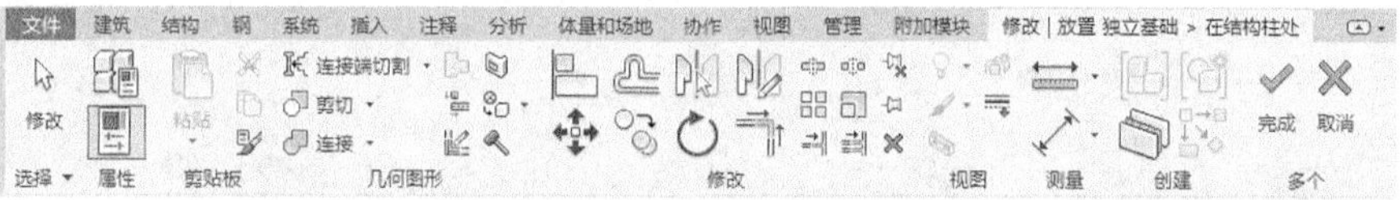

图 3-50　“修改|放置 独立基础>在结构柱处”选项卡

（12）选取结构柱，在结构柱的下端放置独立基础，如图 3-51 所示。单击“完成”按钮✔，完成桩基承台的放置。

（13）采用以上几种方法布置桩基承台-2 根桩 800×2200×800 类型，并调整位置，具体位置尺寸如图 3-52 所示。

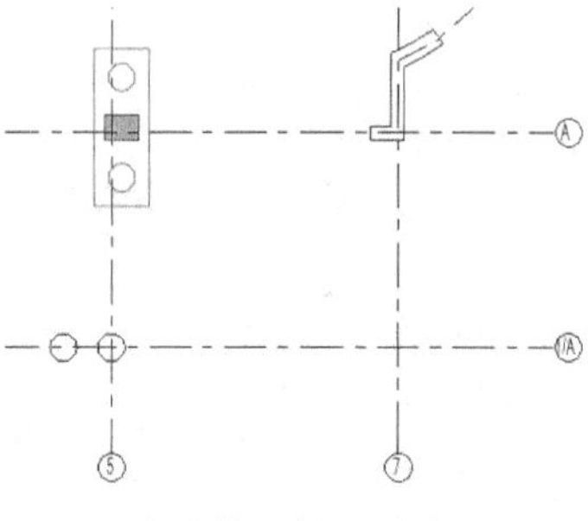

图 3-51　在结构柱的下端放置独立基础

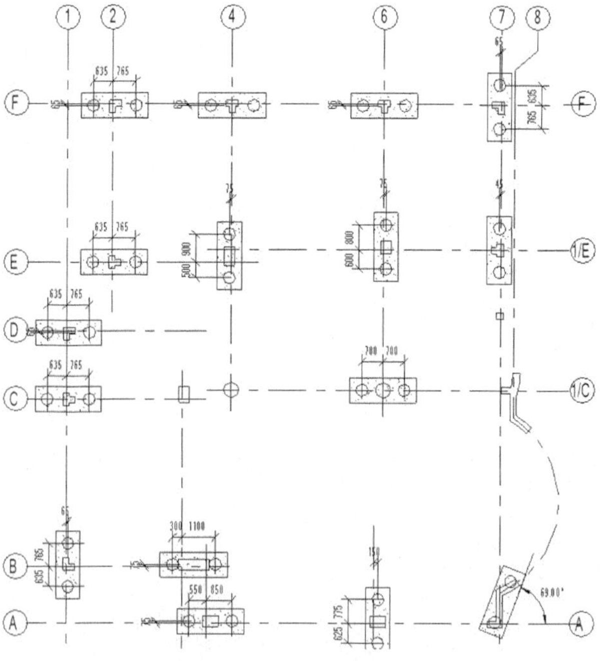

图 3-52　布置桩基承台-2 根桩 800×2200×800 类型

（14）单击“结构”选项卡“基础”面板中的“结构基础：独立”按钮，在属性选项板中单击“编辑类型”按钮，打开“类型属性”对话框，单击“复制”按钮，打开“名称”对话框，输入名称为 800×2400×800，单击“确定”按钮，返回“类型属性”对话框，更改宽度为 2400.0，桩边距为 435.0，其他采用默认设置，单击“确定”按钮，完成桩基承台-2 根桩 800×2400×800 类型的创建。

（15）将桩基承台-2 根桩 800×2400×800 类型放置在轴线 4 和轴线 1/C 处，并调整位置，然后单击“修改”选项卡“修改”面板中的“旋转”按钮（快捷键：RO），将其旋转，结果如图 3-53 所示。

（16）单击“结构”选项卡“基础”面板中的“结构基础：独立”按钮，在属性选项板中选择“800×2200×800”类型，单击“编辑类型”按钮，打开“类型属性”对话框，单击“复制”按钮，打开“名称”对话框，输入名称为 1100×2200×800，单击“确定”按钮，返回“类型属性”对话框，更改长度为 1100.0，其他采用默认设置，单击“确定”按钮，完成桩基承台-2 根桩 1100×2200×800 类型的创建。

（17）将桩基承台-2 根桩 1100×2200×800 类型放置在轴线 8 和轴线 1/C 处，并调整位置，具体尺寸如图 3-54 所示。

（18）单击“文件”下拉菜单中的“另存为”→“项目”命令，打开“另存为”对话框，指定保存位置并输入文件名，单击“保存”按钮。

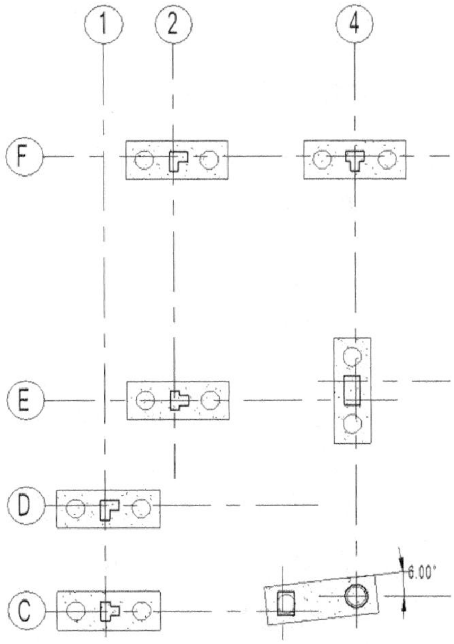

图 3-53　布置桩基承台-2 根桩 800×2400×800 类型

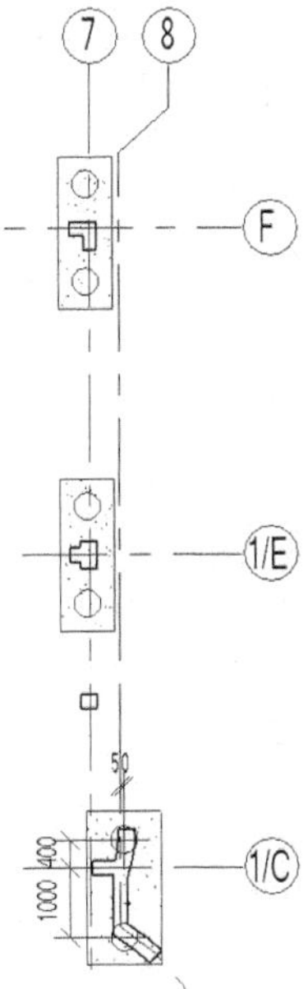

图 3-54　布置桩基承台-2 根桩 1100×2200×800 类型

3.2.2　放置桩基承台-1 根桩

具体操作步骤如下。

（1）打开 3.2.1 节绘制的项目文件，单击“结构”选项卡

视频：放置桩基承台-1 根桩

“基础”面板中的“结构基础：独立”按钮，在打开的“修改|放置 独立基础”选项卡中单击“载入族”按钮，打开“载入族”对话框，选择“China”→“结构”→“基础”文件夹中的“桩基承台-1 根桩.rfa”族文件，单击“打开”按钮，弹出如图 3-55 所示的“共享族已存在”提示对话框，因为桩-钢管族已被更改，所以这里单击“使用该项目中的现有子构件族”选项。

（2）加载“桩基承台-1 根桩.rfa”族文件，并打开“修改|放置 独立基础”选项卡。在属性选项板中单击“编辑类型”按钮，打开“类型属性”对话框，单击“复制”按钮，打开“名称”对话框，输入名称为 800×800×800，单击“确定”按钮，返回“类型属性”对话框，设置“桩类型<结构基础>”为“桩-钢管：400mm 直径”，更改宽度、长度和基础厚度为 800.0，如图 3-56 所示，其他采用默认设置，单击“确定”按钮，完成桩基承台-1 根桩 800×800×800 类型的创建。

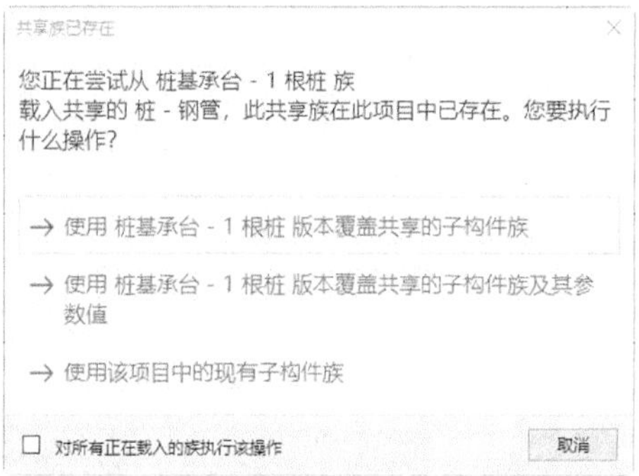

图 3-55　“共享族已存在”提示对话框

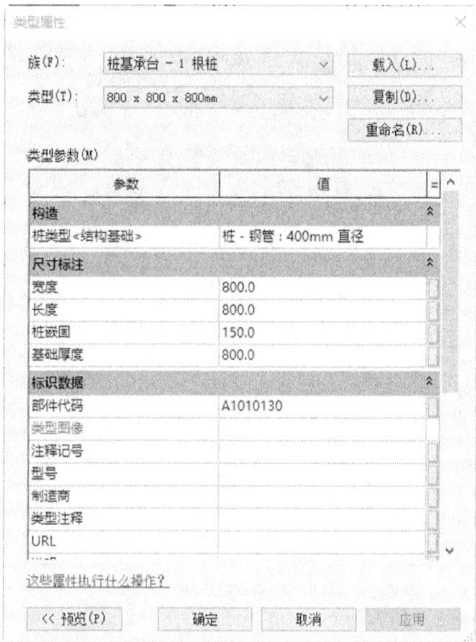

图 3-56　“类型属性”对话框

（3）单击“多个”面板上的“在柱处”按钮，按住 Ctrl 键选取如图 3-57 所示的结构柱，在结构柱的下端放置桩基承台-1 根桩，单击“完成”按钮，完成桩基承台-1 根桩的放置。

（4）在轴线 7 和轴线 1/A 的交点处继续放置桩基承台-1 根桩，结果如图 3-58 所示。

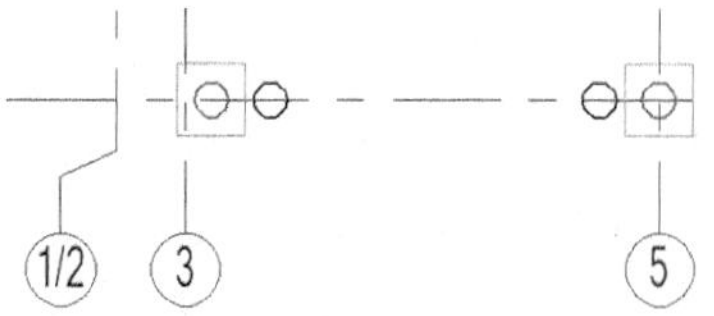

图 3-57　选取结构柱

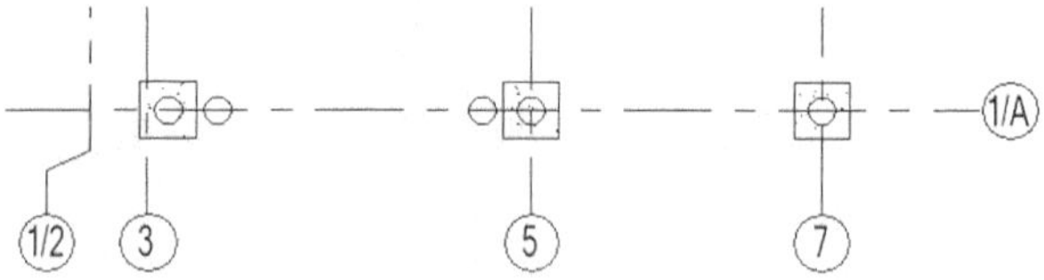

图 3-58　放置桩基承台-1 根桩

（5）单击“文件”下拉菜单中的“另存为”→“项目”命令，打开“另存为”对话框，指定保存位置并输入文件名，单击“保存”按钮。

第 4 章

梁和结构楼板

知识导引

在框架结构中，梁把各个方向的柱连接成整体；在墙结构中，洞口上方的连梁将两个墙肢连接起来，使它们共同工作。结构楼板将房屋在垂直方向上分隔为若干层，并把人和家具等竖向荷载及楼板自重通过墙体、梁或柱传给基础。

4.1 梁

由支座支承，承受的外力以横向力和剪力为主，以弯曲为主要变形的构件称为梁。

将梁添加到平面视图中时，必须将底剪裁平面设置为低于当前标高，否则，梁在该视图中不可见。但是如果使用结构样板，视图范围和可见性设置会相应地显示梁。每个梁的图元是通过特定梁族的类型属性定义的。此外，还可以修改各种实例属性来定义梁的功能。

可以使用以下任一方法，将梁附着到项目中的任何结构图元。

- 绘制单个梁。
- 创建梁链。
- 选择位于结构图元之间的轴线。
- 创建梁系统。

梁及其结构属性还具有以下特性。

- 可以使用属性选项板修改默认的“结构用途”设置。
- 可以将梁附着到任何其他结构图元（包括结构墙）上，但是它们不会连接到非承重墙。
- 结构用途参数可以包括在结构框架明细表中，这样用户可以计算大梁、托梁、檩条和水平支撑的数量。
- 结构用途参数值可确定粗略比例视图中梁的线样式。可使用“对象样式”对话框修改结构用途的默认样式。
- 梁的另一结构用途是作为结构桁架的弦杆。

4.1.1 创建基础梁

视频：创建基础梁

具体绘制过程如下。

（1）打开 3.2.2 节绘制的项目文件，将视图切换至基础结构平面视图。

（2）单击“结构”选项卡“结构”面板“梁”按钮（快捷键：BM），打开“修改|放置 梁”选项卡和选项栏，如图 4-1 所示。默认激活“线”按钮。

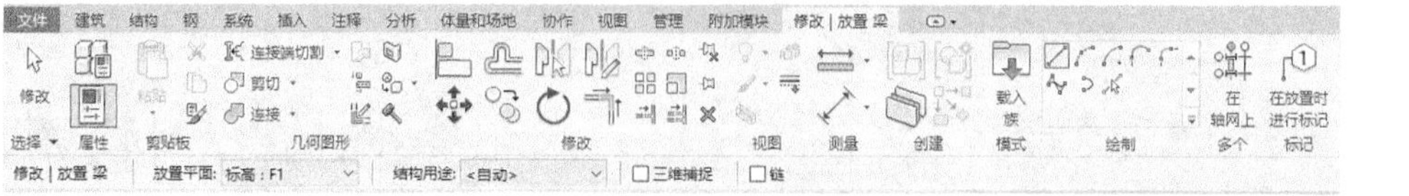

图 4-1　“修改|放置 梁”选项卡和选项栏

“修改|放置 梁”选项卡和选项栏中的选项说明如下。

- 放置平面：在列表中可以选择梁的放置平面。
- 结构用途：指定梁的结构用途，包括大梁、水平支撑、托梁、檩条及其他。
- 三维捕捉：勾选此复选框来捕捉任何视图中的其他结构图元，不论高程如何，屋顶梁都将捕捉到柱的顶部。
- 链：勾选此复选框后依次连续放置梁。在放置梁时的第二次单击将作为下一个梁的起点。按 Esc 键完成链式放置梁。

（3）单击“模式”面板中的“载入族”按钮，打开“载入族”对话框，选择“China”→“结构”→“框架”→“混凝土”文件夹中的“混凝土-矩形梁.rfa”族文件，如图 4-2 所示。

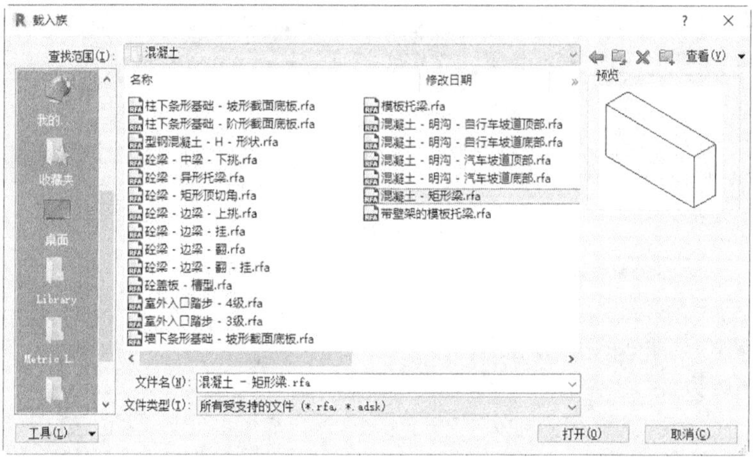

图 4-2　“载入族”对话框

（4）在属性选项板中选择“混凝土-矩形梁 300×600mm”类型，单击“编辑类型”按钮，打开“类型属性”对话框，单击“复制”按钮，打开“名称”对话框，输入名称为 300×700mm，单击“确定”按钮，返回“类型属性”对话框，设置 b 为 300.0，h 为 700.0，其他采用默认设置，如图 4-3 所示，单击“确定”按钮。

提示：

在 Revit 中提供了混凝土和钢梁两种不同属性的梁，其属性参数也稍有不同。

混凝土梁的属性选项板中的选项说明如下。

- 参照标高：标高限制。这是一个只读的值，取决于放置梁的工作平面。

- YZ 轴对正：包括统一和独立两个选项。使用“统一”可为梁的起点和终点设置相同的参数。使用“独立”可为梁的起点和终点设置不同的参数。
- Y 轴对正：指定物理几何图形相对于定位线的位置：“原点”、“左侧”、“中心”或“右侧”。
- Y 轴偏移值：在“Y 轴对正”参数中设置的定位线与特性点之间的距离。
- Z 轴对正：指定物理几何图形相对于定位线的位置：“原点”、“顶部”、“中心”或“底部”。
- Z 轴偏移值：在“Z 轴对正”参数中设置的定位线与特性点之间的距离。

（5）在如图 4-4 所示的属性选项板的“结构材质”栏中单击按钮，打开“材质浏览器”对话框，单击“主视图”→“AEC 材质”→“混凝土”节点，显示混凝土材质，选取“混凝土，现场浇注-C25”材质，单击“将材质添加到文档中”按钮，将材质添加到项目材质列表中并选中，如图 4-5 所示，单击“确定”按钮，完成矩形梁材质的设置。

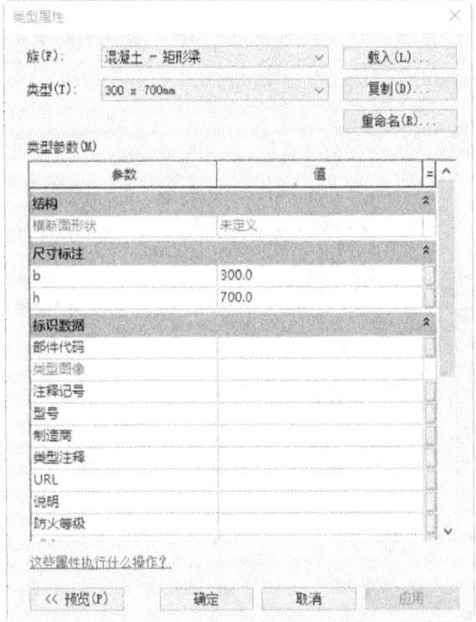

图 4-3　“类型属性”对话框

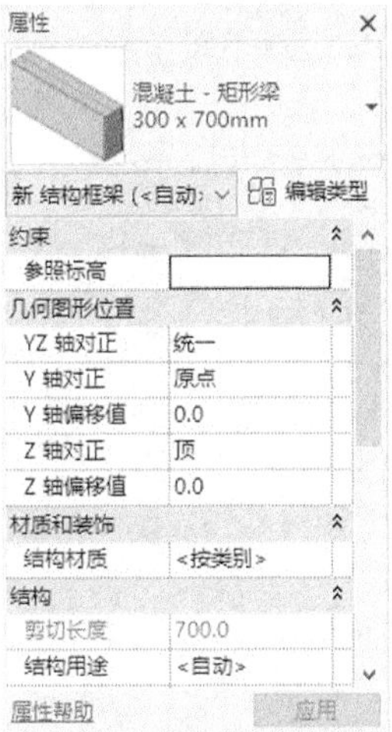

图 4-4　混凝土梁的属性选项板

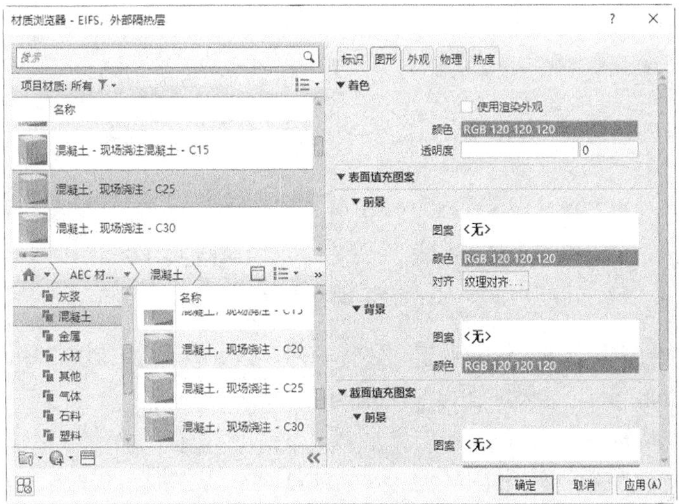

图 4-5　“材质浏览器”对话框

（6）在绘图区域中基础与轴线的交点作为梁的起点，移动光标，光标将捕捉到其他结构图元（如柱的质心或墙的中心线），状态栏将显示光标的捕捉位置，捕捉轴线的交点作为终点，如图 4-6 所示。

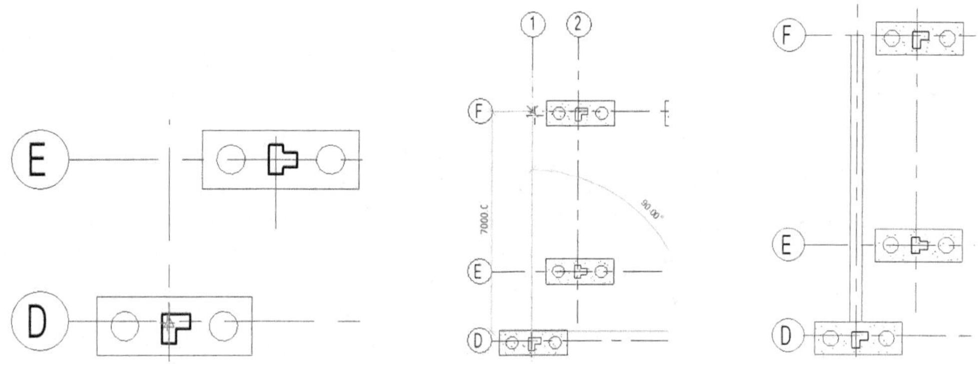

（a）指定梁的起点　　（b）指定梁的终点　　（c）完成梁绘制

图 4-6　绘制梁

提示：

若要在绘制时指定梁的精确长度，则在起点处单击，然后按其延伸的方向移动光标。开始键入所需长度，然后按 Enter 键以放置梁。

（7）单击“注释”选项卡“尺寸标注”面板中的“对齐”按钮（快捷键：DI），标注梁边线到轴线的距离，然后选取梁，使尺寸处于激活状态，单击尺寸值，打开文本框，输入新的尺寸，按 Enter 键调整梁的位置，如图 4-7 所示。

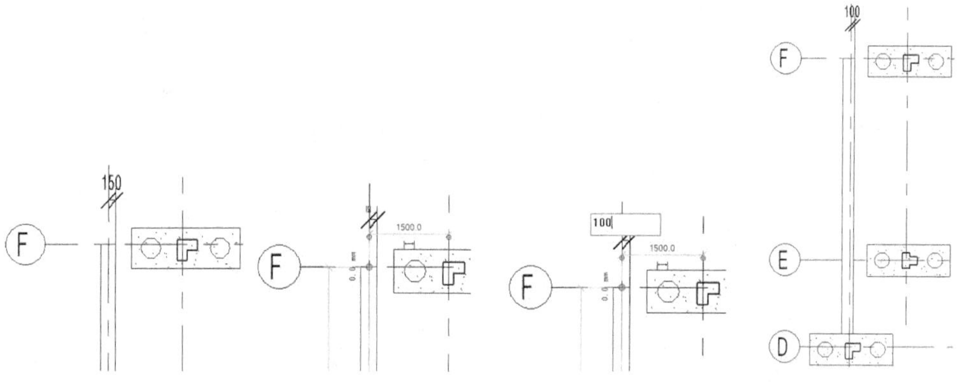

（a）标注尺寸　　（b）选取梁　　（c）输入尺寸　　（d）修改尺寸

图 4-7　调整梁位置

（8）单击“结构”选项卡“结构”面板“梁”按钮（快捷键：BM），继续沿着轴线绘制 300×700mm 梁，结果如图 4-8 所示。

（9）单击“结构”选项卡“结构”面板“梁”按钮（快捷键：BM），在属性选项板中单击“编辑类型”按钮，打开“类型属性”对话框，单击“复制”按钮，打开“名称”对话框，输入名称为 250×700mm，单击“确定”按钮，返回“类型属性”

对话框，设置 b 为 250.0，h 为 700.0，其他采用默认设置，单击“确定”按钮。沿着轴线绘制 250×700mm 梁，结果如图 4-9 所示。

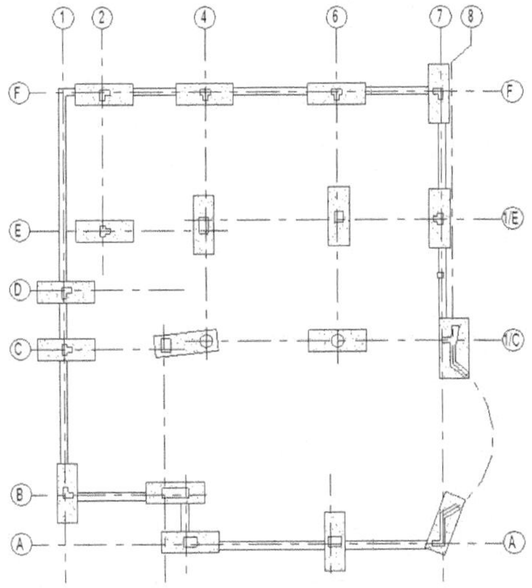

图 4-8　绘制 300×700mm 梁

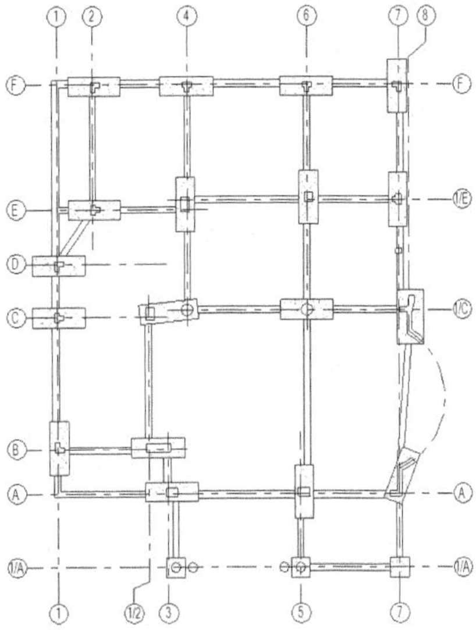

图 4-9　绘制 250×700mm 梁

（10）单击“结构”选项卡“结构”面板“梁”按钮（快捷键：BM），在属性选项板中单击“编辑类型”按钮，打开“类型属性”对话框，单击“复制”按钮，打开“名称”对话框，输入名称为 350×700mm，单击“确定”按钮，返回“类型属性”对话框，设置 b 为 350.0，h 为 700.0，其他采用默认设置，单击“确定”按钮。

（11）单击“绘制”面板中“起点-终点-半径弧”按钮，沿着轴线绘制 350×700mm 梁，然后单击“修改”选项卡“修改”面板中的“对齐”按钮，先选取柱的内圆弧线，再选取梁的内圆弧线，添加两者的对齐关系，结果如图 4-10 所示。

（12）单击“结构”选项卡“结构”面板“梁”按钮（快捷键：BM），在属性选项板中单击“编辑类型”按钮，打开“类型属性”对话框，单击“复制”按钮，打开“名称”对话框，输入名称为 450×700mm，单击“确定”按钮，返回“类型属性”对话框，设置 b 为 450.0，h 为 700.0，其他采用默认设置，单击“确定”按钮。沿着轴线绘制 450×700mm 梁，结果如图 4-11 所示。

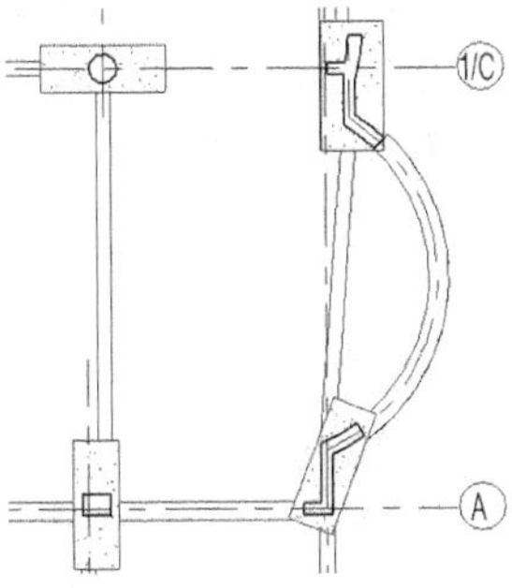

图 4-10　绘制 350×700mm 梁

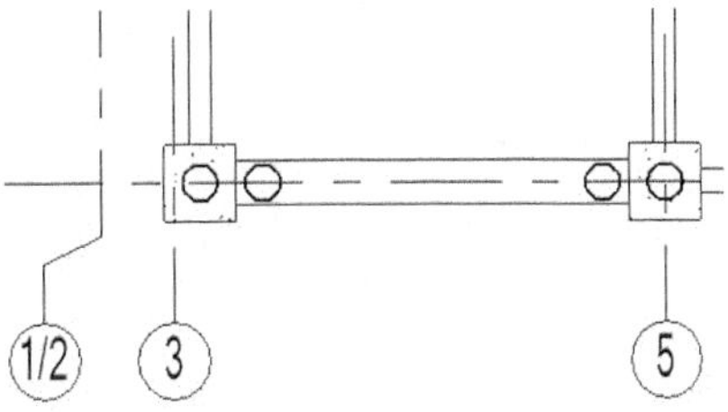

图 4-11 绘制 450×700mm 梁

（13）单击“结构”选项卡“结构”面板“梁”按钮（快捷键：BM），在属性选项板中单击“编辑类型”按钮，打开“类型属性”对话框，单击“复制”按钮，打开“名称”对话框，输入名称为 200×400mm，单击“确定”按钮，返回“类型属性”对话框，设置 b 为 200.0，h 为 400.0，其他采用默认设置，单击“确定”按钮。沿着轴线绘制 200×400mm 梁，结果如图 4-12 所示。

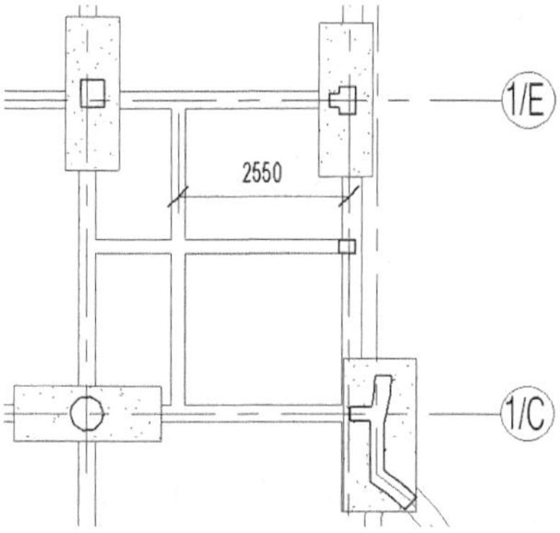

图 4-12　绘制 200×400mm 梁

提示：

Revit 沿轴线放置梁时，它将使用下列条件。

- 将扫描所有可能与轴线相交的支座，如柱、墙或梁。
- 如果墙位于轴线上，则不会在该墙上放置梁。墙的各端用作支座。
- 如果梁与轴线相交并穿过轴线，则此梁被认为是中间支座，因为此梁支座支撑在轴线上创建的新梁。
- 如果梁与轴线相交但不穿过轴线，则此梁由在轴线上创建的新梁支撑。

（14）单击“文件”下拉菜单中的“另存为”→“项目”命令，打开“另存为”对话框，指定保存位置并输入文件名，单击“保存”按钮。

4.1.2　创建一层梁

视频：创建一层梁

具体绘制过程如下。

（1）打开 4.1.1 节绘制的项目文件，将视图切换至一层结构平面视图。

（2）单击“结构”选项卡“结构”面板“梁”按钮（快捷键：BM），在属性选项板中单击“编辑类型”按钮，打开“类型属性”对话框，单击“复制”按钮，打开“名称”对话框，输入名称为 200×500mm，单击“确定”按钮，返回“类型属性”对话框，设置 b 为 200.0，h 为 500.0，其他采用默认设置，单击“确定”按钮。沿着轴线绘制 200×500mm 梁，结果如图 4-13 所示。

（3）单击“结构”选项卡“结构”面板“梁”按钮（快捷键：BM），在属性选项板中单击“编辑类型”按钮，打开“类型属性”对话框，单击“复制”按钮，打开“名称”对话框，输入名称为 250×500mm，单击“确定”按钮，返回“类型属性”对话框，设置 b 为 250.0，h 为 500.0，其他采用默认设置，单击“确定”按钮。

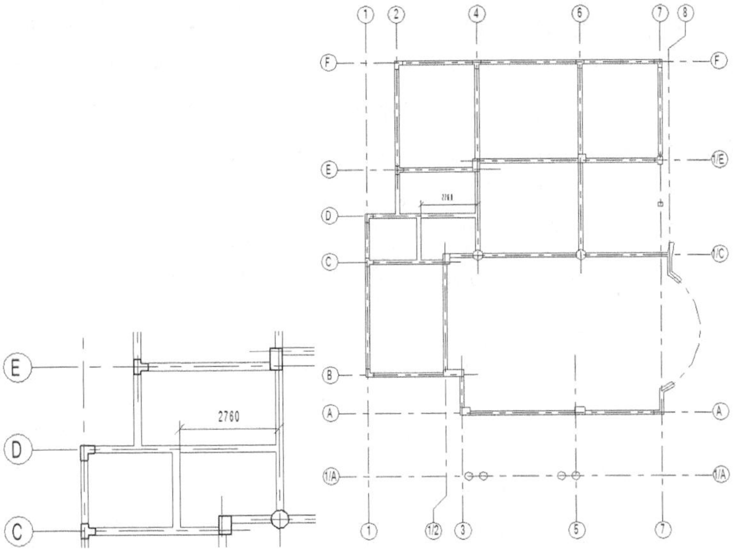

图 4-13　绘制 200×500mm 梁

（4）利用“绘制”面板中的“线”按钮和“起点-终点-半径弧”按钮，沿着轴线绘制 250×500mm 梁并与异形柱连接，然后单击“修改”选项卡“修改”面板中的“对齐”按钮，先选取柱的内圆弧线，再选取梁的内圆弧线，添加两者的对齐关系；采用相同的方法，添加轴线 6 上的 200×500mm 梁和 250×500mm 梁右侧边线的对齐关系，结果如图 4-14 所示。

（5）单击“结构”选项卡“结构”面板“梁”按钮（快捷键：BM），在属性选项板中单击“编辑类型”按钮，打开“类型属性”对话框，单击“复制”按钮，打开“名称”对话框，输入名称为 250×600mm，单击“确定”按钮，返回“类型属性”对话框，设置 b 为 250.0，h 为 600.0，其他采用默认设置，单击“确定”按钮。

（6）单击“绘制”面板中的“起点-终点-半径弧”按钮，捕捉两端的异形柱端点作为圆弧的起点和终点，沿着轴线绘制 250×600mm 梁，然后单击“修改”选项卡“修改”面板中的“对齐”按钮，先选取柱的内圆弧线，再选取梁的内圆弧线，添加两者的对齐关系，结果如图 4-15 所示。

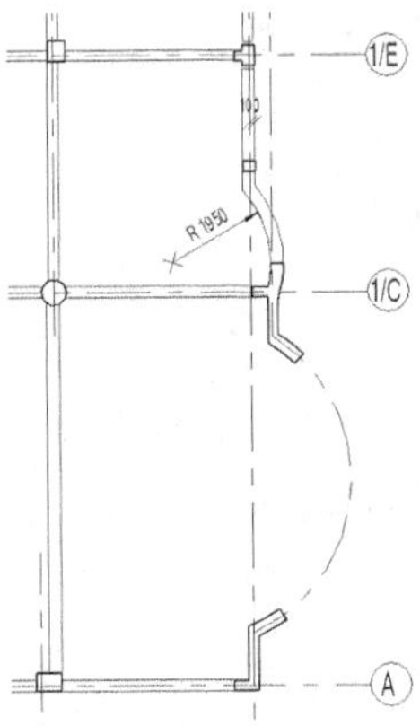

图 4-14　绘制 250×500mm 梁

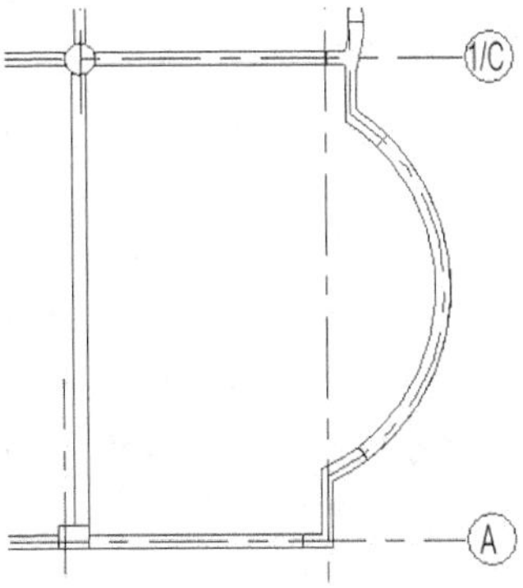

图 4-15　绘制 250×600mm 梁

（7）单击“结构”选项卡“结构”面板“梁”按钮（快捷键：BM），在属性选项板中单击“编辑类型”按钮，打开“类型属性”对话框，单击“复制”按钮，打开“名称”对话框，输入名称为 200×600mm，单击“确定”按钮，返回“类型属性”对话框，设置 b 为 200.0，h 为 600.0，其他采用默认设置，单击“确定”按钮。沿着轴线绘制 200×600mm 梁，结果如图 4-16 所示。

（8）单击“结构”选项卡“结构”面板“梁”按钮（快捷键：BM），在属性选项板中选择“200×400mm”类型，沿着轴线绘制 200×400mm 梁 1，结果如图 4-17 所示。

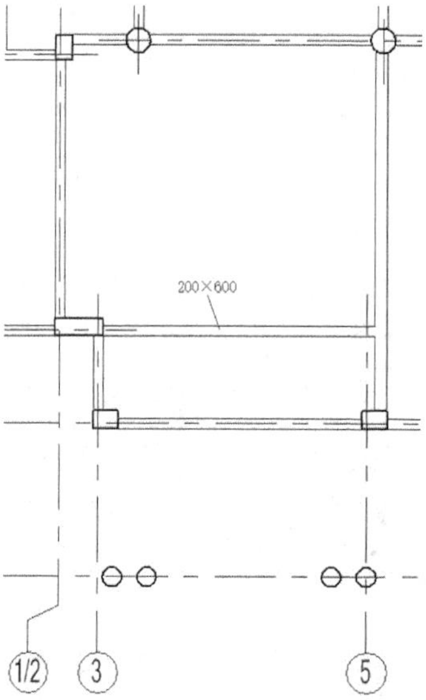

图 4-16　绘制 200×600mm 梁

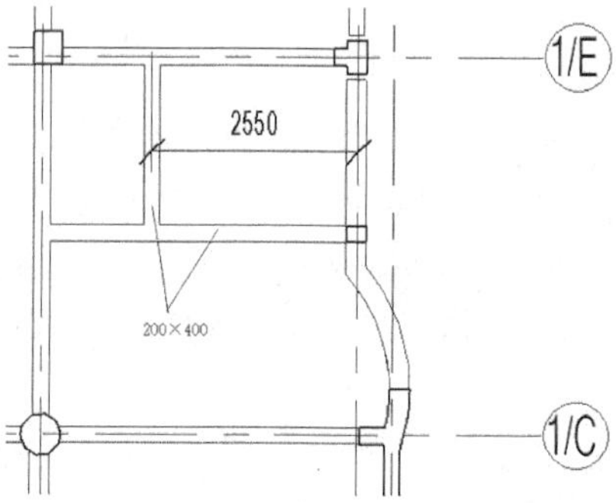

图 4-17　绘制 200×400mm 梁 1

（9）单击“结构”选项卡“结构”面板“梁”按钮（快捷键：BM），在属性选项板中选择“200×400mm”类型，沿着轴线绘制 200×400mm 梁 2，结果如图 4-18 所示。

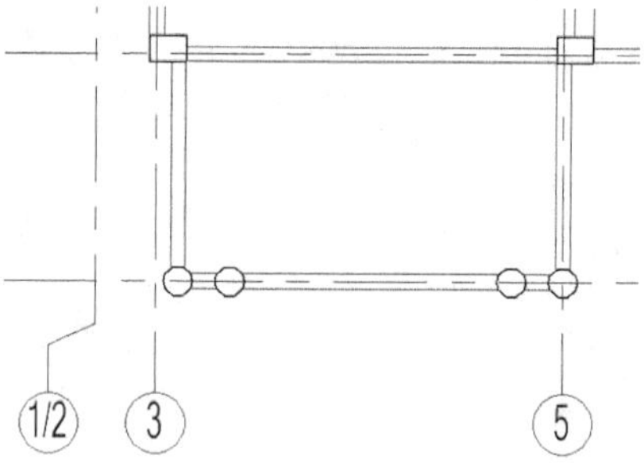

图 4-18　绘制 200×400mm 梁 2

（10）选取步骤（9）中绘制的水平梁，显示临时尺寸，选取左端的起点标高偏移使其处于编辑状态，输入新的偏移值，按 Enter 键确定，采用相同的方法，调整终点标高偏移，如图 4-19 所示。采用相同的方法，调整步骤（9）中创建的其他两根梁的起点标高偏移和终点标高偏移。

（11）单击“结构”选项卡“结构”面板“梁”按钮（快捷键：BM），在属性选项板中单击“编辑类型”按钮，打开“类型属性”对话框，单击“复制”按钮，打开“名称”对话框，输入名称为 200×450mm，单击“确定”按钮，返回“类型属性”对话框，设置 b 为 200.0，h 为 450.0，其他采用默认设置，单击“确定”按钮。沿着轴线绘制 200×450mm 梁，结果如图 4-20 所示。

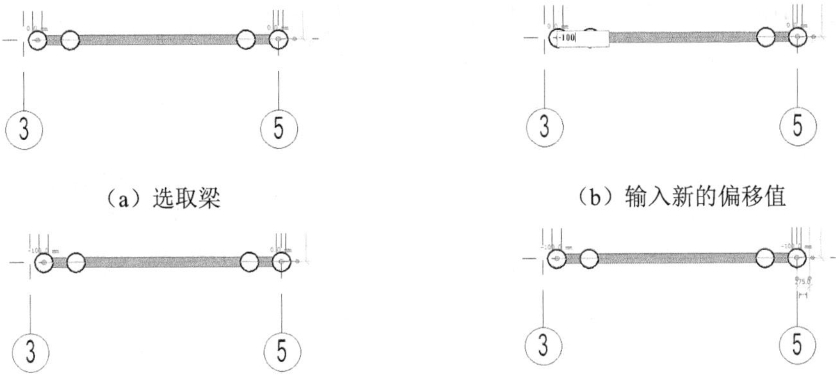

（a）选取梁　（b）输入新的偏移值

（c）调整起点标高偏移　（d）调整终点标高偏移

图 4-19　调整梁的高度

（12）按住 Ctrl 键，选取步骤（11）中绘制的 200×450mm 梁，在属性选项板中设置“起点标高偏移”和“终点标高偏移”为“-50.0”，其他采用默认设置，如图 4-21 所示。

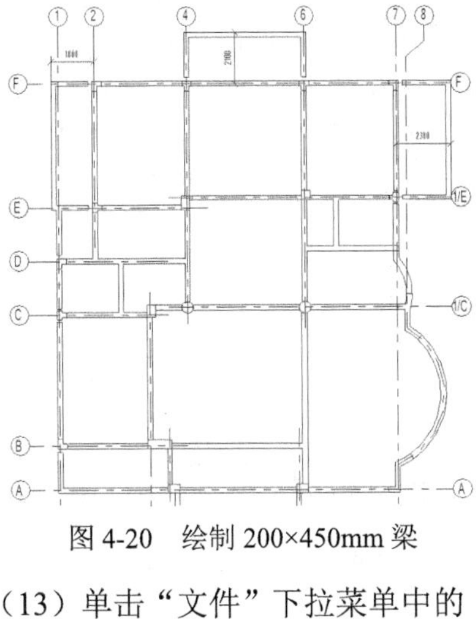

图 4-20　绘制 200×450mm 梁

图 4-21　调整梁高度

（13）单击“文件”下拉菜单中的“另存为”→“项目”命令，打开“另存为”对话框，指定保存位置并输入文件名，单击“保存”按钮。

4.1.3　创建二、三层和阁顶层梁

视频：创建二、三层和阁顶层梁

具体绘制过程如下。

（1）打开 4.1.2 节绘制的项目文件，单击“修改”选项卡“创建”面板中的“创建组”按钮（快捷键：GP），打开“创建组”对话框，输入名称为一层梁，其他采用默认设置，如图 4-22 所示，单击“确定”按钮。

（2）打开如图 4-23 所示的“编辑组”面板，单击“添加”按钮，选取视图中所有梁，单击“完成”按钮，完成一层梁组的创建。

（3）选取步骤（2）中创建的一层梁组，单击“修改|模型组”选项卡“剪贴板”面板中的“复制到剪贴板”按钮（快捷键：Ctrl+C），然后单击“粘贴”下拉菜单中的“与选定的标高对齐”按钮，打开“选择标高”对话框，选择“二层”“三层”“闷顶层”标高，如图 4-24 所示，单击“确定”按钮，将一层梁组复制到二层、三层和闷顶层。

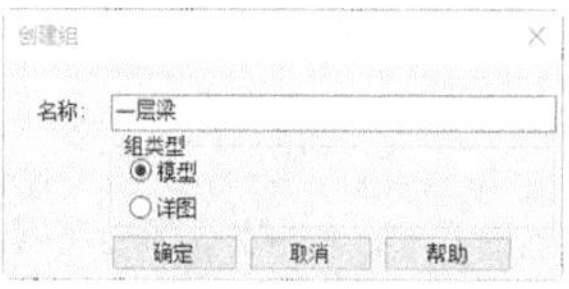

图 4-22　“创建组”对话框

图 4-23　“编辑组”面板

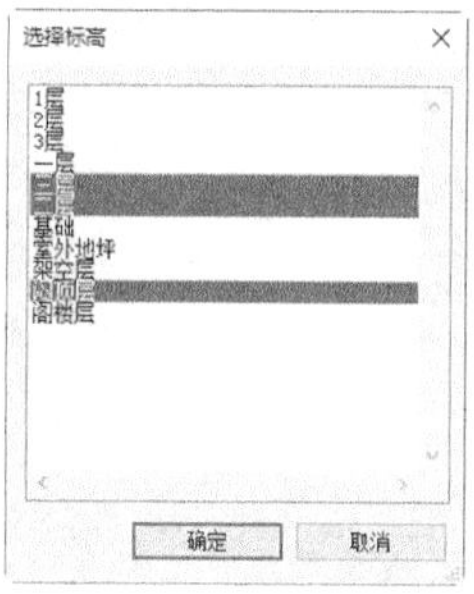

图 4-24　“选择标高”对话框

（4）将视图切换到二层结构平面视图。选取复制的一层梁组，单击“修改|模型组”选项卡“成组”面板中的“解组”按钮（快捷键：UG），将一层梁组解组。

（5）选取视图中不需要的梁，按 Delete 键删除，结果如图 4-25 所示。

（6）单击“结构”选项卡“结构”面板“梁”按钮（快捷键：BM），在属性选项板中选择“200×500mm”类型，利用“绘制”面板中的“线”按钮和“起点-终点-半径弧”按钮，绘制 200×500mm 梁，具体尺寸如图 4-26 所示。

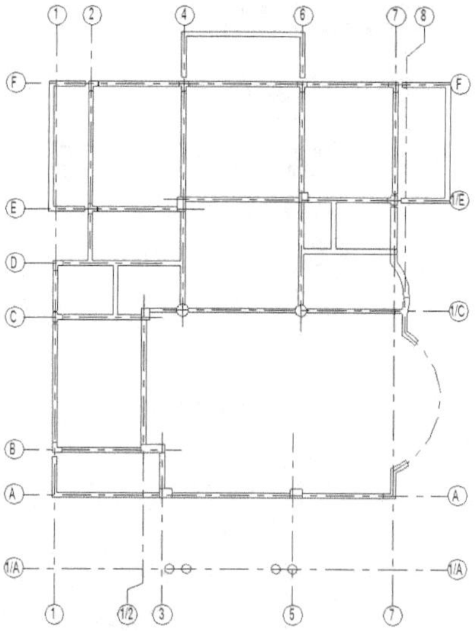

图 4-25　删除梁

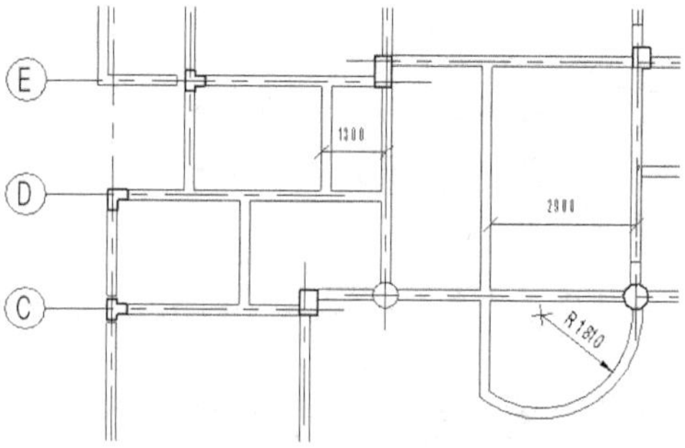

图 4-26　绘制 200×500mm 梁

（7）将视图切换到三层结构平面视图。选取复制的梁组，单击“修改|模型组”选项卡“成组”面板中的“解组”按钮（快捷键：UG），将梁组解组。选取视图中不需要的梁，按 Delete 键删除，结果如图 4-27 所示。

（8）单击“结构”选项卡“结构”面板“梁”按钮（快捷键：BM），在属性选项板中选择“200×500mm”类型，绘制 200×500mm 梁，具体尺寸如图 4-28 所示。

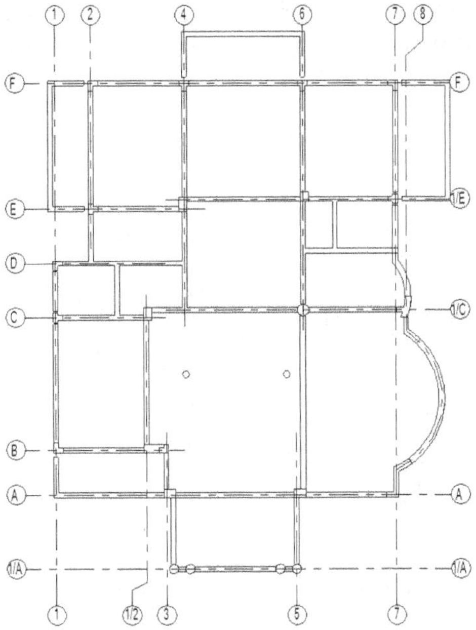

图 4-27　删除梁

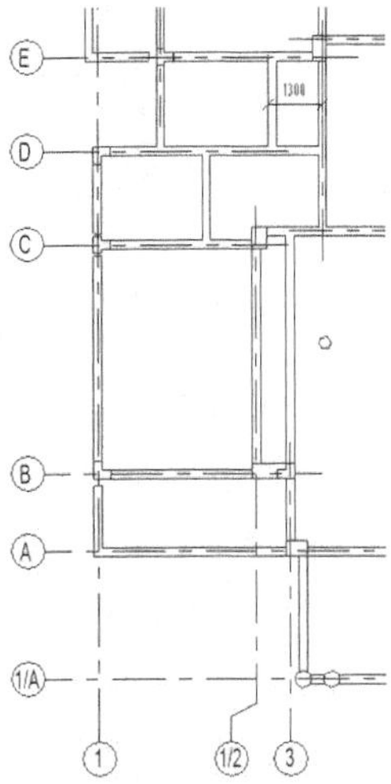

图 4-28　绘制 200×500mm 梁

（9）单击“结构”选项卡“结构”面板“梁”按钮（快捷键：BM），在属性选项板中单击“编辑类型”按钮，打开“类型属性”对话框，单击“复制”按钮，打开“名称”对话框，输入名称为 250×400mm，单击“确定”按钮，返回“类型属性”对话框，设置 b 为 250.0，h 为 400.0，其他采用默认设置，单击“确定”按钮。

（10）利用“起点-终点-半径弧”按钮，绘制 250×400mm 梁，如图 4-29 所示。

（11）单击“结构”选项卡“结构”面板“梁”按钮（快捷键：BM），在属性选项板中单击“编辑类型”按钮，打开“类型属性”对话框，单击“复制”按钮，打开“名称”对话框，输入名称为 350×400mm，单击“确定”按钮，返回“类型属性”对话框，设置 b 为 350.0，h 为 400.0，其他采用默认设置，单击“确定”按钮。在圆形柱的位置绘制 350×400mm 水平梁，并调整起点标高偏移和终点标高偏移为-100.0mm，结果如图 4-30 所示。

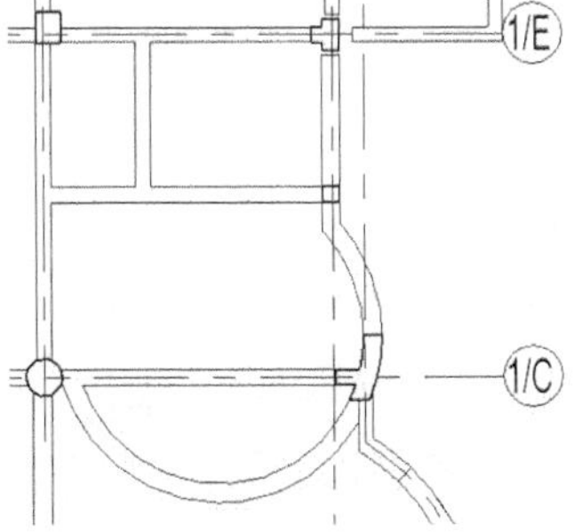

图 4-29　绘制 250×400mm 梁

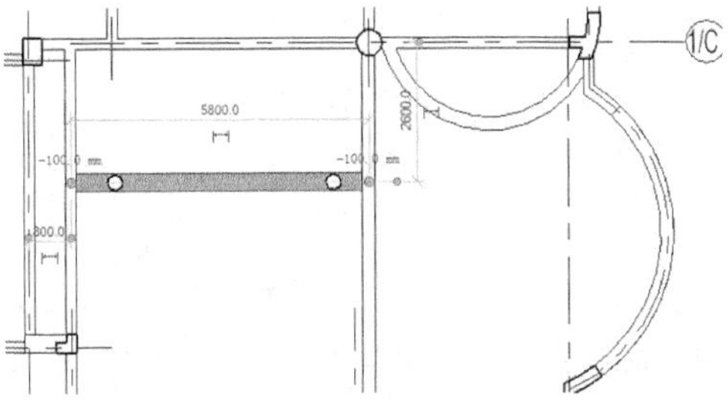

图 4-30　绘制 350×400mm 水平梁

（12）选取如图 4-31 所示的梁，在属性选项板中设置“起点标高偏移”和“终点标高偏移”为“-100.0”。

（13）将视图切换到闷顶层结构平面视图。选取复制的梁组，单击“修改|模型组”选项卡“成组”面板中的“解组”按钮（快捷键：UG），将梁组解组。选取视图中不需要的梁，按 Delete 键删除，结果如图 4-32 所示。

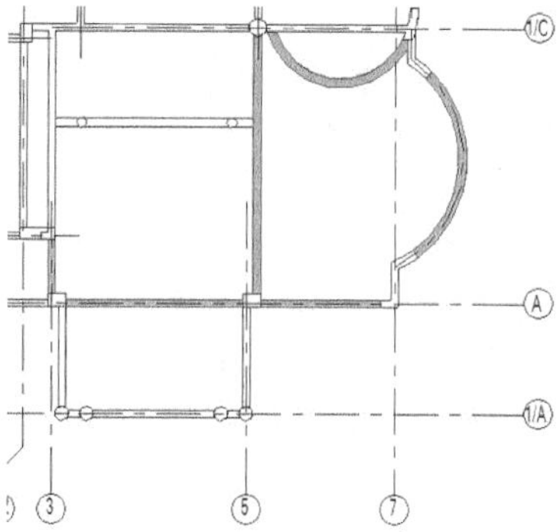

图 4-31　选取梁

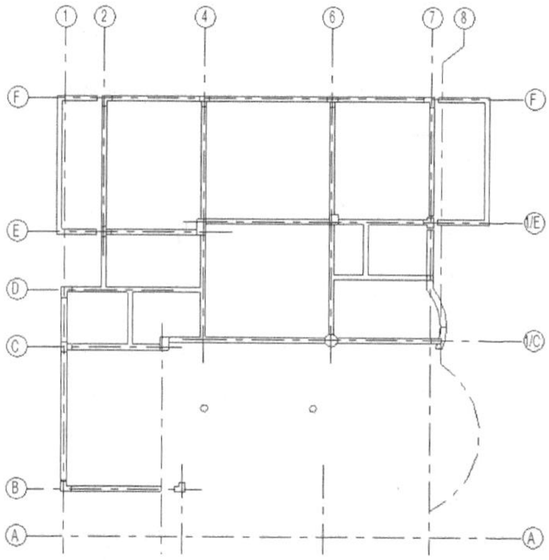

图 4-32　删除梁

（14）单击“结构”选项卡“结构”面板“梁”按钮（快捷键：BM），在属性选项板中选择“200×500mm”类型，绘制 200×500mm 梁，具体尺寸如图 4-33 所示。

（15）单击“结构”选项卡“结构”面板“梁”按钮（快捷键：BM），在属性选项板中选择“250×500mm”类型，利用“起点-终点-半径弧”按钮，绘制 250×500mm 梁，如图 4-34 所示。

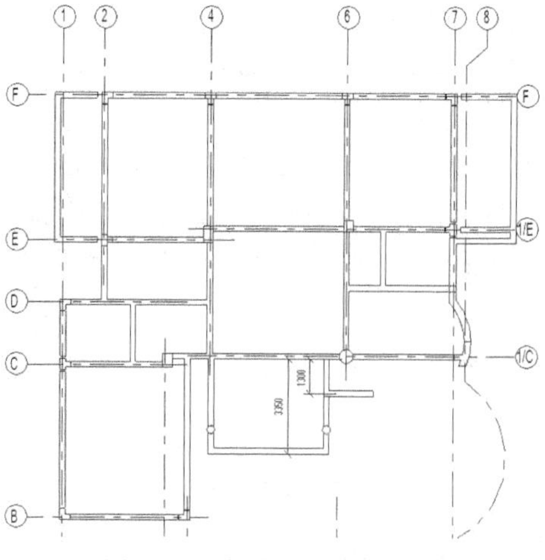

图 4-33　绘制 200×500mm 梁

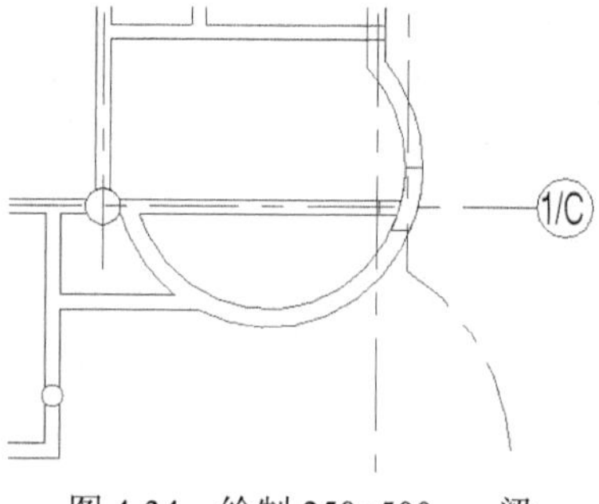

图 4-34　绘制 250×500mm 梁

（16）单击“结构”选项卡“结构”面板“梁”按钮（快捷键：BM），在属性选项板中选择“200×400mm”类型，绘制 200×400mm 梁，然后选取梁并拖动控制点调整梁长度，如图 4-35 所示。

（17）按住 Ctrl 键，选取如图 4-36 所示的梁，在属性选项板中设置“起点标高偏移”和“终点标高偏移”为“0.0”。

（18）单击“文件”下拉菜单中的“另存为”→“项目”命令，打开“另存为”对话框，指定保存位置并输入文件名，单击“保存”按钮。

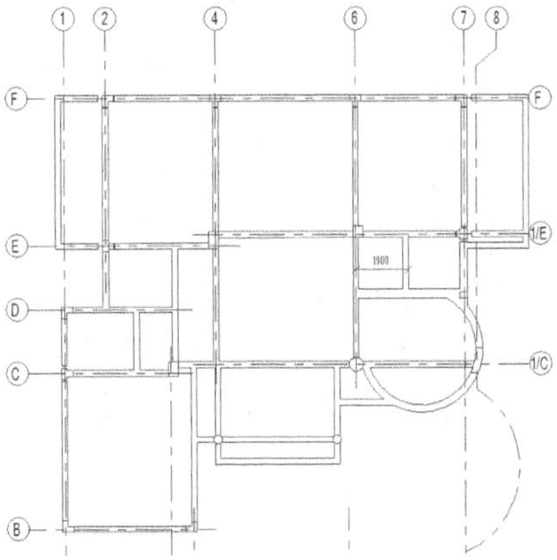

图 4-35　绘制 200×400mm 梁

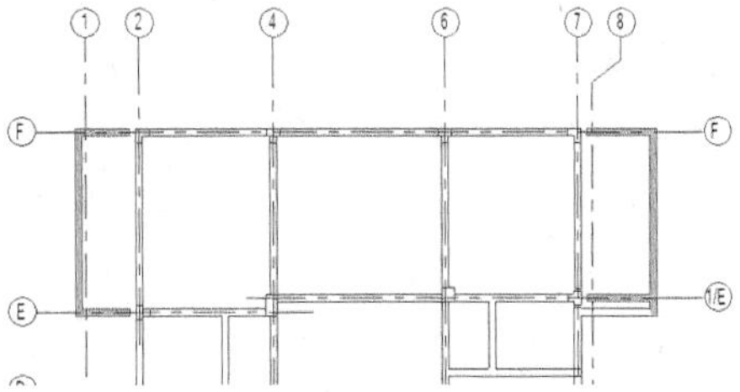

图 4-36　选取梁

4.2　结构楼板

可以通过拾取墙或使用绘制工具定义楼板的边界来创建结构楼板。

4.2.1　创建一层结构楼板

具体绘制步骤如下。

视频：创建一层结构楼板

（1）打开 4.1.3 节绘制的项目文件，将视图切换到一层结构平面视图。

（2）单击“结构”选项卡“结构”面板“楼板”下拉列表中的“楼板：结构”按钮（快捷键：SB），打开“修改|创建楼层边界”选项卡和选项栏，如图 4-37 所示。

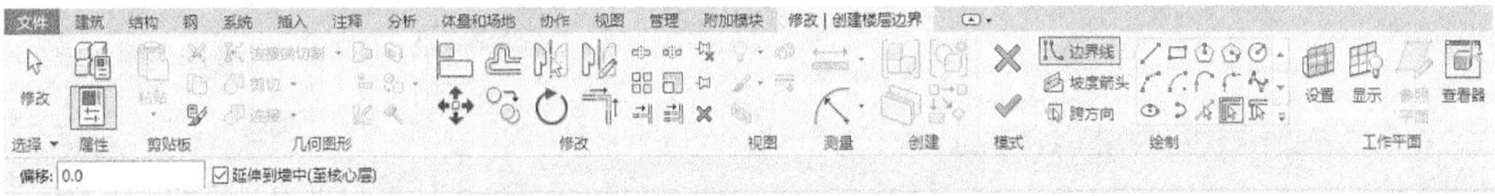

图 4-37　“修改|创建楼层边界”选项卡和选项栏

“修改|创建楼层边界”选项卡和选项栏中的选项说明如下。

- 偏移：指定相对于楼板边缘的偏移值。
- 延伸到墙中（至核心层）：如果利用“拾取线”命令创建楼板边界，则创建的楼板将延伸到墙核心层。

（3）在属性选项板中选择“楼板 现场浇注混凝土 225mm”类型，如图 4-38 所示。属性选项板中的选项说明如下。

- 标高：将楼板约束到的标高。
- 自标高的高度偏移：指定楼板顶部相对于标高参数的高程。
- 房间边界：指定楼板是否作为房间边界图元。
- 与体量有关：指定此图元是从体量图元创建的。
- 结构：指定此图元有一个分析模型。
- 启用分析模型：显示分析模型，并将它包含在分析计算中。默认情况下处于选中状态。
- 钢筋保护层-顶面：指定与楼板顶面之间的钢筋保护层距离。
- 钢筋保护层-底面：指定与楼板底面之间的钢筋保护层距离。
- 钢筋保护层-其他面：指定从楼板到邻近图元面之间的钢筋保护层距离。
- 坡度：将坡度定义线修改为指定值，无须编辑草图。如果有一条坡度定义线，则此参数最初会显示一个值。如果没有坡度定义线，则此参数为空并被禁用。
- 周长：设置楼板的周长。

（4）在属性选项板中单击“编辑类型”按钮，打开“类型属性”对话框，单击“复制”按钮，打开“名称”对话框，输入名称为现场浇注混凝土 120mm，单击“确定”按钮，返回“类型属性”对话框，单击“结构”栏中的“编辑”按钮 编辑... ，打开如图 4-39 所示的“编辑部件”对话框，分别选取“面层 1[4]”和“涂膜层”，单击“删除”按钮 删除(D) ，将其删除，其他采用默认设置，单击“确定”按钮。

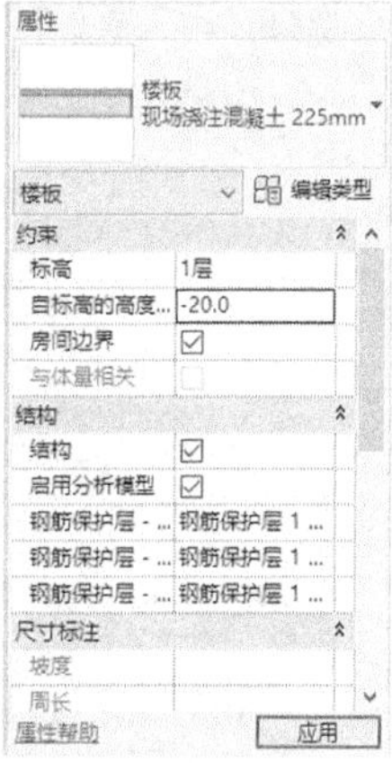

图 4-38 属性选项板

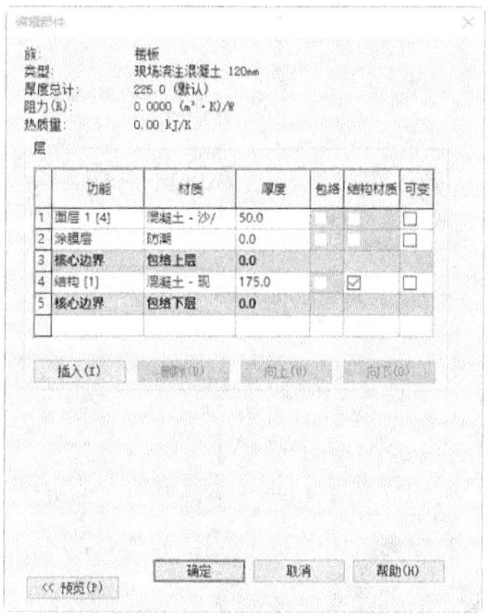

图 4-39 “编辑部件”对话框

（5）在“结构[1]”栏对应的“材质”列中单击按钮，打开“材质浏览器”对话框，选取“混凝土，现场浇注-C25”材质，单击“确定”按钮，返回“编辑部件”对话框，更改厚度为 120.0，连续单击“确定”按钮，完成现场浇注混凝土 120mm 类型的设置。

（6）单击“绘制”面板中的“边界线”按钮和“矩形”按钮，沿着轴线绘制封闭的边界，如图 4-40 所示。

提示：

如果边界线没有形成闭环，单击“完成编辑模式”按钮，弹出如图 4-41 所示的错误提示对话框，视图中相交的边界线或没有闭环的边界线会高亮显示。

（7）单击“模式”面板中的“完成编辑模式”按钮，完成 120mm 厚度楼板的创建，如图 4-42 所示。

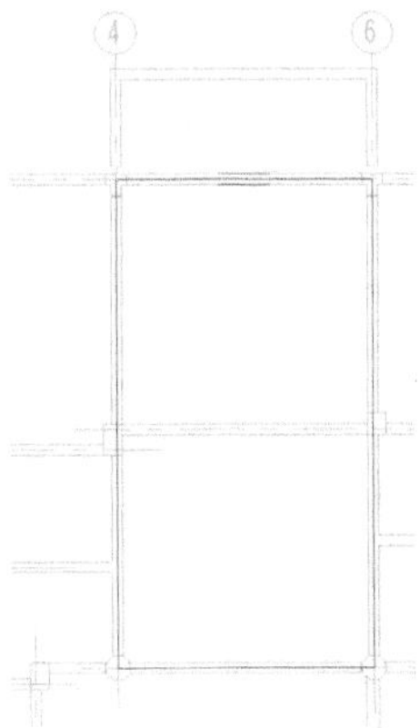

图 4-40　绘制边界

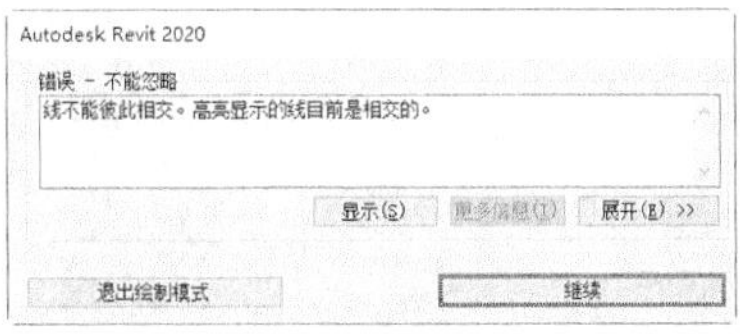

图 4-41　错误提示对话框

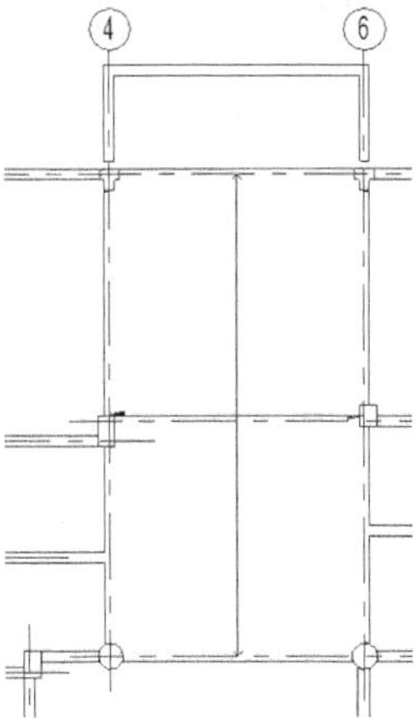

图 4-42　绘制 120mm 厚度楼板

（8）单击“结构”选项卡“结构”面板“楼板”下拉列表中的“楼板：结构”按钮（快捷键：SB），在属性选项板中单击“编辑类型”按钮，打开“类型属性”对话框，单击“复制”按钮，打开“名称”对话框，输入名称为现场浇注混凝土 150mm，单击“确定”按钮，返回“类型属性”对话框，单击“结构”栏中的“编辑”按钮 编辑... ，打开“编辑部件”对话框，更改厚度为 150.0，连续单击“确定”按钮。

（9）单击“绘制”面板中的“边界线”按钮和“线”按钮，沿着轴线绘制封闭的边界，如图 4-43 所示。单击“模式”面板中的“完成编辑模式”按钮，完成 150mm 厚度楼板的创建，如图 4-44 所示。

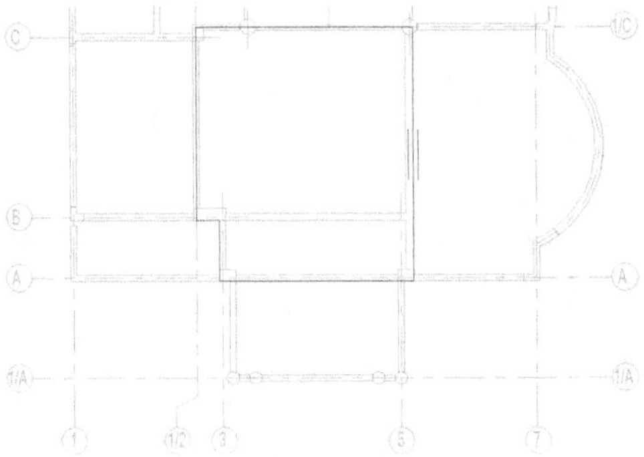

图 4-43　绘制边界

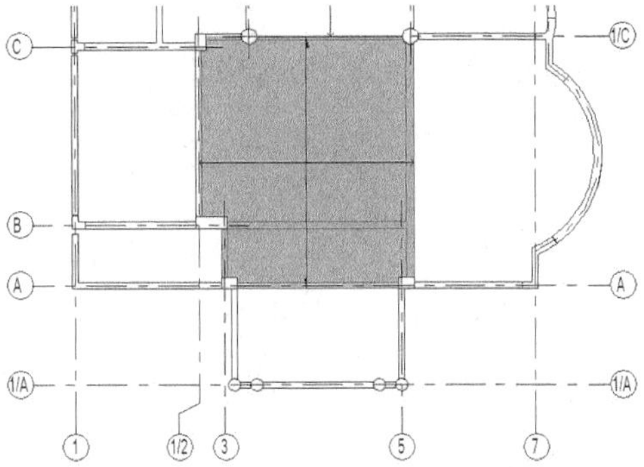

图 4-44 绘制 150mm 厚度楼板

（10）单击“结构”选项卡“结构”面板“楼板”下拉列表中的“楼板：结构”按钮（快捷键：SB），在属性选项板中单击“编辑类型”按钮，打开“类型属性”对话框，单击“复制”按钮，打开“名称”对话框，输入名称为现场浇注混凝土 130mm，单击“确定”按钮，返回“类型属性”对话框，单击“结构”栏中的“编辑”按钮 编辑... ，打开“编辑部件”对话框，更改厚度为 130.0，连续单击“确定”按钮。

（11）单击“绘制”面板中的“边界线”按钮和“拾取线”按钮，拾取梁边线和 150mm 厚度楼板右边线为楼板边界，如图 4-45 所示。

（12）选取竖直边界线，拖动边界线的上端点调整边界线的长度，直到水平边界线，然后拖动水平边界线的端点使其与竖直边界线重合，如图 4-46 所示。

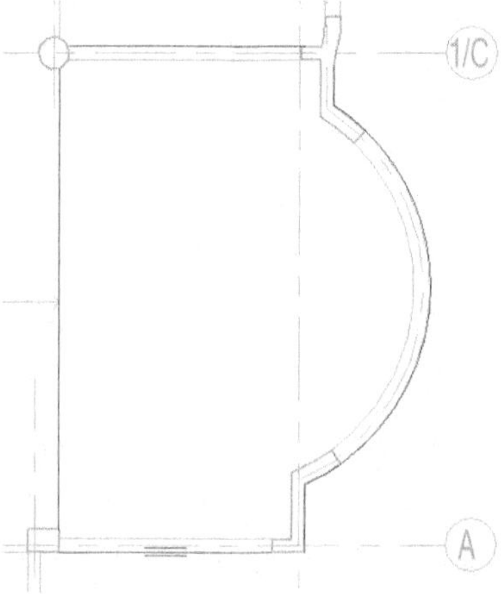

图 4-45　拾取边线

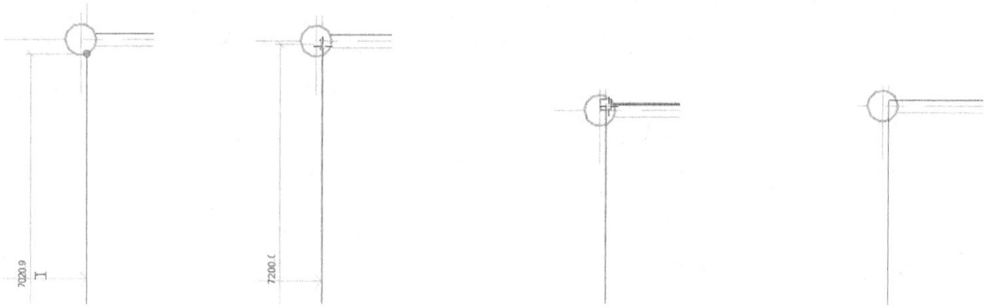

（a）选取竖直边界线　（b）拖动边界线的端点　（c）直到水平边界线　（d）水平边界线与竖直边界线重合

图 4-46　调整边界线长度

（13）采用相同的方法，使边界形成闭合环，如图 4-47 所示。单击“模式”面板中的“完成编辑模式”按钮✔，完成 130mm 厚度楼板的创建，如图 4-48 所示。

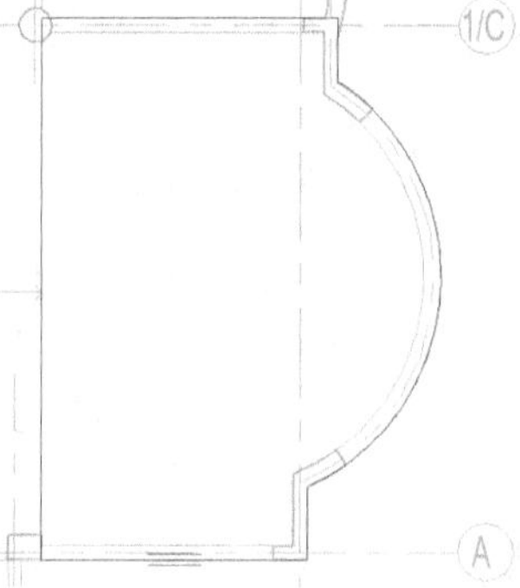

图 4-47　闭合边界

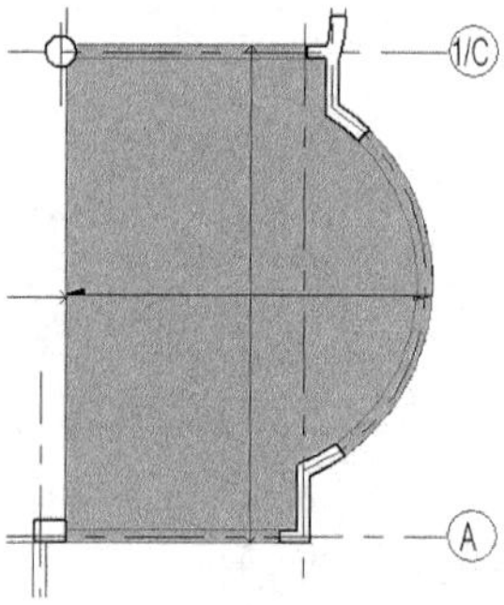

图 4-48　绘制 130mm 厚度楼板

（14）单击“结构”选项卡“结构”面板“楼板”下拉列表中的“楼板：结构”按钮（快捷键：SB），在属性选项板中单击“编辑类型”按钮，打开“类型属性”对话框，单击“复制”按钮，打开“名称”对话框，输入名称为现场浇注混凝土 100mm，单击“确定”按钮，返回“类型属性”对话框，单击“结构”栏中的“编辑”按钮 编辑... ，打开“编辑部件”对话框，更改厚度为 100.0，连续单击“确定”按钮。

（15）单击“绘制”面板中的“边界线”按钮、“线”按钮和“拾取线”按钮，绘制封闭的边界，如图 4-49 所示。单击“模式”面板中的“完成编辑模式”按钮，完成 100mm 厚度楼板的创建，如图 4-50 所示。

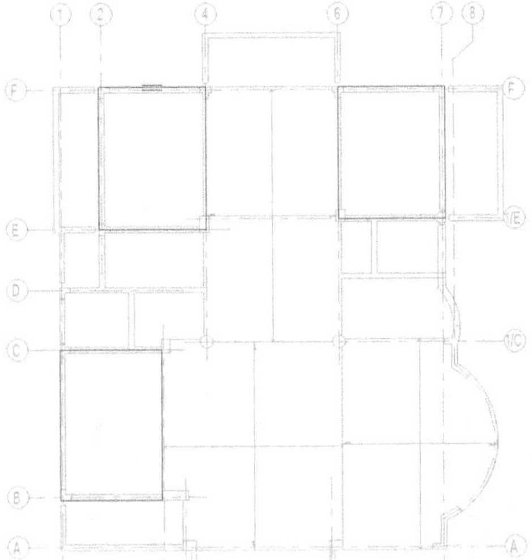

图 4-49　绘制边界

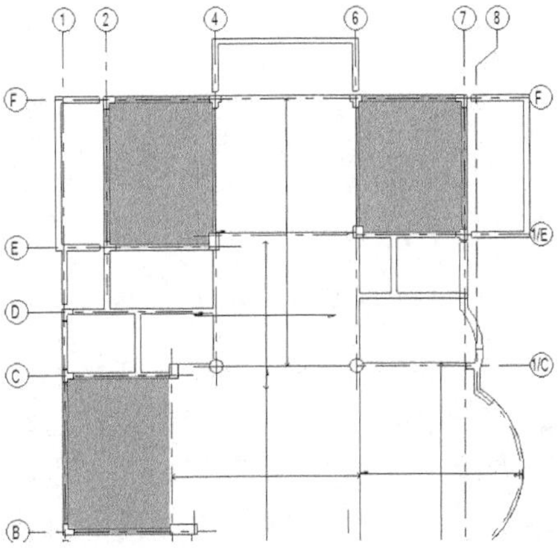

图 4-50　绘制 100mm 厚度楼板

（16）单击“结构”选项卡“结构”面板“楼板”下拉列表中的“楼板：结构”按钮（快捷键：SB），在属性选项板中设置自标高的高度偏移为-100.0，单击“绘制”面板中的“边界线”按钮、“线”按钮和“起点-终点-半径弧”按钮，绘制封闭的边界，如图 4-51 所示。单击“模式”面板中的“完成编辑模式”按钮，完成阳台 100mm 厚度楼板的创建，如图 4-52 所示。

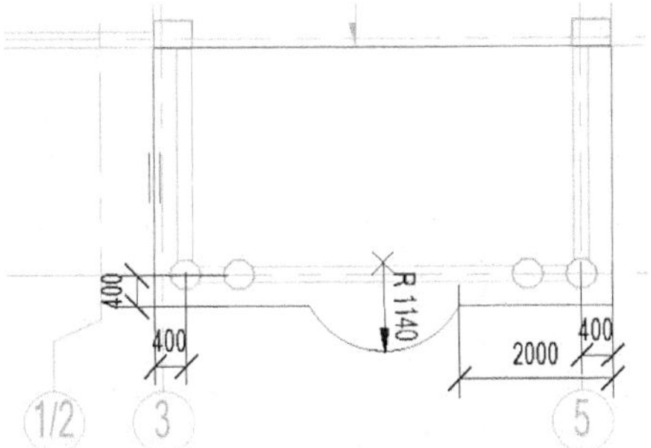

图 4-51　绘制边界

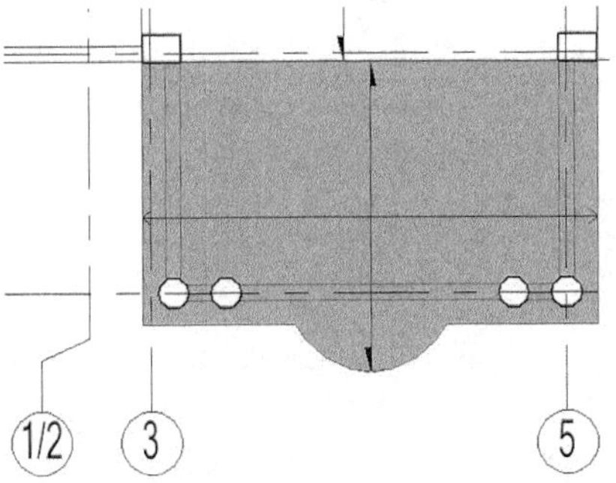

图 4-52　绘制阳台 100mm 厚度楼板

（17）单击“结构”选项卡“结构”面板“楼板”下拉列表中的“楼板：结构”按钮（快捷键：SB），在属性选项板中设置自标高的高度偏移为 0.0，单击“编辑类型”按钮，打开“类型属性”对话框，单击“复制”按钮，打开“名称”对话框，输入名称为现场浇注混凝土 90mm，单击“确定”按钮，返回“类型属性”对话框，单击“结构”栏中的“编辑”按钮 编辑...，打开“编辑部件”对话框，更改厚度为 90.0，连续单击“确定”按钮。

（18）单击“绘制”面板中的“边界线”按钮、“线”按钮和“拾取线”按钮，绘制封闭的边界，如图 4-53 所示。单击“模式”面板中的“完成编辑模式”按钮，完成 90mm 厚度楼板的创建，如图 4-54 所示。

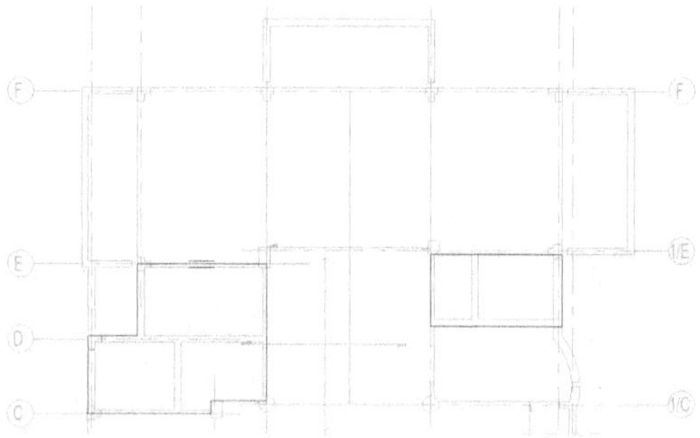

图 4-53　绘制边界

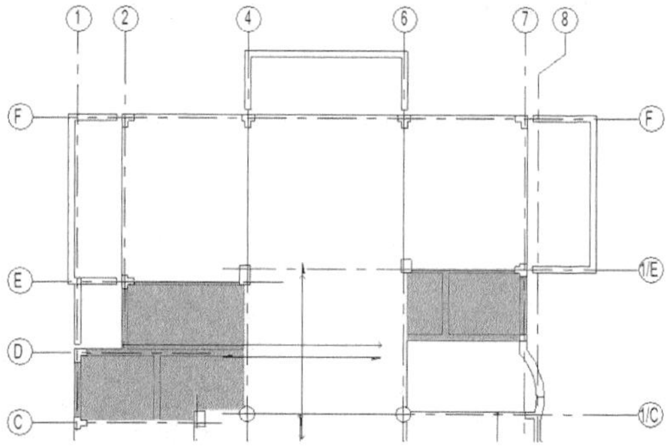

图 4-54　绘制 90mm 厚度楼板

（19）单击“结构”选项卡“结构”面板“楼板”下拉列表中的“楼板：结构”按钮（快捷键：SB），在属性选项板中设置自标高的高度偏移为-50.0，单击“绘制”面板中的“边界线”按钮、“线”按钮和“拾取线”按钮，绘制封闭的边界，如图 4-55 所示。单击“模式”面板中的“完成编辑模式”按钮，完成阳台 90mm 厚度楼板的创建，如图 4-56 所示。

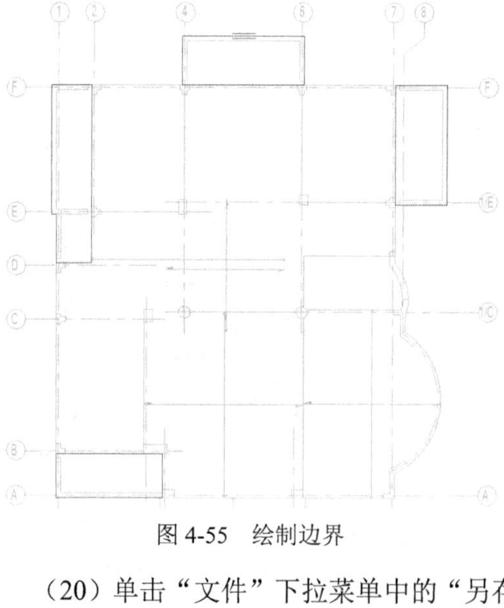

图 4-55　绘制边界

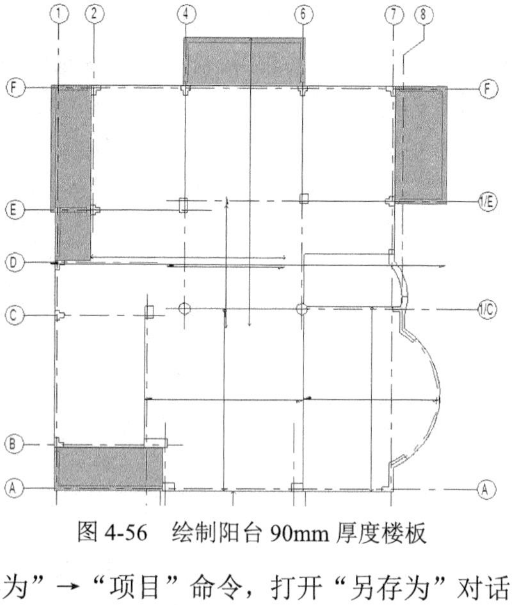

图 4-56　绘制阳台 90mm 厚度楼板

（20）单击“文件”下拉菜单中的“另存为”→“项目”命令，打开“另存为”对话框，指定保存位置并输入文件名，单击“保存”按钮。

4.2.2　创建二层结构楼板

视频：创建二层结构楼板

具体绘制过程如下。

（1）打开 4.2.1 节绘制的项目文件，将视图切换至二层结构平面视图。

（2）单击“结构”选项卡“结构”面板“楼板”下拉列表中的“楼板：结构”按钮（快捷键：SB），在属性选项板中设置自标高的高度偏移为 0.0，选择“现场浇注混凝土 100mm”类型，单击“绘制”面板中的“边界线”按钮、“线”按钮和“拾取线”按钮，绘制封闭的边界，如图 4-57 所示。单击“模式”面板中的“完成编辑模式”按钮，完成 100mm 厚度楼板的创建，如图 4-58 所示。

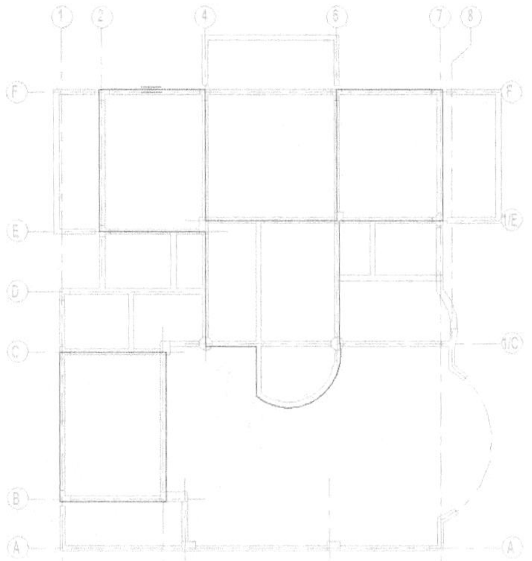

图 4-57　绘制边界

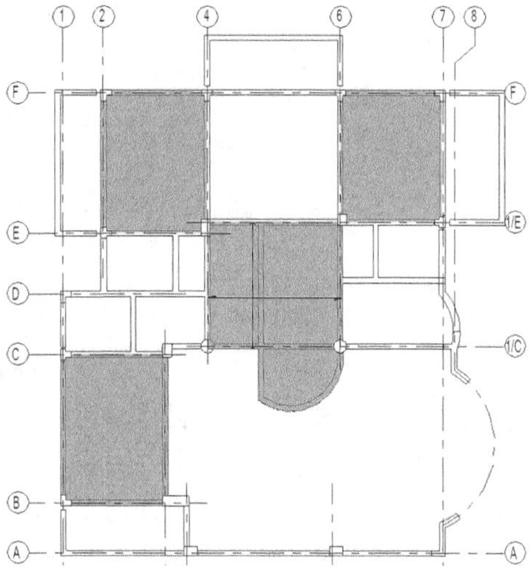

图 4-58　绘制 100mm 厚度楼板

（3）单击“结构”选项卡“结构”面板“楼板”下拉列表中的“楼板：结构”按钮（快捷键：SB），在属性选项板中选择“现场浇注混凝土 120mm”类型，单击“绘制”面板中的“边界线”按钮和“矩形”按钮，绘制封闭的边界，如图 4-59 所示。单击“模式”面板中的“完成编辑模式”按钮，完成 120mm 厚度楼板的创建，如图 4-60 所示。

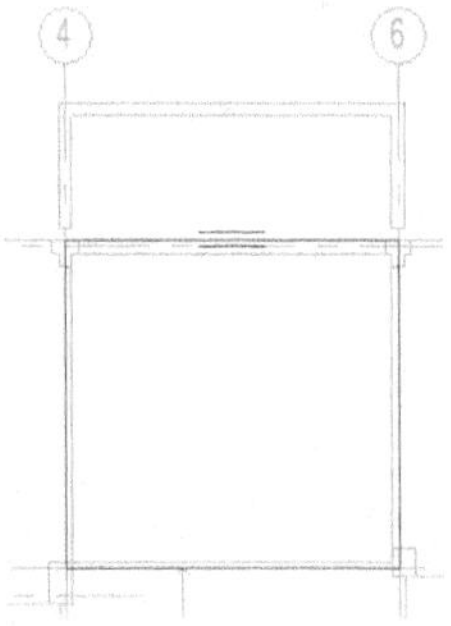

图 4-59　绘制边界

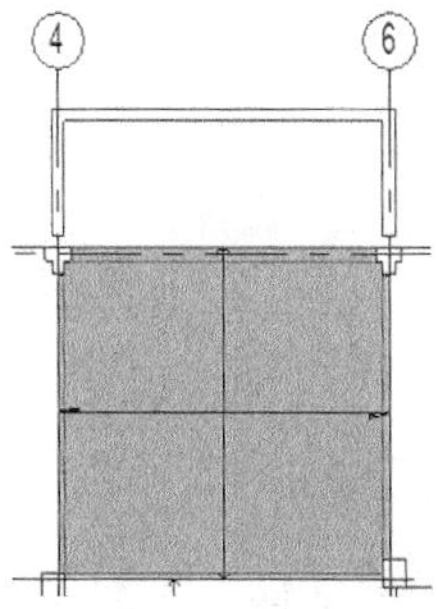

图 4-60　绘制 120mm 厚度楼板

（4）单击“结构”选项卡“结构”面板“楼板”下拉列表中的“楼板：结构”按钮（快捷键：SB），在属性选项板中选择“现场浇注混凝土 90mm”类型，单击“绘制”面板中的“边界线”按钮、“线”按钮和“拾取线”按钮，绘制封闭的边界，如图 4-61 所示。单击“模式”面板中的“完成编辑模式”按钮，完成 90mm 厚度楼板的创建，如图 4-62 所示。

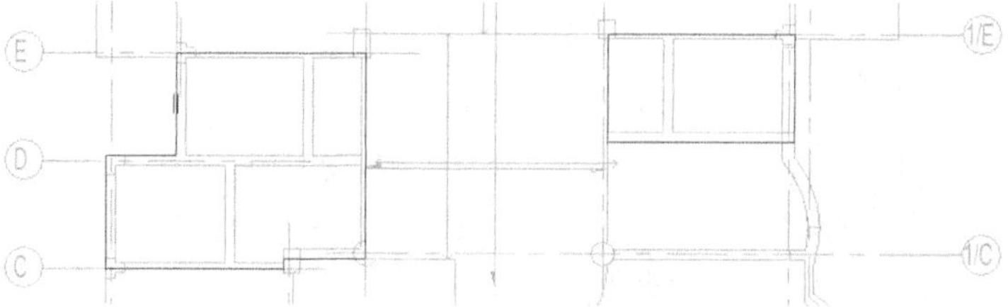

图 4-61　绘制边界

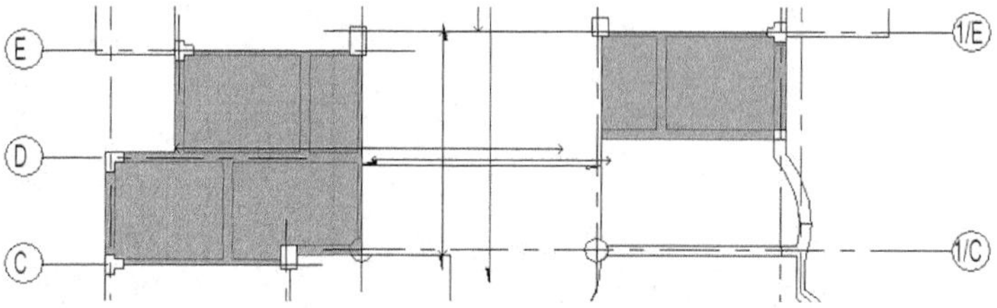

图 4-62　绘制 90mm 厚度楼板

（5）单击“结构”选项卡“结构”面板“楼板”下拉列表中的“楼板：结构”按钮（快捷键：SB），在属性选项板中设置自标高的高度偏移为-50.0，单击“绘制”面板中的“边界线”按钮、“线”按钮和“拾取线”按钮，绘制封闭的边界，如图 4-63 所示。单击“模式”面板中的“完成编辑模式”按钮，完成阳台 90mm 厚度楼板的创建，如图 4-64 所示。

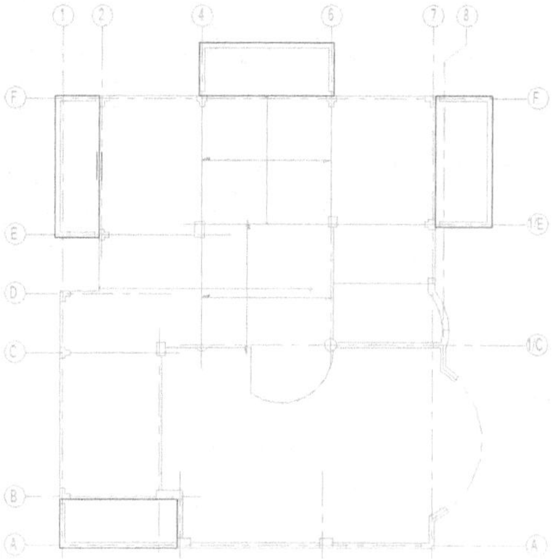

图 4-63　绘制边界

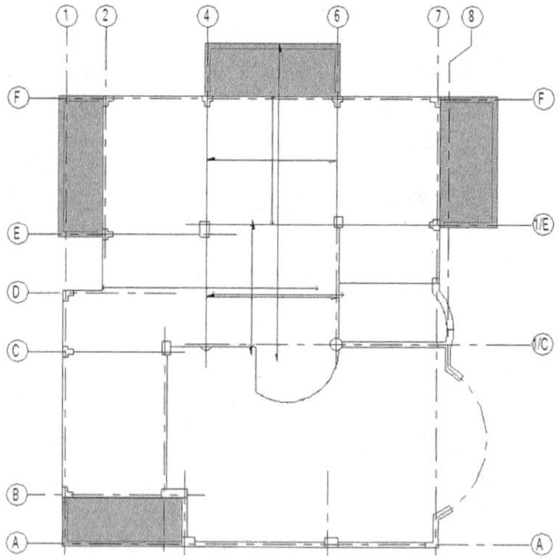

图 4-64　绘制阳台 90mm 厚度楼板

（6）单击“文件”下拉菜单中的“另存为”→“项目”命令，打开“另存为”对话框，指定保存位置并输入文件名，单击“保存”按钮。

4.2.3　创建三层结构楼板

视频：创建三层结构楼板

具体绘制过程如下。

（1）打开 4.2.2 节绘制的项目文件，将视图切换至三层结构平面视图。

（2）单击“结构”选项卡“结构”面板“楼板”下拉列表中的“楼板：结构”按钮（快捷键：SB），在属性选项板中设置自标高的高度偏移为 0.0，选择“现场浇注混凝土 120mm”类型，单击“绘制”面板中的“边界线”按钮和“矩形”按钮，绘制封闭的边界，如图 4-65 所示。单击“模式”面板中的“完成编辑模式”按钮，完成 120mm 厚度楼板的创建，如图 4-66 所示。

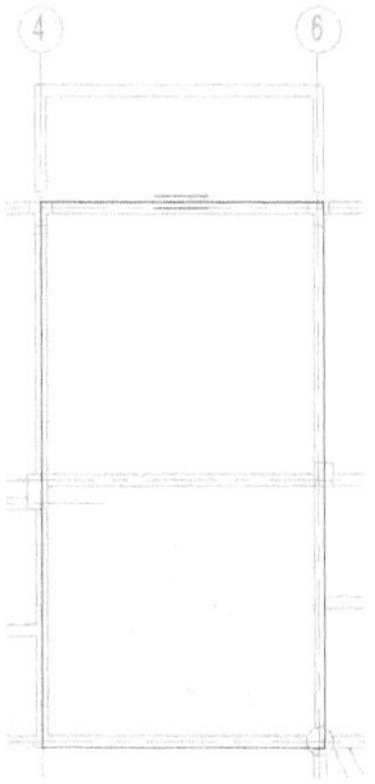

图 4-65　绘制边界

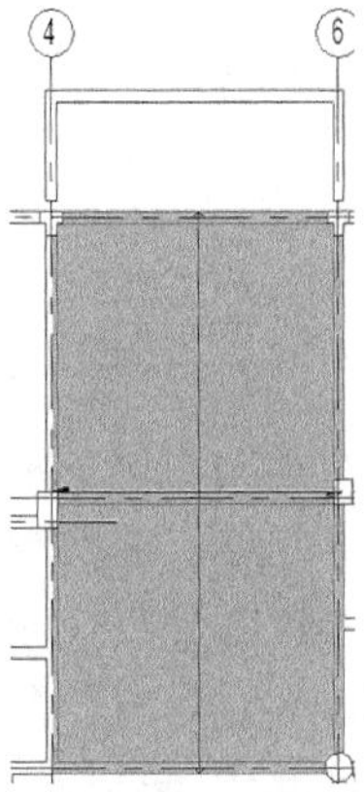

图 4-66　绘制 120mm 厚度楼板

（3）单击“结构”选项卡“结构”面板“楼板”下拉列表中的“楼板：结构”按钮（快捷键：SB），在属性选项板中选择“现场浇注混凝土 120mm”类型，设置自标高的高度偏移为-100.0，单击“绘制”面板中的“边界线”按钮、“线”按钮和“拾取线”按钮，绘制封闭的边界，如图 4-67 所示。单击“模式”面板中的“完成编辑模式”按钮，完成阳台 120mm 厚度楼板的创建，如图 4-68 所示。

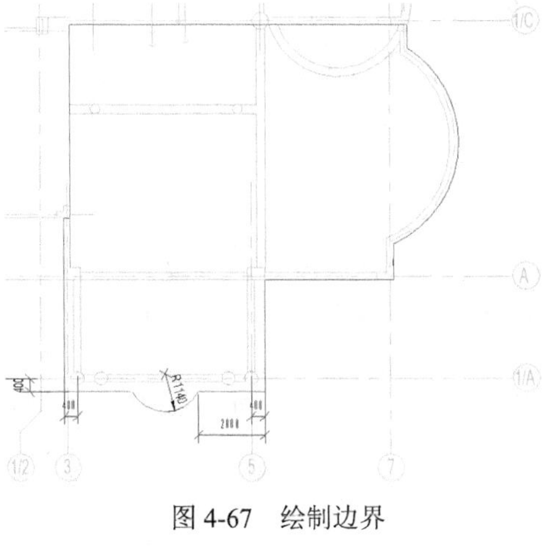

图 4-67　绘制边界

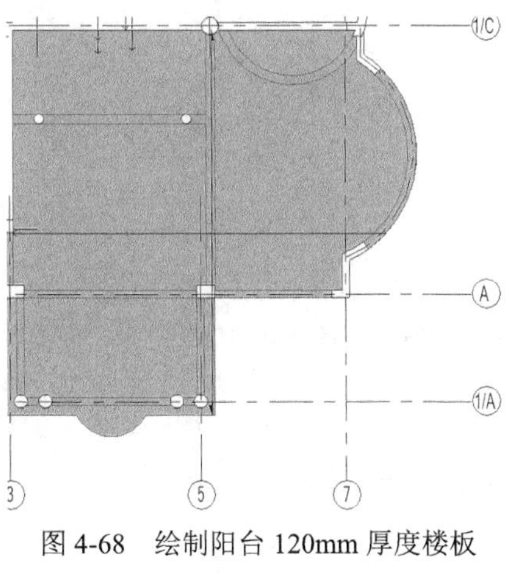

图 4-68　绘制阳台 120mm 厚度楼板

（4）单击“结构”选项卡“结构”面板“楼板”下拉列表中的“楼板：结构”按钮（快捷键：SB），在属性选项板中设置自标高的高度偏移为 0.0，选择“现场浇注混凝土 100mm”类型，单击“绘制”面板中的“边界线”按钮、“线”按钮和“拾取线”按钮，绘制封闭的边界，如图 4-69 所示。单击“模式”面板中的“完成编辑模式”按钮，完成 100mm 厚度楼板的创建，如图 4-70 所示。

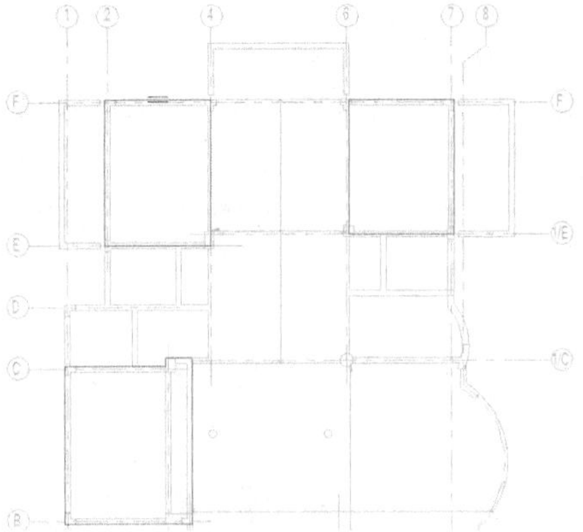

图 4-69　绘制边界

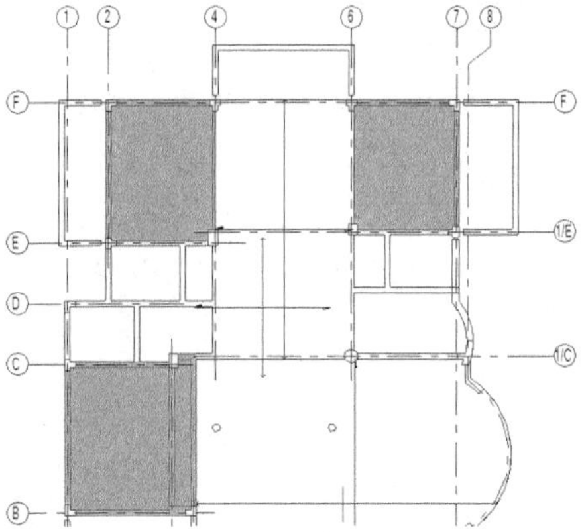

图 4-70　绘制 100mm 厚度楼板

（5）单击“结构”选项卡“结构”面板“楼板”下拉列表中的“楼板：结构”按钮（快捷键：SB），在属性选项板中选择“现场浇注混凝土 90mm”类型，单击“绘制”面板中的“边界线”按钮、“线”按钮和“拾取线”按钮，绘制封闭的边界，如图 4-71 所示。单击“模式”面板中的“完成编辑模式”按钮，完成 90mm 厚度楼板的创建，如图 4-72 所示。

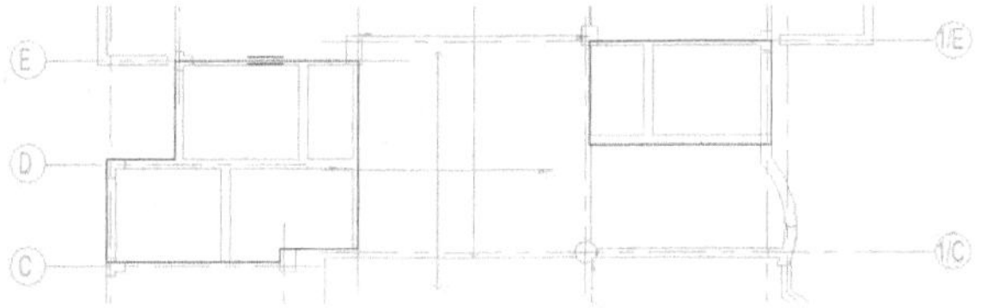

图 4-71　绘制边界

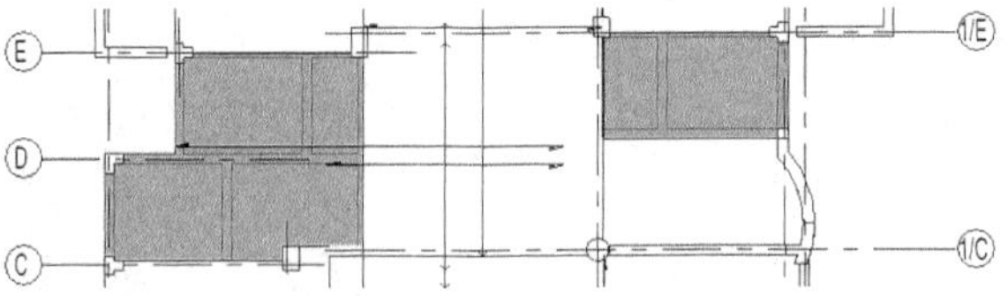

图 4-72　绘制 90mm 厚度楼板

（6）单击“结构”选项卡“结构”面板“楼板”下拉列表中的“楼板：结构”按钮（快捷键：SB），在属性选项板中设置自标高的高度偏移为-50.0，单击“绘制”面板中的“边界线”按钮、“线”按钮和“拾取线”按钮，绘制封闭的边界，如图 4-73 所示。单击“模式”面板中的“完成编辑模式”按钮，完成阳台 90mm 厚度楼板的创建，如图 4-74 所示。

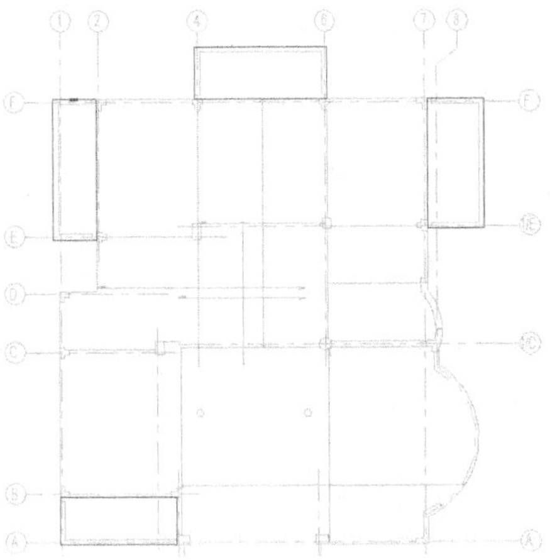

图 4-73　绘制边界

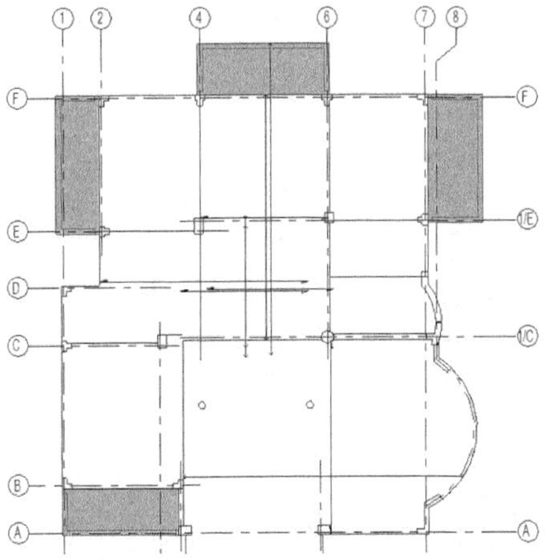

图 4-74　绘制阳台 90mm 厚度楼板

（7）单击“文件”下拉菜单中的“另存为”→“项目”命令，打开“另存为”对话框，指定保存位置并输入文件名，单击“保存”按钮。

4.2.4　创建闷顶层结构楼板

视频：创建闷顶层结构楼板

具体绘制过程如下。

（1）打开 4.2.3 节绘制的项目文件，将视图切换至闷顶层结构平面视图。

（2）单击“结构”选项卡“结构”面板“楼板”下拉列表中的“楼板：结构”按钮（快捷键：SB），在属性选项板中设置自标高的高度偏移为 0.0，选择“现场浇注混凝土 120mm”类型，单击“绘制”面板中的“边界线”按钮和“矩形”按钮，绘制封闭的边界，如图 4-75 所示。单击“模式”面板中的“完成编辑模式”按钮，完成 120mm 厚度楼板的创建，如图 4-76 所示。

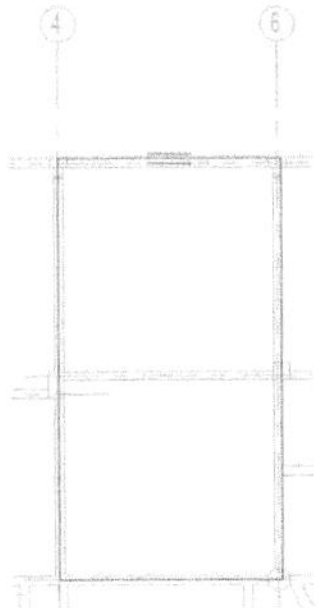

图 4-75　绘制边界

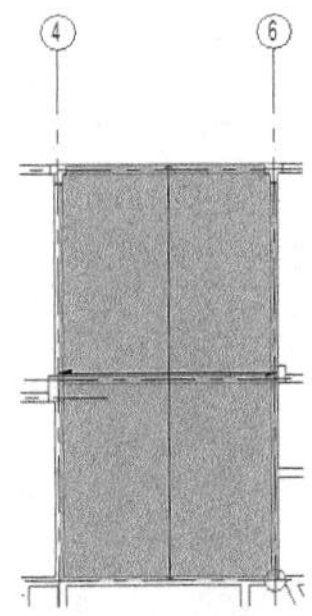

图 4-76　绘制 120mm 厚度楼板

（3）单击“结构”选项卡“结构”面板“楼板”下拉列表中的“楼板：结构”按钮（快捷键：SB），在属性选项板中设置自标高的高度偏移为 0.0，选择“现场浇注混凝土 100mm”类型，单击“绘制”面板中的“边界线”按钮、“线”按钮和“拾取线”按钮，绘制封闭的边界，如图 4-77 所示。单击“模式”面板中的“完成编辑模式”按钮，完成 100mm 厚度楼板的创建，如图 4-78 所示。

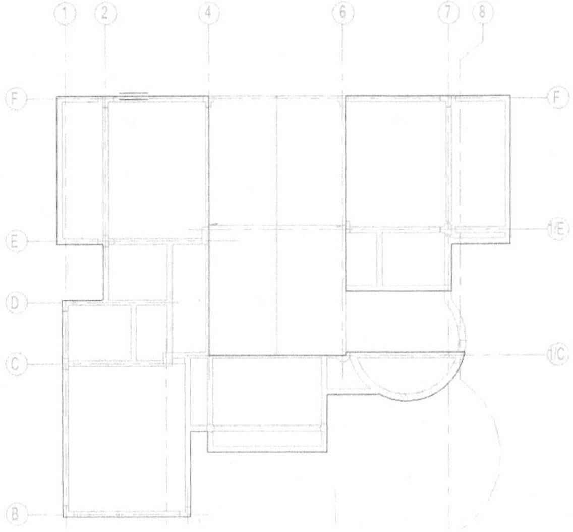

图 4-77　绘制边界

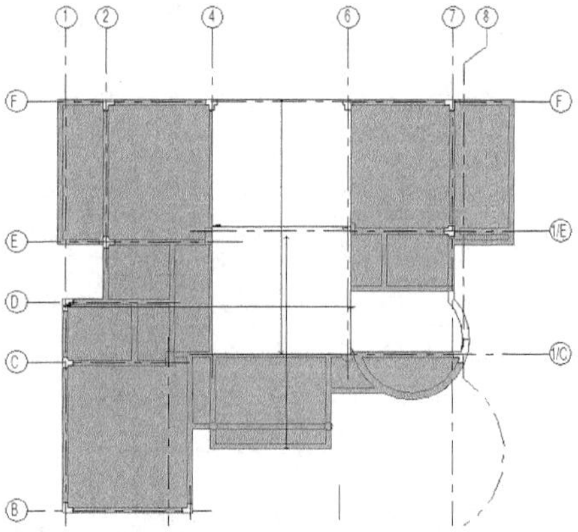

图 4-78　绘制 100mm 厚度楼板

（4）单击“文件”下拉菜单中的“另存为”→“项目”命令，打开“另存为”对话框，指定保存位置并输入文件名，单击“保存”按钮。

第5章

结构配筋

知识导引

钢筋工程是建筑施工中的重中之重，目前在建筑施工中得到了越来越广泛的应用。钢筋的制作与绑扎质量是建筑结构质量的关键。

视频：对基础添加配筋

5.1 对基础添加配筋

下面以对轴线2和轴线F交点处的基础添加配筋为例，介绍基础配筋的创建方法。

具体操作步骤如下。

（1）打开4.2.4节绘制的项目文件，将视图切换至基础结构平面视图。

（2）单击“结构”选项卡“钢筋”面板下的“钢筋设置”按钮，打开“钢筋设置”对话框，勾选“在区域和路径钢筋中启用结构钢筋”和“在钢筋形状定义中包含弯钩”复选框，如图5-1所示，单击“确定”按钮。

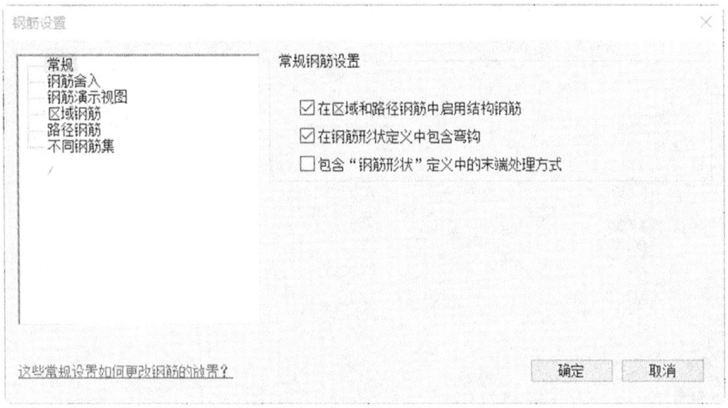

图5-1 “钢筋设置”对话框

“钢筋设置”对话框中的选项说明如下。

- 在区域和路径钢筋中启用结构钢筋：在新建文件中，默认选择此选项，可以选择在项目中使用哪个区域和路径模式，如果创建区域或路径钢筋后，此选项禁止更改。不能在一个项目中使用两个不同的区域和路径模式。选择区域和路径钢筋中的主体结构钢筋从而能够：显示楼板、墙和基础底板中的独立钢筋图元；将项目中的每条钢筋添加到明细表；从项目中删除区域或路径系统并保留钢筋或钢筋集原地不变。

- 在钢筋形状定义中包含弯钩：应该在项目中放置任何钢筋之前定义此选项。以默认设置放置钢筋后，将无法清除此选项（如果不首先删除这些实例）。如果选中此选项，在钢筋形状匹配用于明细表的计算时会包含弯钩，带有弯钩的钢筋将保持其各自的形状标识；如果取消选中此选项，在钢筋形状匹配用于明细表的计算时会排除弯钩，带有弯钩的钢筋将与最接近的不带弯钩的形状相匹配，并且不会影响钢筋形状匹配。
- 包含“钢筋形状”定义中的末端处理方式：应该在项目中放置任何钢筋之前定义此选项。以默认设置放置钢筋后，将无法清除此选项（如果不首先删除这些实例）。如果选中此选项，则在计算钢筋形状匹配以编制明细表时会包含端部处理，带端部处理的钢筋将保持其各自的形状标识；如果取消选中此选项，则在计算钢筋形状匹配以编制明细表时会忽略端部处理，带端部处理的钢筋将与不带端部处理的最接近的形状匹配，并且不会影响钢筋形状匹配。

（3）单击“结构”选项卡“钢筋”面板中“钢筋”按钮，打开如图 5-2 所示“Revit”对话框，单击“确定”按钮。

（4）打开如图 5-3 所示的“未载入族”对话框，单击“是”按钮，打开“载入族”对话框，选择“China”→“结构”→“钢筋形状”文件夹中的所有族文件，如图 5-4 所示，单击“打开”按钮，载入所有的钢筋形状。

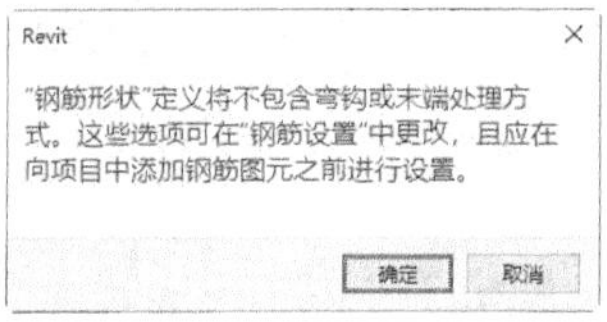

图 5-2 “Revit”对话框

图 5-3 “未载入族”对话框

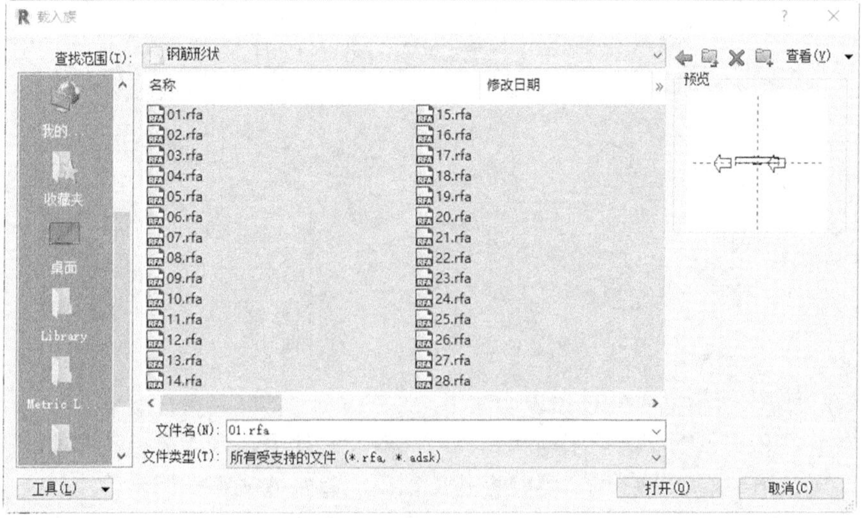

图 5-4 “载入族”对话框

（5）打开如图 5-5 所示的“修改|放置钢筋”选项卡和选项栏，单击“近保护层参照”按钮和“平行于工作平面”按钮。

图 5-5　“修改|放置钢筋”选项卡和选项栏

“修改|放置钢筋”选项卡和选项栏中的选项说明如下。

- 当前工作平面：将钢筋放置在主体视图的活动工作平面上。
- 近保护层参照：将平面钢筋放置在平行于主体视图最近保护层参照上。
- 远保护层参照：将平面钢筋放置在平行于主体视图最近保护层参照上。
- 平行于工作平面：将平面钢筋平行于当前工作平面放置。
- 平行于保护层：将平面钢筋垂直于工作平面并平行于最近的保护层参照放置。
- 垂直于保护层：将平面钢筋垂直于工作平面及最近的保护层参照放置。
- 布局：指定钢筋布局的类型，包括单根、固定数量、最大间距、间距数量和最小净间距。
  - ✧ 固定数量：钢筋之间的间距是可调整的，但钢筋数量是固定的，以输入数量为基础。
  - ✧ 最大间距：指定钢筋之间的最大距离，但钢筋数量会根据第一条和最后一条钢筋之间的距离发生变化。
  - ✧ 间距数量：指定数量和间距的常量值。
  - ✧ 最小净间距：指定钢筋之间的最小距离，但钢筋数量会根据第一条和最后一条钢筋之间的距离发生变化。即使钢筋大小发生变化，该间距仍会保持不变。

（6）在属性选项板中选择钢筋类型为 8 HPB300，如图 5-6 所示，在“钢筋形状浏览器”对话框中选择“钢筋形状：33”选项，如图 5-7 所示。

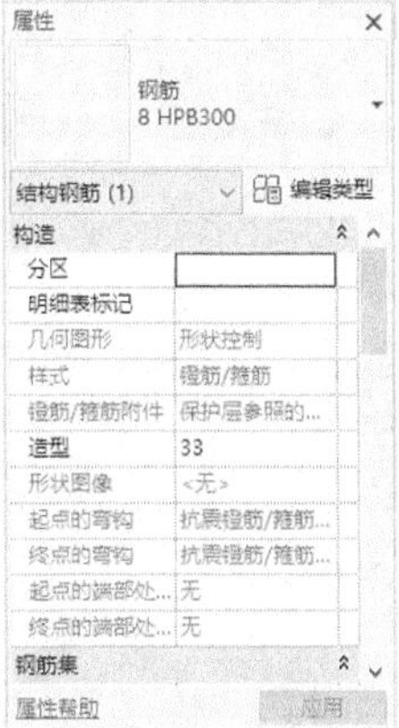

图 5-6　属性选项板

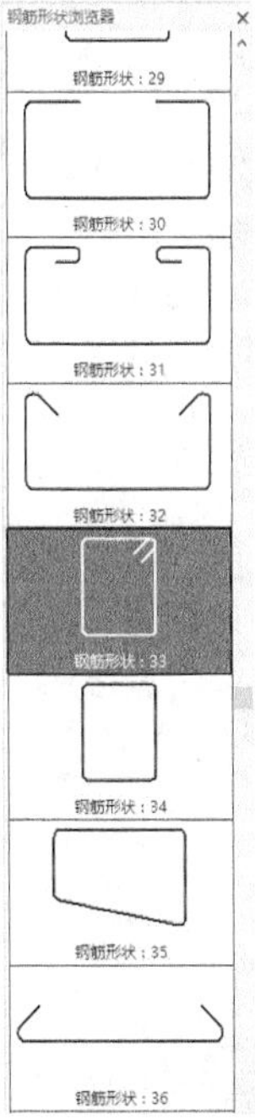

图 5-7　“钢筋形状浏览器”对话框

属性选项板中的选项说明如下。

- 分区：指定关联钢筋所在的分区。若要更改分区，则从“分区”下拉列表中选择或输入新分区的名称。
- 明细表标记：指定带钢筋明细表标记的钢筋实例。
- 镫筋/箍筋附件：指定镫筋/箍筋钢筋是捕捉到内侧（默认值）或还是捕捉到主体钢筋保护层的外侧。
- 样式：指定弯曲半径控件，有“标准”和“镫筋/箍筋”两种。
- 造型：指定钢筋形状的标识号。也可以直接在“钢筋形状浏览器”对话框中选择钢筋形状。
- 形状图像：指定与钢筋形状类型关联的图像文件。
- 起点的弯钩：在其下拉列表中选择适合于选定样式的起点钢筋弯钩。
- 终点的弯钩：在其下拉列表中选择适合于选定样式的终点钢筋弯钩。
- 起点的端部处理：指定用于钢筋接头起点的连接类型。
- 终点的端部处理：指定用于钢筋接头终点的连接类型。

（7）在属性选项板中设置布局规则为最大间距，间距为 100.0mm。选取轴线 2 和轴线 F 交点处的基础，按空格键在保护层参照中旋转钢筋形状的方向，单击放置钢筋，如图 5-8 所示。然后按 Esc 键退出钢筋命令。

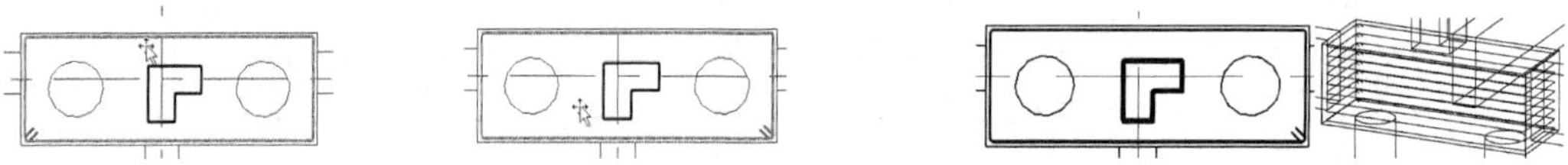

（a）选取基础　　（b）旋转方向　　（c）单击放置钢筋

图 5-8　放置钢筋

（8）单击“结构”选项卡“工作平面”面板“设置”按钮，打开“工作平面”对话框，单击“名称”单选按钮，在“名称”下拉列表中选择“轴网：F”选项，如图 5-9 所示，单击“确定”按钮。

（9）打开如图 5-10 所示的“转到视图”对话框，选择“立面：北”视图，单击“打开视图”按钮，打开北立面视图，在状态栏中更改视觉样式为线框。

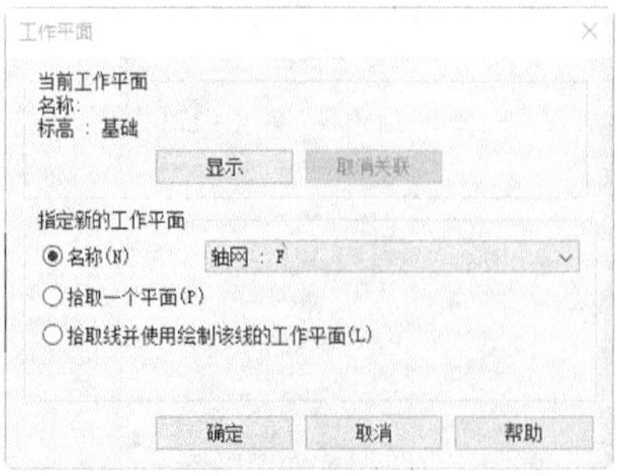

图 5-9　“工作平面”对话框

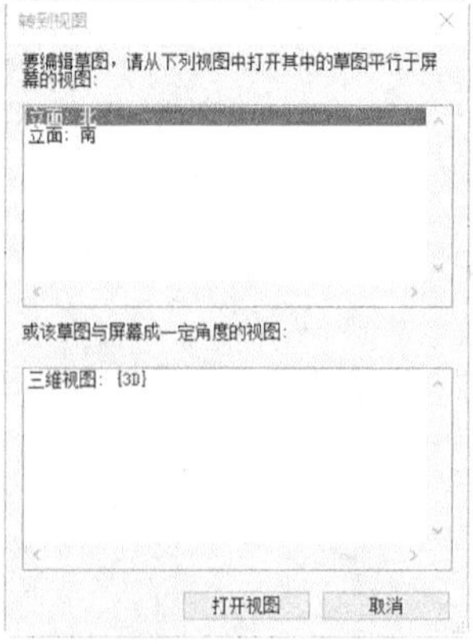

图 5-10　“转到视图”对话框

（10）单击“结构”选项卡“钢筋”面板中“钢筋”按钮，打开“修改|放置钢筋”选项卡，单击“当前工作平面”按钮和“放置”面板中的“平行于工作平面”按钮。

（11）在属性选项板中选择“钢筋 12HPB300”类型，在“造型”下拉列表中选择“33”选项或者在“钢筋形状浏览器”对话框中选择“钢筋形状：33”选项，设置布局规则为最大间距，间距为 200.0mm。

（12）在独立基础的截面上放置钢筋，结果如图 5-11 所示，然后按 Esc 键退出钢筋命令。

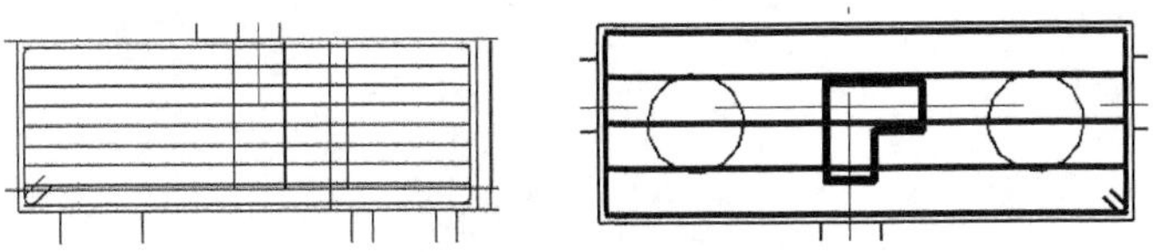

图 5-11　放置钢筋 1

（13）将视图切换至基础结构平面视图。单击“结构”选项卡“工作平面”面板“设置”按钮，打开“工作平面”对话框，单击“名称”单选按钮，在“名称”下拉列表中选择“轴网：2”选项，单击“确定”按钮。

（14）打开“转到视图”对话框，选择“立面：西”视图，单击“打开视图”按钮，打开西立面视图。

（15）单击“结构”选项卡“钢筋”面板中“钢筋”按钮，打开“修改|放置钢筋”选项卡，单击“当前工作平面”按钮和“放置”面板中的“平行于工作平面”按钮。

（16）在属性选项板中选择“钢筋 12HRB335”类型，在“造型”下拉列表中选择“33”选项或者在“钢筋形状浏览器”对话框中选择“钢筋形状：33”选项，设置布局规则为最大间距，间距为 200.0mm。

（17）在独立基础的截面上放置钢筋，结果如图 5-12 所示。

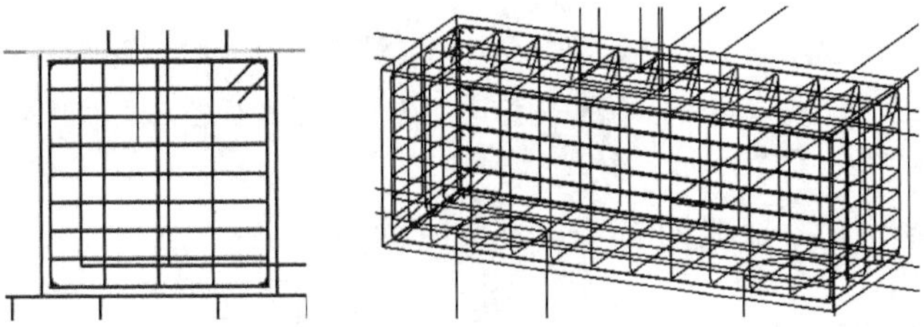

图 5-12　放置钢筋 2

（18）采用相同的方法，在其他独立基础上放置相同参数的钢筋。

（19）单击“文件”下拉菜单中的“另存为”→“项目”命令，打开“另存为”对话框，指定保存位置并输入文件名，单击“保存”按钮。

5.2　对结构柱添加配筋

视频：对结构柱添加配筋

具体操作步骤如下。

（1）打开 5.1 节绘制的项目文件，将视图切换至一层结构平面视图。

（2）单击“结构”选项卡“钢筋”面板中“钢筋”按钮，打开“修改|放置钢筋”选项卡，单击“当前工作平面”按钮和“平行于工作平面”按钮。

（3）在属性选项板中选择“钢筋 8 HRB335”类型，设置布局规则为最大间距，间距为 200.0mm，在“造型”下拉列表中选择“33”选项或者在“钢筋形状浏览器”对话框中选择“钢筋形状：33”选项，如图 5-13 所示。

（4）在所有矩形和异形结构柱上放置钢筋，结果如图 5-14 所示。

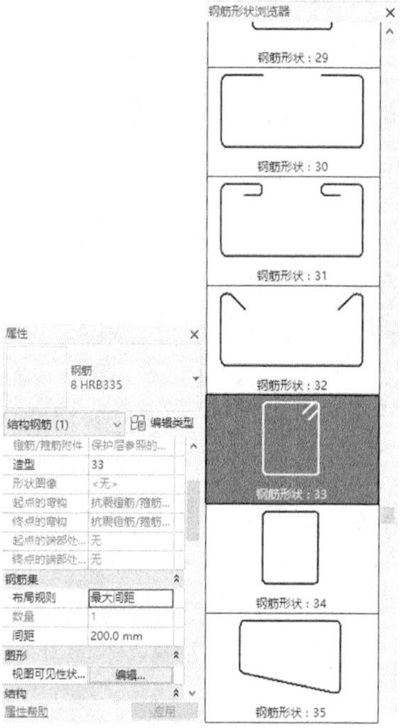

图 5-13　选取钢筋形状

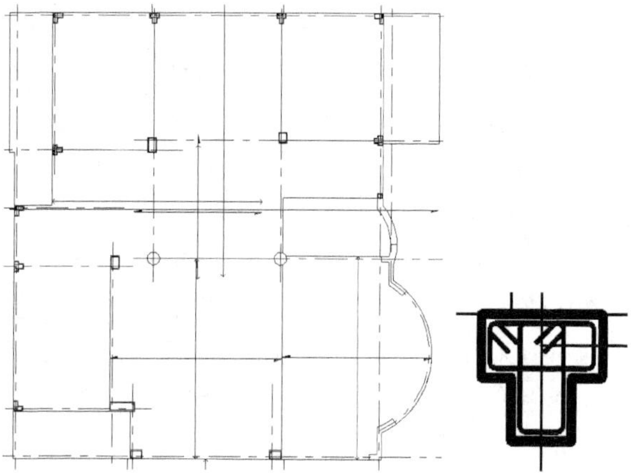

图 5-14　放置钢筋

（5）在属性选项板中选择“钢筋 8 HRB335”类型，设置布局规则为最大间距，间距为 200.0mm，在“造型”下拉列表中选择“38”选项或者在“钢筋形状浏览器”对话框中选择“钢筋形状：38”选项。

（6）在圆形结构柱上放置钢筋，如图 5-15 所示。

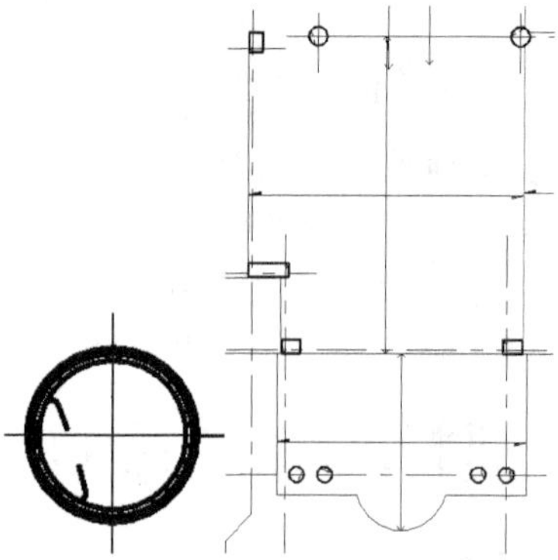

图 5-15　在圆形结构柱上放置钢筋

（7）单击“结构”选项卡“钢筋”面板中“钢筋”按钮，在属性选项板中选择“钢筋 8 HRB335”类型，设置布局规则为最大间距，间距为 200.0mm。

（8）单击“修改|放置钢筋”选项卡“放置方法”面板中的“绘制钢筋”按钮，选取 KZ11 柱作为放置钢筋的主体，打开如图 5-16 所示的“修改|创建钢筋草图”选项卡和选项栏。

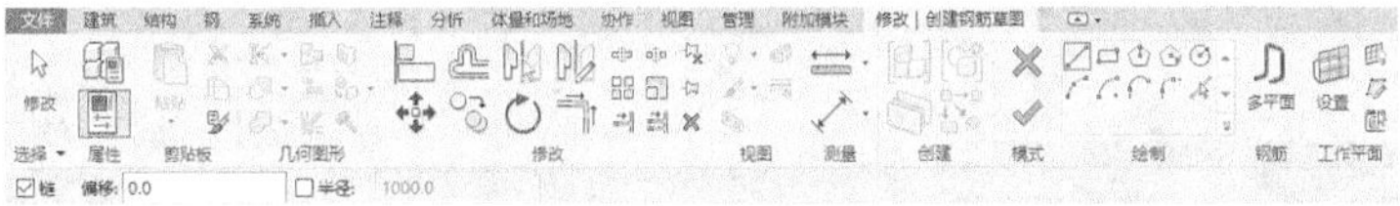

图 5-16　“修改|创建钢筋草图”选项卡和选项栏

（9）单击“绘制”面板中的“线”按钮，在保护层内部绘制钢筋草图，如图 5-17 所示。

（10）在属性选项板中设置“起点的弯钩”和“终点的弯钩”为“标准-135 度”，在视图中单击“将弯钩移动到一个角”图标，调整弯钩的放置位置，如图 5-18 所示。

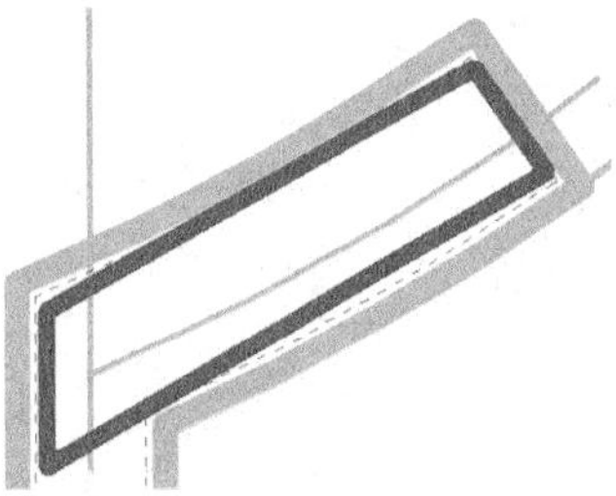

图 5-17　绘制钢筋草图

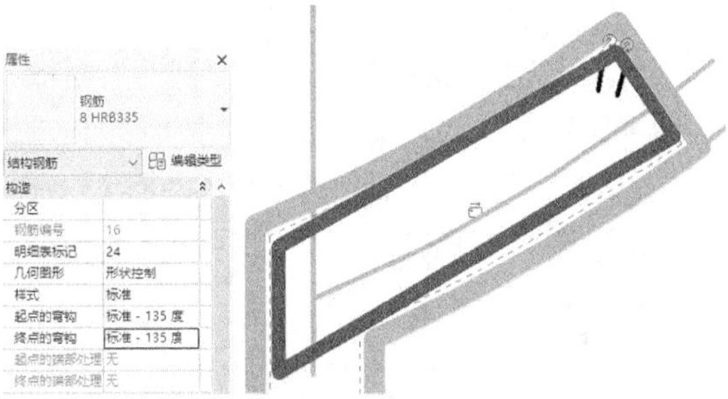

图 5-18　添加弯钩

（11）单击“完成编辑模式”按钮，完成钢筋的绘制，如图 5-19 所示。采用相同的方法继续在 KZ11 柱上绘制钢筋，如图 5-20 所示。采用相同的方法，在异形柱 KZ10 和 KZ12 上绘制钢筋。

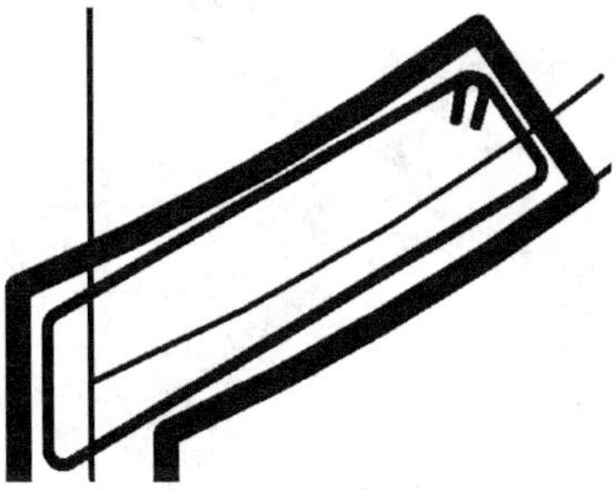

图 5-19　绘制钢筋

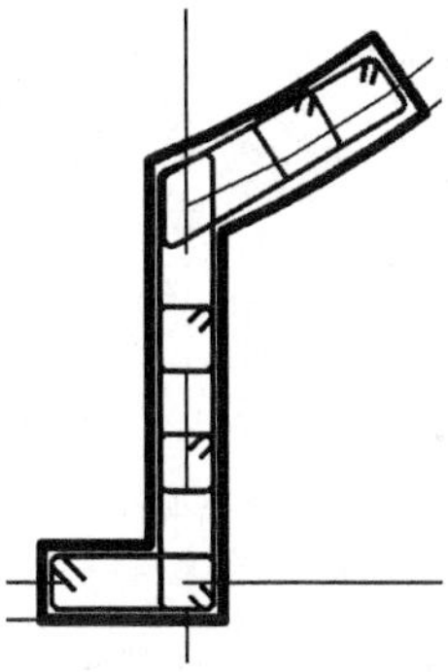

图 5-20　KZ11 柱的钢筋

（12）单击“结构”选项卡“钢筋”面板中“钢筋”按钮，单击“当前工作平面”按钮和“平行于工作平面”按钮，在属性选项板中选择“钢筋 8 HRB335”类型，设置布局规则为最大间距，间距为 200.0mm，在“造型”下拉列表中选择“02”选项或者在“钢筋形状浏览器”对话框中选择“钢筋形状：02”选项，如图 5-21 所示。

（13）在矩形结构柱上放置如图 5-22 所示的 02 形状钢筋。

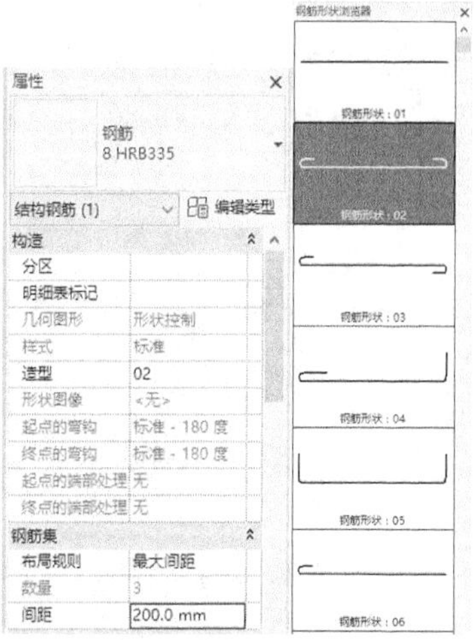

图 5-21　属性选项板

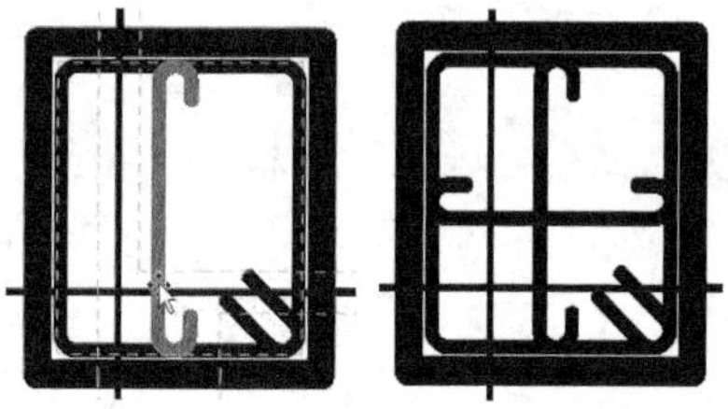

图 5-22　布置 02 形状钢筋

（14）单击“结构”选项卡“钢筋”面板中“钢筋”按钮，打开“修改|放置钢筋”选项卡，单击“当前工作平面”按钮和“垂直于保护层”按钮。

（15）在属性选项板中选择“钢筋 18 HRB335”类型，设置布局规则为单根，在“造型”下拉列表中选择“01”选项或者在“钢筋形状浏览器”对话框中选择“钢筋形状：01”选项，如图 5-23 所示。

（16）在结构柱上放置通长筋，结果如图 5-24 所示。

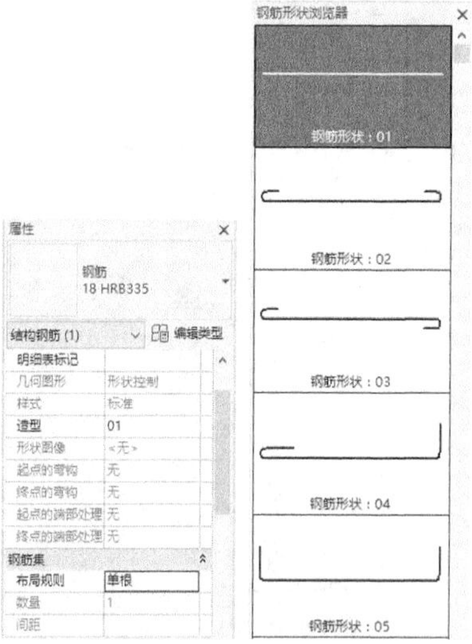

图 5-23　选取钢筋形状

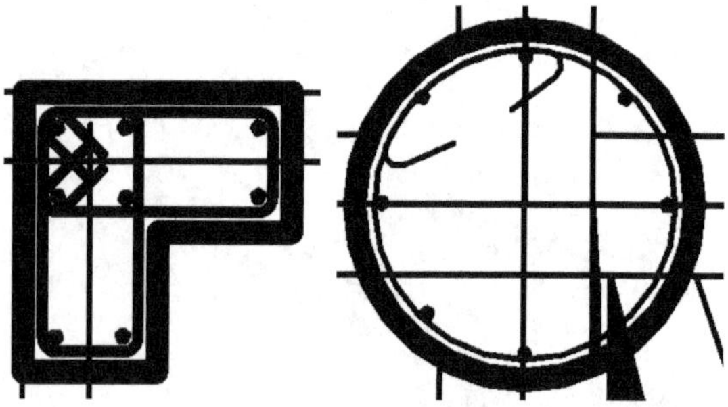

图 5-24　放置通长筋

（17）采用上述方法，根据如图 5-25 所示的结构柱配筋图，对结构柱添加箍筋和通长筋。

（18）单击“文件”下拉菜单中的“另存为”→“项目”命令，打开“另存为”对话框，指定保存位置并输入文件名，单击“保存”按钮。

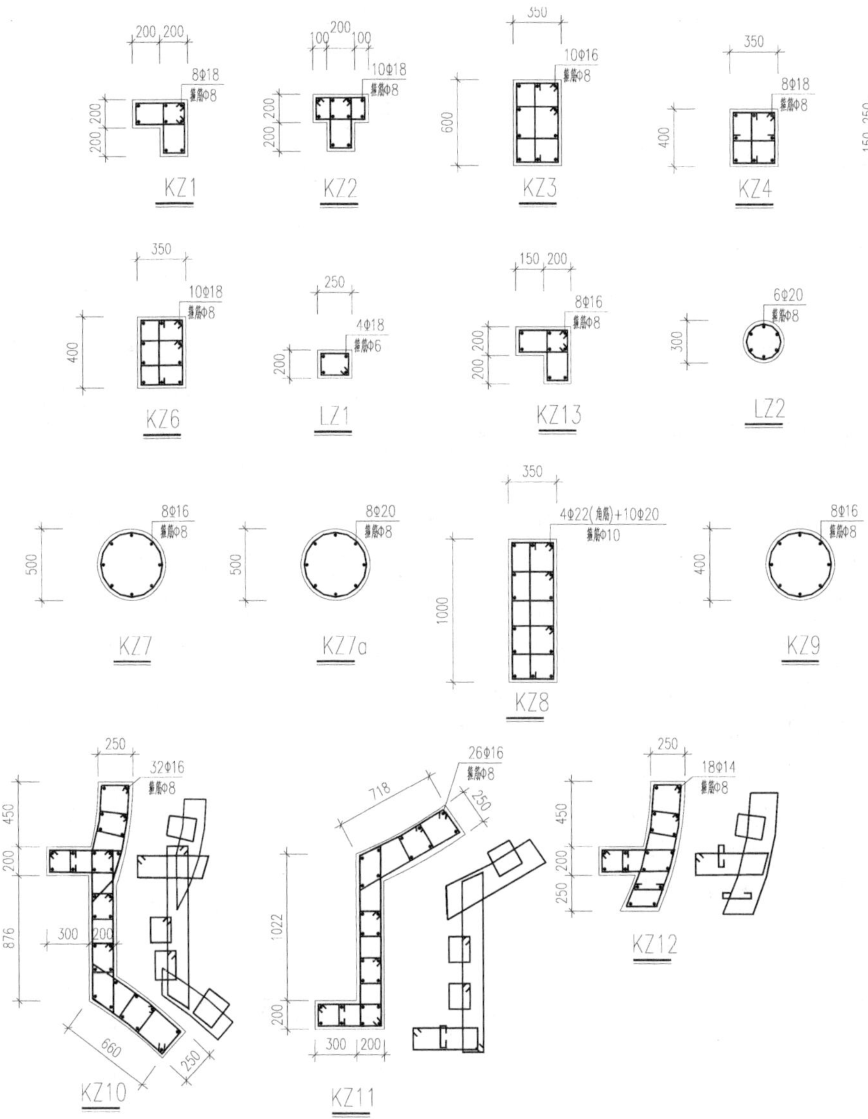

图 5-25　结构柱配筋图

5.3　对梁添加配筋

视频：对梁添加配筋

下面以对轴线 F 的梁添加配筋为例，介绍梁配筋的创建方法。

具体操作步骤如下。

（1）打开 5.2 节绘制的项目文件，将视图切换至基础结构平面视图，单击“结构”选项卡“工作平面”面板中的“参照平面”按钮（快捷键：RP），在轴线 6 和轴线 7 之间绘制参照平面，如图 5-26 所示。

（2）单击“结构”选项卡“工作平面”面板中的“设置”按钮，打开“工作平面”

对话框，单击“拾取一个平面”单选按钮，单击“确定”按钮，如图 5-27 所示。

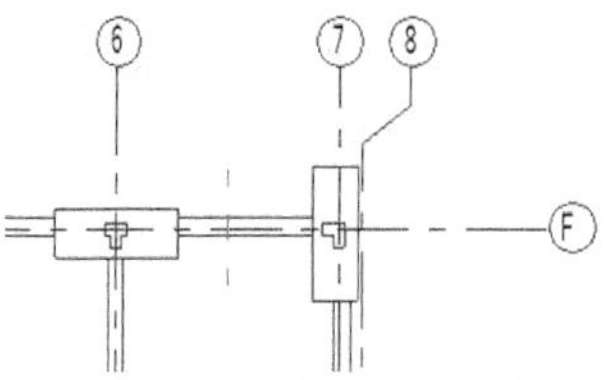

图 5-26　绘制参照平面

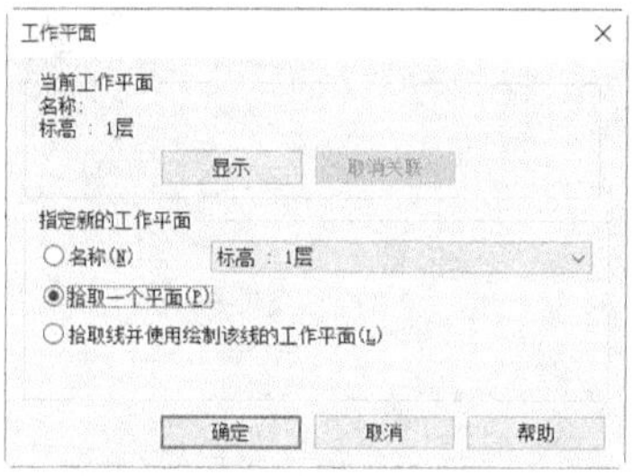

图 5-27　“工作平面”对话框

（3）在视图中选取步骤（2）中创建的参照平面。打开“转到视图”对话框，如图 5-28 所示，选择“立面：西”视图，单击“打开视图”按钮，将视图转换到西立面视图的参照平面截面。

（4）单击“结构”选项卡“钢筋”面板中“钢筋”按钮，打开“修改|放置 钢筋”选项卡，单击“当前工作平面”按钮和“平行于工作平面”按钮。

（5）在属性选项板中选择“钢筋 8 HRB335”类型，设置布局规则为最大间距，间距为 200.0mm，在“造型”下拉列表中选择“33”选项或者在“钢筋形状浏览器”对话框中选择“钢筋形状：33”选项。

（6）在 F 轴线的梁截面上放置形状为 33 的钢筋，按空格键调整形状位置，如图 5-29 所示。继续在此截面的其他梁上放置箍筋。

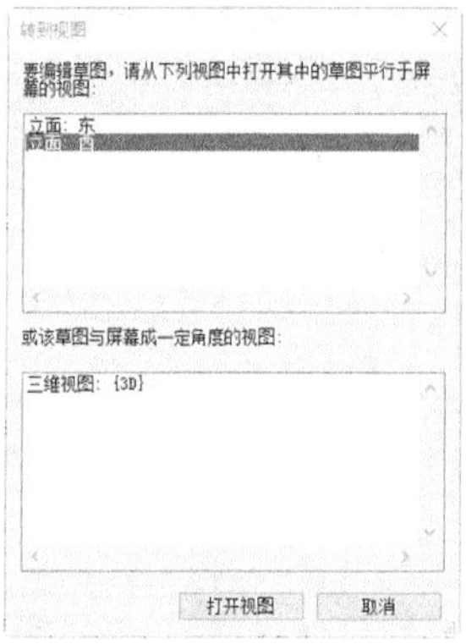

图 5-28　“转到视图”对话框

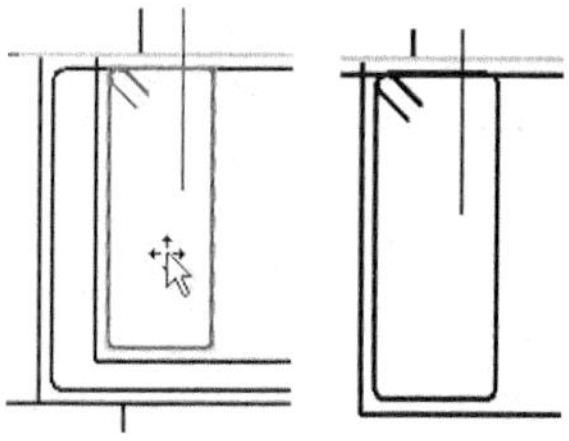

图 5-29　放置 φ 8 的箍筋

（7）单击“结构”选项卡“钢筋”面板中“钢筋”按钮，打开“修改|放置 钢筋”选项卡，单击“当前工作平面”按钮和“垂直于保护层”按钮。

（8）根据梁配筋 CAD 图纸，在属性选项板中选择“钢筋 20 HRB335”类型，设置布局规则为单根，在“造型”下拉列表中选择“01”选项或者在“钢筋形状浏览器”对话框中选择“钢筋形状：01”选项。

（9）在梁截面上放置 6 根形状为 01 的钢筋，如图 5-30 所示。

（10）采用相同的方法，在其他截面上的梁上放置箍筋和通长筋。

（11）单击“文件”下拉菜单中的“另存为”→“项目”命令，打开“另存为”对话框，指定保存位置并输入文件名，单击“保存”按钮。

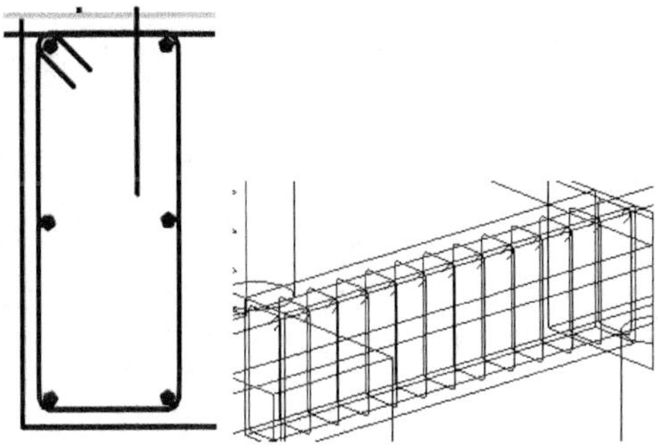

图 5-30　放置通长筋

5.4　对楼板添加配筋

视频：对楼板添加配筋

具体操作步骤如下。

（1）打开 5.3 节绘制的项目文件，将视图切换到一层结构平面视图。

（2）单击“结构”选项卡“钢筋”面板中的“面积”按钮，选取一层楼板中厚度为 150mm 的结构楼板，如图 5-31 所示。

（3）打开如图 5-32 所示的“Revit”对话框，单击“是”按钮，打开“载入族”对话框，选择“China”→“注释”→“符号”→“结构”文件夹中的“区域钢筋符号.rfa”族文件，如图 5-33 所示，单击“打开”按钮，载入“区域钢筋符号.rfa”族文件。然后采用相同的方法，载入“区域钢筋标记.rfa”族文件。

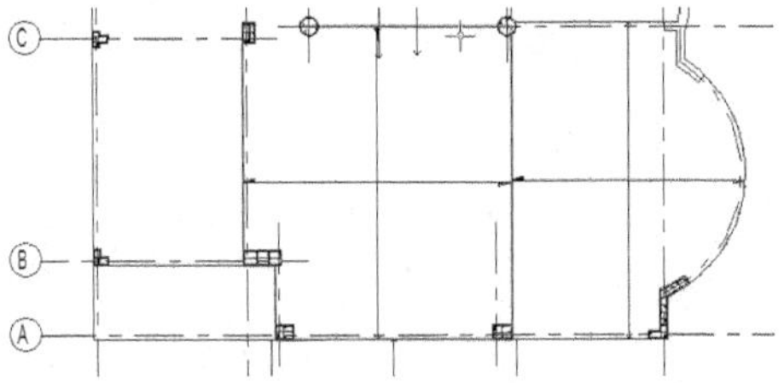

图 5-31　选取结构楼板

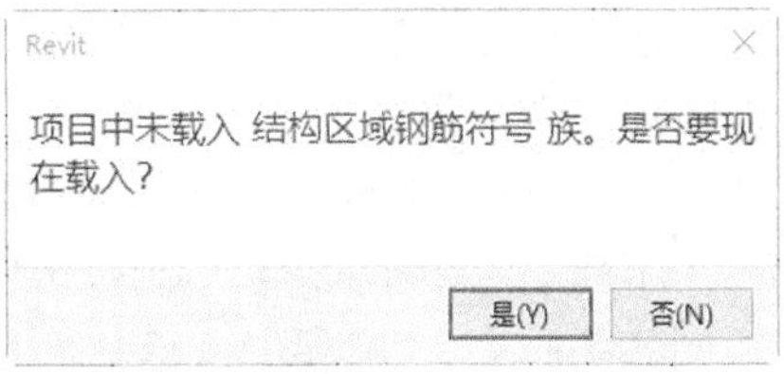

图 5-32　“Revit”对话框

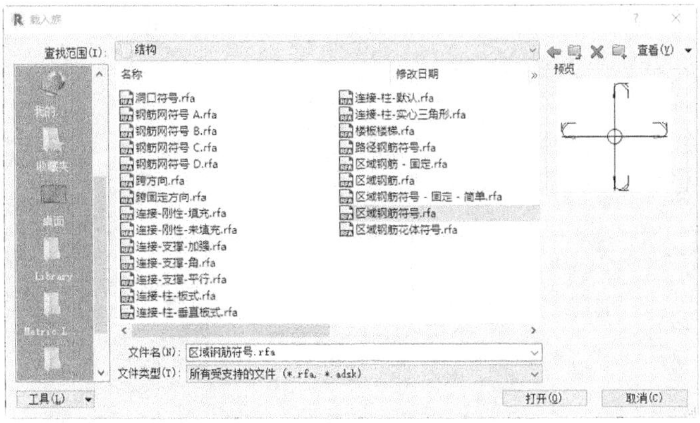

图 5-33　“载入族”对话框

（4）打开如图 5-34 所示的“修改|创建钢筋边界”选项卡，单击“主筋方向”按钮和“线”按钮，沿着楼板的边界绘制如图 5-35 所示的主筋方向。

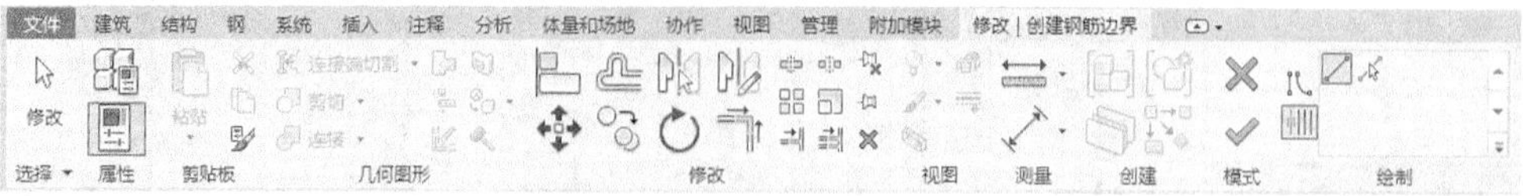

图 5-34 “修改|创建钢筋边界”选项卡

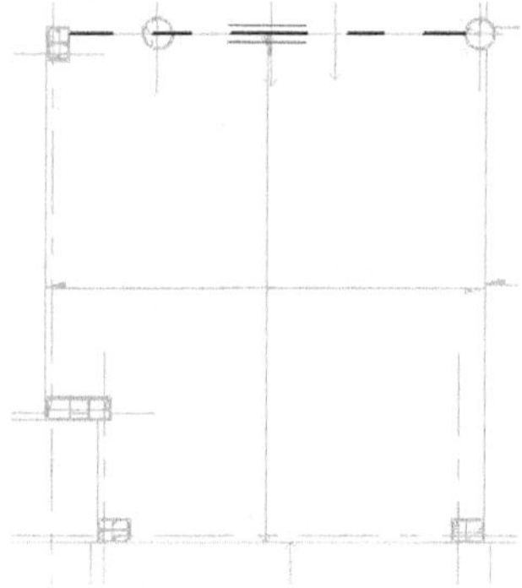

图 5-35 绘制主筋方向

（5）在属性选项板中设置布局规则为最大间距，额外的顶部保护层偏移和额外的底部保护层偏移为 10.0mm，顶部主筋类型和底部主筋类型为 14 HRB335，顶部分布筋类型和底部分布筋类型为 8 HRB335，顶部主筋间距和底部主筋间距为 300.0mm，顶部分布筋间距和底部分布筋间距为 150.0mm，其他采用默认设置，如图 5-36 所示。

属性选项板中的选项说明如下。

- 分区：指定钢筋区域关联所在的分区。
- 布局规则：指定钢筋布局的类型，包括最大间距和固定数量。
- 额外的顶部/外部保护层偏移：指定与顶部/外部钢筋保护层的附加偏移。这允许在不同的区域钢筋层一起放置多个钢筋图元，示意图如图 5-37 所示。
- 额外的底部/内部保护层偏移：指定与底部/内部钢筋保护层的附加偏移。这允许在不同的区域钢筋层一起放置多个钢筋图元，示意图如图 5-37 所示。

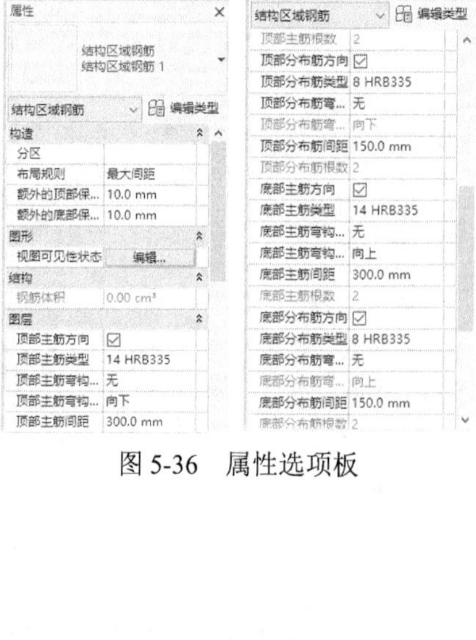

图 5-36 属性选项板

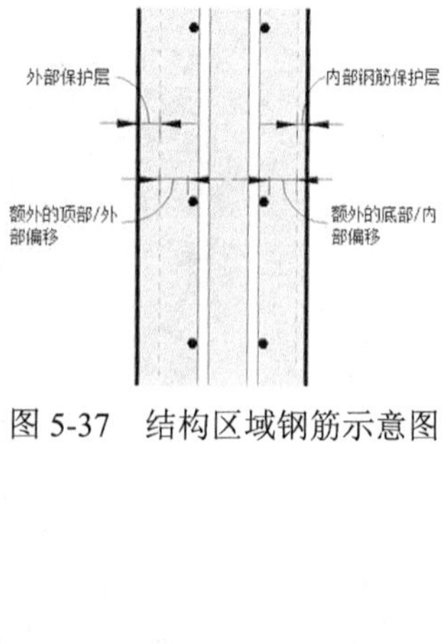

图 5-37 结构区域钢筋示意图

> **提示：**
> 结构墙的区域钢筋属性被识别为内部面或外部面，以反映钢筋的垂直方向。结构楼板的属性被识别为顶部或底部，以反映水平方向。

- 视图可见性状态：单击“编辑”按钮，打开如图 5-38 所示的“钢筋图元视图可见性状态”对话框，选择要使钢筋可在其中清晰查看的视图（无论采用何种视觉样式）。钢筋将不会被其他图元遮挡，而是保持显示在所有遮挡图元的前面。
- 钢筋体积：计算并显示钢筋体积。
- 顶部/底部主筋方向：在该层中创建钢筋，取消此复选框的勾选，则在该层中禁用钢筋。
- 顶部/底部主筋类型：指定在主筋方向上放置的钢筋的类型。
- 顶部/底部主筋弯钩类型：指定在主筋方向上放置的钢筋的弯钩类型。
- 顶部/底部主筋弯钩方向：指定在主筋方向上放置的钢筋的弯钩方向。
- 顶部/底部主筋间距：指定在主筋方向上放置钢筋的间距。
- 顶部/底部主筋根数：指定钢筋中主钢筋实例的个数。
- 顶部/底部分布筋方向：在该层中创建钢筋，取消此复选框的勾选，则在该层中禁用钢筋。
- 顶部/底部分布筋类型：指定在分布筋方向上放置的钢筋的类型。
- 顶部/底部分布筋弯钩类型：指定在分布筋方向上放置的钢筋的弯钩类型。
- 顶部/底部分布筋弯钩方向：指定在分布筋方向上放置的钢筋的弯钩方向。
- 顶部/底部分布筋间距：指定在分布筋方向上放置钢筋的间距。
- 顶部/底部分布筋根数：指定钢筋中分布钢筋实例的个数。

（6）单击属性选项板中“视图可见性状态”栏中的“编辑”按钮 编辑... ，打开“钢筋图元视图可见性状态”对话框，勾选“结构平面一层”栏中的“清晰的视图”复选框，其他采用默认设置，如图 5-38 所示，单击“确定”按钮，使钢筋在一层结构楼层中可见。

（7）单击“修改|创建钢筋边界”选项卡“模式”面板中的“完成编辑模式”按钮✔，完成 150mm 厚度楼板上的钢筋的创建，如图 5-39 所示。

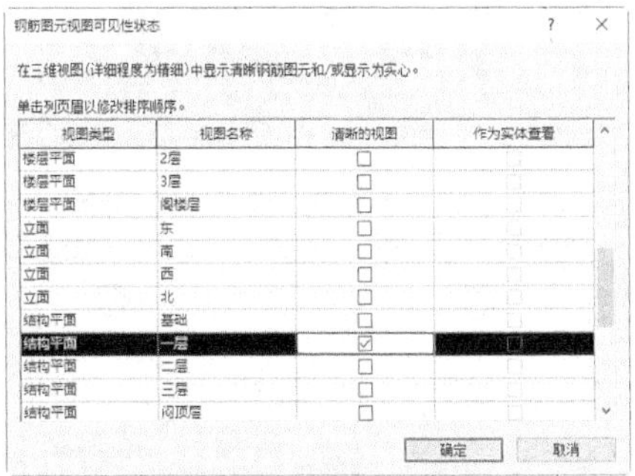

图 5-38　“钢筋图元视图可见性状态”对话框

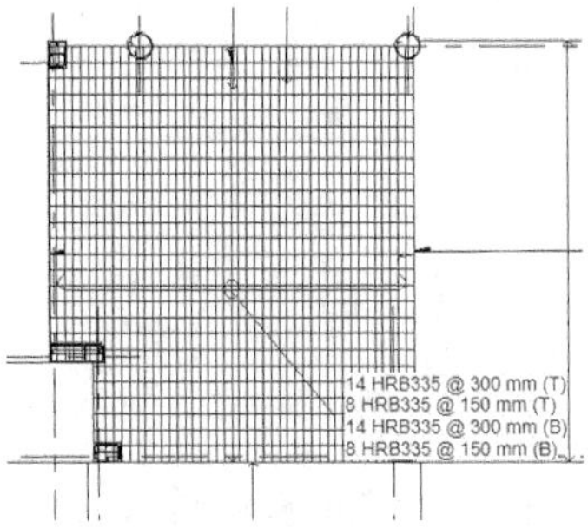

图 5-39　150mm 厚度楼板上的钢筋

（8）选择厚度为 130mm 的楼板，在打开的“修改|楼板”选项卡中单击“钢筋”面板上的“面积”按钮▦。

（9）打开如图 5-40 所示的“修改|创建钢筋边界”选项卡和选项栏，单击“绘制”面板中的“线性钢筋”按钮和“拾取”按钮，拾取边界线，单击“修改”面板中的“修剪/延伸为角”按钮，使边界线闭合，如图 5-41 所示。

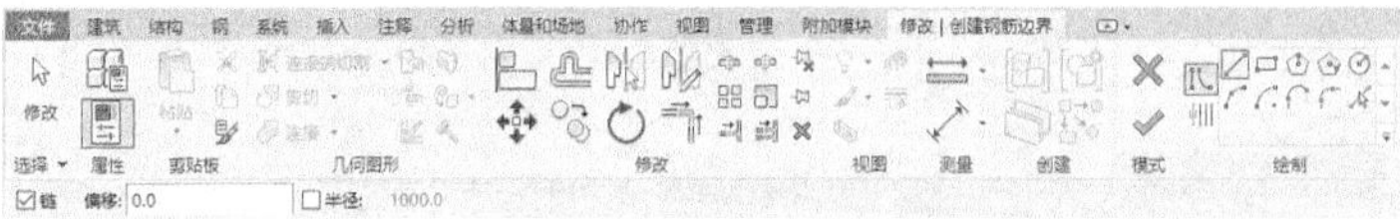

图 5-40 “修改|创建钢筋边界”选项卡和选项栏

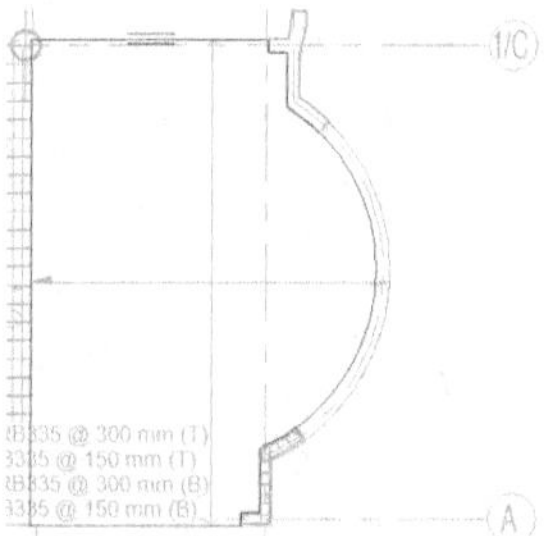

图 5-41 绘制边界

（10）在属性选项板中设置布局规则为最大间距，额外的顶部保护层偏移和额外的底部保护层偏移为 10.0mm，顶部主筋类型和底部主筋类型为 14 HRB335，顶部分布筋类型和底部分布筋类型为 8 HRB335，顶部主筋间距和底部主筋间距为 300.0mm，顶部分布筋间距和底部分布筋间距为 150.0mm，其他采用默认设置。

（11）单击属性选项板中“视图可见性状态”栏中的“编辑”按钮 编辑... ，打开“钢筋图元视图可见性状态”对话框，勾选“结构平面一层”栏中的“清晰的视图”复选框，其他采用默认设置，单击“确定”按钮，使钢筋在一层结构楼层中可见。

（12）单击“修改|创建钢筋边界”选项卡“模式”面板中的“完成编辑模式”按钮，完成 130mm 厚度楼板上的钢筋的创建，如图 5-42 所示。

（13）选择厚度为 100mm 的楼板，在打开的“修改|楼板”选项卡中单击“钢筋”面板上的“面积”按钮。

（14）打开“修改|创建钢筋边界”选项卡和选项栏，单击“主筋方向”按钮和“线”按钮，沿着楼板边界绘制主筋方向，如图 5-43 所示。

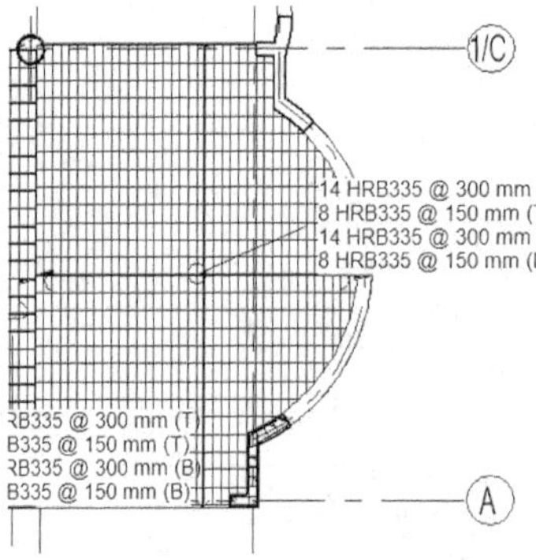

图 5-42 130mm 厚度楼板上的钢筋

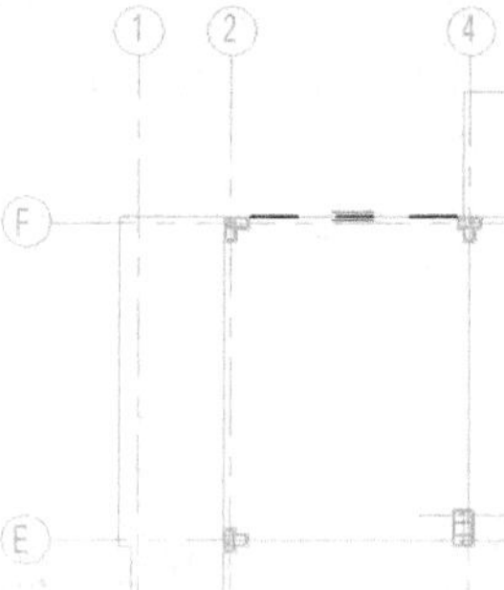

图 5-43 绘制主筋方向

（15）在属性选项板中设置布局规则为最大间距，额外的顶部保护层偏移和额外的底部保护层偏移为 10.0mm，顶部主筋类型和底部主筋类型为 14 HRB335，顶部分布筋类型和底部分布筋类型为 8 HRB335，顶部主筋间距和底部主筋间距为 300.0mm，顶部分布筋间距和底部分布筋间距为 150.0mm，其他采用默认设置。

（16）单击属性选项板中“视图可见性状态”栏中的“编辑”按钮 编辑... ，打开“钢筋图元视图可见性状态”对话框，勾选“结构平面一层”栏中的“清晰的视图”复选框，其他采用默认设置，单击“确定”按钮，使钢筋在一层结构楼层中可见。

（17）单击“修改|创建钢筋边界”选项卡“模式”面板中的“完成编辑模式”按钮✔，完成 100mm 厚度楼板上的钢筋的创建，如图 5-44 所示。

（18）选择厚度为 90mm 的楼板，在打开的“修改|楼板”选项卡中单击“钢筋”面板上的“面积”按钮▦。

（19）打开“修改|创建钢筋边界”选项卡和选项栏，单击“主筋方向”按钮▥和“线”按钮╱，沿着楼板边界绘制主筋方向，如图 5-45 所示。

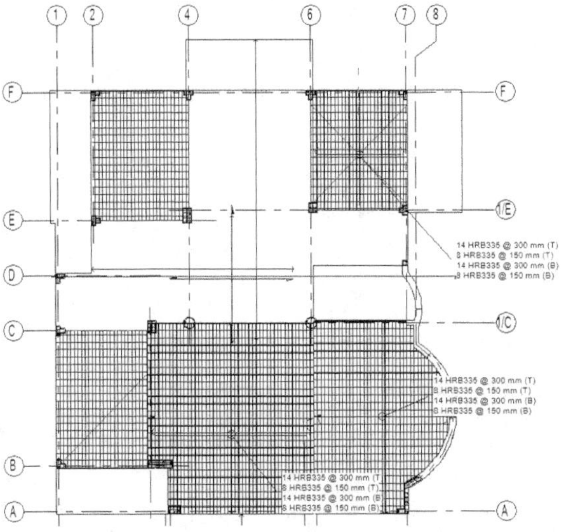

图 5-44　100mm 厚度楼板上的钢筋

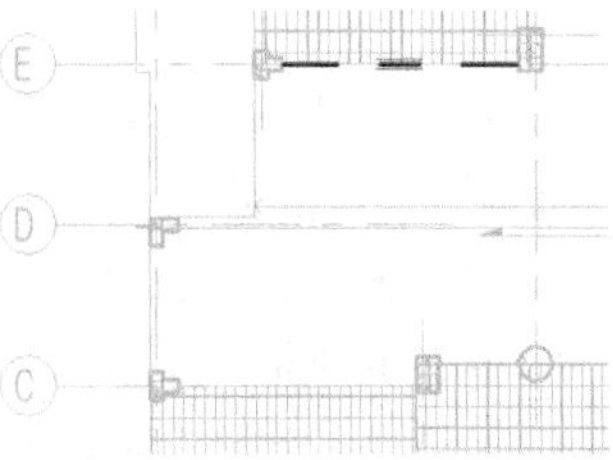

图 5-45　绘制主筋方向

（20）在属性选项板中设置布局规则为最大间距，额外的顶部保护层偏移和额外的底部保护层偏移为 10.0mm，顶部主筋类型和底部主筋类型为 14 HRB335，顶部分布筋类型和底部分布筋类型为 8 HRB335，顶部主筋间距和底部主筋间距为 300.0mm，顶部分布筋间距和底部分布筋间距为 150.0mm，其他采用默认设置。

（21）单击属性选项板中“视图可见性状态”栏中的“编辑”按钮 编辑... ，打开“钢筋图元视图可见性状态”对话框，勾选“结构平面一层”栏中的“清晰的视图”复选框，其他采用默认设置，单击“确定”按钮，使钢筋在一层结构楼层中可见。

（22）单击“修改|创建钢筋边界”选项卡“模式”面板中的“完成编辑模式”按钮✔，完成 90mm 厚度楼板上的钢筋的创建，如图 5-46 所示。

（23）单击“结构”选项卡“钢筋”面板上的“面积”按钮▦，打开“修改|创建钢筋边界”选项卡，选择厚度为 120mm 的楼板，单击“绘制”面板中的“线性钢筋”按钮⌊⌋和“矩形”按钮▭，绘制如图 5-47 所示的封闭钢筋边界。

（24）在属性选项板中设置布局规则为最大间距，额外的顶部保护层偏移和额外的底部保护层偏移为 10.0mm，顶部主筋类型和底部主筋类型为 14 HRB335，顶部分布筋类型和底部分布筋类型为 8 HRB335，顶部主筋间距和底部主筋间距为 300.0mm，顶部分布筋间距和底部分布筋间距为 150.0mm，其他采用默认设置。

（25）单击属性选项板中“视图可见性状态”栏中的“编辑”按钮 编辑... ，打开“钢筋图元视图可见性状态”对话框，勾选“结构平面一层”栏中的“清晰的视图”复选框，其他采用默认设置，单击“确定”按钮，使钢筋在一层结构楼层中可见。

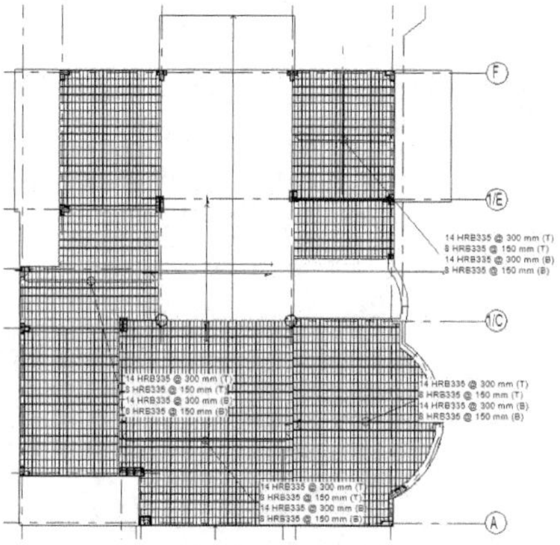

图 5-46　90mm 厚度楼板上的钢筋

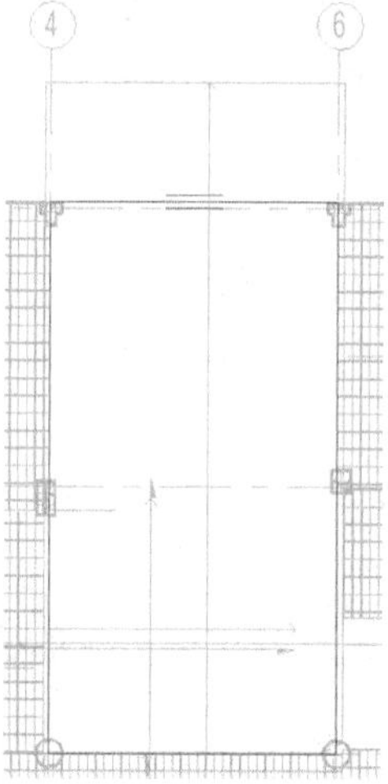

图 5-47　绘制边界

（26）单击“修改|创建钢筋边界”选项卡“模式”面板中的“完成编辑模式”按钮 ✔，完成 120mm 厚度楼板上的钢筋的创建，如图 5-48 所示。

（27）选择厚度为 90mm 的阳台结构楼板，在打开的“修改|楼板”选项卡中单击“钢筋”面板上的“面积”按钮。

（28）打开“修改|创建钢筋边界”选项卡和选项栏，单击“主筋方向”按钮和“线”按钮，沿着阳台楼板边界绘制主筋方向，如图 5-49 所示。

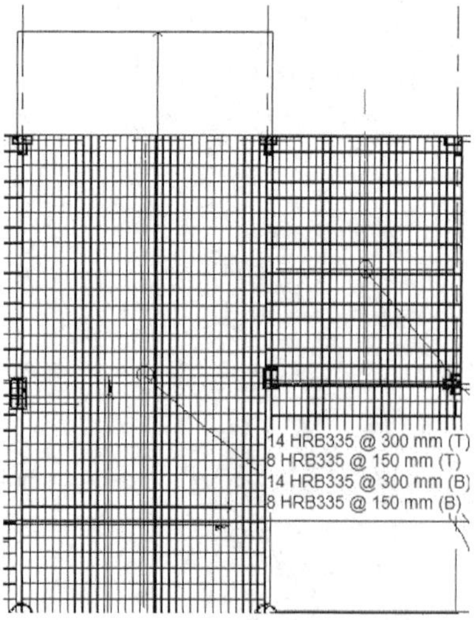

图 5-48　120mm 厚度楼板上的钢筋

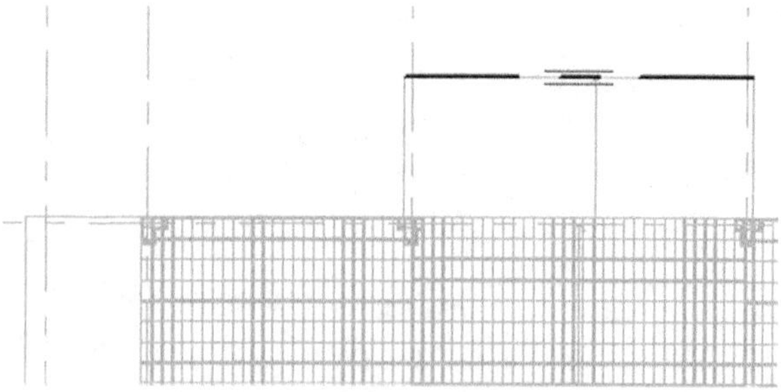

图 5-49　绘制主筋方向

（29）在属性选项板中设置布局规则为最大间距，额外的顶部保护层偏移和额外的底部保护层偏移为 10.0mm，顶部主筋类型和底部主筋类型为 14 HRB335，顶部分布筋类型和底部分布筋类型为 8 HRB335，顶部主筋间距和底部主筋间距为 300.0mm，顶部分布筋间距和底部分布筋间距为 150.0mm，其他采用默认设置。

（30）单击属性选项板中“视图可见性状态”栏中的“编辑”按钮 编辑... ，打开“钢筋图元视图可见性状态”对话框，勾选“结构平面一层”栏中的“清晰的视图”复选框，其他采用默认设置，单击“确定”按钮，使钢筋在一层结构楼层中可见。

（31）单击“修改|创建钢筋边界”选项卡“模式”面板中的“完成编辑模式”按钮，完成 90mm 厚度阳台楼板上的钢筋的创建，如图 5-50 所示。

（32）单击“结构”选项卡“钢筋”面板上的“面积”按钮，选择厚度为 100mm 的阳台结构楼板作为放置钢筋的主体。

（33）打开“修改|创建钢筋边界”选项卡和选项栏，单击“线性钢筋”按钮和“拾取”按钮，拾取阳台楼板边界为钢筋边界线，如图 5-51 所示。

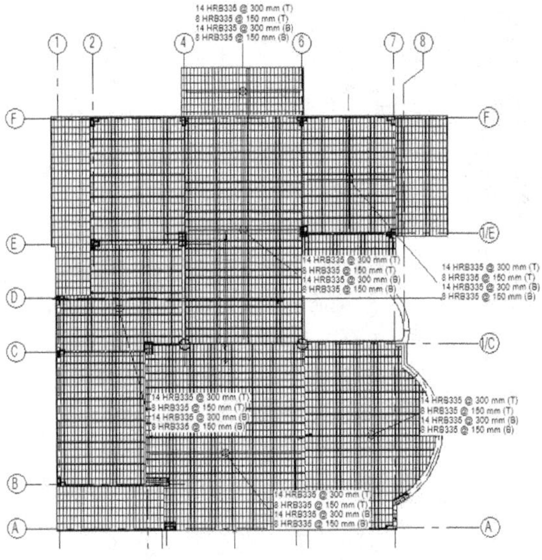

图 5-50　90mm 厚度阳台楼板上的钢筋

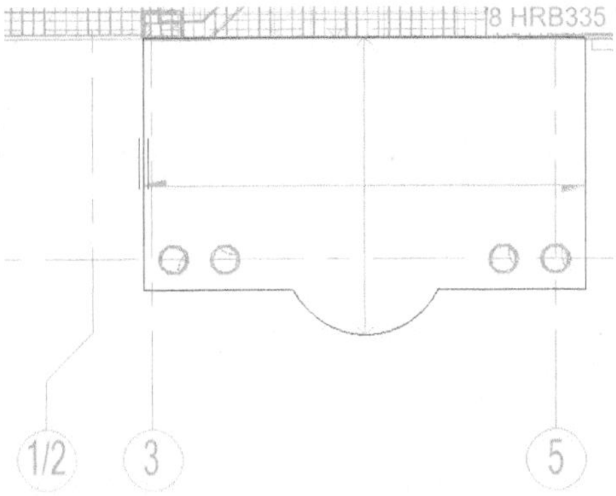

图 5-51　绘制边界

（34）在属性选项板中设置布局规则为最大间距，额外的顶部保护层偏移和额外的底部保护层偏移为 10.0mm，顶部主筋类型和底部主筋类型为 14 HRB335，顶部分布筋类型和底部分布筋类型为 8 HRB335，顶部主筋间距和底部主筋间距为 300.0mm，顶部分布筋间距和底部分布筋间距为 150.0mm，其他采用默认设置。

（35）单击属性选项板中“视图可见性状态”栏中的“编辑”按钮 编辑... ，打开“钢筋图元视图可见性状态”对话框，勾选“结构平面一层”栏中的“清晰的视图”复选框，其他采用默认设置，单击“确定”按钮，使钢筋在一层结构楼层中可见。

（36）单击“修改|创建钢筋边界”选项卡“模式”面板中的“完成编辑模式”按钮，完成 100mm 厚度阳台楼板上的钢筋的创建，如图 5-52 所示。

采用相同的方法，对二层、三层及闷顶层的结构楼板添加钢筋，这里不再一一进行介绍。

（37）单击“文件”下拉菜单中的“另存为”→“项目”命令，打开“另存为”对话框，指定保存位置并输入文件名，单击“保存”按钮。

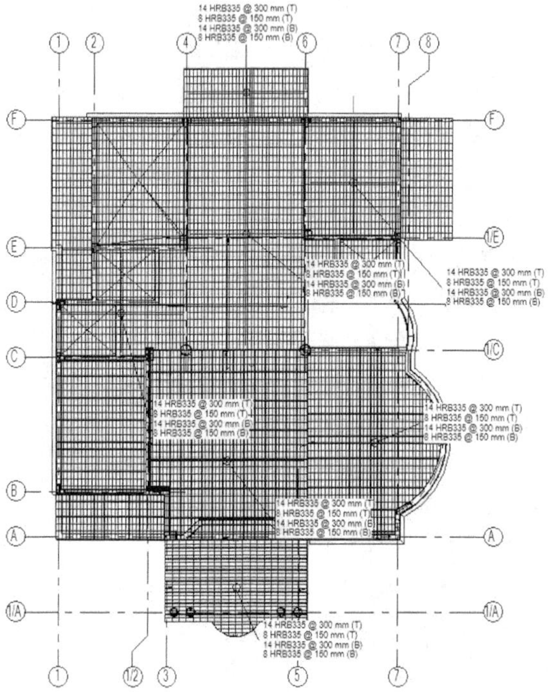

图 5-52　90mm 厚度阳台楼板上的钢筋

第 6 章

墙

知识导引

墙体是建筑物重要的组成部分，起着承重、围护和分隔空间的作用，同时还具有保温、隔热、隔音等功能。墙体的材料和构造方法的选择，将直接影响房屋的质量和造价，因此合理地选择墙体材料和构造方法十分重要。

本章主要介绍墙体、墙饰条及幕墙的创建方法。

6.1 墙　　体

与建筑模型中的其他基本图元类似，墙也是预定义系统族类型的实例，表示墙功能、组合和厚度的标准变化形式。通过修改墙的类型属性来添加或删除层、将层分割为多个区域，以及修改层的厚度或指定的材质，可以自定义这些特性。

通过单击“墙”工具，选择所需的墙类型，并将该类型的实例放置在平面视图或三维视图中，可以将墙添加到建筑模型中。

可以在功能区中选择一个绘制工具，在绘图区域中绘制墙的线性范围，或者通过拾取现有线、边或面来定义墙的线性范围。墙相对于所绘制路径或所选现有图元的位置由墙的某个实例属性的值来确定，即“定位线”。

6.1.1 绘制架空层墙体

视频：绘制架空层墙体

具体绘制过程如下。

1. 绘制复合外墙

（1）打开 5.4 节绘制的项目文件，在项目浏览器中双击“楼层平面”节点下的“架空层”，将视图切换到架空层楼层平面视图。

（2）单击“视图”选项卡“图形”面板中的“可见性/图形”按钮（快捷键：VG），打开“楼层平面：架空层的可见性/图形替换”对话框，取消勾选“结构钢筋”和“结构钢筋网”复选框，如图 6-1 所示，单击“确定”按钮，钢筋在架空层中不可见。

（3）单击“建筑”选项卡“构建”面板中的“墙”下拉列表中的“墙：建筑”按钮（快捷键：WA），打开“修改|放置 墙”选项卡和选项栏，如图 6-2 所示。默认激活“线”按钮。

图 6-1 “楼层平面：架空层的可见性/图形替换”对话框

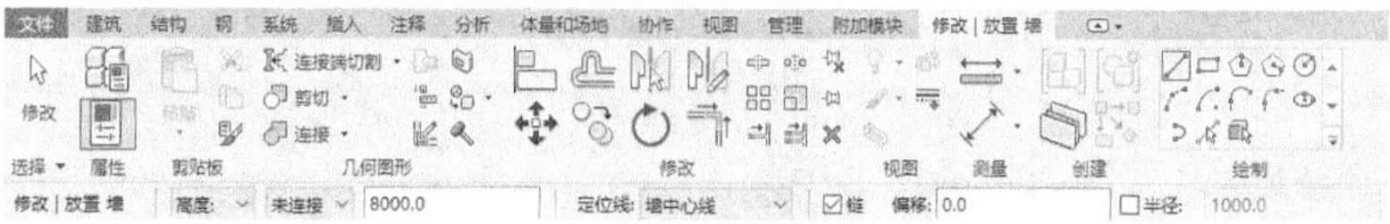

图 6-2 “修改|放置 墙”选项卡和选项栏

“修改|放置 墙”选项卡和选项栏说明如下。

- 高度：为墙的墙顶定位标高选择标高，或者默认设置为“未连接”，然后输入高度值。
- 定位线：指定使用墙的哪一个垂直平面相对于所绘制的路径或在绘图区域中使用指定的路径来定位墙，包括“墙中心线”“核心层中心线”“面层面：外部”“面层面：内部”“核心面：外部”“核心面：内部”；在简单的砖墙中，“墙中心线”和“核心层中心线”平面将会重合，在从左到右绘制复合墙时，其外部面（面层面：外部）在默认情况下位于顶部。
- 链：勾选此复选框，以绘制一系列在端点处连接的墙分段。
- 偏移：输入一个距离值，以指定墙的定位线与光标位置或选定的线或面之间的偏移。
- 连接状态：选择“允许”选项，可以在墙相交位置自动创建对接。选择“不允许”选项，可以防止各墙在相交时连接。每次打开软件时默认选择“允许”选项，但上一选定选项在当前会话期间保持不变。

（4）在属性选项板中单击“编辑类型”按钮，打开如图 6-3 所示的“类型属性”对话框，单击“复制”按钮，打开“名称”对话框，输入名称为文化石外墙，如图 6-4 所示，单击“确定”按钮，返回“类型属性”对话框。

（5）单击“编辑”按钮，打开“编辑部件”对话框，如图 6-5 所示。

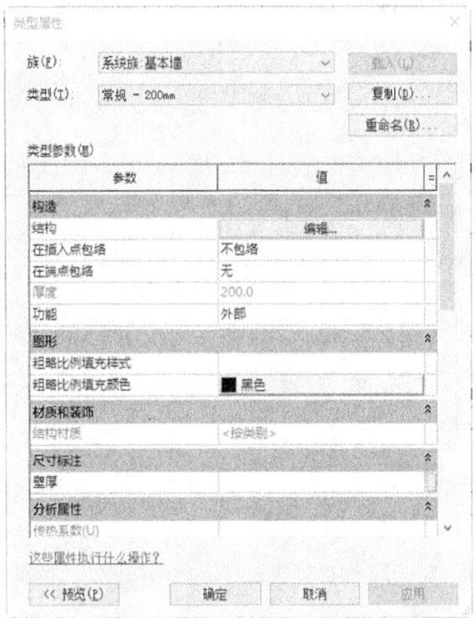

图 6-3　“类型属性”对话框

图 6-4　“名称”对话框

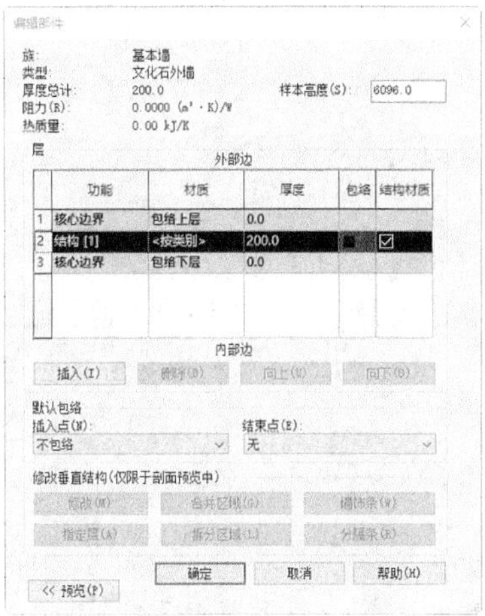

图 6-5　“编辑部件”对话框

（6）单击“插入”按钮 插入(I) ，插入一个构造层，连续单击“插入”按钮 3 次，则层列表框插入 3 个新的构造层，默认厚度为 0.0，功能均为“结构[1]”，如图 6-6 所示。

（7）选取编号 2 的构造层，在“功能”下拉列表中选择“面层 1[4]”选项，如图 6-7 所示，单击“材质”栏中的“浏览”按钮，打开“材质浏览器”对话框，单击“主视图”→“AEC 材质”→“砖石”节点，显示砖石材质，选择“CMU，轻质”材质，单击“将材质添加到文档中”按钮，将材质添加到项目材质列表中并选中，如图 6-8 所示。

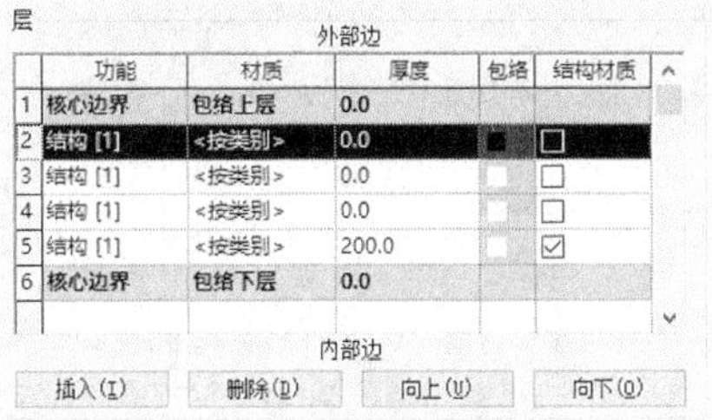

图 6-6　插入新层

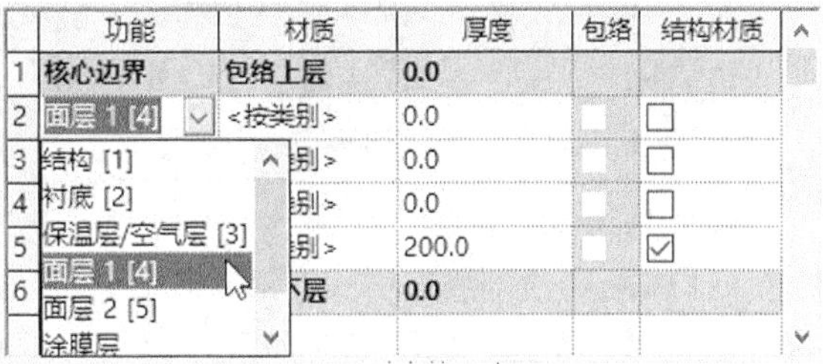

图 6-7　设置功能

图 6-8　“材质浏览器”对话框

提示：

Revit 软件提供了 6 种层，分别为结构[1]、衬底[2]、保温层/空气层[3]、涂膜层、面层 1[4]、面层 2[5]。

结构[1]：支撑其余墙、楼板或屋顶的层。

衬底[2]：作为其他材质基础的材质（如胶合板或石膏板）。

保温层/空气层[3]：隔绝并防止空气渗透。

涂膜层：通常用于防止水蒸气渗透的薄膜。涂膜层的厚度应该为零。

面层 1[4]：面层 1 通常是外层。

面层 2[5]：面层 2 通常是内层。

层的功能具有优先顺序，其规则如下。

结构层具有最高优先级（优先级 1）。

面层 2 具有最低优先级（优先级 5）。

Revit 首先连接优先级高的层，然后连接优先级低的层。

例如，假设连接两个复合墙，第一面墙中优先级 1 的层会连接到第二面墙中优先级 1 的层上。优先级 1 的层可穿过其他优先级较低的层与另一个优先级 1 的层相连接。优先级低的层不能穿过优先级相同或优先级较高的层进行连接。

当层连接时，如果两个层都具有相同的材质，则接缝会被清除。如果两个不同材质的层进行连接，则连接处会出现一条线。

对于 Revit 来说，每一层都必须带有指定的功能，以使其准确地进行层匹配。

墙核心内的层可穿过连接墙核心外的优先级较高的层。即使核心层被设置为优先级 5，核心中的层也可延伸到连接墙的核心。

（8）切换到“图形”选项卡，单击“表面填充图案”组中“前景”中“图案”右侧“无”区域，打开“填充样式”对话框，选择“模型”填充图案类型，选择“板材-石材-直缝 600×9”样式，如图 6-9 所示，单击“重复填充样式”按钮，打开“添加表面填充图案”对话框，设置名称为板材-石材-直缝 300×400mm，线间距 1（1）为 300mm，线间距 2（2）为 400mm，其他采用默认设置，如图 6-10 所示，连续单击“确定”按钮，完成材质的设置，返回“编辑部件”对话框，设置厚度为 10.0，单击“向上”按钮 向上(U) ，将其调整到“核心边界”层的上方。

（9）选取编号 3 的构造层，在“功能”下拉列表中选择“衬底[2]”选项，单击“材质”栏中的“浏览”按钮，打开“材质浏览器”对话框，选择“混凝土-沙/水泥找平”材质，单击“确定”按钮，返回“编辑部件”对话框，设置厚度为 20.0，单击“向上”按钮 向上(U) ，将其调整到“核心边界”层的上方。

（10）选取编号 4 的构造层，在“功能”下拉列表中选择“衬底[2]”选项，单击“材质”栏中的“浏览”按钮，打开“材质浏览器”对话框，选择“粉刷，米色，平滑”材质，单击鼠标右键，在弹出的快捷菜单中选择“重命名”选项，更改名称为“粉刷，白色，平滑”，在“外观”选项卡中设置颜色为白色，在“图形”选项卡中勾选“使用渲染外观”复选框，单击“表面填充图案”组中“前景”中“图案”右侧“无”区域，打开“填充样式”对话框，选择“砂浆”样式，如图 6-11 所示，单击“确定”按钮，返回“材质浏览器”对话框，具体设置如图 6-12 所示，单击“确定”按钮，返回“编辑部件”对话框，设置厚度为 20.0，单击“向下”按钮 向下(D) ，将其调整到“核心边界”层的下方。

（11）在“结构[1]”层，单击“材质”栏中的“浏览”按钮 ... ，打开“材质浏览器”对话框，选择“砖，空心”材质，单击“确定”按钮，返回“编辑部件”对话框，设置厚度为 190.0，如图 6-13 所示。

（12）连续单击“确定”按钮，完成文化石外墙的设置。

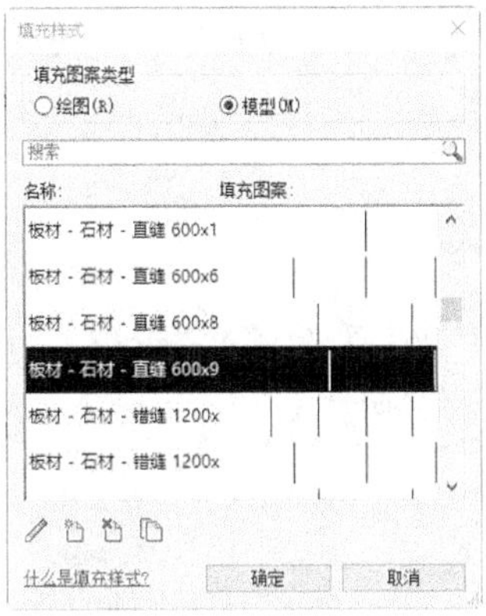

图 6-9 “填充样式”对话框

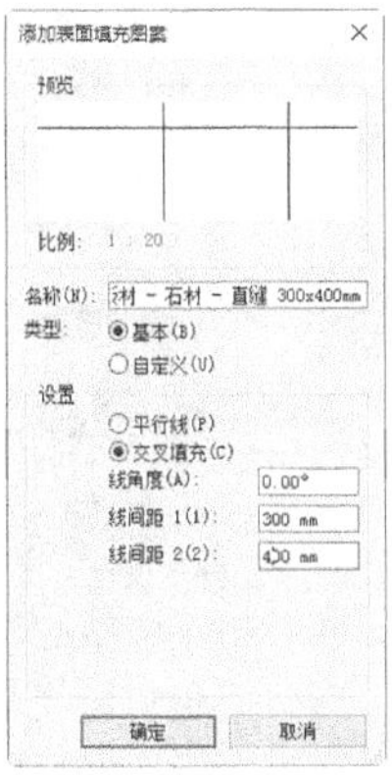

图 6-10 “添加表面填充图案”对话框

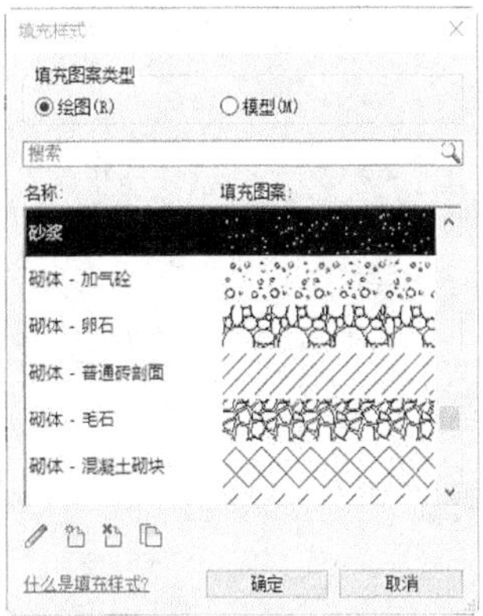

图 6-11 “填充样式”对话框

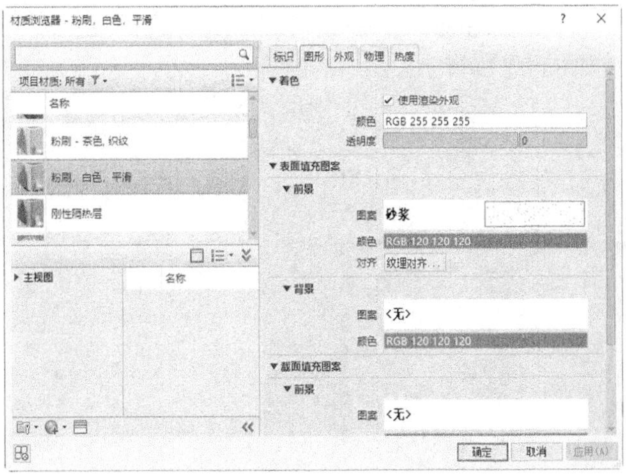

图 6-12 “材质浏览器”对话框

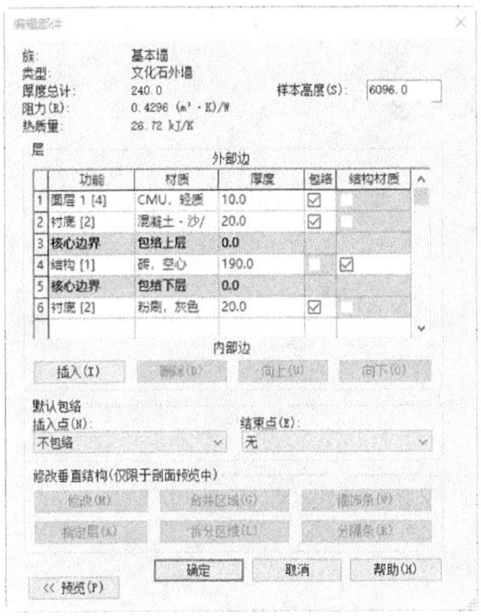

图 6-13 设置结构层

🔊 提示：

在编辑复合墙的结构时，要遵循以下原则。

- 在预览窗格中，样本墙的各个行必须保持从左到右的顺序显示。要测试样本墙，按顺序选择行号，然后在预览窗格中观察选择内容。如果层不是按从左到右顺序高亮显示的，则 Revit 就不能生成该墙。
- 同一行不能指定给多个层。

- 不能将同一行同时指定给核心层两侧的区域。
- 不能为涂膜层指定厚度。
- 非涂膜层的厚度不能小于 1/8 " 或 4mm。
- 核心层的厚度必须大于 0。不能将核心层指定为涂膜层。
- 外部和内部核心边界及涂膜层不能上升或下降。
- 只能将厚度添加到从墙顶部直通到底部的层。不能将厚度添加到复合层。
- 不能水平拆分墙并随后不顾其他区域而移动区域的外边界。
- 层功能优先级不能按从核心边界到层升序排列。

（13）在选项栏中设置墙体高度为 1 层，定位线为核心层中心线，其他采用默认设置，如图 6-14 所示。

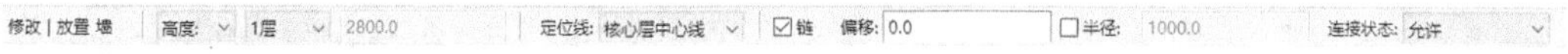

图 6-14　选项栏

（14）在属性选项板中设置底部约束为室外地坪，在视图中捕捉轴网的交点为墙体的起点，移动光标到适当位置确定墙体的终点，继续绘制墙体，沿顺时针方向绘制，使文化石墙面朝外，如图 6-15 所示。

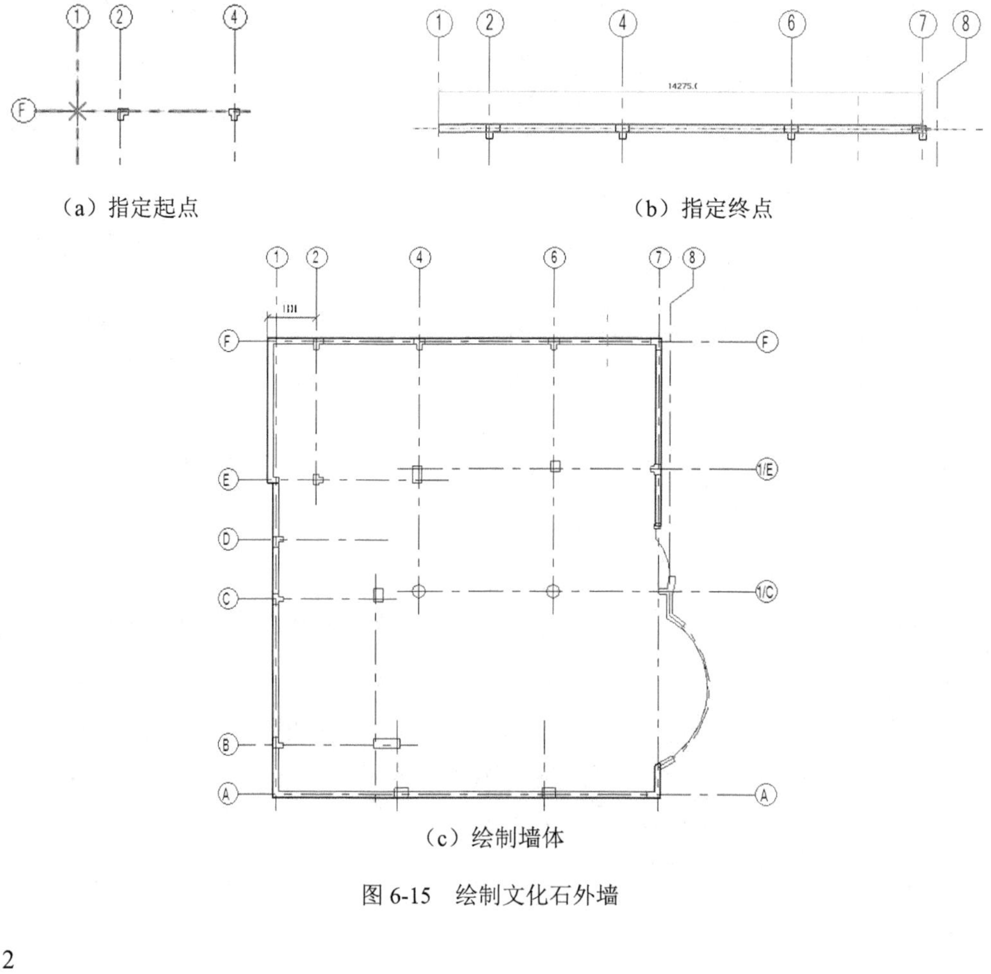

（a）指定起点　　（b）指定终点

（c）绘制墙体

图 6-15　绘制文化石外墙

可以使用以下 3 种方法来放置墙。

- 绘制墙：使用默认的“线”工具，可以通过在图形中指定起点和终点来放置墙。或者可以指定起点，沿所需方向移动光标，然后输入墙长度值。
- 沿着现有的线放置墙：使用“拾取线”工具，可以沿在图形中选择的线来放置墙。线可以是模型线、参照平面或图元（如屋顶、幕墙嵌板和其他墙）边缘。
- 将墙放置在现有面上：使用“拾取面”工具，可以将墙放置于在图形中选择的体量面或常规模型面上。

（15）在属性选项板中设置顶部偏移为−220.0，继续绘制外墙，具体尺寸如图 6-16 所示。

（16）单击“建筑”选项卡“构建”面板中的“墙”按钮（快捷键：WA），单击“绘制”面板中的“起点-终点-半径弧”按钮，绘制弧形文化石外墙，如图 6-17 所示。

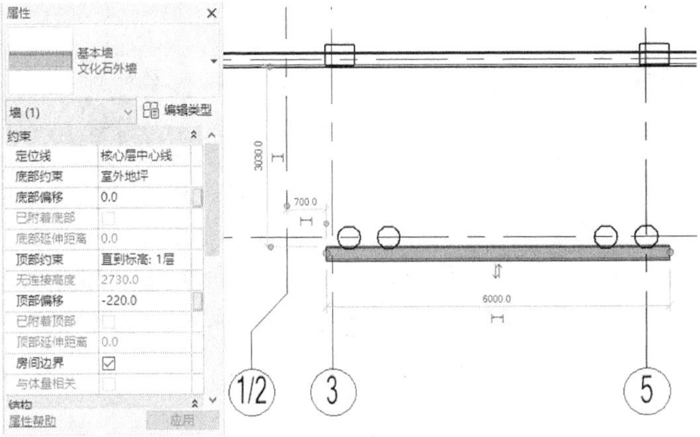

图 6-16　外墙参数

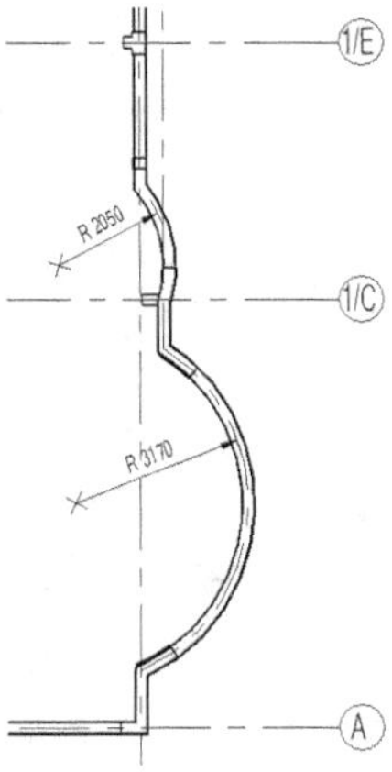

图 6-17　绘制弧形文化石外墙

2. 绘制内墙

（1）单击“建筑”选项卡“构建”面板中的“墙”按钮（快捷键：WA），在属性选项板中单击“编辑类型”按钮，打开“类型属性”对话框，单击“复制”按钮，打开“名称”对话框，输入名称为内墙，单击“确定”按钮，返回“类型属性”对话框，单击“编辑”按钮，打开“编辑部件”对话框，选取编号 1 的面层 1[4]，单击“删除”按钮 删除(D) 将其删除，后面的构造层编号顺序向上移。

（2）更改编号 2 的功能为面层 1[4]，材质为“粉刷，白色，平滑”，厚度为 5.0；设置编号 5 的功能为面层 1[4]，厚度为 5.0，如图 6-18 所示，连续单击“确定”按钮，完成内墙的设置。

（3）在属性选项板中设置定位线为墙中心线，底部约束为架空层，顶部约束为直到标高：1 层，顶部偏移为 0.0，其他采用默认设置。

（4）单击“绘制”面板中的“线”按钮，绘制内墙，如图 6-19 所示。

（5）单击“文件”下拉菜单中的“另存为”→“项目”命令，打开“另存为”对话框，指定保存位置并输入文件名，单击“保存”按钮。

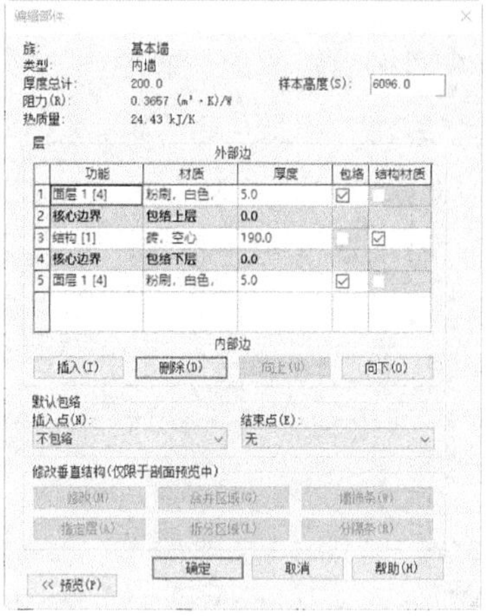

图 6-18 “编辑部件”对话框

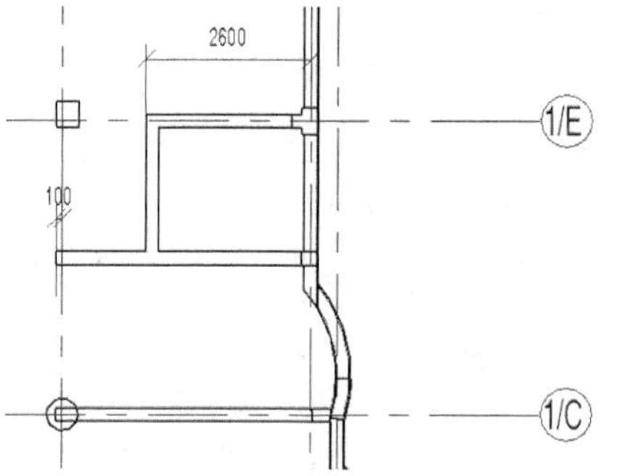

图 6-19 绘制内墙

6.1.2 创建 1、2、3 层墙

具体绘制过程如下。

视频：创建第 1、2、3 层墙

（1）打开 6.1.1 节绘制的项目文件，将视图切换到 1 层楼层平面视图。单击“建筑”选项卡“构建”面板中的“墙”按钮（快捷键：WA），在属性选项板中选择“文化石外墙”类型，设置定位线为核心层中心线，底部约束为 1 层，底部偏移为 0.0，顶部约束为直到标高：2 层，如图 6-20 所示。

（2）单击“线”按钮和“起点-终点-半径弧”按钮，根据轴网和结构柱绘制文化石外墙，如图 6-21 所示。

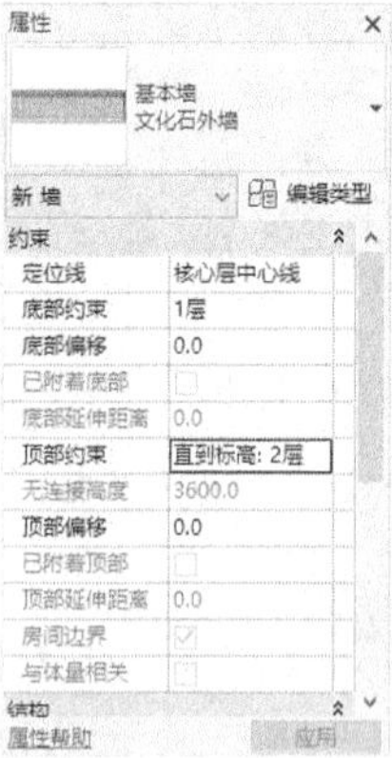

图 6-20 设置参数

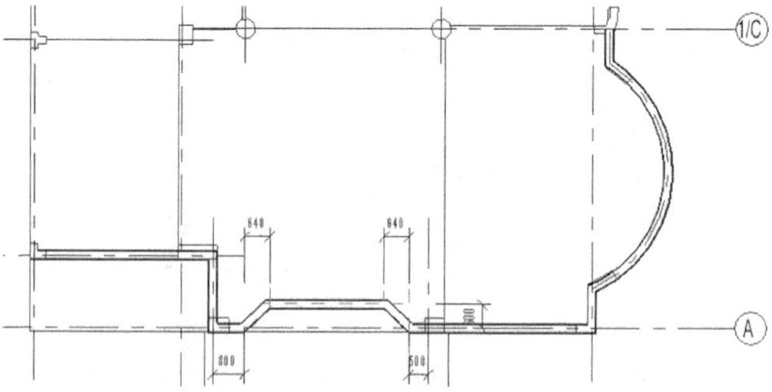

图 6-21 绘制文化石外墙

（3）单击“建筑”选项卡“构建”面板中的“墙”按钮（快捷键：WA），在属性选项板中单击“编辑类型”按钮，打开“类型属性”对话框，单击“复制”按钮，打开“名称”对话框，输入名称为褐色面砖外墙，单击“确定”按钮，返回“类型属性”对话框，单击“结构”栏中的“编辑”按钮，打开“编辑部件”对话框，单击面层 1[4]“材质”栏中的“浏览”按钮，打开“材质浏览器”对话框，单击“主视图”→“AEC

材质”→“砖石”节点，显示砖石材质，选择“砖，深色混合，顺砌”材质，单击“将材质添加到文档中”按钮，将材质添加到项目材质列表中并选中，如图 6-22 所示。

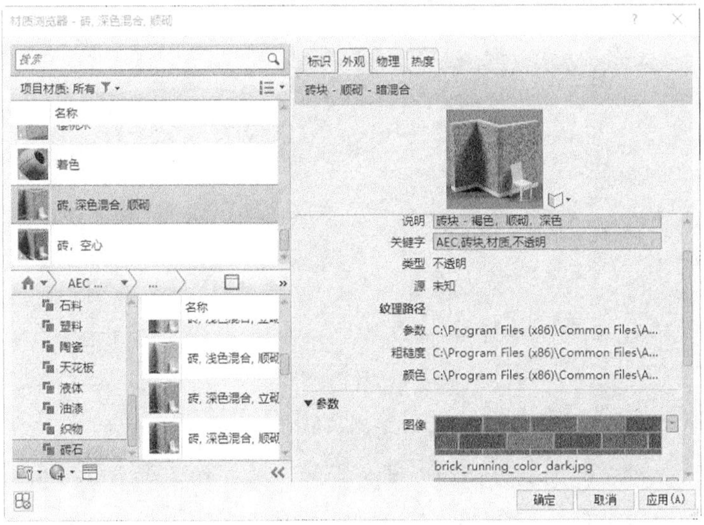

图 6-22　“材质浏览器”对话框

（4）切换到“图形”选项卡，单击“表面填充图案”组中“前景”中“图案”右侧“无”区域，打开“填充样式”对话框，选择“模型”填充图案类型，选择“砌体-砖 04”样式，如图 6-23 所示，单击“确定”按钮，返回“材质浏览器”对话框，勾选“使用渲染外观”复选框，设置着色表面填充图案前景的颜色为 RGB 120 83 67，如图 6-24 所示，连续单击“确定”按钮，完成褐色面砖外墙的设置。

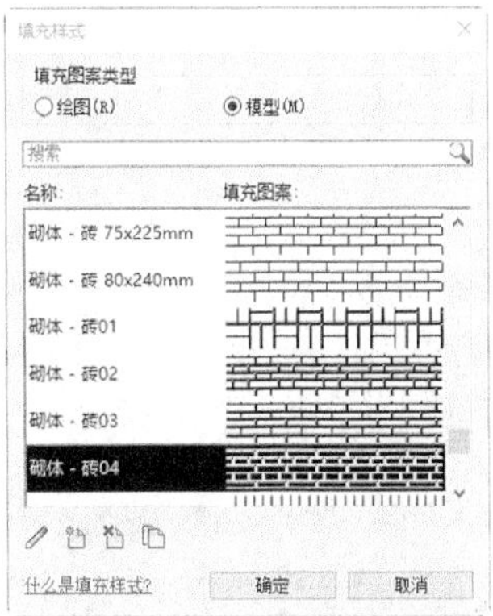

图 6-23　“填充样式”对话框

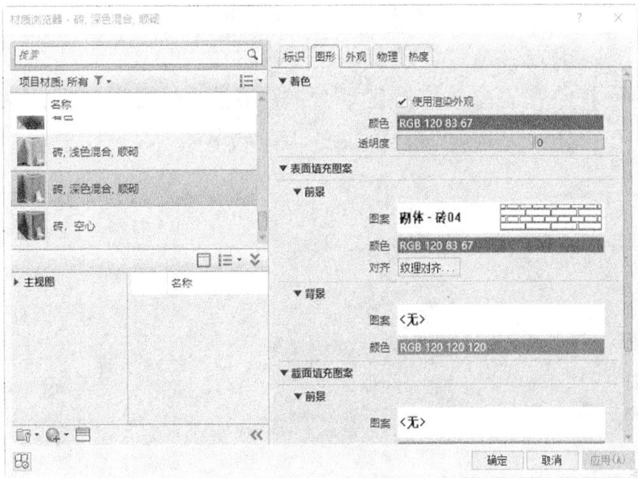

图 6-24　“材质浏览器”对话框

（5）在属性选项板中设置定位线为核心层中心线，底部约束为 1 层，底部偏移为 0.0，顶部约束为直到标高：2 层，单击“修改|放置 墙”选项卡“绘制”面板中的“线”按钮，根据轴网和结构柱绘制褐色面砖外墙，如图 6-25 所示。

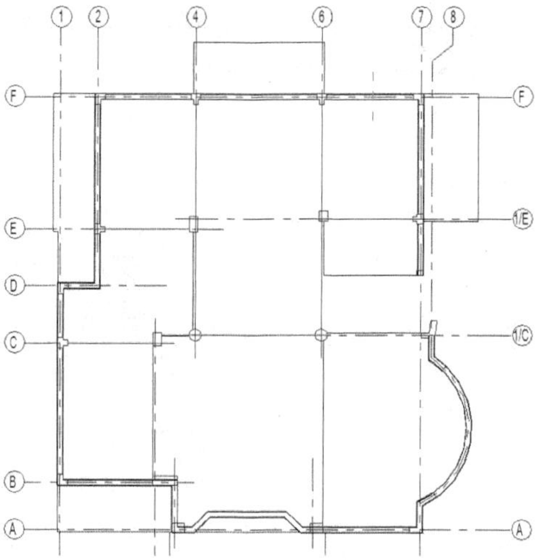

图 6-25　绘制褐色面砖外墙

（6）单击“建筑”选项卡“构建”面板中的“墙”按钮（快捷键：WA），在属性选项板中单击“编辑类型”按钮，打开“类型属性”对话框，单击“复制”按钮，打开“名称”对话框，输入名称为米黄色面砖外墙，单击“确定”按钮，返回“类型属性”对话框，单击“结构”栏中的“编辑”按钮，打开“编辑部件”对话框，单击面层 1[4]“材质”栏中的“浏览”按钮，打开“材质浏览器”对话框，单击“主视图”→“AEC 材质”→“砖石”节点，显示砖石材质，选择“砖，浅色混合，顺砌”材质，单击“将材质添加到文档中”按钮，将材质添加到项目材质列表中并选中。

（7）切换到“图形”选项卡，单击“表面填充图案”组中“前景”中“图案”右侧“无”区域，打开“填充样式”对话框，选择“模型”填充图案类型，选择“砌体-砖 04”样式，单击“确定”按钮，返回“材质浏览器”对话框，勾选“使用渲染外观”复选框，设置着色和表面填充图案前景的颜色为 RGB 240 230 145，如图 6-26 所示，连续单击“确定”按钮，完成米黄色面砖外墙的设置。

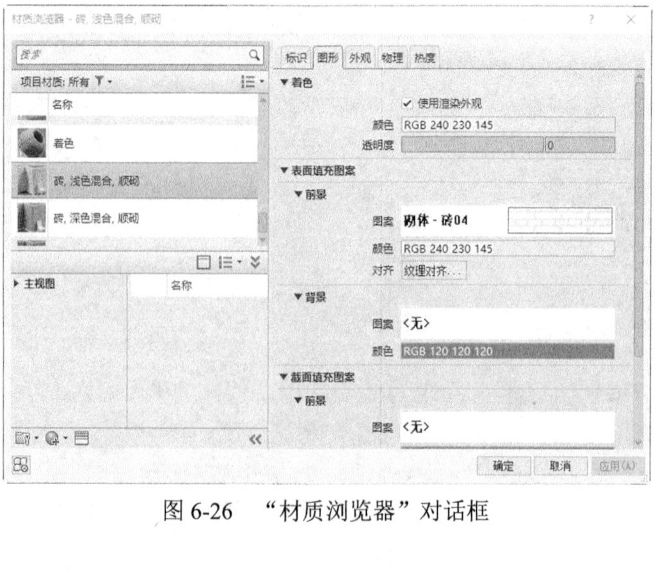

图 6-26　“材质浏览器”对话框

（8）在属性选项板中设置定位线为核心层中心线，底部约束为 1 层，底部偏移为 0.0，顶部约束为直到标高：2 层，单击“修改|放置 墙”选项卡“绘制”面板中的“起点-终点-半径弧”按钮，根据轴网和结构柱绘制米黄色面砖外墙，如图 6-27 所示。选取架空层此处的外墙将其类型更改为米黄色面砖外墙。

（9）单击“建筑”选项卡“构建”面板中的“墙”按钮（快捷键：WA），在属性选项板中选择“内墙”类型，设置底部约束为 1 层，顶部约束为直到标高：2 层，其他采用默认设置。

（10）系统默认激活“线”按钮，根据轴网和结构柱绘制内墙，如图 6-28 所示。

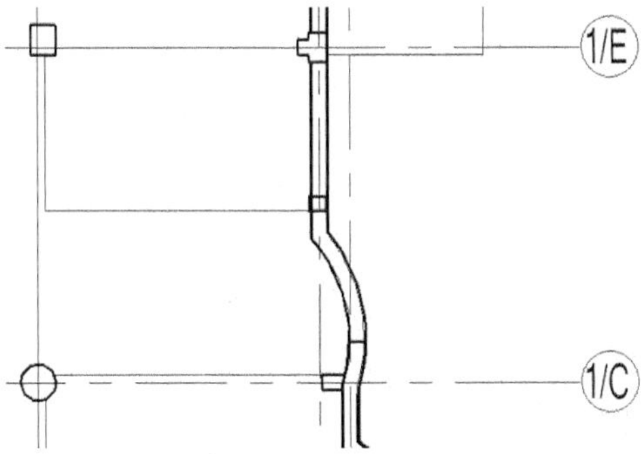

图 6-27　绘制米黄色面砖外墙

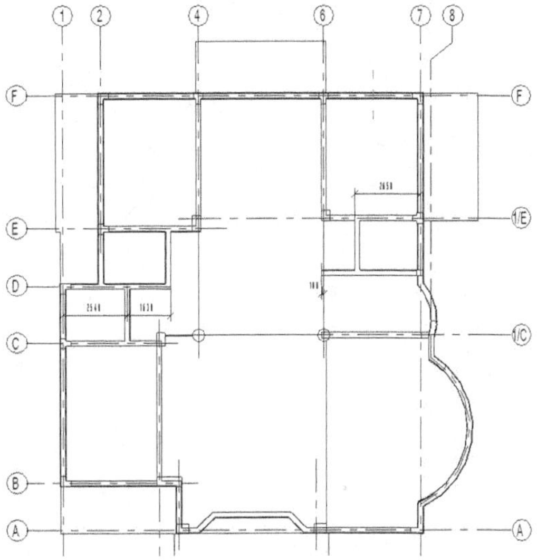

图 6-28　绘制内墙

（11）单击“修改”选项卡“创建”面板中的“创建组”按钮（快捷键：GP），打开“创建组”对话框，输入名称为 1 层墙体，其他采用默认设置，单击“确定”按钮。

（12）打开“编辑组”面板，单击“添加”按钮，选取视图中所有墙体，单击“完成”按钮，完成 1 层墙体组的创建。

（13）选取步骤（12）中创建的 1 层墙体组，单击“修改|模型组”选项卡“剪贴板”面板中的“复制到剪贴板”按钮（快捷键：Ctrl+C），然后单击“粘贴”下拉菜单中的“与选定的标高对齐”按钮，打开“选择标高”对话框，选择“2 层”“3 层”标高，如图 6-29 所示，单击“确定”按钮，将 1 层墙体组复制到 2 层和 3 层。

（14）将视图切换到 2 层建筑平面视图。选取复制的 1 层墙体组，单击“修改|模型组”选项卡“成组”面板中的“解组”按钮（快捷键：UG），将复制的 1 层墙体组解组。

（15）选取露台处的墙体，在属性选项板中更改顶部偏移为-100.0，如图 6-30 所示。

（16）将视图切换到 3 层建筑平面视图。选取复制的 1 层墙体组，单击“修改|模型组”选项卡“成组”面板中的“解组”按钮（快捷键：UG），将复制的 1 层墙体组解组。

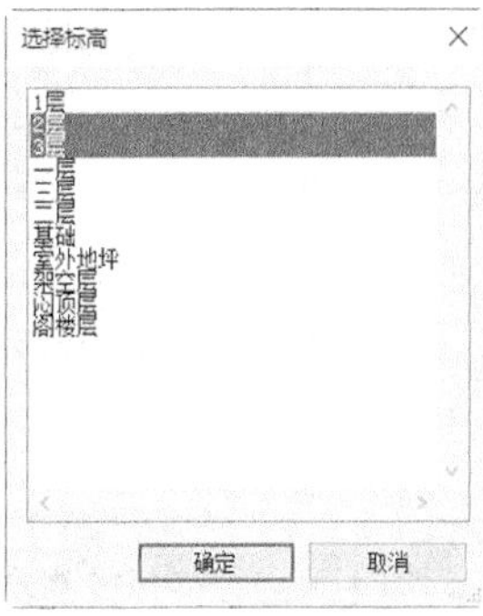

图 6-29 “选择标高”对话框

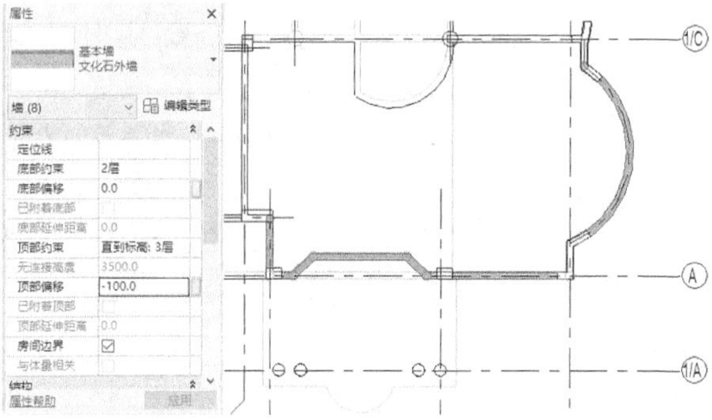

图 6-30 更改墙体高度

（17）选取视图中不需要的墙体，按 Delete 键删除，结果如图 6-31 所示。

（18）单击“建筑”选项卡“构建”面板中的“墙”按钮（快捷键：WA），在属性选项板中选择“文化石外墙”类型，设置底部约束为 3 层，顶部约束为直到标高：阁楼层，其他采用默认设置。系统默认激活“线”按钮，根据轴网和结构柱绘制文化石外墙，如图 6-32 所示。

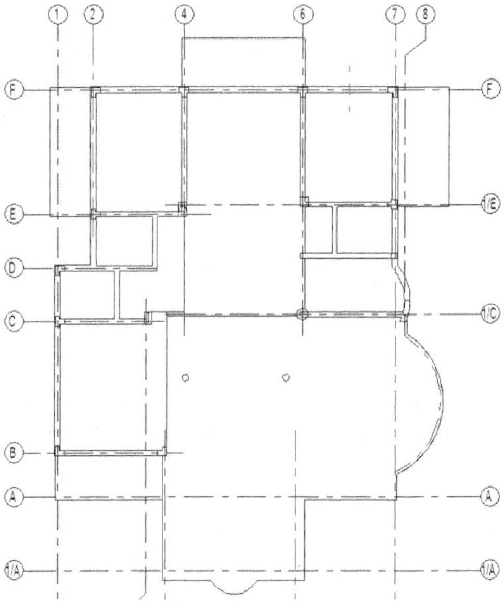

图 6-31 删除墙体

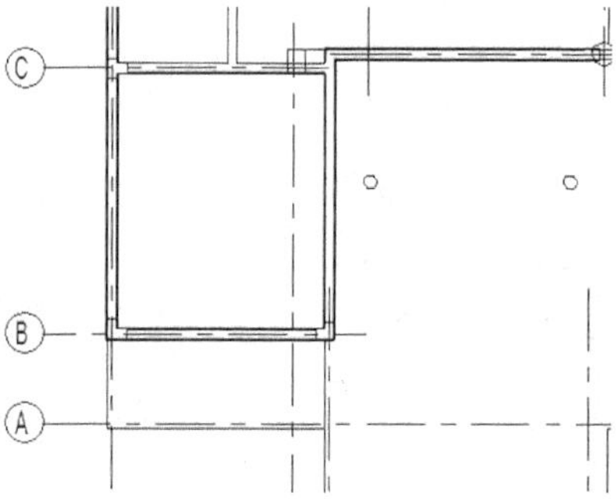

图 6-32 绘制文化石外墙

（19）单击“建筑”选项卡“构建”面板中的“墙”按钮（快捷键：WA），在属性选项板中选择“米黄色面砖外墙”类型，设置底部约束为 3 层，底部偏移为-100.0，顶部约束为直到标高：阁楼层，其他采用默认设置。单击“起点-终点-半径弧”按钮，根据轴网和结构柱绘制米黄色面砖外墙，如图 6-33 所示。

（20）单击“建筑”选项卡“构建”面板中的“墙”按钮（快捷键：WA），在属性选项板中选择“内墙”类型，设置底部约束为 3 层，顶部约束为直到标高：阁楼层，其他采用默认设置。系统默认激活“线”按钮，根据轴网和结构柱绘制内墙，并调整墙体的长度，如图 6-34 所示。

（21）单击“文件”下拉菜单中的“另存为”→“项目”命令，打开“另存为”对话框，指定保存位置并输入文件名，单击“保存”按钮。

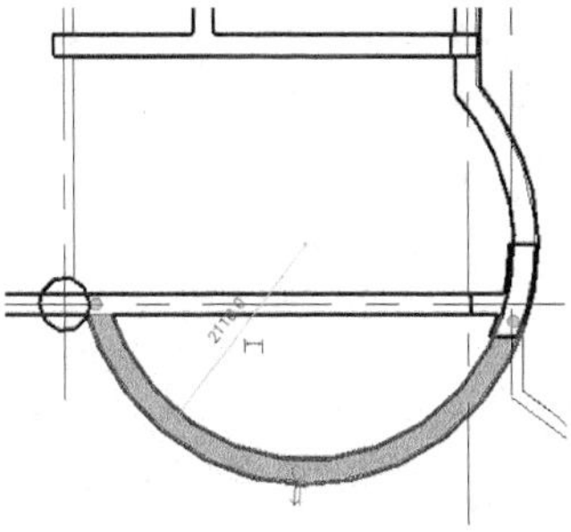

图 6-33　绘制米黄色面砖外墙

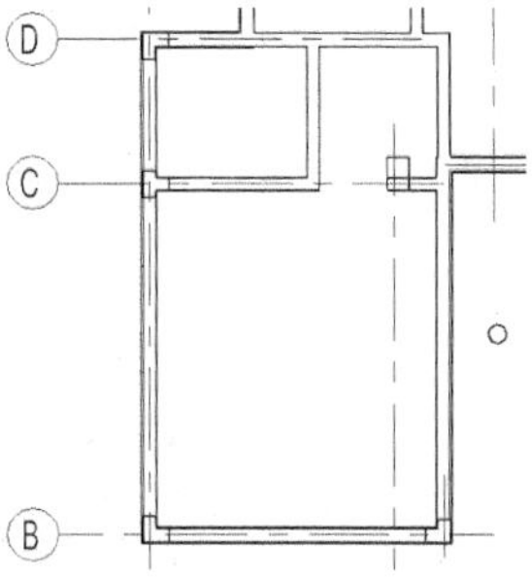

图 6-34　绘制内墙

6.1.3　创建阁楼层墙

视频：创建阁楼层墙

具体绘制过程如下。

（1）打开 6.1.2 节绘制的项目文件，选取 3 层中的米黄色面砖弧形外墙，单击“修改|模型组”选项卡“剪贴板”面板中的“复制到剪贴板”按钮（快捷键：Ctrl+C），然后单击“粘贴”下拉菜单中的“与选定的标高对齐”按钮，打开“选择标高”对话框，选择“阁楼层”标高，单击“确定”按钮，将墙体复制到阁楼层。

（2）将视图切换至阁楼层楼层平面视图。拖动墙体的控制点，调整墙体形成整圆，如图 6-35 所示。在属性选项板中更改顶部约束为未连接，无连接高度为 3400.0，底部偏移为 0.0。

（3）单击“建筑”选项卡“构建”面板中的“墙”按钮（快捷键：WA），在属性选项中选择“内墙”类型，单击“编辑类型”按钮，打开“类型属性”对话框，单击“复制”按钮，打开“名称”对话框，输入名称为阁楼墙体，单击“确定”按钮，返回“类型属性”对话框，单击“编辑”按钮，打开“编辑部件”对话框，更改结构[1]厚度为 90.0，如图 6-36 所示，连续单击“确定”按钮，完成阁楼墙体的设置。

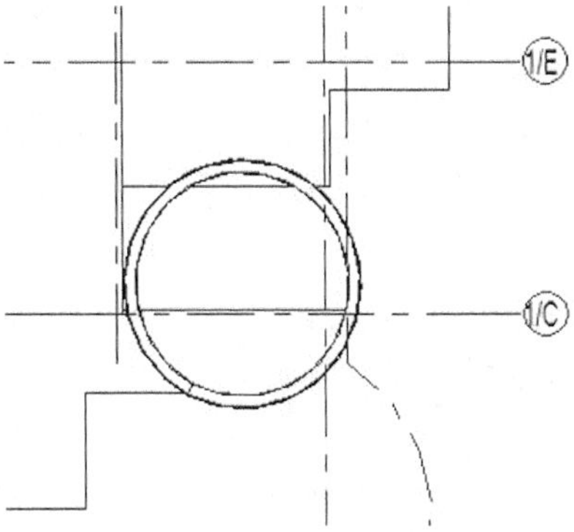

图 6-35　调整墙体

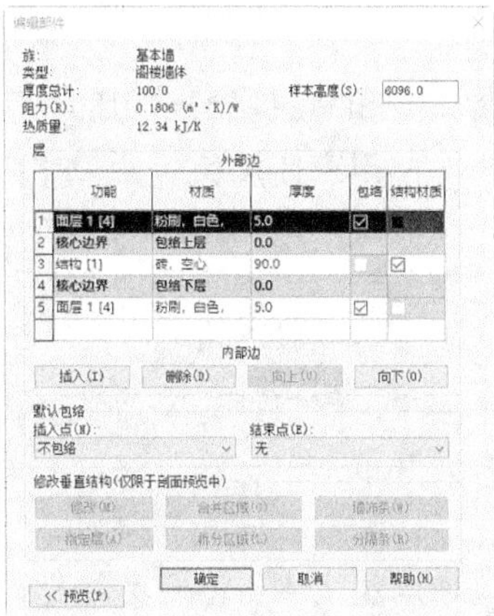

图 6-36　“编辑部件”对话框

（4）在属性选项板中设置顶部约束为未连接，无连接高度为 1250.0，其他采用默认设置。

（5）系统默认激活“线”按钮，参考如图 6-37 所示的尺寸绘制老虎窗处的墙体。

（6）单击“文件”下拉菜单中的“另存为”→“项目”命令，打开“另存为”对话框，指定保存位置并输入文件名，单击“保存”按钮。

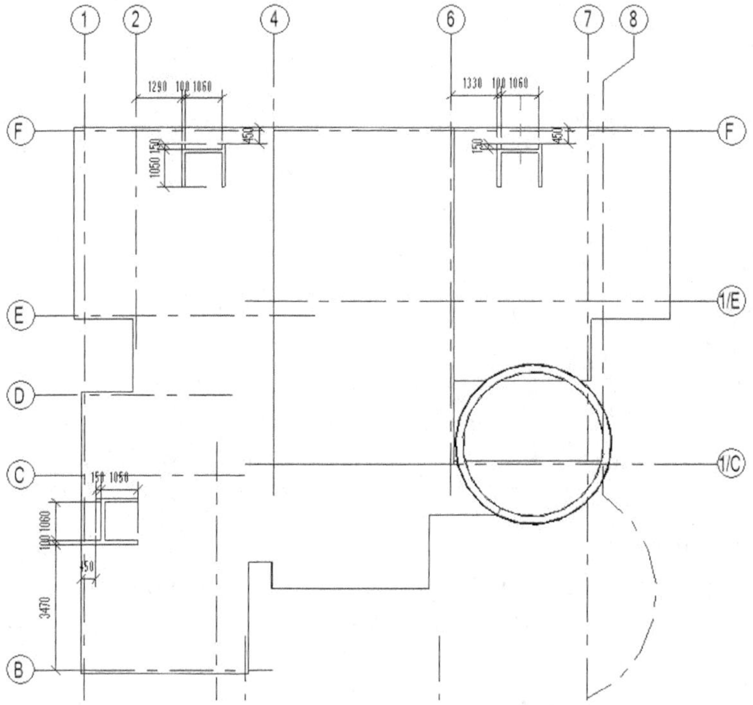

图 6-37　绘制墙体

6.2 幕　墙

幕墙是建筑物的外墙围护，不承受主体结构载荷，像幕布一样挂上去，故又称为悬挂墙，是大型和高层建筑常用的带有装饰效果的轻质墙体。幕墙由结构框架与镶嵌板材组成，是不承担主体结构载荷与作用的建筑围护结构。

在一般应用中，幕墙定义为薄的、通常带铝框的墙，包含填充的玻璃、金属嵌板或薄石。绘制幕墙时，单个嵌板可延伸墙的长度。如果所创建的幕墙具有自动幕墙网格，则该墙将被再分为几个嵌板。

在幕墙中，网格线定义放置竖梃的位置。竖梃是分割相邻窗单元的结构图元。可通过选择幕墙并单击鼠标右键访问关联菜单来修改该幕墙。在关联菜单上有几个用于操作幕墙的选项，如选择嵌板和竖梃。

可以使用默认 Revit 墙类型设置幕墙。这些墙类型提供 3 种复杂程度，可以对其进行简化或增强。

- 幕墙：没有网格或竖梃。没有与此墙类型相关的规则。此墙类型的灵活性最强。
- 外部玻璃：具有预设网格。如果设置不合适，可以修改网格规则。
- 店面：具有预设网格和竖梃。如果设置不合适，可以修改网格规则和竖梃规则。

6.2.1　编辑竖梃

视频：编辑竖梃

具体绘制过程如下。

（1）打开 6.1.3 节绘制的项目文件。

（2）在项目浏览器中选择“族”→“幕墙竖梃”→“矩形竖梃”→“矩形竖梃 1”，单击鼠标右键，打开快捷菜单，如图 6-38 所示，选择“类型属性”选项，打开“类型属性”对话框。

（3）单击“复制”按钮，打开“名称”对话框，输入名称为矩形竖梃 50mm，单击“确定”按钮，返回到“类型属性”对话框。

（4）单击“材质”栏中的按钮 ...，打开“材质浏览器”对话框，在“铝 1”材质上单击鼠标右键，弹出如图 6-39 所示的快捷菜单，选择“复制”选项，复制材质，然后在复制材质上单击鼠标右键，在弹出的快捷菜单中选择“重命名”选项，更改材质名称为铝-黑色。

（5）在“材质浏览器”对话框中的“外观”选项卡“金属”组中设置类型为阳极氧化铝，单击“颜色”栏，打开“颜色”对话框，选择黑色，如图 6-40 所示，单击“确定”按钮，返回“材质浏览器”对话框中。

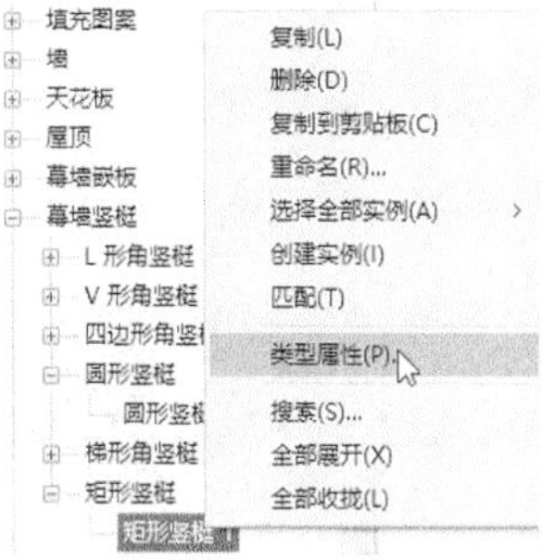

图 6-38　快捷菜单

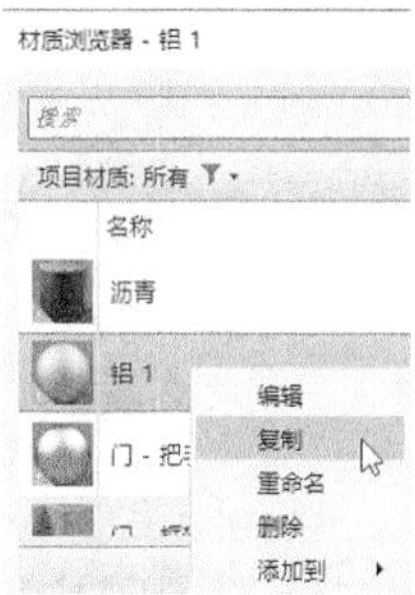

图 6-39　快捷菜单

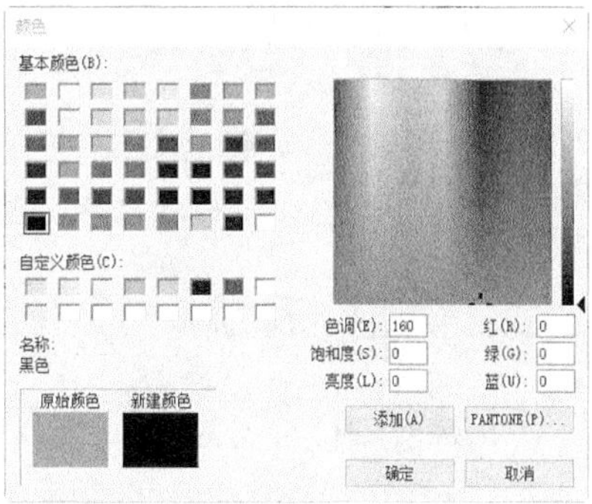

图 6-40　设置材质的颜色

（6）在“图形”选项卡中勾选“使用渲染外观”复选框，其他采用默认设置，如图 6-41 所示，单击“确定”按钮，完成铝-黑色材质的创建。

（7）返回“类型属性”对话框，更改厚度为 50.0，其他采用默认设置，如图 6-42 所示，单击“确定”按钮，完成“矩形竖梃 50mm”类型的创建。

（8）双击项目浏览器“族”→“幕墙竖梃”→“圆形竖梃”节点下的“圆形竖梃 1”，打开“类型属性”对话框，新建“圆形竖梃 100mm”类型，设置材质为铝-黑色，半径为 50.0，其他采用默认设置，如图 6-43 所示。

（9）单击“文件”下拉菜单中的“另存为”→“项目”命令，打开“另存为”对话框，指定保存位置并输入文件名，单击“保存”按钮。

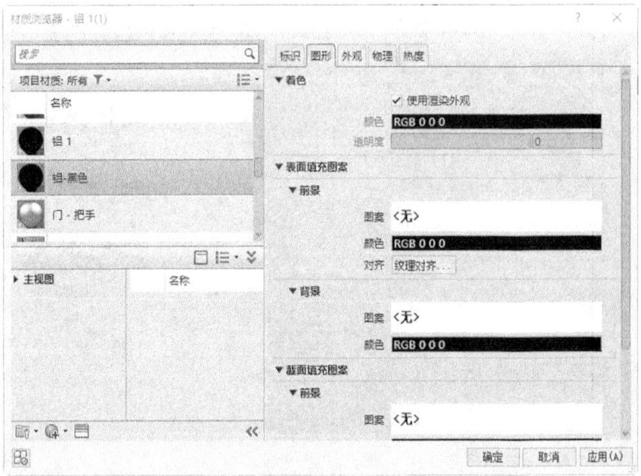

图 6-41　设置材质

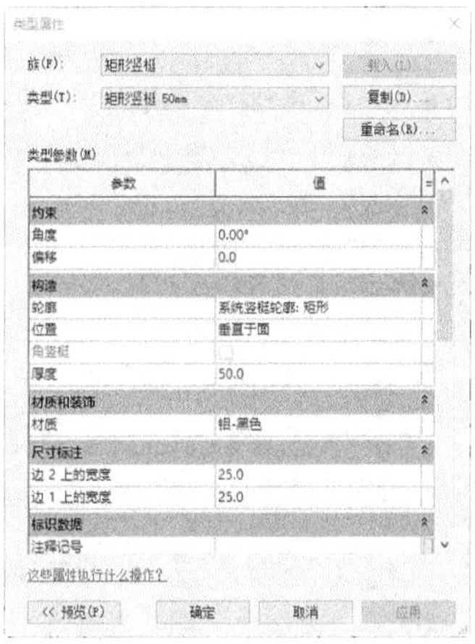

图 6-42　“类型属性”对话框

图 6-43　圆形竖梃参数设置

6.2.2　绘制幕墙

视频：绘制幕墙

具体绘制过程如下。

（1）打开 6.2.1 节绘制的项目文件，将视图切换到 1 层楼层平面视图。

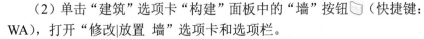

（2）单击“建筑”选项卡“构建”面板中的“墙”按钮（快捷键：WA），打开“修改|放置 墙”选项卡和选项栏。

（3）从属性选项板的类型下拉列表中选择“幕墙”类型，在属性选项板中设置底部约束为 1 层，底部偏移为 300.0，顶部约束为直到标高：3 层，顶部偏移为−900.0，垂直网格的对正为中心，水平网格的对正为起点，如图 6-44 所示。

属性选项板中选项说明如下。

- 底部约束：设置幕墙的底部标高，如标高 1。
- 底部偏移：输入幕墙距墙底定位标高的高度。
- 已附着底部：勾选此复选框，指示幕墙底部附着到另一个模型构件。
- 顶部约束：设置幕墙的顶部标高。

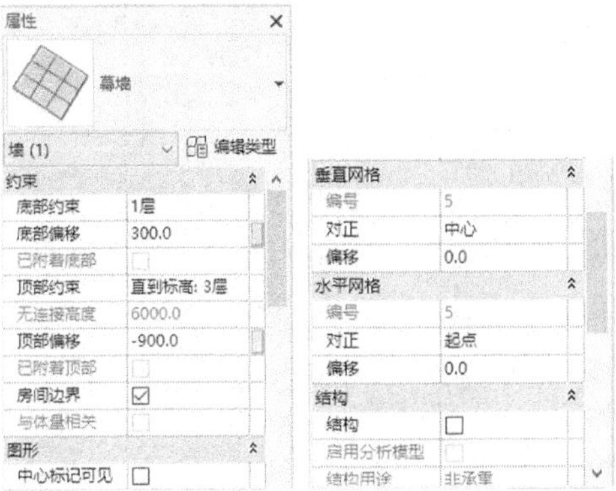

图 6-44　属性选项板

- 无连接高度：输入幕墙的高度值。
- 顶部偏移：输入距顶部标高的幕墙偏移量。
- 已附着顶部：勾选此复选框，指示幕墙顶部附着到另一个模型构件，如屋顶等。
- 房间边界：勾选此复选框，则幕墙将成为房间边界的组成部分。
- 与体量相关：勾选此复选框，图元是从体量图元创建的。
- 编号：如果将“垂直网格”/“水平网格”下的“布局”设置为“固定数量”，则可以在这里输入幕墙上放置幕墙网格的数量，最多为 200。
- 对正：确定在网格间距无法平均分割幕墙图元面的长度时，Revit 如何沿幕墙图元面调整网格间距。
- 角度：将幕墙网格旋转到指定角度。
- 偏移：从起始点到开始放置幕墙网格位置的距离。

（4）单击“编辑类型”按钮，打开“类型属性”对话框，勾选“自动嵌入”复选框，设置幕墙嵌板为系统面板 1：玻璃，垂直网格布局为固定距离，间距为 1000.0，水平网格布局为固定距离，间距为 1000.0，水平竖梃的内部类型、边界 1 类型和边界 2 类型为圆形竖梃：圆形竖梃 100mm，水平竖梃的内部类型、边界 1 类型和边界 2 类型为矩形竖梃：矩形竖梃 50mm，其他采用默认设置，如图 6-45 所示，单击“确定”按钮。

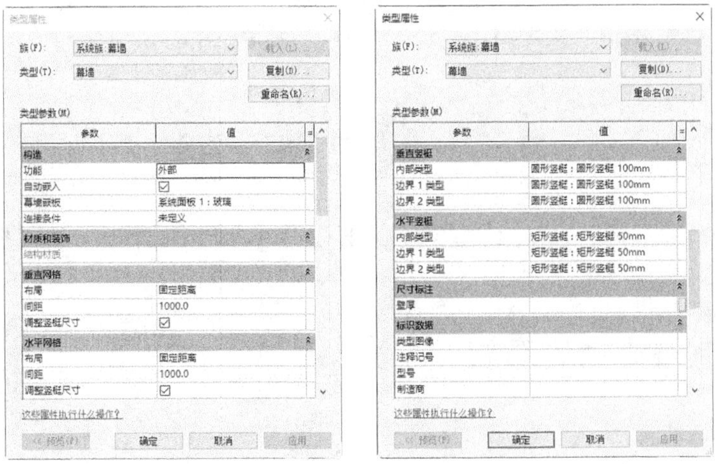

图 6-45　“类型属性”对话框

“类型属性”对话框选项说明如下。

- 功能：指定墙的作用，包括外部、内部、挡土墙、基础墙、檐底板或核心竖井。
- 自动嵌入：指示幕墙是否自动嵌入墙中。
- 幕墙嵌板：设置幕墙图元的幕墙嵌板族类型。
- 连接条件：控制在某个幕墙图元类型中在交点处截断哪些竖梃。
- 布局：沿幕墙长度设置幕墙网格线的自动垂直/水平布局，包括固定距离、固定数量、最大间距和最小间距。
- 间距：当“布局”设置为“固定距离”或“最大间距”时启用。如果将“布局”设置为“固定距离”，则 Revit 将使用确切的“间距”值。如果将“布局”设置为“最大间距”，则 Revit 将使用不大于指定值的值对网格进行布局。
- 调整竖梃尺寸：调整从动网格线的位置，以确保幕墙嵌板的尺寸相等。放置竖梃时，尤其是放置在幕墙主体的边界处时，可能会导致嵌板的尺寸不相等；即使将“布局”设置为“固定距离”，也是如此。

（5）单击“绘制”面板中的“起点-终点-半径弧”按钮，分别捕捉圆弧墙体的核心层中心线与柱的交点为起点和终点，捕捉圆弧墙体的核心层中心线上任一点为半径，绘制弧形幕墙，结果如图 6-46 所示。

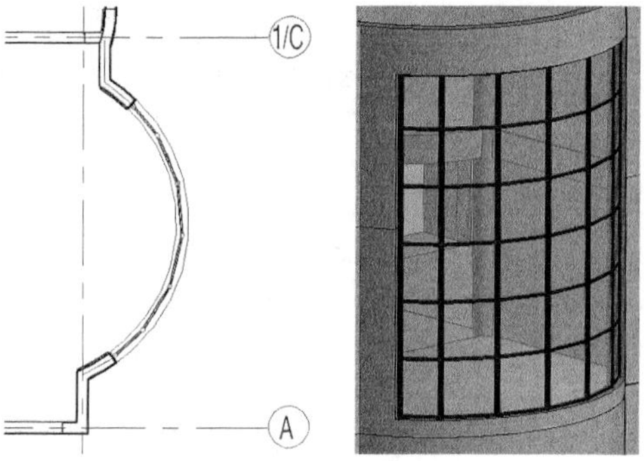

图 6-46　绘制弧形幕墙

（6）单击“文件”下拉菜单中的“另存为”→“项目”命令，打开“另存为”对话框，指定保存位置并输入文件名，单击“保存”按钮。

6.3　墙　饰　条

在图纸中放置墙后，可以添加墙饰条或分隔缝、编辑墙的轮廓，以及插入主体构件，如门和窗。

6.3.1　绘制墙饰条轮廓族

视频：绘制墙饰条轮廓族

具体绘制过程如下。

（1）打开 6.2.2 节绘制的项目文件。

（2）单击“文件”→“新建”→“族”命令，打开如图 6-47 所示的“新族-选择样板文件”对话框，选择“公制轮廓.rft”选项，单击“打开”按钮，进入轮廓族创建界面。

（3）单击“创建”选项卡“详图”面板中的“线”按钮，打开“修改|放置线”选项卡，单击“绘制”面板中的“线”按钮，绘制如图 6-48 所示的墙饰条轮廓。

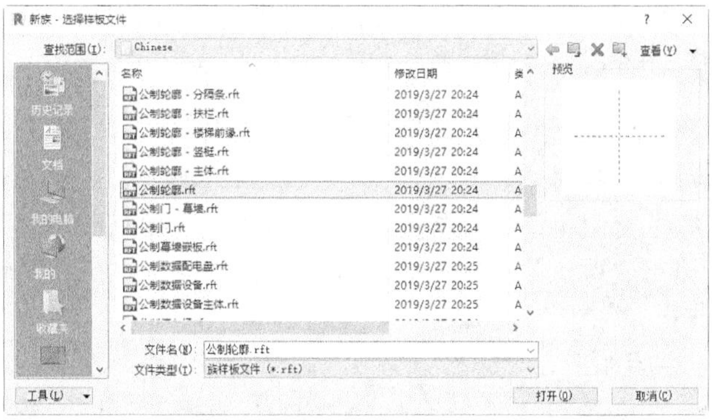

图 6-47　“新族-选择样板文件”对话框

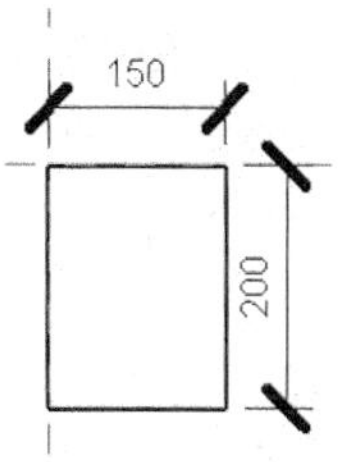

图 6-48　绘制墙饰条轮廓

（4）单击快速访问工具栏中的“保存”按钮（快捷键：Ctrl+S），打开“另存为”对话框，输入文件名为墙饰条轮廓，如图 6-49 所示，单击“保存”按钮，保存绘制的轮廓。

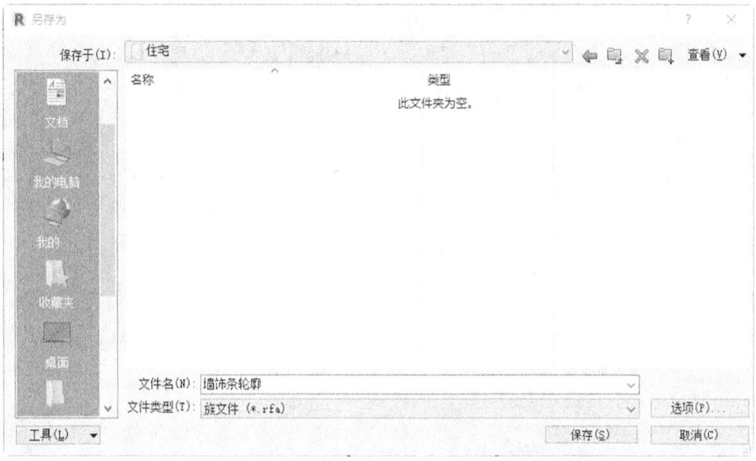

图 6-49　“另存为”对话框

（5）单击“族编辑器”面板中的“载入到项目并关闭”按钮，关闭族文件进入住宅绘图区。

6.3.2　绘制墙饰条

视频：绘制墙饰条

使用“墙：饰条”工具向墙中添加踢脚板、冠顶饰或其他类型的装饰用水平或垂直投影。

（1）打开 6.2.2 节绘制的项目文件，将视图切换至三维视图。

（2）单击“建筑”选项卡“构建”面板“墙”下拉列表下的“墙：饰条”按钮，

打开“修改|放置 墙饰条”选项卡，单击“放置”面板中的“水平”按钮，如图 6-50 所示。

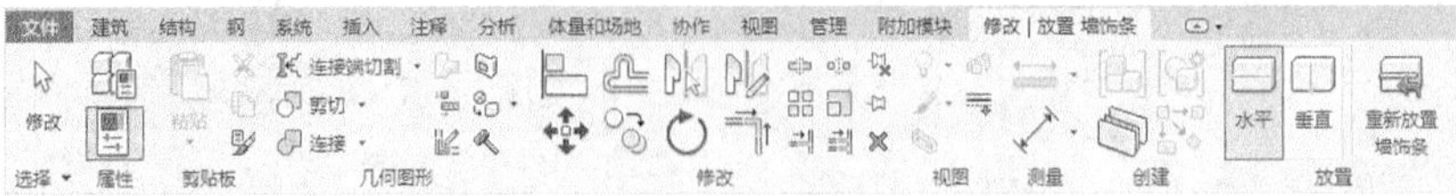

图 6-50　“修改|放置 墙饰条”选项卡

（3）在属性选项板中选择“檐口”类型，单击“编辑类型”按钮，打开“类型属性”对话框，单击“复制”按钮，新建墙饰条，在“轮廓”下拉列表中选择“墙饰条轮廓：墙饰条轮廓”选项，在“材质”栏中单击按钮，打开“材质浏览器”对话框，选择“粉刷，白色，平滑”材质，单击“确定”按钮，返回“类型属性”对话框，其他采用默认设置，如图 6-51 所示。单击“确定”按钮。

“类型属性”对话框中的选项说明如下。

- 剪切墙：勾选“剪切墙”复选框，当几何图形和主体墙发生重叠时，墙饰条将从主体墙中剪切掉几何图形；取消勾选“剪切墙”复选框，将会提高带有许多墙饰条的大型建筑模型的性能。
- 被插入对象剪切：指定门和窗等插入对象是否会从墙饰条中剪切掉几何图形。
- 默认收进：指定墙饰条从每个相交的墙附属件收进的距离。
- 轮廓：指定用于创建墙饰条的轮廓族。
- 材质：单击此栏中的按钮，打开“材质浏览器”对话框，选择墙饰条的材质。
- 墙的子类别：默认情况下包括公共边、墙饰条-檐口和隐藏线，可以在“对象样式”对话框中新建墙的子类别。

（4）将光标放在墙上以高亮显示墙饰条位置，如图 6-52 所示，单击放置墙饰条。

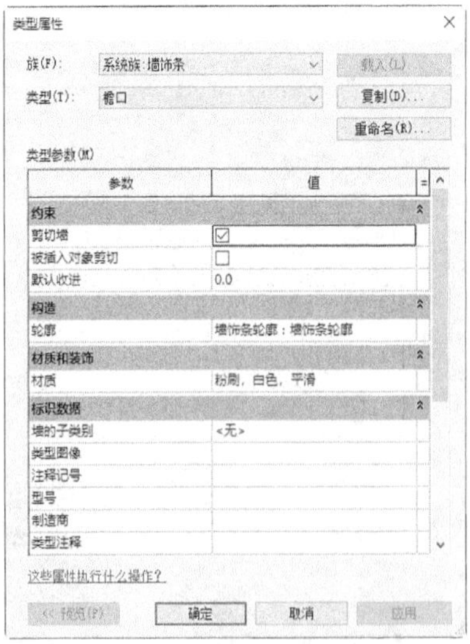

图 6-51　“类型属性”对话框

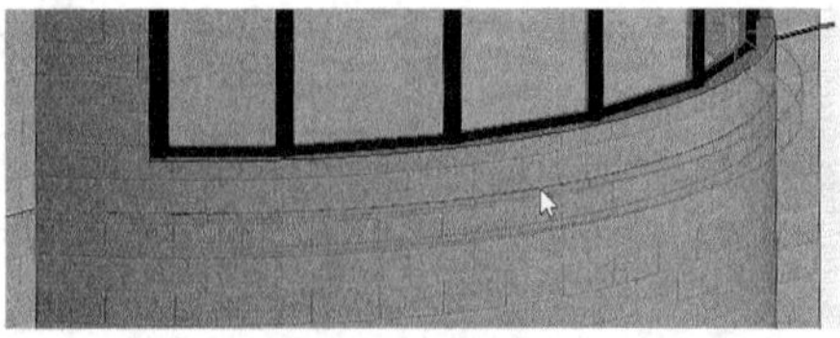

图 6-52　放置墙饰条

（5）继续为相邻墙添加墙饰条，Revit 会在各相邻墙体上预选墙饰条的位置，单击放置墙饰条，沿着 1 层墙体放置墙饰条，如图 6-53 所示。

（6）从图 6-53 上可以看出，阳台处也有墙饰条，需要进行调整。单击“修改”选项卡“修改”面板中的“拆分图元”按钮（快捷键：SL），在阳台边进行拆分，如图 6-54 所示。

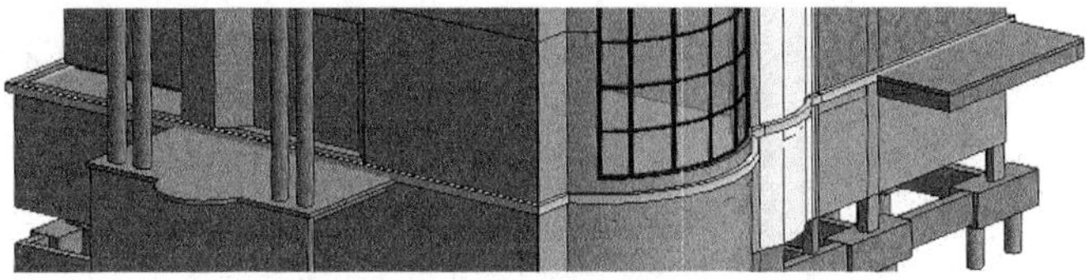

图 6-53　放置一圈墙饰条

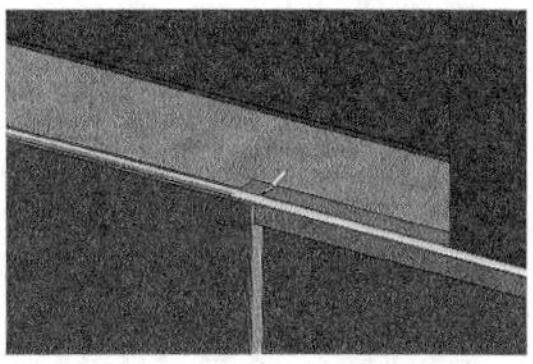

图 6-54　拆分墙饰条

（7）选取墙饰条，打开如图 6-55 所示的“修改|墙饰条”选项卡，单击“添加/删除墙”按钮，选取阳台处的墙饰条，将其删除。选取墙饰条，可以拖曳操纵柄来调整其长度，如图 6-56 所示。

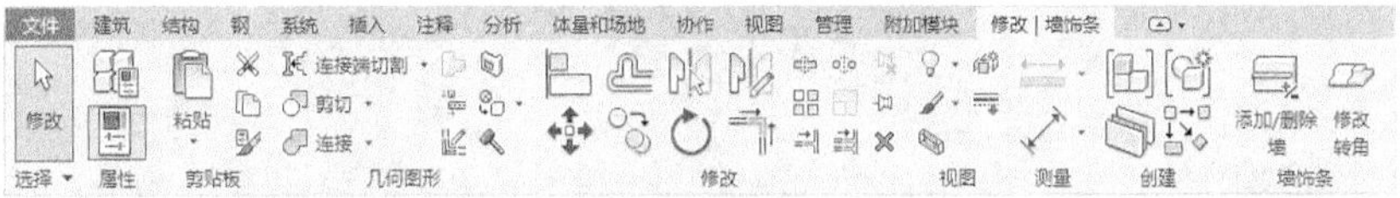

图 6-55　“修改|墙饰条”选项卡

图 6-56　调整墙饰条

（8）采用相同的方法，添加墙饰条，如图 6-57 所示。

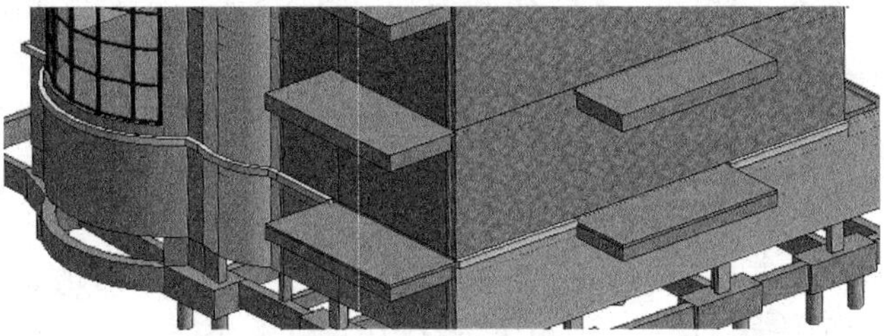

图 6-57　添加墙饰条

提示：

若要在不同的位置放置墙饰条，则需要单击“放置”面板中的“重新放置装饰条”按钮，将光标移到墙上所需的位置。

注意：

如果在不同高度创建多个墙饰条，然后将这些墙饰条设置为同一高度，这些墙饰条将在连接处斜接。

（9）单击“文件”下拉菜单中的“另存为”→“项目”命令，打开“另存为”对话框，指定保存位置并输入文件名，单击“保存”按钮。

第 7 章

楼板和屋顶

知识导引

楼板、屋顶及房檐是建筑的普遍构成要素，本章将介绍这几种要素创建工具的使用方法。

7.1 建筑楼板

建筑楼板是楼地面层中的面层，是室内装修中的地面装饰层，其构建方法与结构楼板相同，只是构造不同。

可通过拾取墙或使用绘制工具定义楼板的边界来创建楼板。通常，在平面视图中绘制楼板，当三维视图的工作平面设置为平面视图的工作平面时，也可以使用该三维视图绘制楼板。楼板会沿绘制时所处的标高向下偏移。

7.1.1 创建架空层建筑地板

视频：创建架空层建筑地板

具体绘制过程如下。

（1）打开 6.3.2 节绘制的项目文件，将视图切换到架空层楼层平面视图。

（2）单击“建筑”选项卡“构建”面板“楼板”下拉列表中的“楼板：建筑”按钮，打开“修改|创建楼层边界”选项卡和选项栏，如图 7-1 所示。

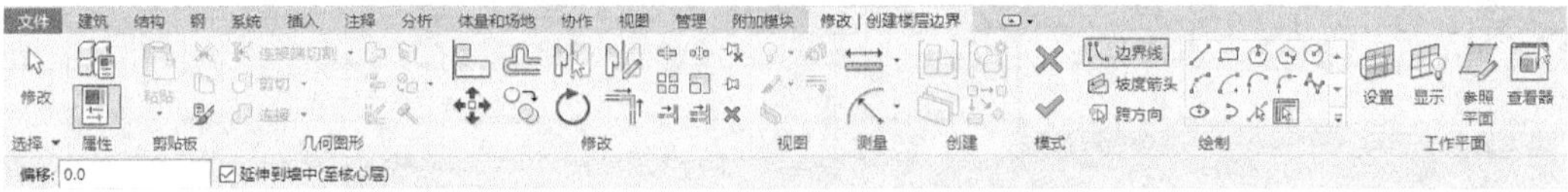

图 7-1 “修改|创建楼层边界”选项卡和选项栏

（3）在属性选项板中选择“常规-150mm”类型，单击“编辑类型”按钮，打开“类型属性”对话框，单击“复制”按钮，打开“名称”对话框，输入名称为水泥地板，单击“确定”按钮，返回“类型属性”对话框。

（4）单击“编辑”按钮 编辑... ，打开“编辑部件”对话框，单击“材质”栏中的“浏览”按钮，打开“材质浏览器”对话框，选择“混凝土-沙/水泥找平”材质，单击“确定”按钮，返回“编辑部件”对话框，更改厚度为 100.0，连续单击“确定”按钮，完成水泥地板类型的创建。

（5）单击“绘制”面板中的“边界线”按钮和“拾取墙”按钮（默认状态下，系统会激活这两个按钮），选择边界墙，拾取边界线，单击“翻转”按钮，使边界线位于墙内侧，然后调整边界线，使边界线闭合，如图 7-2 所示。

（6）单击“模式”面板中的“完成编辑模式”按钮，完成架空层水泥地板的创建，如图 7-3 所示。

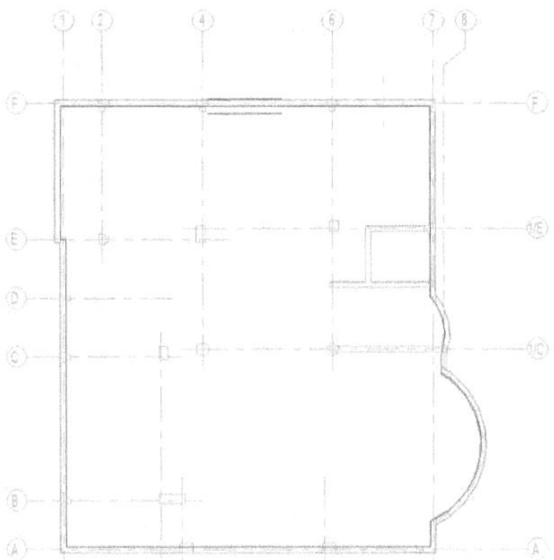

图 7-2　绘制边界线

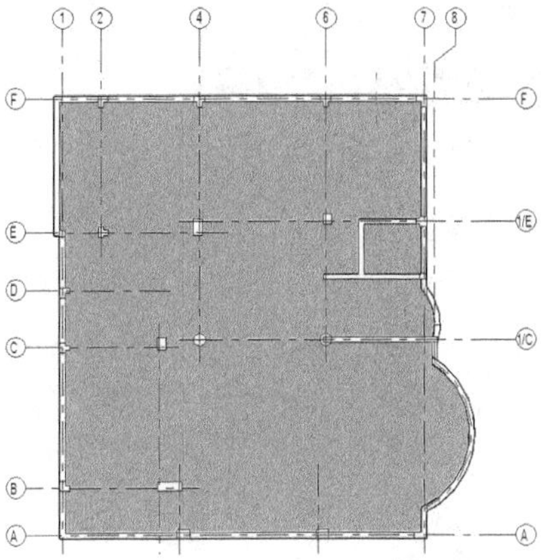

图 7-3　水泥地板

（7）单击“文件”下拉菜单中的“另存为”→“项目”命令，打开“另存为”对话框，指定保存位置并输入文件名，单击“保存”按钮。

7.1.2　创建 1 层建筑地板

视频：创建 1 层建筑地板

1. 创建大堂地板

（1）打开 7.1.1 节绘制的项目文件，将视图切换到 1 层楼层平面视图。

（2）单击“建筑”选项卡“构建”面板“楼板”下拉列表中的“楼板：建筑”按钮，在属性选项板中单击“编辑类型”按钮，打开“类型属性”对话框，单击“复制”按钮，打开“名称”对话框，输入名称为客厅地板，单击“确定”按钮，返回“类型属性”对话框。

（3）单击“编辑”按钮 编辑... ，打开“编辑部件”对话框，单击“插入”按钮 插入(I) ，插入新的层并更改功能为面层 1[4]，单击“材质”栏中的“浏览”按钮，打开“材质浏览器”对话框，选择“楼板，瓷砖 25×25”材质并添加到文档中，勾选“使用渲染外观”复选框，单击“表面填充图案”组“前景”栏的“图案”区域，打开“填充样式”对话框，选择“交叉线 5mm”选项，如图 7-4 所示，单击“确定”按钮。

（4）返回“材质浏览器”对话框，其他采用默认设置，如图 7-5 所示，单击“确定”按钮。

（5）返回“编辑部件”对话框，设置面层 1[4]厚度为 10.0，结构[1]厚度为 10.0，如图 7-6 所示，连续单击“确定”按钮。

（6）单击“绘制”面板中的“边界线”按钮、“拾取墙”按钮和“线”按钮，绘制封闭的边界线，如图 7-7 所示。

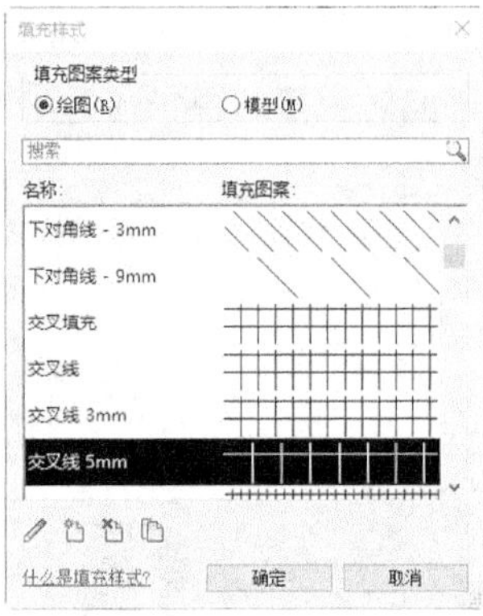

图 7-4 “填充样式”对话框

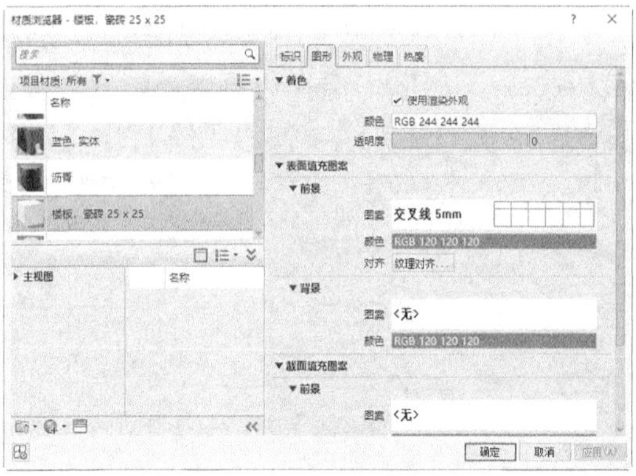

图 7-5 “材质浏览器”对话框

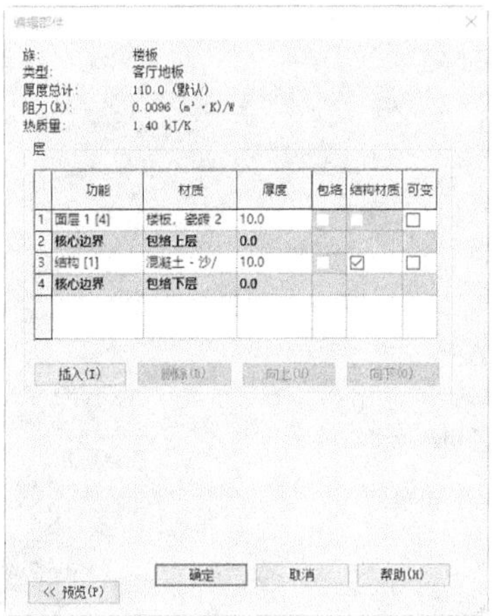

图 7-6 “编辑部件”对话框

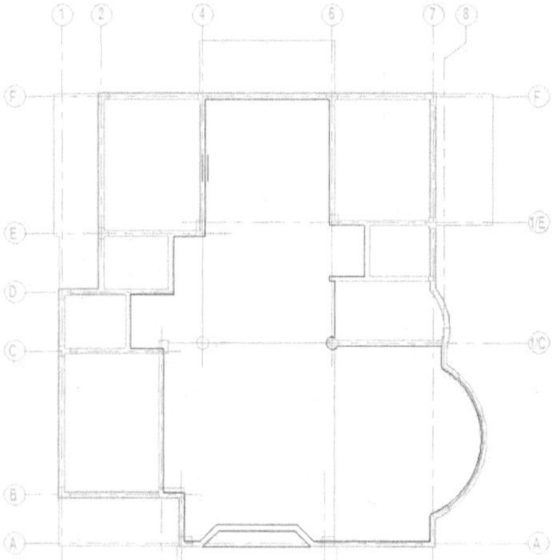

图 7-7 绘制边界线

（7）单击“模式”面板中的“完成编辑模式”按钮✔，完成大堂地板的创建，如图 7-8 所示。

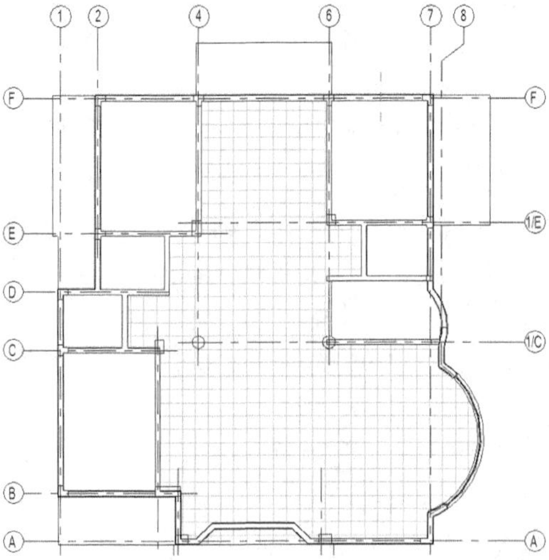

图 7-8 大堂地板

提示：

如果地板上的填充图案不显示，则单击“视图”选项卡“图形”面板中的“可见性/图形”按钮，打开“可见性/图形替换”对话框，如图 7-9 所示，在“模型类别”选项卡中单击“楼板”栏对应的投影/表面“填充图案”的“隐藏”表格，打开“填充样式图形”对话框，勾选前景“可见”复选框，如图 7-10 所示，连续单击“确定”按钮即可。

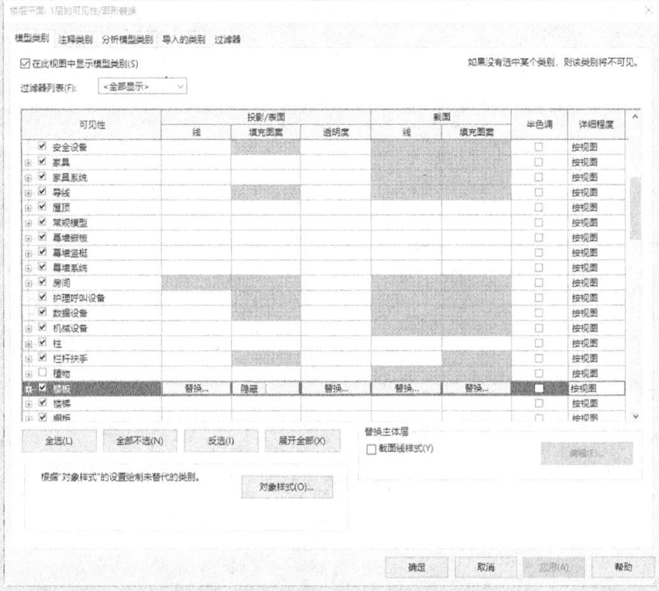

图 7-9　“可见性/图形替换”对话框

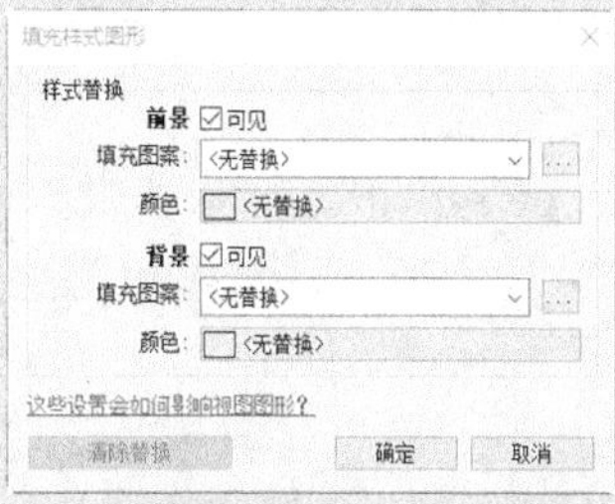

图 7-10　“填充样式图形”对话框

2．创建卫生间、厨房地板

（1）单击“建筑”选项卡“构建”面板“楼板”下拉列表中的“楼板：建筑”按钮，在属性选项板中单击“编辑类型”按钮，打开“类型属性”对话框，新建卫生间地板，单击“编辑”按钮 编辑... ，打开“编辑部件”对话框，单击“面层 1[4]”栏“材质”列表中的“浏览”按钮，打开“材质浏览器”对话框，如图 7-11 所示，选择“瓷砖，瓷器，4 英寸”材质并添加到文档中，勾选“使用渲染外观”复选框，单击“图案”区域，打开“填充样式”对话框，选择“对角线交叉填充-3mm”选项，连续单击“确定”按钮，返回“材质浏览器”对话框，其他采用默认设置，连续单击“确定”按钮。

（2）单击“绘制”面板中的“边界线”按钮、“矩形”按钮和“线”按钮，绘制边界线，如图 7-12 所示。

（3）单击“模式”面板中的“完成编辑模式”按钮，完成卫生间地板、厨房地板的创建。

提示：

卫生间地板中间部分要比周围高，有利于排水，因此需要对卫生间地板进行编辑。

（4）选取卫生间地板，打开“修改|楼板”选项卡，如图 7-13 所示。

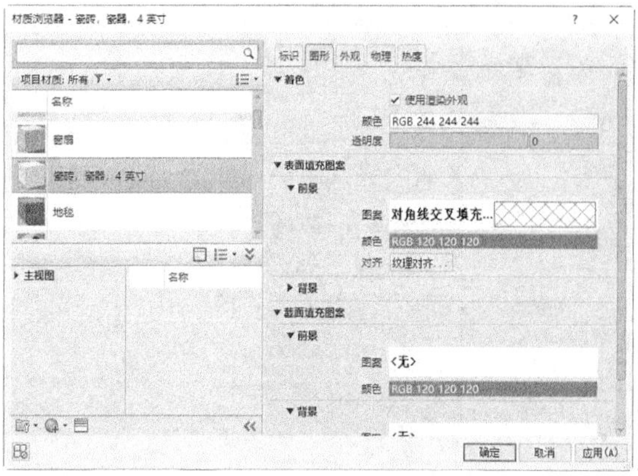

图 7-11 “材质浏览器”对话框

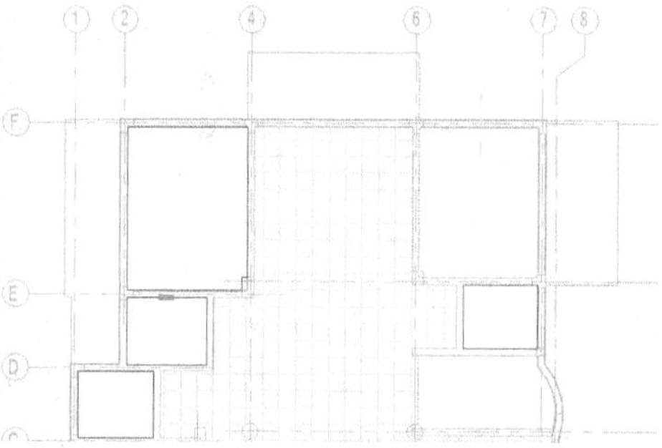

图 7-12 绘制边界线

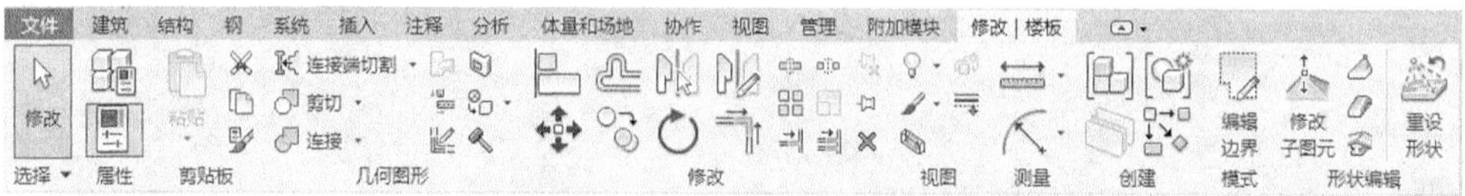

图 7-13 “修改|楼板”选项卡

（5）单击“形状编辑”面板中的“添加点”按钮，在卫生间的中间位置添加点，如图 7-14 所示。单击鼠标右键，打开如图 7-15 所示的快捷菜单，选择“取消”选项。

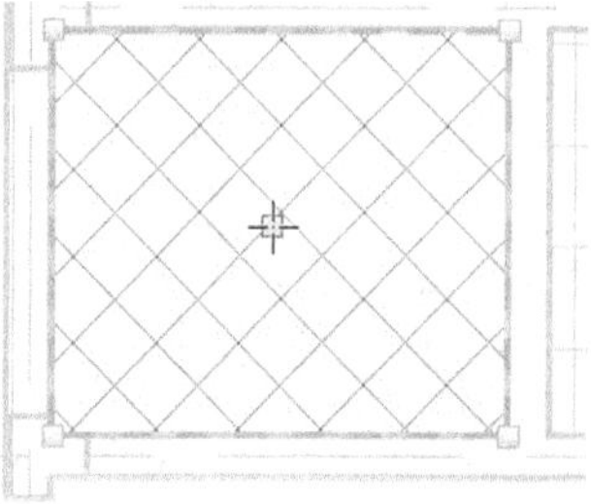

图 7-14 添加点

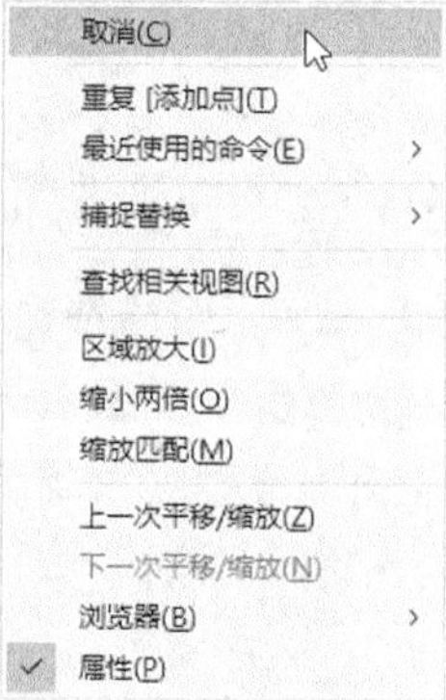

图 7-15 快捷菜单

（6）选取步骤（5）中添加的点，在点旁边显示高程为 0，单击高程使其处于编辑状态，输入高程值为 5，如图 7-16 所示。按 Enter 确认，按 Esc 键退出修改。采用相同的方法，对其他卫生间和厨房进行编辑。

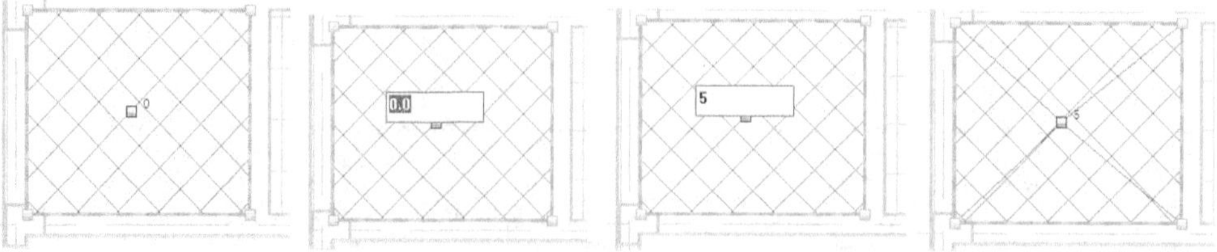

（a）选取点　（b）单击高程　（c）输入新的高程值　（d）确定高程

图 7-16 更改高程

3. 创建卧室地板

（1）单击“建筑”选项卡“构建”面板“楼板”下拉列表中的“楼板：建筑”按钮，在属性选项板中单击“编辑类型”按钮，打开“类型属性”对话框，新建卧室地板，单击“编辑”按钮 编辑... ，打开“编辑部件”对话框，单击“面层 1[4]”栏“材质”列表中的“浏览”按钮，打开“材质浏览器”对话框，选择“木地板”材质并添加到文档中，勾选“使用渲染外观”复选框，单击“图案”区域，打开“填充样式”对话框，选择“分区 13”选项，单击“确定”按钮。

（2）返回“材质浏览器”对话框，其他采用默认设置，如图 7-17 所示，连续单击“确定”按钮。

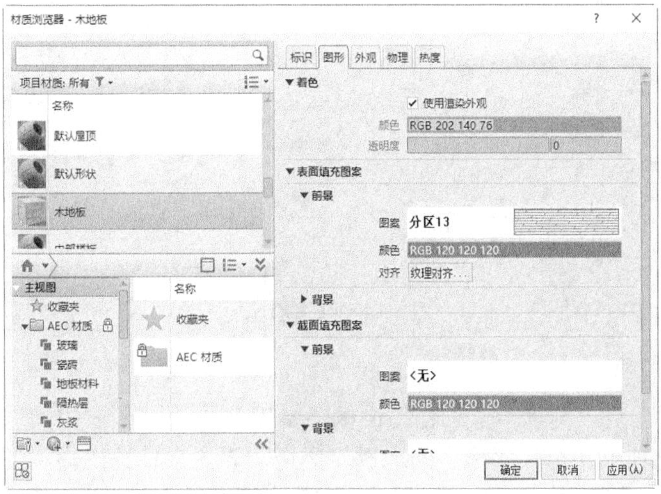

图 7-17　“材质浏览器”对话框

（3）单击“绘制”面板中的“边界线”按钮、“拾取墙”按钮、“线”按钮和“矩形”按钮，绘制边界线，并调整边界线使其闭合，如图 7-18 所示。

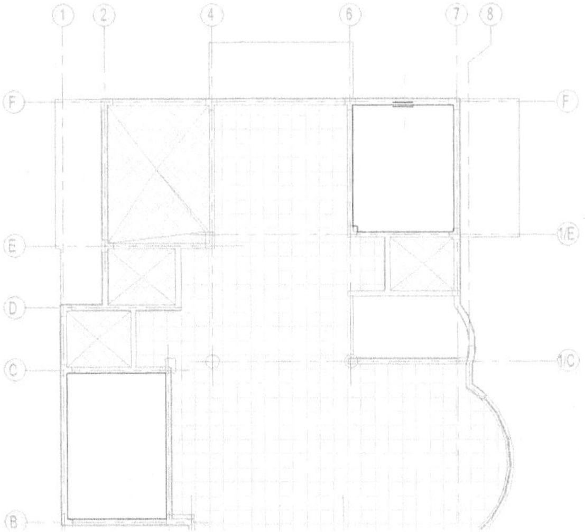

图 7-18　绘制边界线

（4）单击“模式”面板中的“完成编辑模式”按钮，完成卧室木地板的创建，如图 7-19 所示。

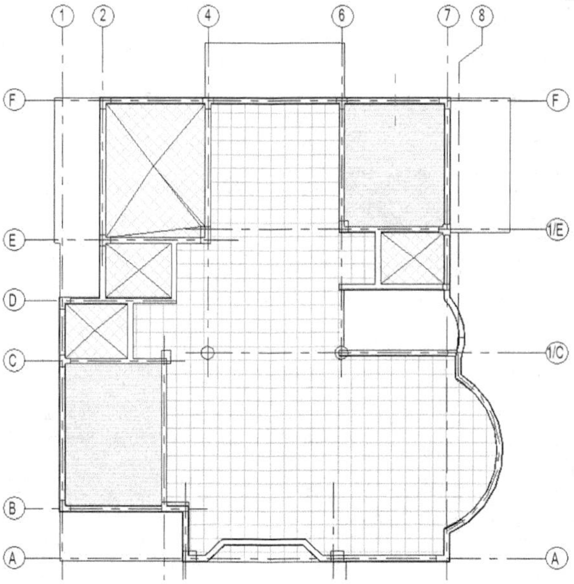

图 7-19　卧室木地板

4．创建阳台地板

（1）单击“建筑”选项卡“构建”面板“楼板”下拉列表中的“楼板：建筑”按钮，在属性选项板中选择“卫生间地板”类型，设置自标高的高度偏移为-50。

（2）单击“绘制”面板中的“边界线”按钮和“矩形”按钮，绘制边界线，并调整边界线使其闭合，如图 7-20 所示。

（3）单击“模式”面板中的“完成编辑模式”按钮，完成阳台地板的创建，如图 7-21 所示。

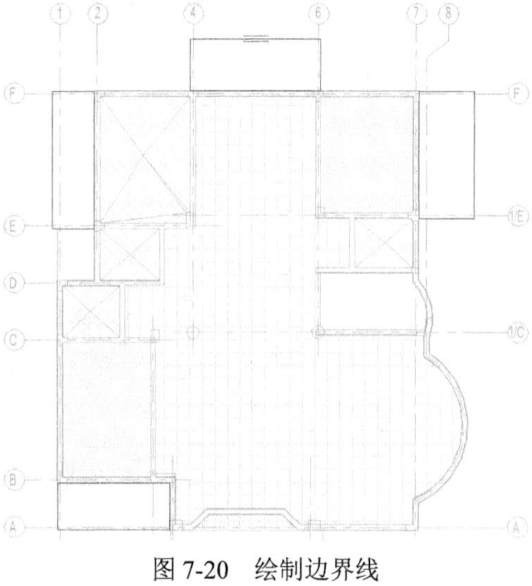

图 7-20　绘制边界线

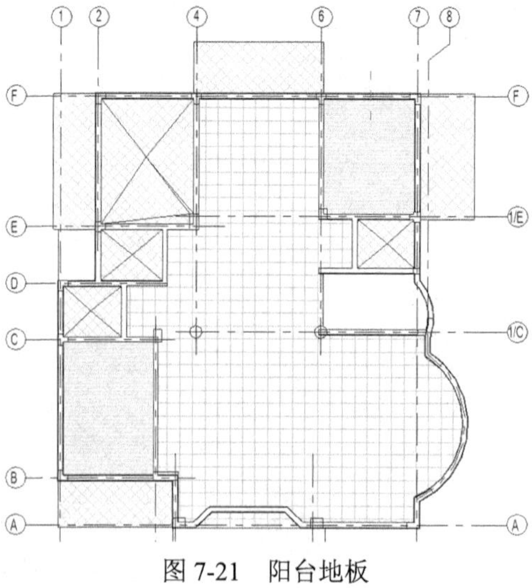

图 7-21　阳台地板

（4）单击“楼板：建筑”命令，在属性选项板中选择“客厅地板”类型，设置自标高的高度偏移为-100，单击“边界线”按钮和“拾取线”按钮，拾取结构楼板的边界线，并使其闭合，如图 7-22 所示。

（5）单击“模式”面板中的“完成编辑模式”按钮，完成南侧阳台地板的创建，如图 7-23 所示。

（6）单击“文件”下拉菜单中的“另存为”→“项目”命令，打开“另存为”对话框，指定保存位置并输入文件名，单击“保存”按钮。

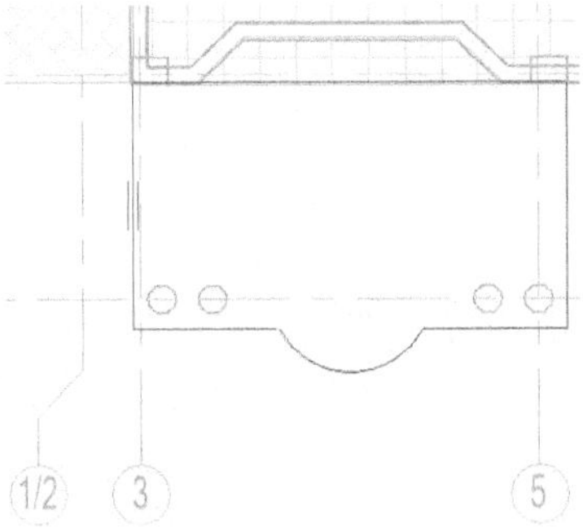

图 7-22　绘制边界线

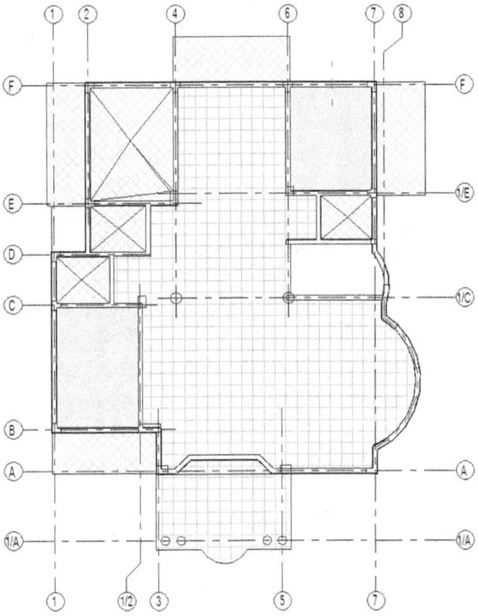

图 7-23　南侧阳台地板

7.1.3　创建 2、3 层建筑地板

视频：创建 2、3 层建筑地板

（1）打开 7.1.2 节绘制的项目文件，单击“修改”选项卡“创建”面板中的“创建组”按钮（快捷键：GP），打开“创建组”对话框，输入名称为 1 层地板，其他采用默认设置，单击“确定”按钮。

（2）打开“编辑组”面板，单击“添加”按钮，选取视图中所有地板，单击“完成”按钮，完成 1 层地板组的创建。

提示：

为了方便选取地板，在“楼层平面”属性选项板“视图范围”栏中单击“编辑”按钮 编辑... ，打开“视图范围”对话框，设置剖切面偏移为 10.0，如图 7-24 所示，单击“确定”按钮。

（3）选取步骤（2）中创建的 1 层地板组，单击“修改|模型组”选项卡“剪贴板”面板中的“复制到剪贴板”按钮，然后单击“粘贴”下拉菜单中的“与选定的标高对

齐”按钮，打开“选择标高”对话框，选择“2 层”“3 层”标高，单击“确定”按钮，将 1 层地板组复制到 2 层和 3 层。

（4）将视图切换到 2 层建筑平面视图。选取复制的 1 层地板组，单击“修改|模型组”选项卡“成组”面板中的“解组”按钮（快捷键：UG），将复制的 1 层地板组解组。

（5）选取轴线 A 南侧的阳台地板，按 Delete 键删除。

（6）双击客厅地板，打开“修改|编辑边界”选项卡，对地板边界进行编辑。删除不需要的边界线，然后单击“拾取线”按钮，拾取结构楼板的边界线，最后单击“修剪/延伸为角”按钮，对边界线进行修剪使其闭合，如图 7-25 所示。

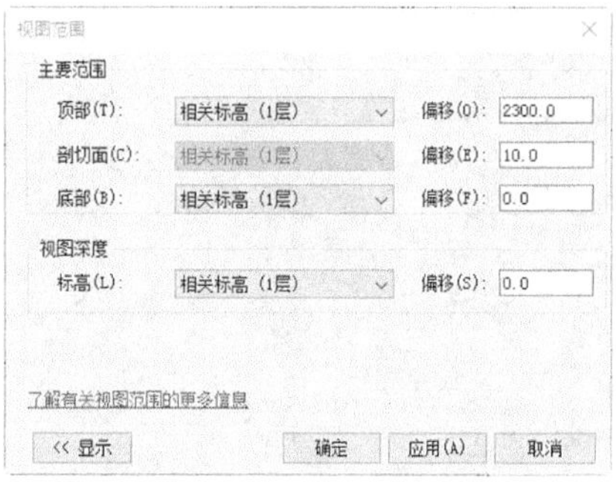

图 7-24　“视图范围”对话框

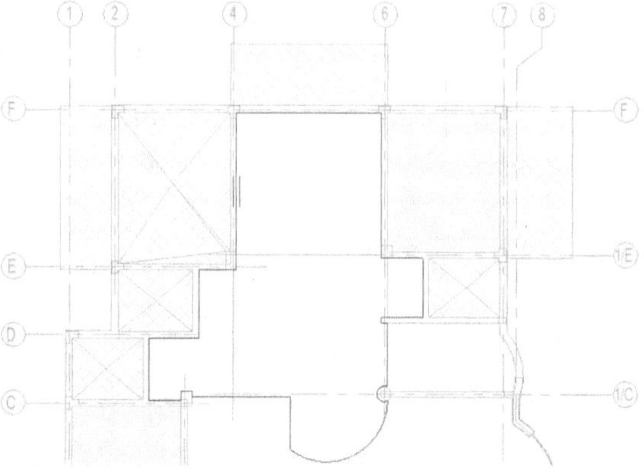

图 7-25　绘制边界线

（7）单击“模式”面板中的“完成编辑模式”按钮，完成客厅地板的编辑，如图 7-26 所示。

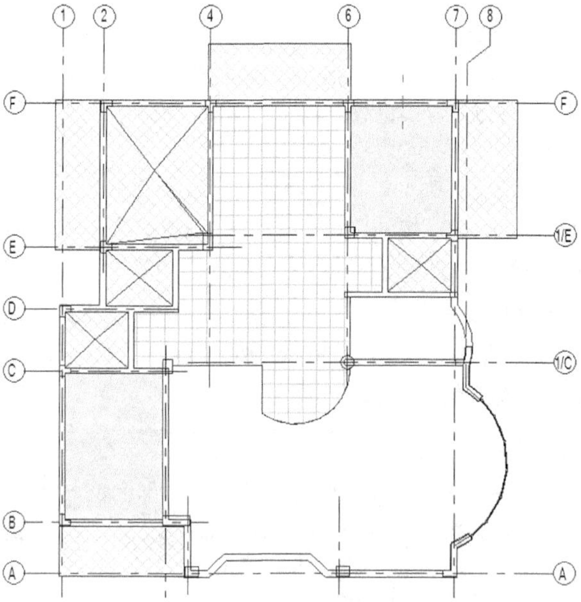

图 7-26　编辑客厅地板

（8）将视图切换到 3 层建筑平面视图。选取复制的 1 层地板组，单击“修改|模型组”选项卡“成组”面板中的“解组”按钮（快捷键：UG），将复制的 1 层地板组解组。

（9）双击客厅地板，打开“修改|编辑边界”选项卡，对地板边界进行编辑。删除不需要的边界线，然后单击“拾取墙”按钮，拾取墙体的边线，最后单击“修剪/延伸为角”按钮，对边界线进行修剪使其闭合，如图 7-27 所示。

（10）单击“模式”面板中的“完成编辑模式”按钮，完成客厅地板的编辑，如图 7-28 所示。

（11）双击卧室木地板，打开“修改|编辑边界”选项卡，对地板边界进行编辑。删除不需要的边界线，然后单击“拾取墙”按钮，拾取墙体的边线，最后单击“修剪/延伸为角”按钮，对边界线进行修剪使其闭合，如图 7-29 所示。

（12）单击“模式”面板中的“完成编辑模式”按钮，完成卧室木地板的编辑，如图 7-30 所示。

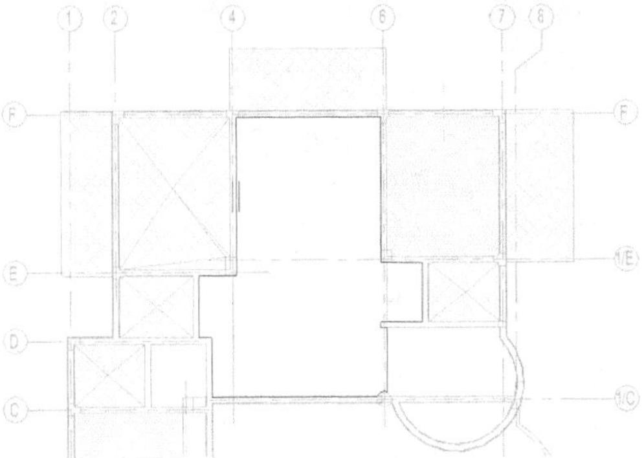

图 7-27　绘制边界线

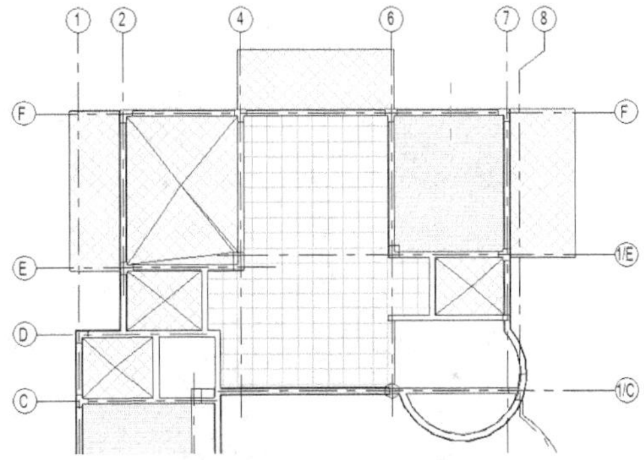

图 7-28　编辑客厅地板

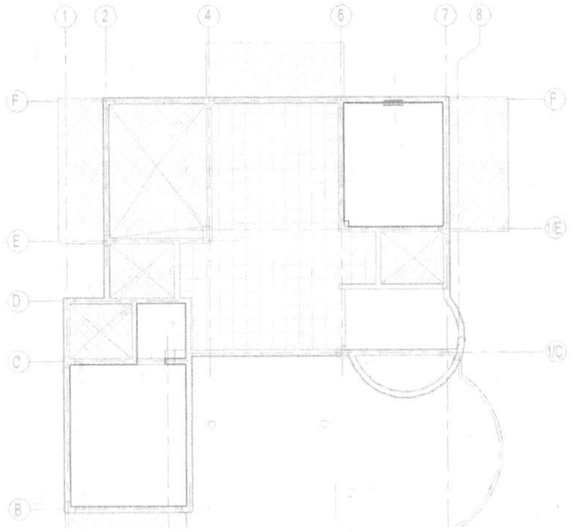

图 7-29　绘制边界线

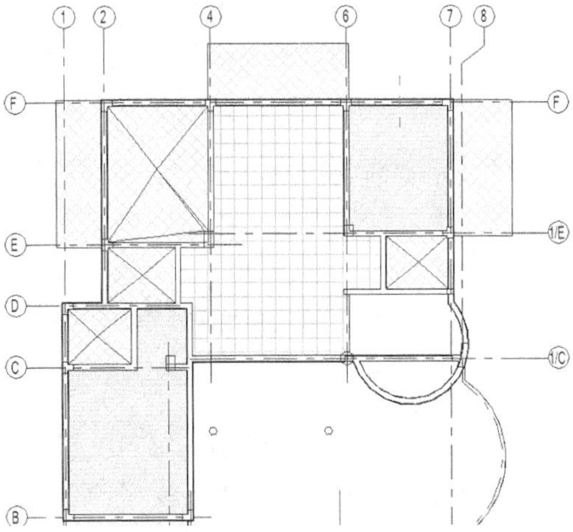

图 7-30　编辑卧室木地板

（13）选取露台处的地板，在属性选项板中单击“编辑类型”按钮，打开“类型属性”对话框，打开“类型属性”对话框，单击“复制”按钮，打开“名称”对话框，输入名称为露台地板，单击“确定”按钮，返回“类型属性”对话框。

（14）单击“编辑”按钮 编辑... ，打开“编辑部件”对话框，选取面层 1[4]，单击“删除”按钮 删除(D) 将其删除，更改结构[1]的厚度为 20.0，连续单击“确定”按钮。

（15）单击“修改|楼板”选项卡“模式”面板中的“编辑边界”按钮，对边界线进行编辑，删除不需要的边界线，单击“拾取线”按钮，拾取结构楼板的边界线，最后单击“修剪/延伸为角”按钮，对边界线进行修剪使其闭合，如图 7-31 所示。

（16）单击“模式”面板中的“完成编辑模式”按钮，完成露台地板的编辑，如图 7-32 所示。

（17）单击“文件”下拉菜单中的“另存为”→“项目”命令，打开“另存为”对话框，指定保存位置并输入文件名，单击“保存”按钮。

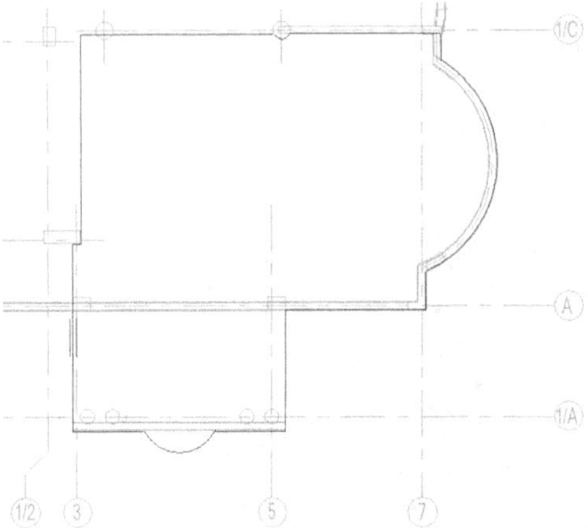

图 7-31　绘制边界线

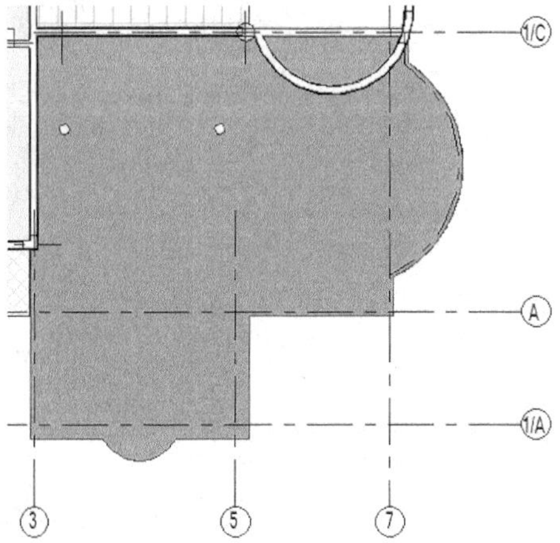

图 7-32　编辑露台地板

7.2　楼　板　边

可以通过选取楼板的水平边缘来添加楼板边缘。可以将楼板边缘放置在平面或剖面视图中，也可以放置在三维视图中。

7.2.1　绘制楼板边轮廓族

视频：绘制楼板边轮廓族

具体绘制过程如下。

（1）打开 7.1.3 节绘制的项目文件，单击“文件”→“新建”→“族”命令，打开“新族-选择样板文件”对话框，选择“公制轮廓”选项，单击“打开”按钮，进入轮廓族创建界面。

（2）单击“创建”选项卡“详图”面板中的“线”按钮，打开“修改|放置线”选项卡，单击“绘制”面板中的“线”按钮，绘制如图 7-33 所示的楼板边轮廓。

（3）单击快速访问工具栏中的“保存”按钮，打开“另存为”对话框，输入文件名为楼板边轮廓，如图 7-34 所示，单击“保存”按钮，保存绘制的轮廓。

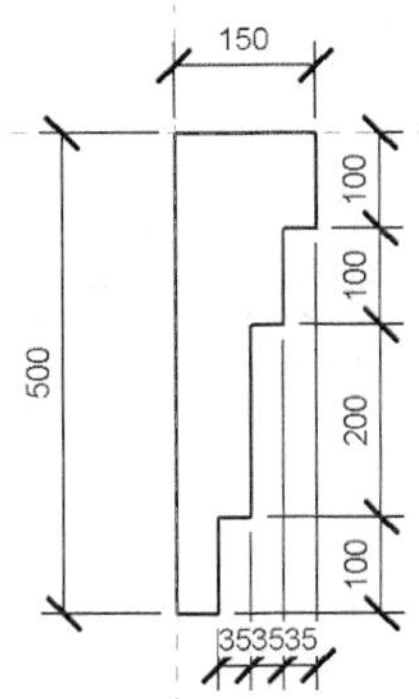

图 7-33　绘制楼板边轮廓

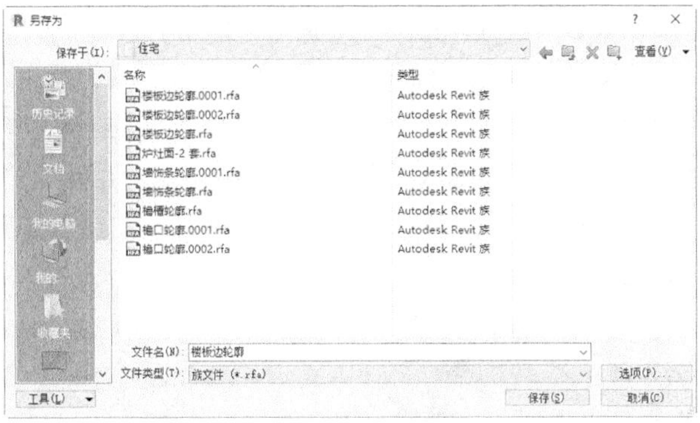

图 7-34　“另存为”对话框

（4）单击“族编辑器”面板中的“载入到项目并关闭”按钮，关闭族文件进入住宅绘图区。

7.2.2　绘制楼板边

视频：绘制楼板边

（1）打开 7.2.1 节绘制的项目文件，将视图切换至三维视图。

（2）单击“建筑”选项卡“构建”面板“楼板”下拉列表中的“楼板：楼板边”按钮，打开“修改|放置楼板边缘”选项卡，如图 7-35 所示。

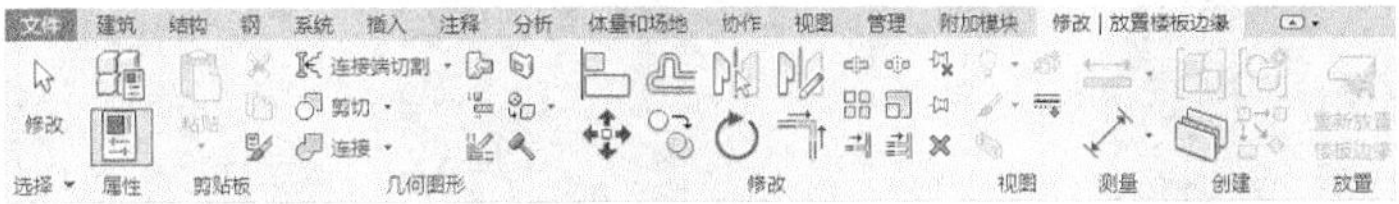

图 7-35　“修改|放置楼板边缘”选项卡

（3）在属性选项板中单击“编辑类型”按钮，打开“类型属性”对话框，在“轮廓”下拉列表中选择“楼板边轮廓：楼板边轮廓”选项，在“材质”栏中单击按钮，打开“材质浏览器”对话框，选择“粉刷，白色，平滑”材质，单击“确定”按钮，返回“类型属性”对话框，其他采用默认设置，如图 7-36 所示，单击“确定”按钮。

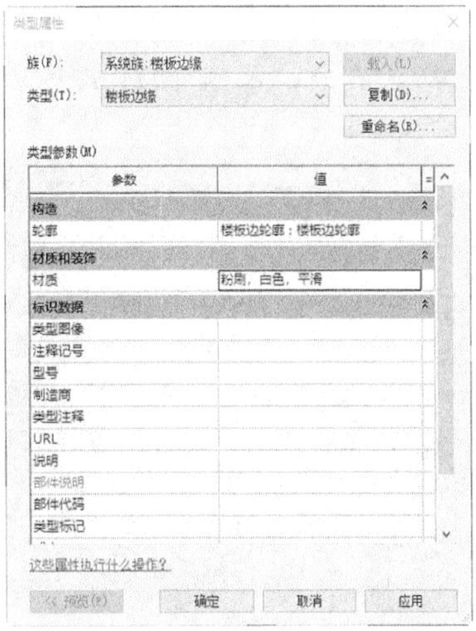

图 7-36　“类型属性”对话框

“类型属性”对话框中的选项说明如下。

- 轮廓：指定用于创建楼板边的轮廓族。
- 材质：单击此栏中的⋯按钮，打开“材质浏览器”对话框，选取楼板边的材质。

（4）选取阳台的楼板边线，放置楼板边，如图 7-37 所示。继续选取阳台楼板的另外两条边，生成楼板边，如图 7-38 所示。单击⇕按钮，使用水平轴翻转轮廓；单击⇆按钮，使用垂直轴翻转轮廓。

（5）采用相同的方法，放置所有阳台楼板边及露台楼板边。

（6）3 层露台的楼板边和阳台的楼板边有干涉，选取露台楼板边，拖动线段端点，调整楼板边的长度，如图 7-39 所示。采用相同的方法，调整其他楼板边的长度。

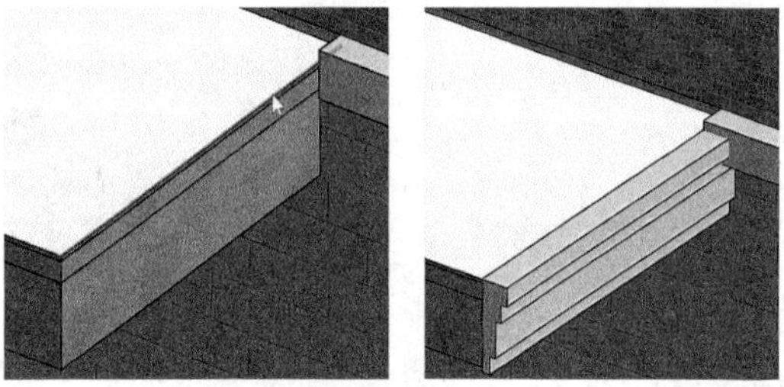

图 7-37　放置楼板边

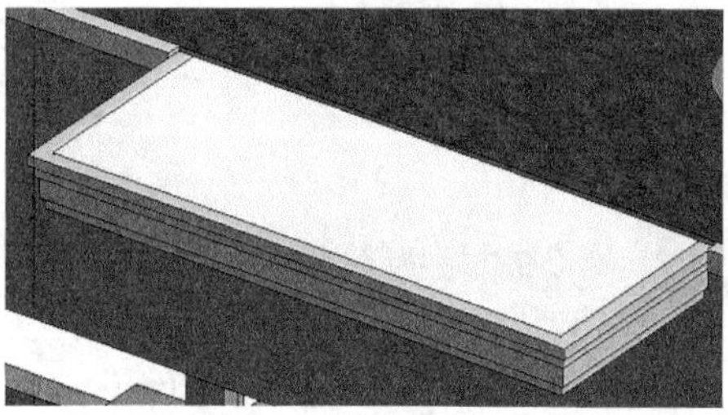

图 7-38　一个阳台的楼板边

（a）选取楼板边　（b）拖动线段端点　（c）直至阳台楼板边

图 7-39　调整楼板边长度

（7）放大 1 层轴线 1 北侧的阳台处，如图 7-40 所示。从视图中可以看出，楼板边和墙体有干涉，下面对墙体进行编辑。单击“修改”选项卡“修改”面板中的“拆分图元”按钮，将墙体在阳台处进行拆分，然后选取阳台处的墙体，在属性选项板中更改顶部偏移为-500.0，调整墙体高度，如图 7-41 所示。采用相同的方法，调整其他位置的墙体。

图 7-40　放大视图

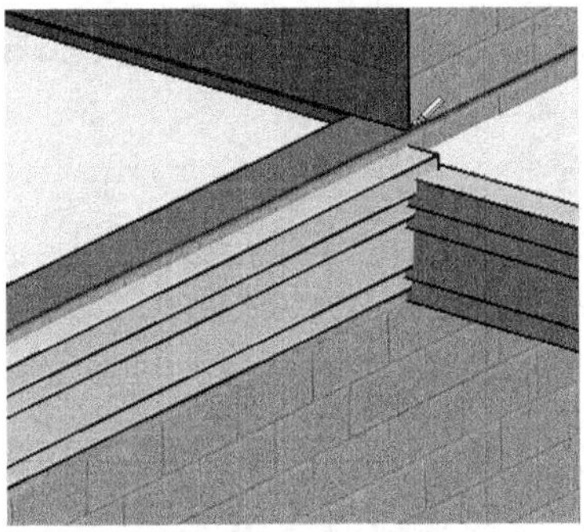

（a）拆分墙体

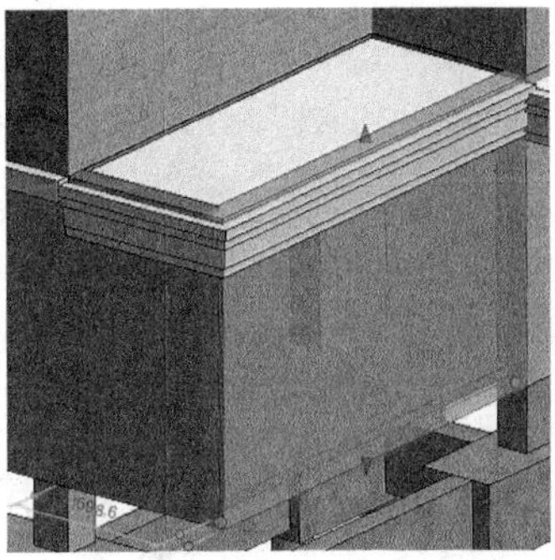

（b）选取墙体

（c）更改顶部偏移

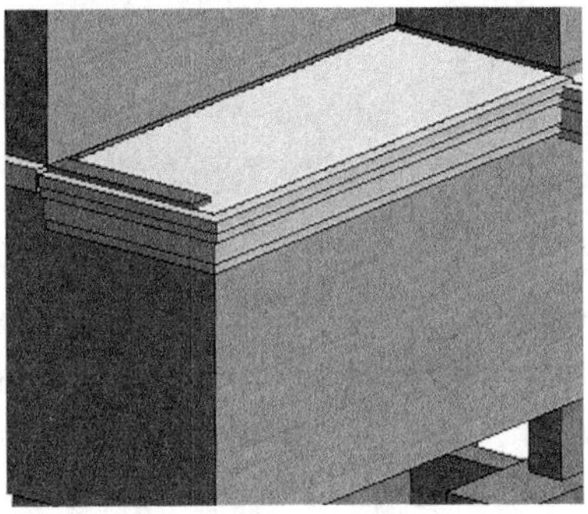

（d）调整墙体高度

图 7-41　编辑墙体

提示：

若要在不同的位置放置楼板边，则需要单击“放置”面板中的“重新放置装饰条”按钮，将光标移到所需楼板边位置。

（8）单击“文件”下拉菜单中的“另存为”→“项目”命令，打开“另存为”对话框，指定保存位置并输入文件名，单击“保存”按钮。

7.3　屋　　顶

屋顶是指房屋或构筑物外部的顶盖，包括屋面，以及在墙或其他支撑物以上用以支撑屋面的一切必要材料和内部露木屋顶。

Revit 软件提供了多种屋顶的创建工具，如迹线屋顶、拉伸屋顶及屋檐的创建。

7.3.1　创建坡屋顶

视频：创建坡屋顶

具体操作步骤如下。

（1）打开 7.2.2 节绘制的项目文件，将视图切换到阁楼层楼层平面视图。

（2）单击“建筑”选项卡“构建”面板“屋顶”下拉列表中的“迹线屋顶”按钮，打开“修改|创建屋顶迹线”选项卡和选项栏，如图 7-42 所示。

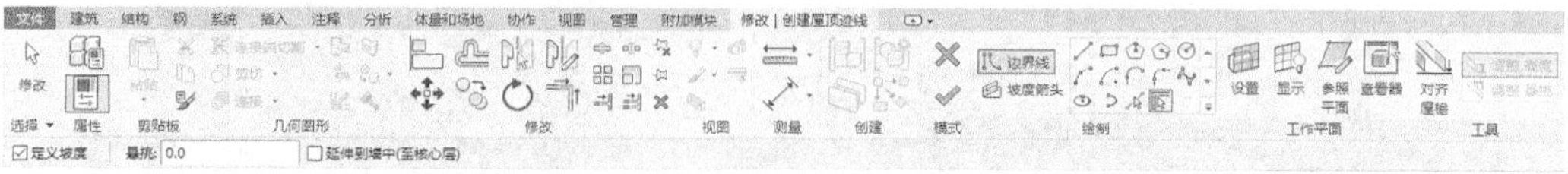

图 7-42　“修改|创建屋顶迹线”选项卡和选项栏

“修改|创建屋顶迹线”选项卡和选项栏中的选项说明如下。

- 定义坡度：取消“定义坡度”复选框的勾选，可创建不带坡度的屋顶。
- 悬挑：定义屋顶迹线与所绘线之间的距离。

（3）在属性选项板中选择“常规-125mm”类型，单击“编辑类型”按钮，打开“类型属性”对话框，新建“常规-100mm”类型，单击“编辑”按钮 编辑... ，打开“编辑部件”对话框，插入面层 1[4]，单击对应“材质”栏中的按钮，打开“材质浏览器”对话框，选择“屋顶材料-瓦”材质，设置表面填充图案的前景图案为屋面-弯瓦，单击“确定”按钮，返回“编辑部件”对话框，设置面层 1[4]的厚度为 20.0，结构[1]厚度为 80.0，如图 7-43 所示，单击“确定”按钮。

（4）在属性选项板中设置底部标高为阁楼层，坡度为 30.00°，其他采用默认设置，如图 7-44 所示。

属性选项板中的选项说明如下。

- 底部标高：设置迹线或拉伸屋顶的标高。
- 房间边界：勾选“房间边界”复选框，则屋顶是房间边界的一部分。此属性在创建屋顶之前为只读。在绘制屋顶之后，可以选择屋顶，然后修改此属性。

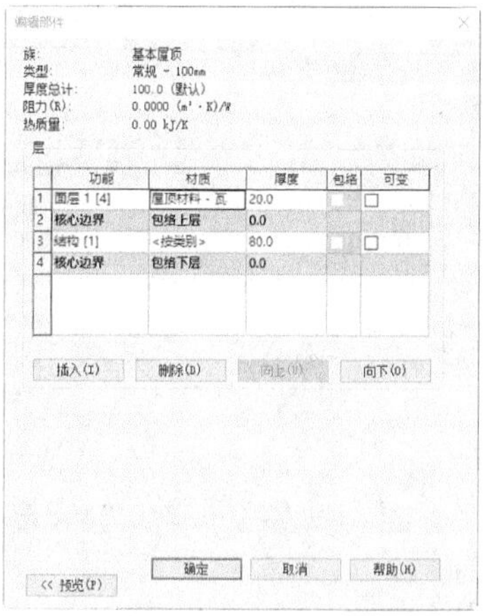

图 7-43　参数设置

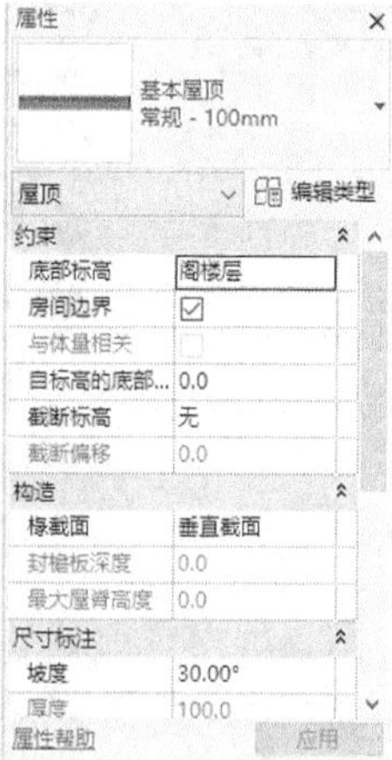

图 7-44　属性选项板

- 与体量相关：指示图元是从体量图元创建的。
- 自标高的底部偏移：设置高于或低于绘制时所处标高的屋顶高度。
- 截断标高：指定标高，在该标高上方所有迹线屋顶几何图形都不会显示。以该方式剪切的屋顶可与其他屋顶组合，构成“荷兰式四坡屋顶”、“双重斜坡屋顶”或其他屋顶样式。

- 截断偏移：指定标高以上或以下的截断高度。
- 椽截面：通过指定椽截面来更改屋檐的样式，包括垂直截面、垂直双截面和正方形双截面，如图 7-45 所示。

（a）垂直截面　　（b）垂直双截面　　（c）正方形双截面

图 7-45　椽截面

- 封檐板深度：指定一个介于零和屋顶厚度之间的值。
- 最大屋脊高度：屋顶顶部位于建筑物底部标高以上的最大高度。可以使用“最大屋脊高度”工具设置最大允许屋脊高度。
- 坡度：将坡度定义线的值修改为指定值，而无须编辑草图。如果有一条坡度定义线，则此参数最初会显示一个值。
- 厚度：可以选择可变厚度参数来修改屋顶或结构楼板的层厚度，如图 7-46 所示。

如果没有可变厚度层，则整个屋顶或楼板将倾斜，并在平行的顶面和底面之间保持固定厚度。如果有可变厚度层，则屋顶或楼板的顶面将倾斜，而底部保持为水平平面，形成可变厚度楼板。

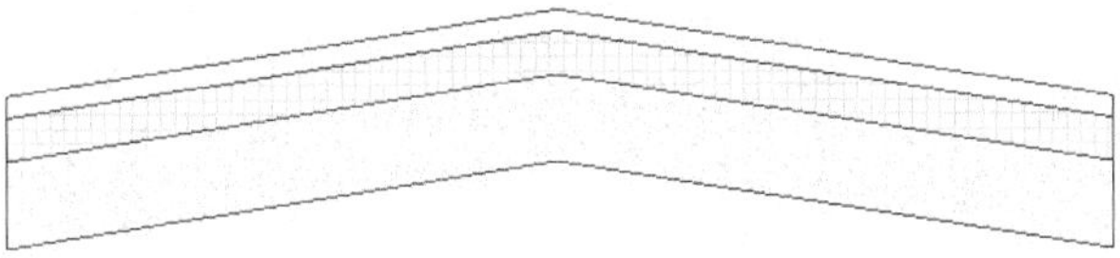

（a）没有可变厚度层

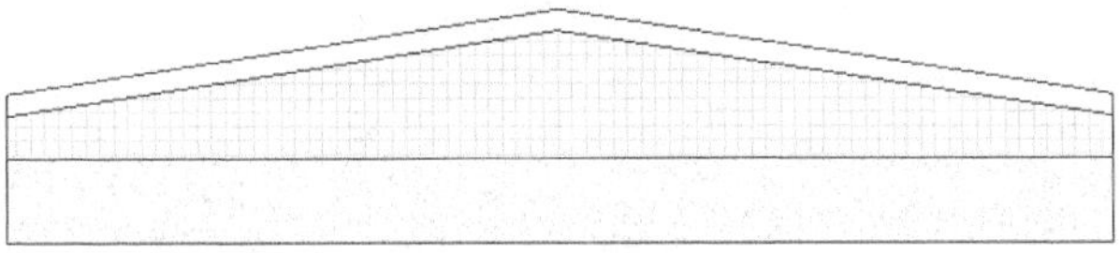

（b）有可变厚度层

图 7-46　厚度

（5）单击“绘制”面板中的“边界线”按钮和“拾取线”按钮，拾取楼板边界线为屋顶迹线，并调整屋顶迹线的长度，使其成闭合环，如图 7-47 所示。

（6）在视图中选中左侧的竖直屋顶迹线，打开如图 7-48 所示的属性选项板，取消勾选“定义屋顶坡度”复选框。

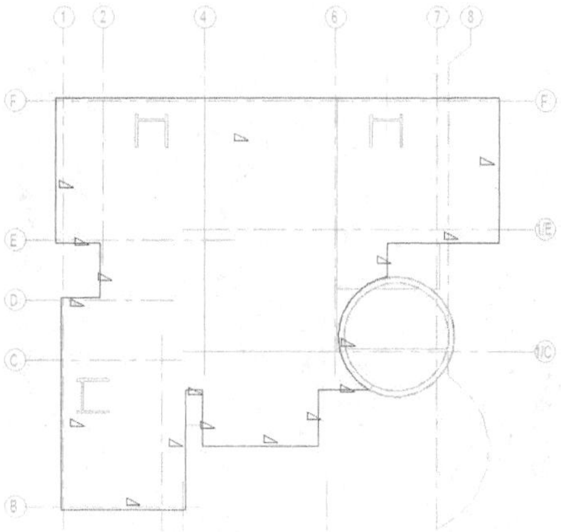

图 7-47　绘制屋顶迹线

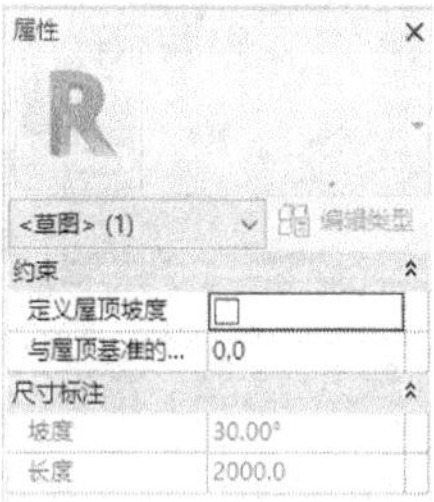

图 7-48　属性选项板

属性选项板中的选项说明如下。

- 定义屋顶坡度：对于迹线屋顶，将屋顶迹线指定为坡度定义线。
- 与屋顶基准的偏移：指定距屋顶基准的坡度线偏移。
- 坡度：指定屋顶的斜度。此属性指定坡度定义线的坡度角。
- 长度：屋顶边界线的实际长度。

（7）采用相同的方法，或者在属性选项板中取消勾选“定义屋顶坡度”复选框，取消其他屋顶迹线坡度，如图 7-49 所示。

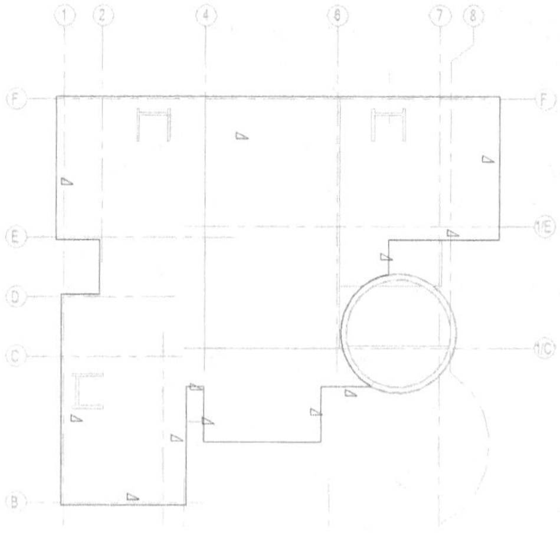

图 7-49　取消坡度

（8）选取屋顶迹线，单击坡度值，使坡度值处于编辑状态，输入新的坡度值，按 Enter 键确认坡度值，如图 7-50 所示。

（9）采用相同的方法，更改其他屋顶迹线的坡度值，具体坡度值如图 7-51 所示。

（10）单击“模式”面板中的“完成编辑模式”按钮✔，完成坡屋顶的绘制，如图 7-52 所示。

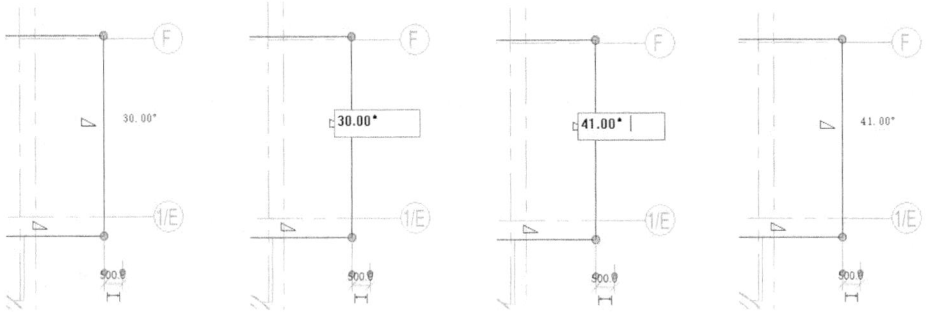

（a）选取屋顶迹线　　（b）单击坡度值　　（c）输入新的坡度值　　（d）确认坡度值

图 7-50　更改坡度值

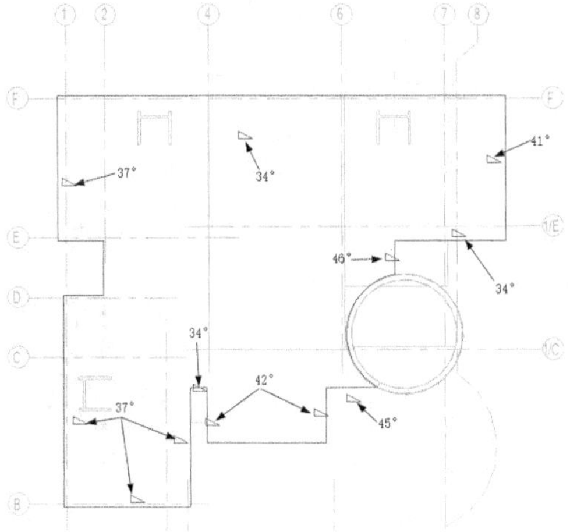

图 7-51　坡度值

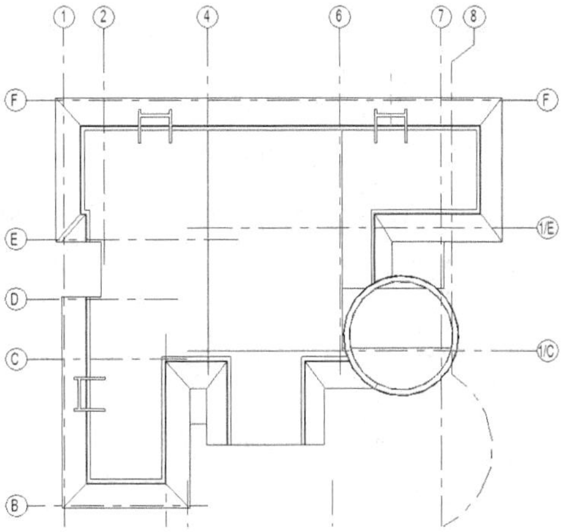

图 7-52　坡屋顶

（11）单击“修改”选项卡“几何图形”面板中的“连接”按钮，选取迹线屋顶，然后选取弧形墙体，使墙体和迹线屋顶连接成一体，如图 7-53 所示。

（12）单击“建筑”选项卡“构建”面板“屋顶”下拉列表中的“迹线屋顶”按钮，在属性选项板中设置底部标高为阁楼层，自标高的底部偏移为 3400.0，坡度为 60.00°，其他采用默认设置，如图 7-54 所示。

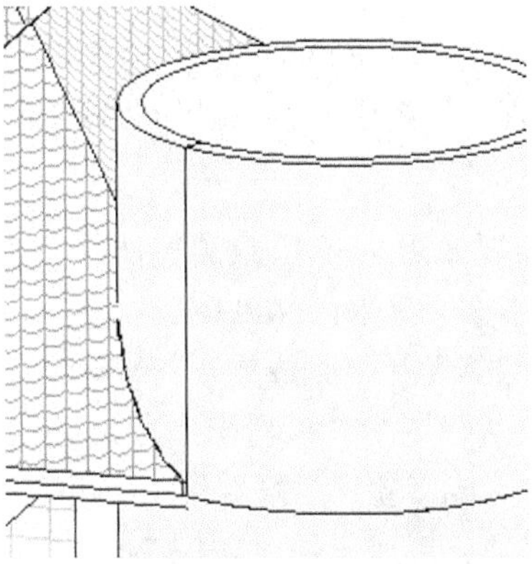

图 7-53　连接墙体和迹线屋顶

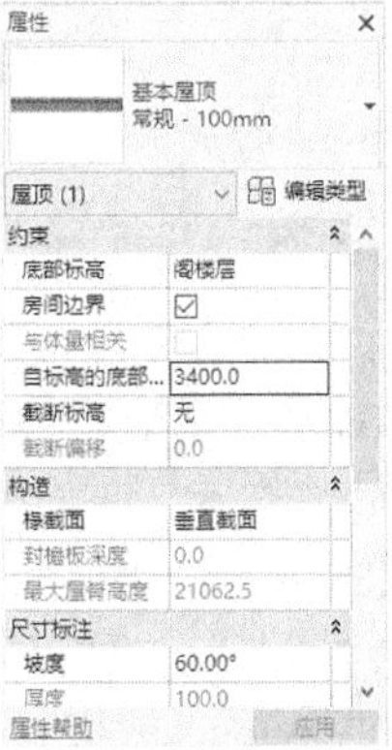

图 7-54　属性选项板

（13）单击“绘制”面板中的“边界线”按钮和“圆形”按钮，绘制圆形屋顶迹线，如图 7-55 所示。

（14）单击“模式”面板中的“完成编辑模式”按钮，完成圆形坡屋顶的绘制，如图 7-56 所示。

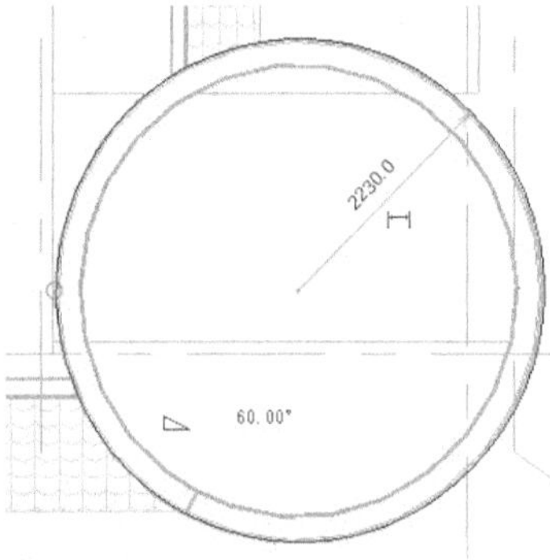

图 7-55　绘制圆形屋顶迹线

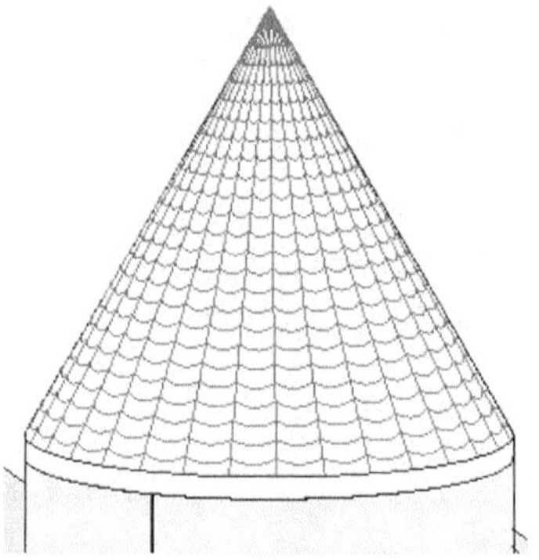

图 7-56　圆形坡屋顶

（15）单击“文件”下拉菜单中的“另存为”→“项目”命令，打开“另存为”对话框，指定保存位置并输入文件名，单击“保存”按钮。

7.3.2　创建拉伸屋顶

视频：创建拉伸屋顶

通过拉伸绘制的轮廓来创建屋顶。

具体操作步骤如下。

（1）打开 7.3.1 节绘制的项目文件，将视图切换到北立面视图。

（2）单击“建筑”选项卡“构建”面板“屋顶”下拉列表中的“拉伸屋顶”按钮，打开如图 7-57 所示的“屋顶参照标高和偏移”对话框，采用默认设置，单击“确定”按钮。

（3）打开“修改|创建拉伸屋顶轮廓”选项卡和选项栏，如图 7-58 所示。

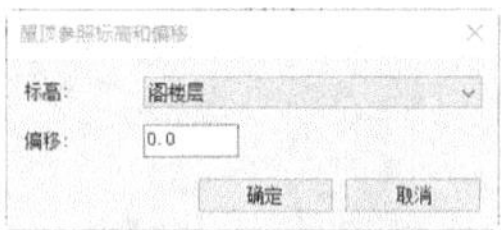

图 7-57　“屋顶参照标高和偏移”对话框

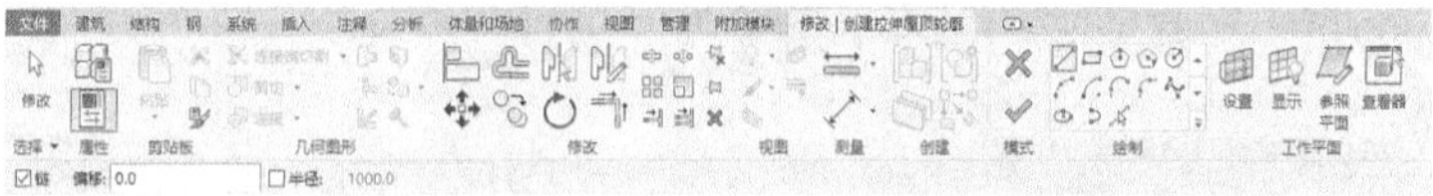

图 7-58　“修改|创建拉伸屋顶轮廓”选项卡和选项栏

（4）单击“绘制”面板中的“线”按钮，绘制如图 7-59 所示的拉伸截面。

（5）在属性选项板中设置拉伸起点为-350.0，拉伸终点为-1200.0（注意工作平面为轴网：F），单击“模式”面板中的“完成编辑模式”按钮，完成屋顶拉伸轮廓的绘制。

（6）将视图切换到三维视图，如图 7-60 所示。从视图中可以看出屋顶没有连接。单击“修改”选项卡“几何图形”面板中的“连接/取消连接屋顶”按钮，选取拉伸屋顶的边线，然后选取迹线屋顶，使拉伸屋顶和迹线屋顶连接成一体，如图 7-61 所示。

（7）按住 Ctrl 键，选取三面墙体，打开“修改|墙”选项卡，单击“附着到顶部/底部”

按钮，在选项栏中选择“顶部”选项，然后在视图中选择墙要附着的屋顶，选取的墙延伸至屋顶，如图 7-62 所示。

（8）在三维视图中，单击“建筑”选项卡“洞口”面板中的“老虎窗洞口”按钮，在视图中选择迹线屋顶作为要被老虎窗剪切的屋顶。

（9）打开“修改|编辑草图”选项卡，系统默认单击“拾取”面板中的“拾取屋顶/墙边缘”按钮。在视图中选取连接屋顶、墙的侧面定义老虎窗的边界，选取边界调整边界线的长度，使其成闭合区域，如图 7-63 所示。

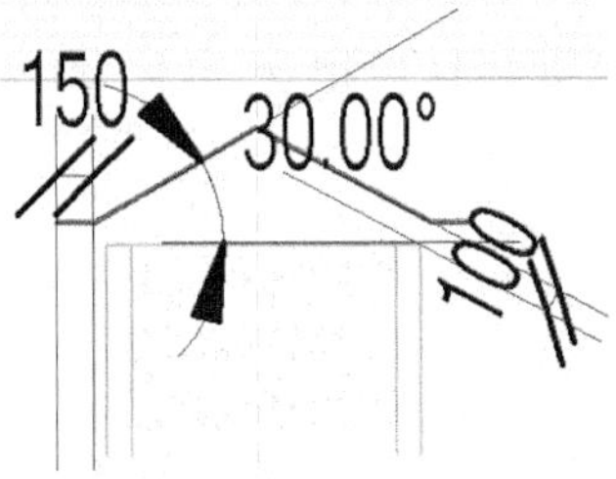

图 7-59　绘制拉伸截面

图 7-60　三维视图

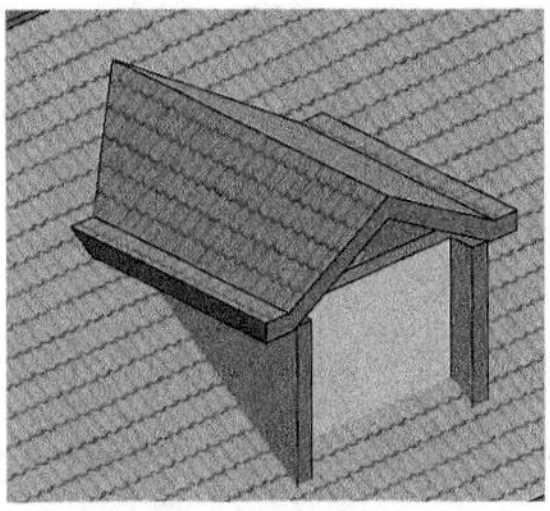

图 7-61　连接屋顶

图 7-62　墙延伸至屋顶

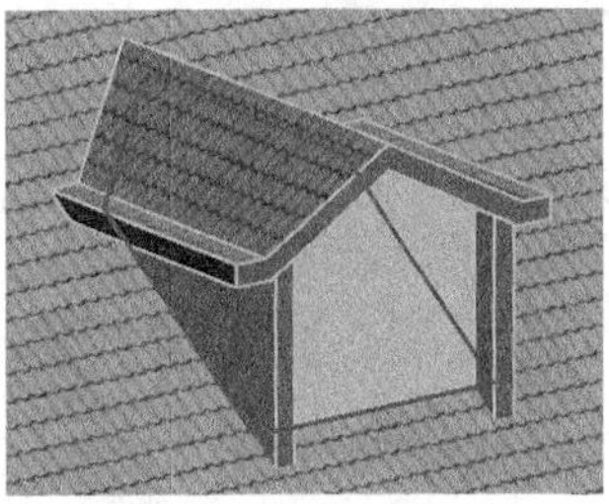

图 7-63　老虎窗边界

（10）单击“模式”面板中的“完成编辑模式”按钮，完成老虎窗洞口的创建，如图 7-64 所示。

（11）采用相同的方法，创建另外两个老虎窗的屋顶，如图 7-65 所示。

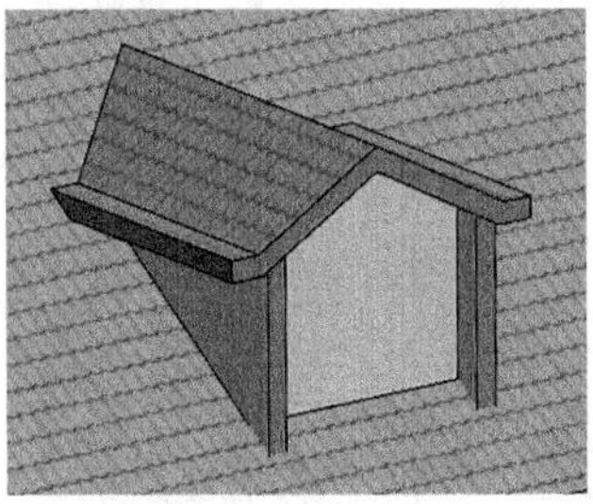

图 7-64　老虎窗洞口

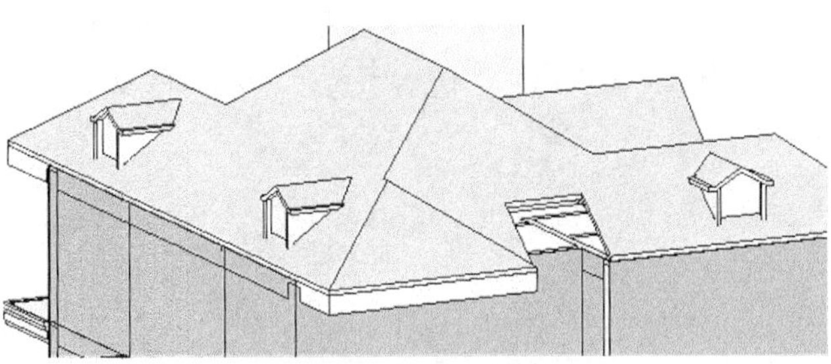

图 7-65　绘制老虎窗

（12）将视图切换到北立面视图。单击“建筑”选项卡“构建”面板“屋顶”下拉列表中的“拉伸屋顶”按钮，打开“屋顶参照标高和偏移”对话框，采用默认设置，单击“确定”按钮。

（13）打开“修改|创建拉伸屋顶轮廓”选项卡和选项栏，单击“绘制”面板中的“起点-终点-半径弧”按钮，绘制如图 7-66 所示的拉伸截面。

（14）在属性选项板中选择“常规-125mm”类型，单击“编辑类型”按钮，打开“类型属性”对话框，单击“复制”按钮，打开“名称”对话框，输入名称为常规-200mm，单击“确定”按钮，返回“类型属性”对话框，单击“编辑”按钮，打开“编辑部件”对话框，更改厚度为 200.0，连续单击“确定”按钮。

（15）在属性选项板中设置拉伸起点为 300.0，拉伸终点为-2000.0（注意工作平面为轴网：F），单击“模式”面板中的“完成编辑模式”按钮，完成屋顶拉伸轮廓的绘制，如图 7-67 所示。

（16）将视图切换到三维视图，单击“修改”选项卡“几何图形”面板中的“连接”按钮，选取拉伸屋顶，然后选取迹线屋顶，使拉伸屋顶和迹线屋顶连接成一体，如图 7-68 所示。

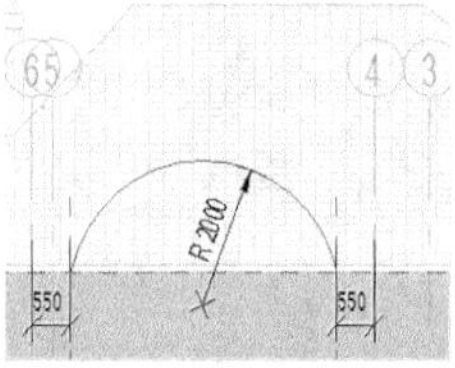

图 7-66　绘制拉伸截面

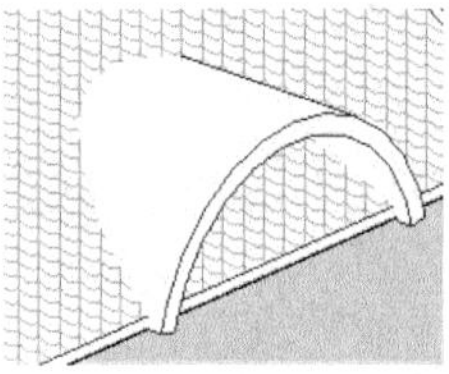

图 7-67　绘制屋顶拉伸轮廓

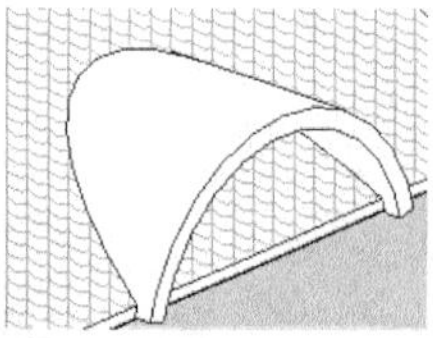

图 7-68　连接屋顶

（17）单击“建筑”选项卡“洞口”面板中的“按面”按钮，选取迹线屋顶创建洞口，打开如图 7-69 所示的“修改|创建洞口边界”选项卡和选项栏。

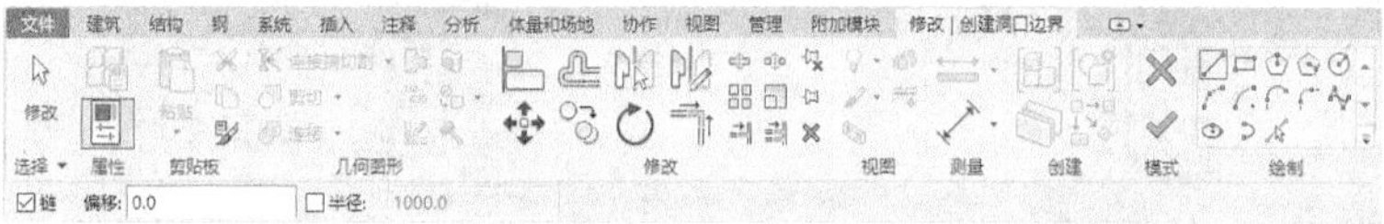

图 7-69　“修改|创建洞口边界”选项卡和选项栏

（18）单击“绘制”面板中的“拾取线”按钮，拾取弧形屋顶与迹线屋顶的内侧交线，然后单击“线”按钮，连接拾取的弧线两端，使其形成封闭边界，如图 7-70 所示。

（19）单击“模式”面板中的“完成编辑模式”按钮，完成洞口的创建，如图 7-71 所示。

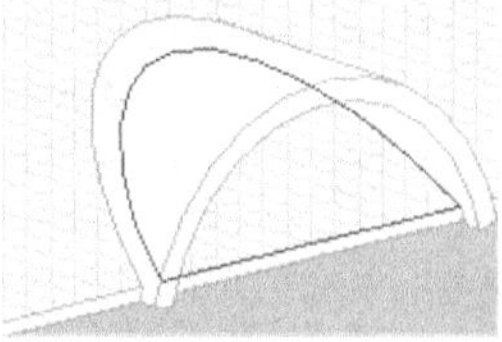

图 7-70　绘制洞口边界

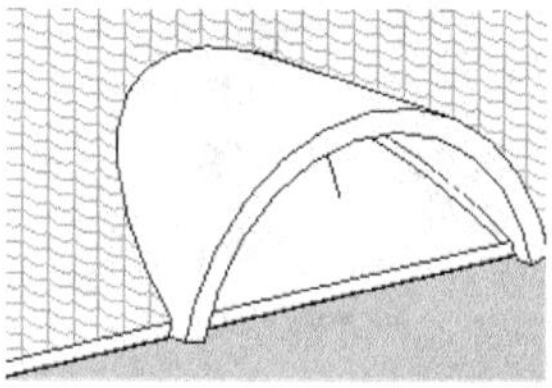

图 7-71　创建洞口

（20）将视图切换至阁楼层楼层平面视图。单击“建筑”选项卡“构建”面板中的“墙”按钮，在属性选项中选择“阁楼墙体”类型，设置顶部约束为未连接，无连接高度为 1250.0，其他采用默认设置。

（21）系统默认激活“线”按钮，参考如图 7-72 所示的尺寸绘制墙体。

（22）将视图切换至三维视图，分别选取步骤（21）中绘制的墙体，打开“修改|墙”选项卡，单击“附着到顶部/底部”按钮，在选项栏中选择“顶部”选项，然后在视图中选择墙要附着的屋顶，选取的墙延伸至屋顶，如图 7-73 所示。

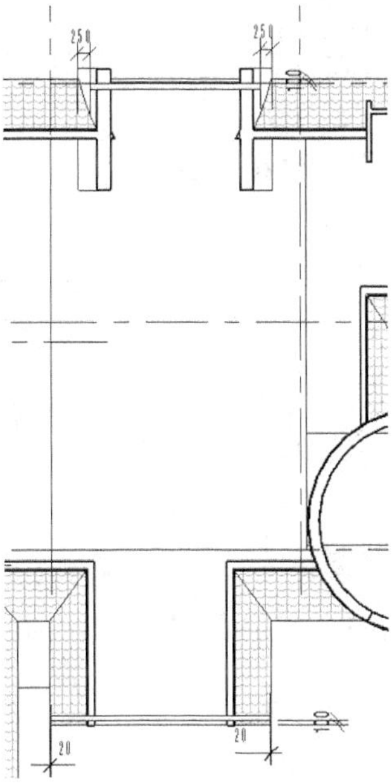

图 7-72　绘制墙体

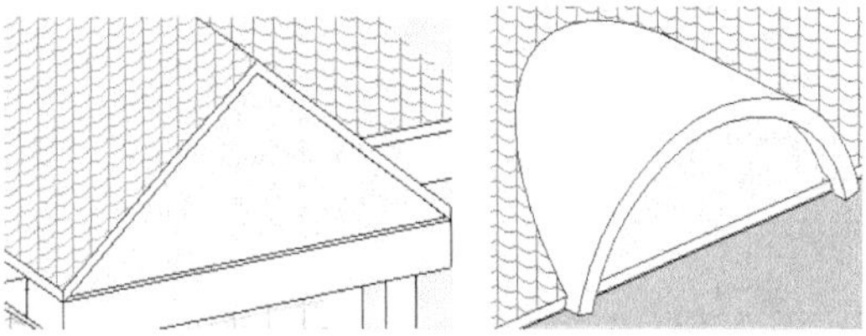

图 7-73　墙延伸至屋顶

提示：

屋顶不能过切窗或门。

（23）将视图切换至阁楼层楼层平面视图。单击“建筑”选项卡“构建”面板中的“墙”按钮（快捷键：WA），在属性选项中选择“褐色面砖外墙”类型，设置顶部约束为未连接，无连接高度为 1250.0，其他采用默认设置。

（24）系统默认激活“线”按钮，绘制如图 7-74 所示的外墙。

（25）将视图切换至三维视图，分别选取步骤（24）中绘制的墙体，打开“修改|墙”选项卡，单击“附着到顶部/底部”按钮，在选项栏中选择“顶部”选项，然后在视图中选择墙要附着的屋顶，选取的墙延伸至屋顶，如图 7-75 所示。

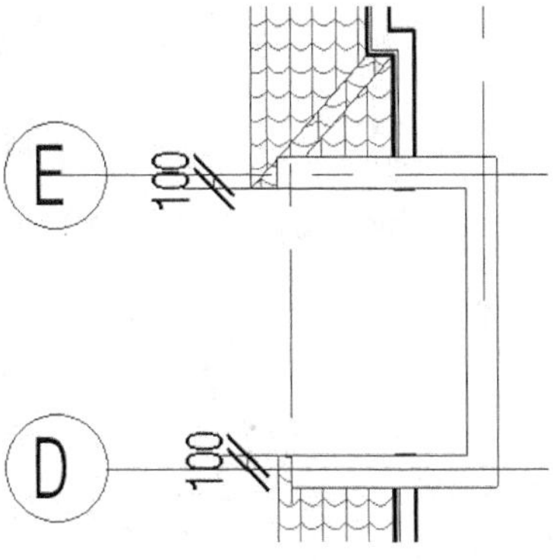

图 7-74　绘制外墙

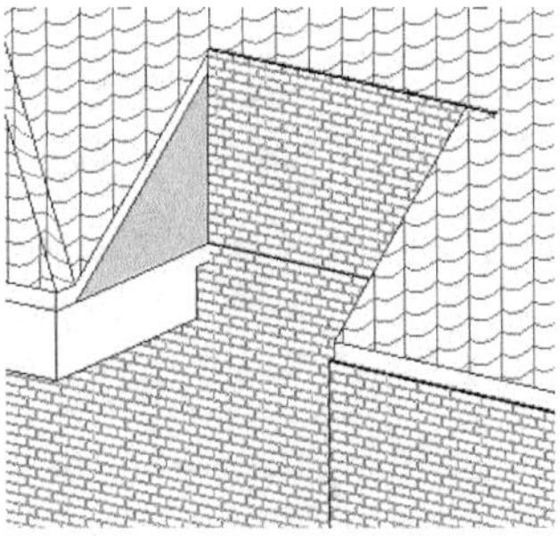

图 7-75　墙延伸至屋顶

（26）单击“文件”下拉菜单中的“另存为”→“项目”命令，打开“另存为”对话框，指定保存位置并输入文件名，单击“保存”按钮。

7.4 檐　　槽

使用“檐槽”工具将檐沟添加到屋顶、檐底板、模型线和封檐带。

7.4.1 绘制檐槽轮廓族

视频：绘制檐槽轮廓族

具体绘制过程如下。

（1）单击“文件”→“新建”→“族”命令，打开“新族-选择样板文件”对话框，选择“公制轮廓”选项，单击“打开”按钮，进入轮廓族创建界面。

（2）单击“创建”选项卡“详图”面板中的“线”按钮，打开“修改|放置线”选项卡，单击“绘制”面板中的“线”按钮，绘制如图 7-76 所示的檐槽轮廓。

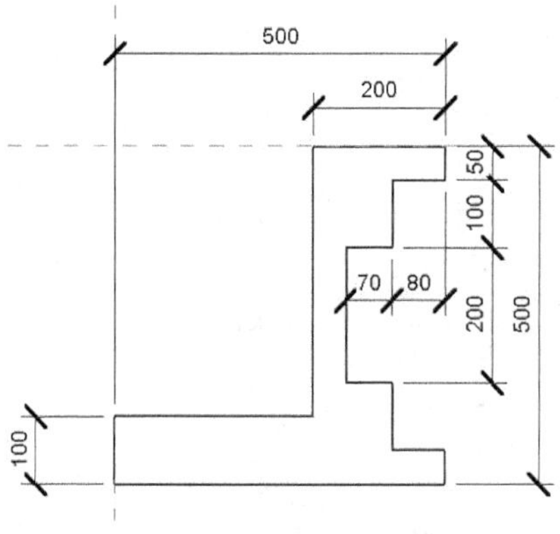

图 7-76　绘制檐槽轮廓

（3）单击快速访问工具栏中的“保存”按钮（快捷键：Ctrl+S），打开“另存为”对话框，输入文件名为檐槽轮廓，单击“保存”按钮，保存绘制的轮廓。

7.4.2 绘制檐槽

视频：绘制檐槽

（1）打开 7.3.2 节绘制的项目文件，将视图切换至三维视图。

（2）单击“建筑”选项卡“构建”面板“屋顶”下拉列表中的“屋顶：檐槽”按钮，打开“修改|放置檐沟”选项卡，如图 7-77 所示。

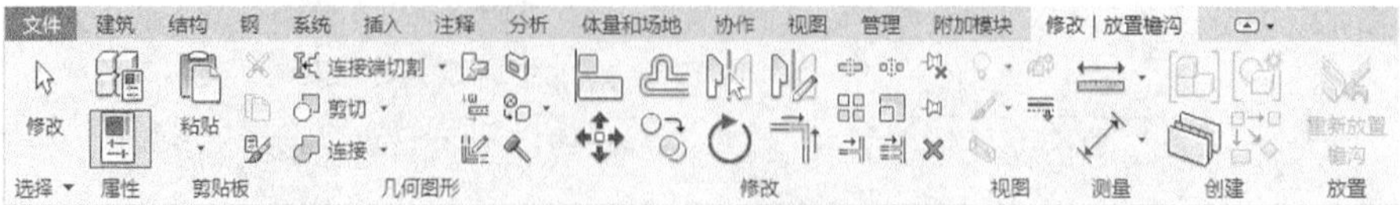

图 7-77　“修改|放置檐沟”选项卡

（3）单击“插入”选项卡“从库中载入”面板中的“载入族”按钮，打开“载入族”对话框，选取 7.4.1 节中创建的“檐槽轮廓.rfa”族文件，单击“打开”按钮，将其载入到当前文件中。

（4）在属性选项板中单击“编辑类型”按钮，打开“类型属性”对话框，在“轮廓”下拉列表中选择“檐槽轮廓：檐槽轮廓”选项，在“材质”栏中单击按钮，打开“材质浏览器”对话框，选择“粉刷，白色，平滑”材质，单击“确定”按钮，返回“类型属性”对话框，其他采用默认设置，如图 7-78 所示，单击“确定”按钮。

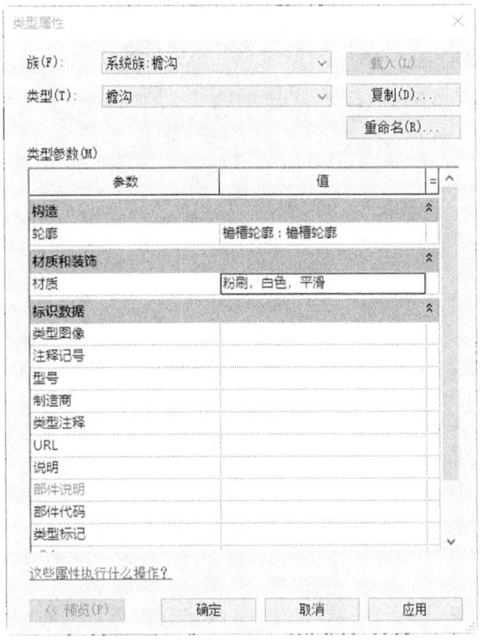

图 7-78　“类型属性”对话框

（5）选取屋顶的水平边线放置檐槽，如图 7-79 所示。选取屋顶边线，放置檐槽，如图 7-80 所示。单击按钮，使用水平轴翻转轮廓；单击按钮，使用垂直轴翻转轮廓。

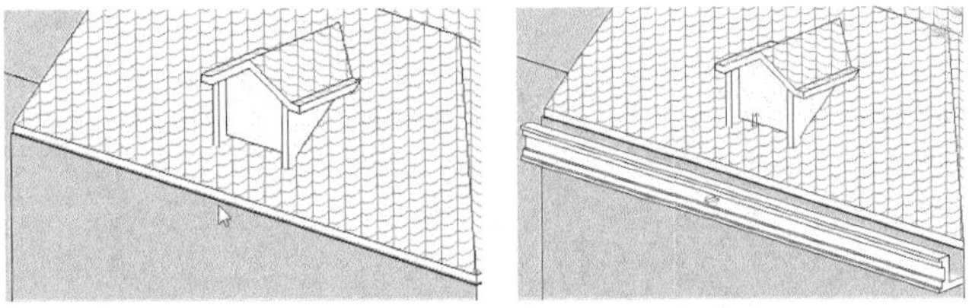

图 7-79　放置檐槽

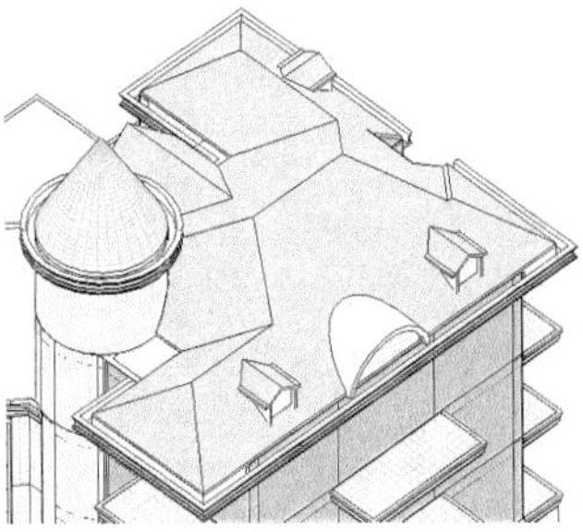

图 7-80　放置所有檐槽

（6）檐槽和楼板边有干涉，选取檐槽，拖动线段端点，调整檐槽的长度，如图 7-81 所示。采用相同的方法，调整其他楼板边的长度。

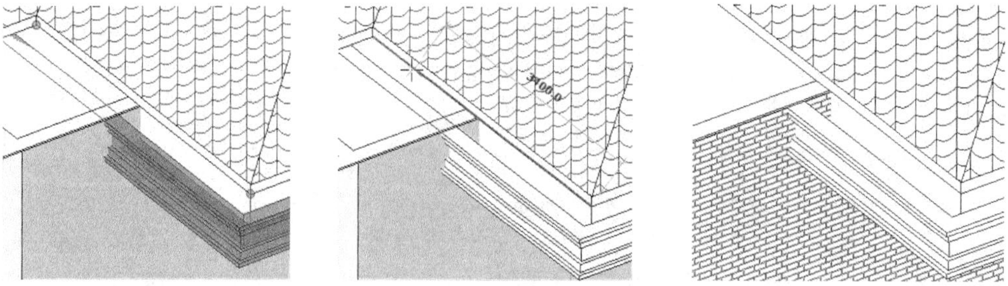

（a）选取楼板边　　（b）拖动线段端点　　（c）直至墙体

图 7-81　调整檐槽长度

（7）单击“文件”下拉菜单中的“另存为”→“项目”命令，打开“另存为”对话框，指定保存位置并输入文件名，单击“保存”按钮。

第 8 章

门　　窗

知识导引

门窗按其所处的位置不同，分为围护构件和分隔构件，是建筑物围护结构系统中重要的组成部分。

门窗是基于墙体放置的，删除墙体，门窗也随之被删除。在 Revit 中，门窗是可载入族，可以自己创建门窗族载入，也可以直接载入系统自带的门窗族。

8.1　门

门是基于主体的构件，可以添加到任何类型的墙内。可以在平面视图、剖面视图、立面视图或三维视图中添加门。选择要添加的门类型，然后指定门在墙上的位置，Revit 将自动剪切洞口并放置门。

8.1.1　布置架空层门

视频：布置架空层门

具体绘制步骤如下。

（1）打开 7.4.2 节绘制的项目文件，将视图切换到架空层楼层平面视图。

（2）单击“建筑”选项卡“构建”面板中的“门”按钮（快捷键：DR），打开如图 8-1 所示的“修改|放置门”选项卡和选项栏。

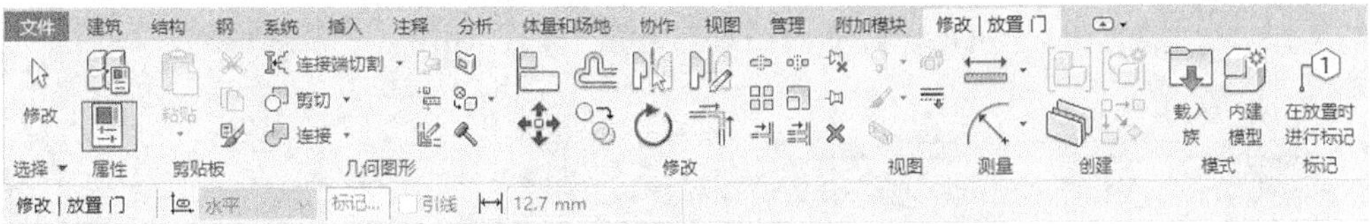

图 8-1　“修改|放置门”选项卡和选项栏

（3）在属性选项板中选择门类型，系统默认的只有单扇-与墙对齐类型。

（4）需要在入口处添加双扇门。单击“模式”面板中的“载入族”按钮，打开“载入族”对话框，选择“China”→“建筑”→“门”→“普通门”→“平开门”→“双扇”文件夹中的“双面嵌板木门 3.rfa”族文件，如图 8-2 所示，单击“打开”按钮，载入“双面嵌板木门 3.rfa”族文件。

（5）在属性选项板中选择类型为“双面嵌板木门 3　2000×2100mm”，其他采用默认设置，如图 8-3 所示。

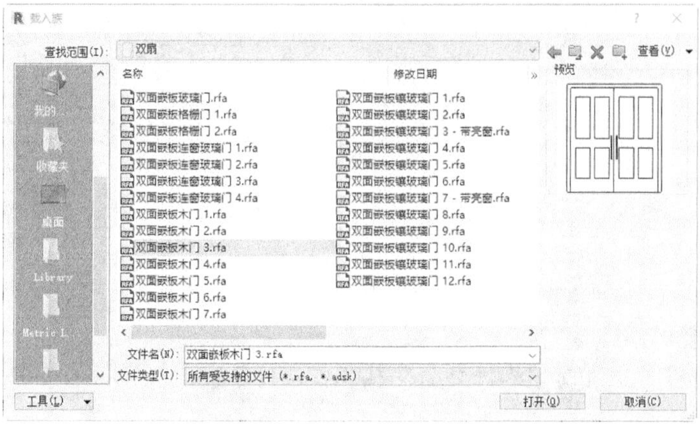

图 8-2 “载入族”对话框

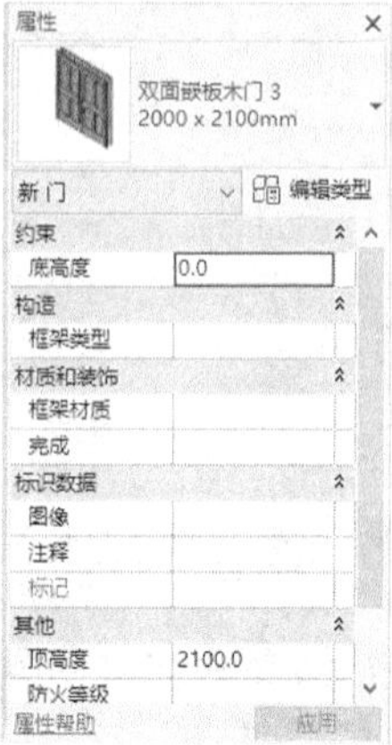

图 8-3 属性选项板

属性选项板中的选项说明如下。

- 底高度：设置相对于放置比例的标高的底高度。
- 框架类型：门框类型。
- 框架材质：框架使用的材质。
- 完成：应用于框架和门的面层。
- 图像：单击 按钮，打开“管理图像”对话框，添加图像作为门标记。
- 注释：显示输入或从下拉列表中选择的注释，输入注释后，便可以为同一类别中图元的其他实例选择该注释，无须考虑类型或族。
- 标记：用于添加自定义标示的数据。
- 创建的阶段：指定创建实例时的阶段。
- 拆除的阶段：指定拆除实例时的阶段。
- 顶高度：指定相对于放置此实例的标高的实例顶高度。修改此值不会修改实例尺寸。
- 防火等级：设定当前门的防火等级。

（6）将光标移到墙上以显示门的预览图像，并显示临时尺寸，如图 8-4 所示。

（7）单击放置门，Revit 将自动剪切洞口并放置门，如图 8-5 所示。

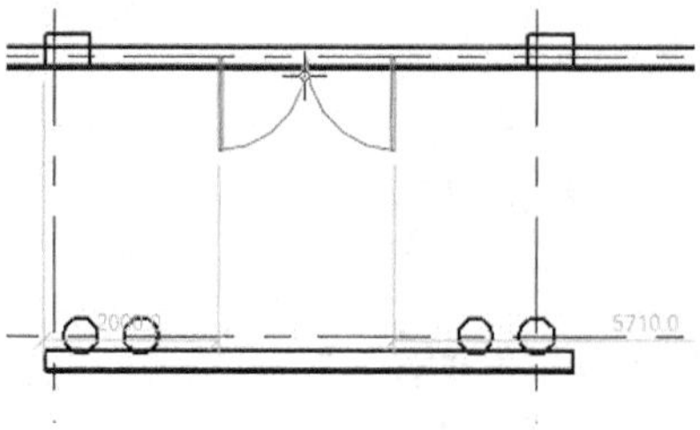

图 8-4 预览门图像

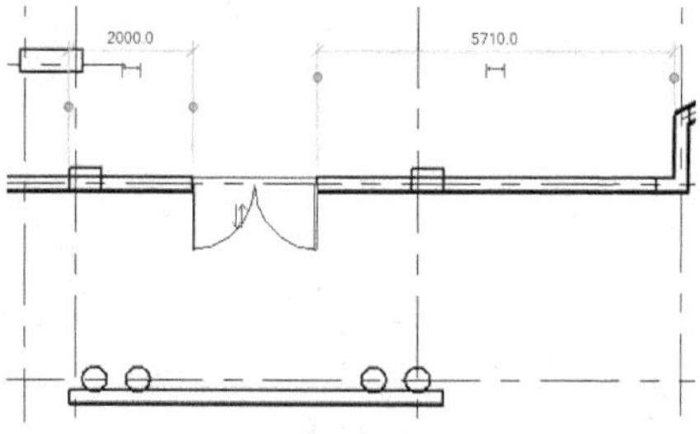

图 8-5 放置双扇门

（8）单击“模式”面板中的“载入族”按钮，打开“载入族”对话框，选择“China”→“建筑”→“门”→“普通门”→“平开门”→“单扇”文件夹中的“单嵌板木门 3.rfa”族文件，如图 8-6 所示，单击“打开”按钮，载入“单嵌板木门 3.rfa”族文件。

（9）在属性选项板中选择“单嵌板木门 3 700×2100mm”类型，将光标移到卫生间的墙上并放置到适当位置，如图 8-7 所示。按空格键可将开门方向从左开翻转为右开。

（10）单击“翻转实例面”按钮⇵，调整门的放置方向，单击“翻转实例开门方向”按钮⇆，调整门的开启方向，结果如图 8-8 所示。

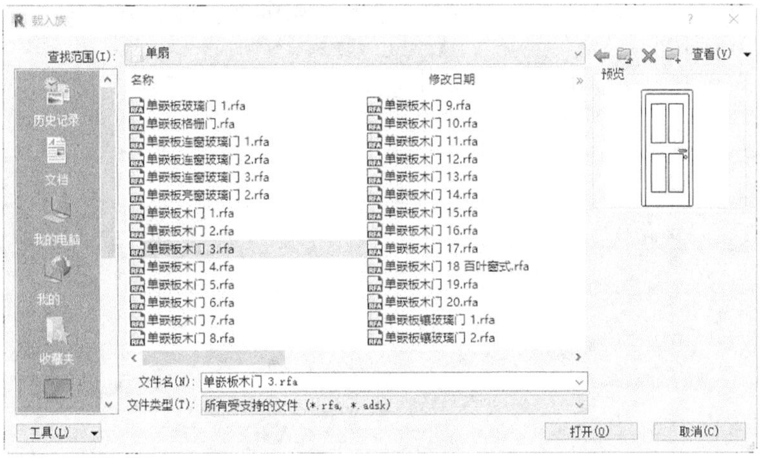

图 8-6　“载入族”对话框

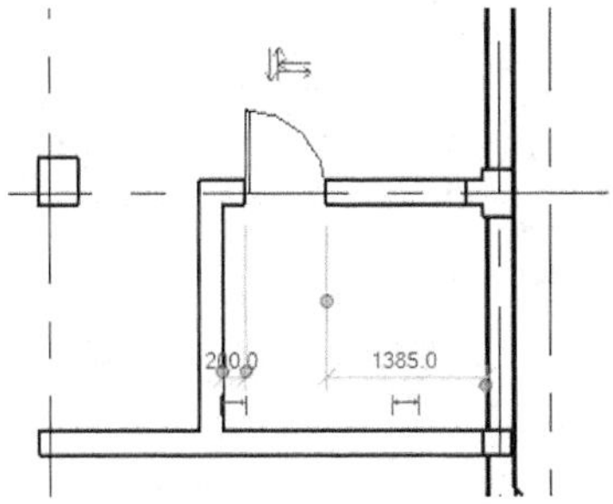

图 8-7　放置单扇门

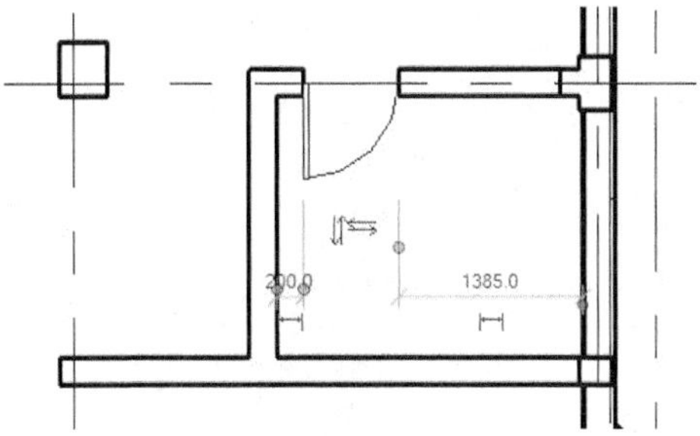

图 8-8　调整门的开启方向

（11）单击图 8-8 中的临时尺寸，临时尺寸呈编辑状态，在文本框中输入新的尺寸值 180，按 Enter 键确认，门会根据新的尺寸值调整位置，如图 8-9 所示。

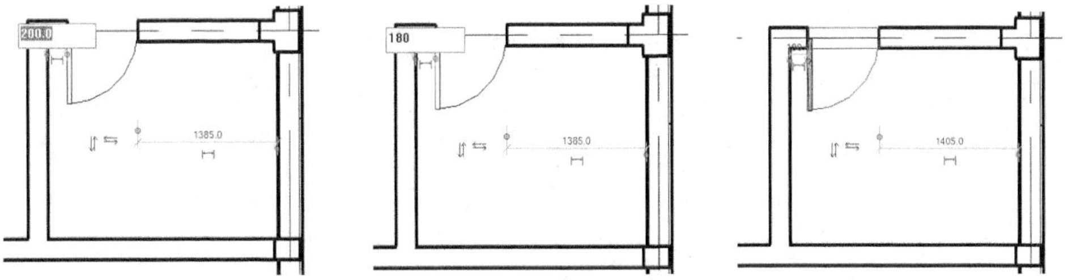

（a）选取临时尺寸　　（b）输入新尺寸　　（c）调整门位置

图 8-9　修改门的位置尺寸

（12）在属性选项板中单击“编辑类型”按钮，打开“类型属性”对话框，单击“复制”按钮，打开“名称”对话框，输入名称为 1000×2100mm，单击“确定”按钮，返回“类型属性”对话框，更改宽度为 1000.0，设置贴面材质为门-嵌板，框架材质为门-框架/竖梃，门嵌板材质为门-嵌板，其他采用默认设置，如图 8-10 所示，单击“确定”按钮，完成 1000×2100mm 类型的创建。

（13）将 1000×2100mm 单嵌板木门放置在左侧外墙上并调整位置，如图 8-11 所示。

（14）单击“模式”面板中的“载入族”按钮，打开“载入族”对话框，选择“China”→“建筑”→“门”→“卷帘门”文件夹中的“卷帘门.rfa”族文件，如图 8-12 所示，单击“打开”按钮。

图 8-10 “类型属性”对话框

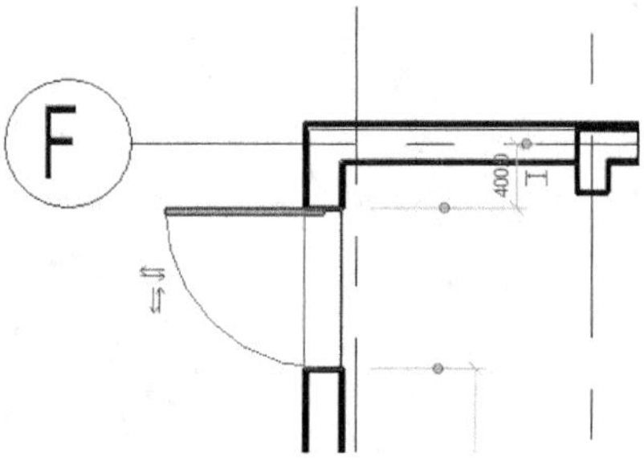

图 8-11 放置 1000×2100mm 单嵌板木门

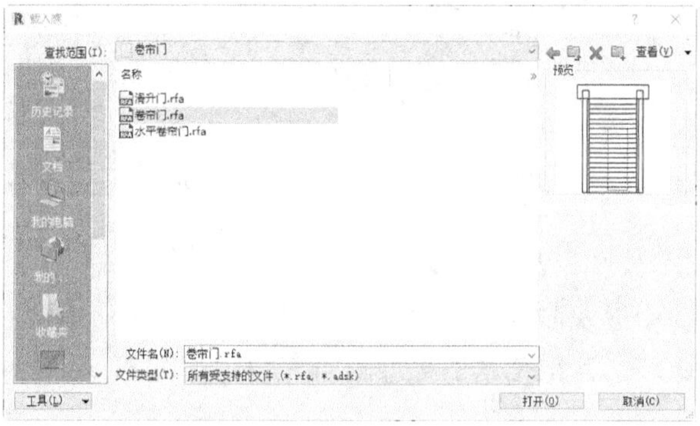

图 8-12 “载入族”对话框

（15）打开“指定类型”对话框，选择“1800×2700mm”类型，如图 8-13 所示，单击“确定”按钮，载入“卷帘门.rfa”族文件。

图 8-13 “指定类型”对话框

（16）在属性选项板中单击“编辑类型”按钮，打开“类型属性”对话框，单击“复制”按钮，打开“名称”对话框，输入名称为 3300×2300mm，单击“确定”按钮，返回“类型属性”对话框，更改宽度为 3300.0，高度为 2300.0，其他采用默认设置，如图 8-14 所示，单击“确定”按钮，完成 3300×2300mm 类型的创建。

（17）将卷帘门放置到车库的外墙上，并调整位置，如图 8-15 所示。

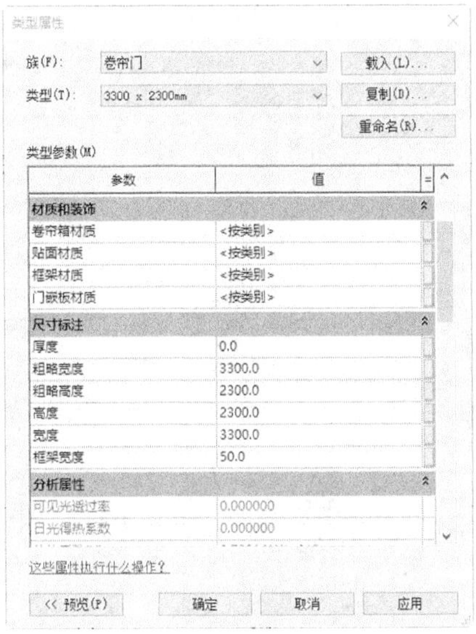

图 8-14　“类型属性”对话框

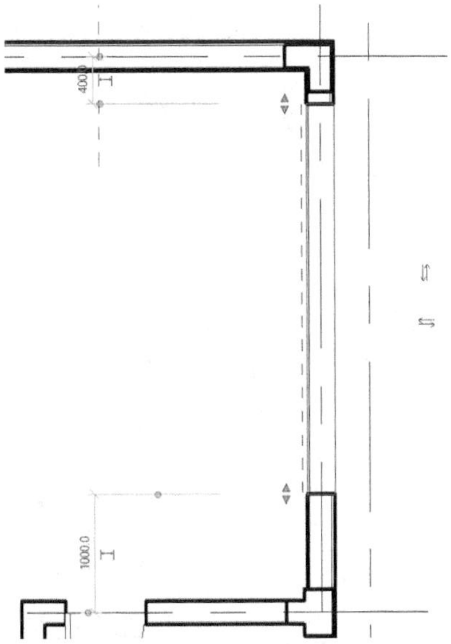

图 8-15　放置卷帘门

（18）单击“文件”下拉菜单中的“另存为”→“项目”命令，打开“另存为”对话框，指定保存位置并输入文件名，单击“保存”按钮。

8.1.2　布置 1 层门

视频：布置 1 层门

具体绘制步骤如下。

（1）打开 8.1.1 节绘制的项目文件，将视图切换到 1 层楼层平面视图。

（2）单击“建筑”选项卡“构建”面板中的“门”按钮（快捷键：DR），在属性选项板中选择“单嵌板木门 3 900×2100mm”类型，单击“编辑类型”按钮，打开“类型属性”对话框，设置贴面材质为门-嵌板，框架材质为门-框架/竖梃，门嵌板材质为门-嵌板，其他采用默认设置，单击“确定”按钮，在如图 8-16 所示的位置放置单嵌板木门。

（3）单击“建筑”选项卡“构建”面板中的“门”按钮（快捷键：DR），在属性选项板中选择“单嵌板木门 3 700×2100mm”类型，单击“编辑类型”按钮，打开“类型属性”对话框，设置贴面材质为门-嵌板，框架材质为门-框架/竖梃，门嵌板材质为门-嵌板，其他采用默认设置，单击“确定”按钮。在卫生间墙体上放置单嵌板木门，距离墙的距离为 100mm，如图 8-17 所示。

（4）单击“模式”面板中的“载入族”按钮，打开“载入族”对话框，选择“China”→“建筑”→“门”→“普通门”→“推拉门”文件夹中的“四扇推拉门 3.rfa”族文件，如图 8-18 所示，单击“打开”按钮，载入“四扇推拉门 3.rfa”族文件。

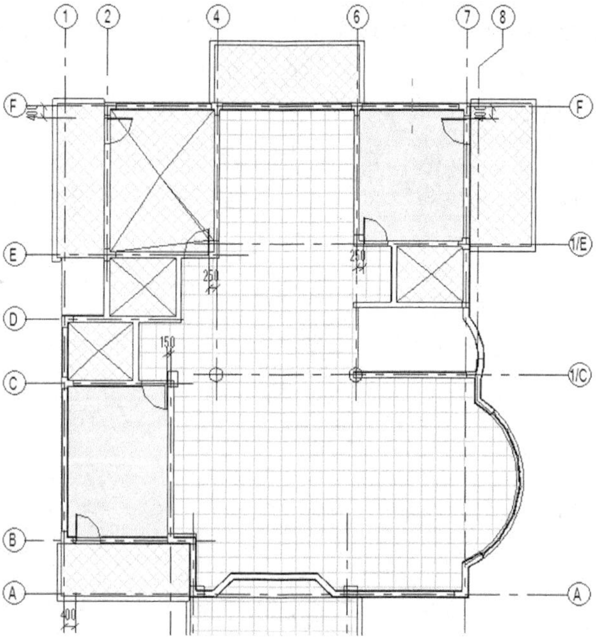

图 8-16　放置 900×2100mm 单嵌板木门

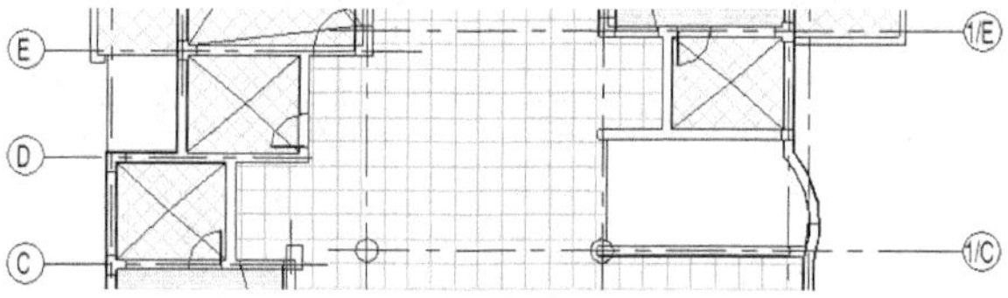

图 8-17　放置 700×2100mm 单嵌板木门

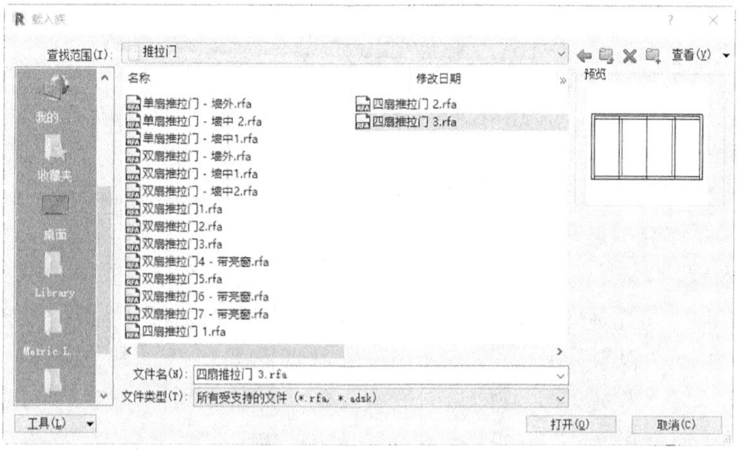

图 8-18　“载入族”对话框

（5）在属性选项板中选择“四扇推拉门 3 3600×2100mm”类型，单击“编辑类型”按钮，打开“类型属性”对话框，新建“2400×2700mm”类型，更改高度为 2700.0，宽度为 2400.0，其他采用默认设置，如图 8-19 所示，单击“确定”按钮，将推拉门放置在阳台外墙中间位置，如图 8-20 所示。

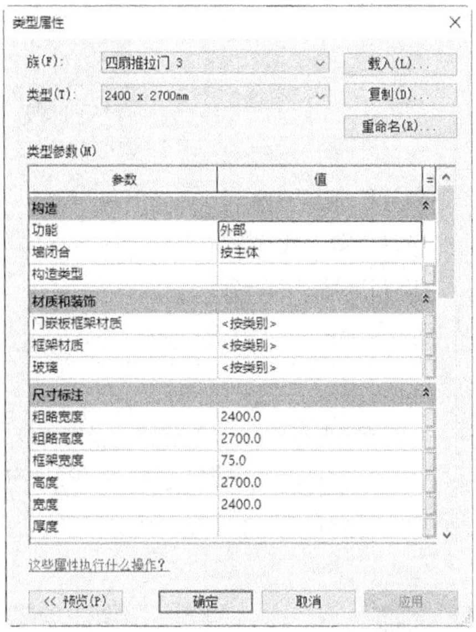

图 8-19　“类型属性”对话框

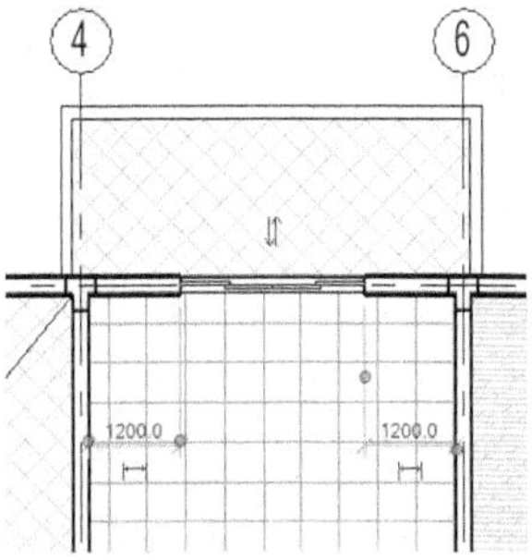

图 8-20　放置推拉门

（6）单击“模式”面板中的“载入族”按钮，打开“载入族”对话框，选择“China”→“建筑”→“门”→“普通门”→“平开门”→“双扇”文件夹中的“双面嵌板镶玻璃门 10.rfa”族文件，单击“打开”按钮，载入“双面嵌板镶玻璃门 10.rfa”族文件。

（7）在属性选项板中单击“编辑类型”按钮，打开“类型属性”对话框，新建“2000×2700mm”类型，更改宽度为 2000.0，高度为 2700.0，其他采用默认设置，如图 8-21 所示，单击“确定”按钮，将双开门放置在露台外墙中间位置，如图 8-22 所示。

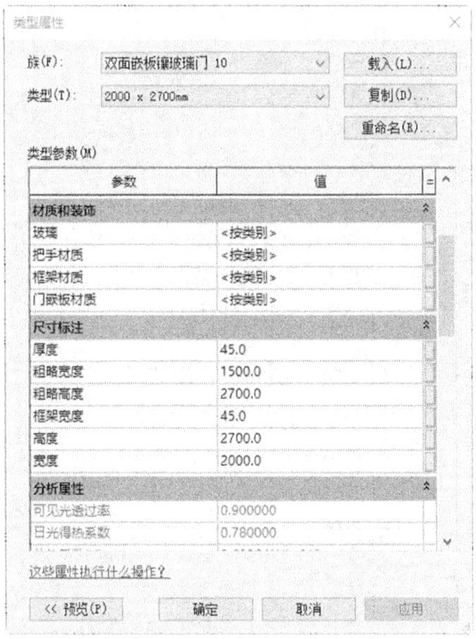

图 8-21　“类型属性”对话框

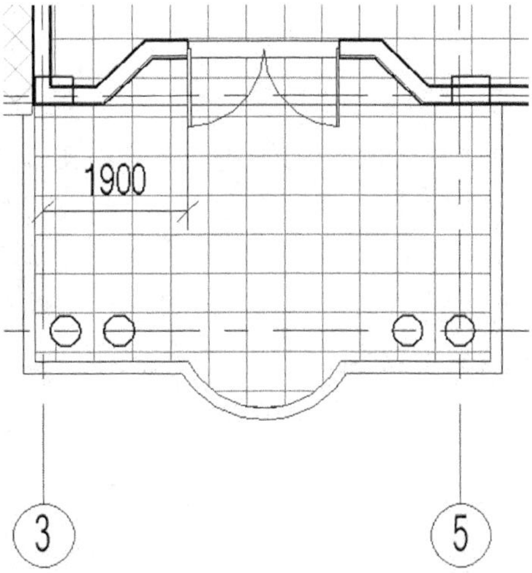

图 8-22　放置双开门

（8）单击“文件”下拉菜单中的“另存为”→“项目”命令，打开“另存为”对话框，指定保存位置并输入文件名，单击“保存”按钮。

8.1.3　布置 2、3 层门

视频：布置 2、3 层门

具体绘制步骤如下。

（1）打开 8.1.2 节绘制的项目文件，单击“修改”选项卡“创建”面板中的“创建组”按钮（快捷键：GP），打开“创建组”对话框，输入名称为 1 层门，其他采用默认设置，单击“确定”按钮。

（2）打开“编辑组”面板，单击“添加”按钮，选取视图中除露台处双开门外的所有门，单击“完成”按钮，完成 1 层门组的创建。

（3）选取步骤（2）中创建的 1 层门组，单击“修改|模型组”选项卡“剪贴板”面板中的“复制到剪贴板”按钮（快捷键：Ctrl+C），然后单击“粘贴”下拉菜单中的“与选定的标高对齐”按钮，打开“选择标高”对话框，选择“2 层”“3 层”标高，单击“确定”按钮，将 1 层门组复制到 2 层和 3 层。

（4）将视图切换到 3 层建筑平面视图。选取复制的 1 层门组，单击“修改|模型组”选项卡“成组”面板中的“解组”按钮（快捷键：UG），将复制的 1 层门组解组。

（5）选取轴线 C 卫生间墙上的 700×2100mm 木门，单击“修改|门”选项卡“主体”面板中的“拾取主体”按钮，光标放置在其他墙体上时预览门，单击放置门，如图 8-23 所示。

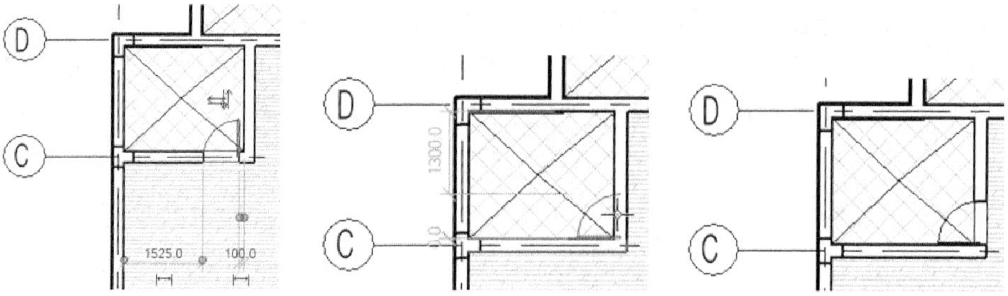

图 8-23　置换主体

（6）单击“建筑”选项卡“构建”面板中的“门”按钮（快捷键：DR），在属性选项板中选择“四扇推拉门 3 2400×2700mm”类型，将四扇推拉门放置在露台外墙上，如图 8-24 所示。

（7）在属性选项板中选择“单嵌板木门 3 900×2100mm”类型，在如图 8-25 所示的位置放置单嵌板木门。

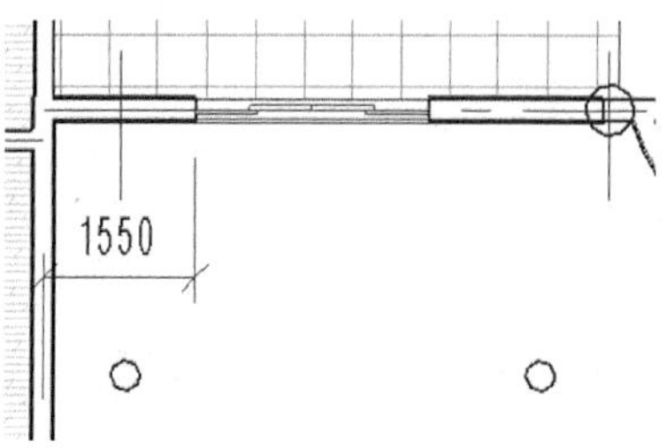

图 8-24　放置四扇推拉门

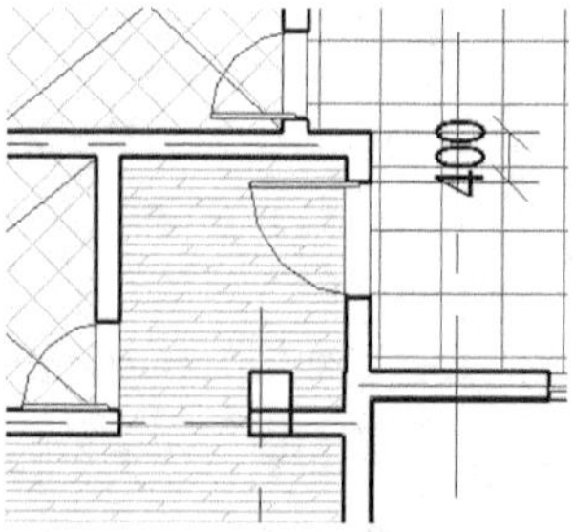

图 8-25　放置 900×2100mm 单嵌板木门

（8）在属性选项板中选择“单嵌板木门 3 700×2100mm”类型，将单嵌板木门放置在弧形墙上，如图 8-26 所示。

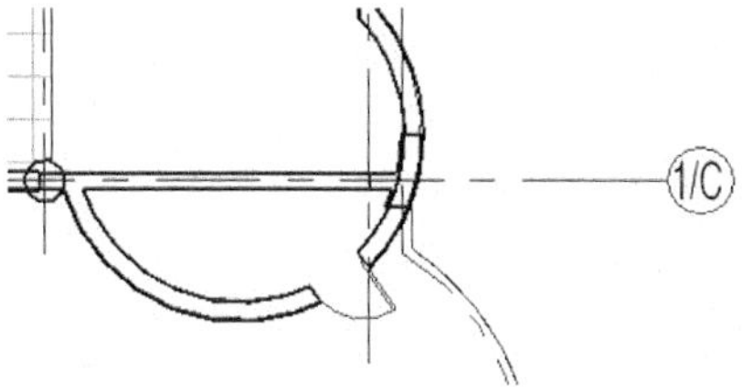

图 8-26 放置 700×2100mm 单嵌板木门

提示：

如果在三维视图中不显示门把手，则将“控制”栏中的详细程度更改为精细。

（9）单击“文件”下拉菜单中的“另存为”→“项目”命令，打开“另存为”对话框，指定保存位置并输入文件名，单击“保存”按钮。

8.2 窗

窗是基于主体的构件，可以添加到任何类型的墙内（对于天窗，可以添加到内建屋顶）。选择要添加的窗类型，然后指定窗在墙上的位置，Revit 将自动剪切洞口并放置窗。

8.2.1 布置架空层窗

视频：布置架空层窗

具体绘制步骤如下。

（1）打开 8.1.3 节绘制的项目文件，将视图切换到架空层楼层平面视图。

（2）单击“建筑”选项卡“构建”面板中的“窗”按钮（快捷键：DN），打开如图 8-27 所示的“修改|放置 窗”选项卡和选项栏。

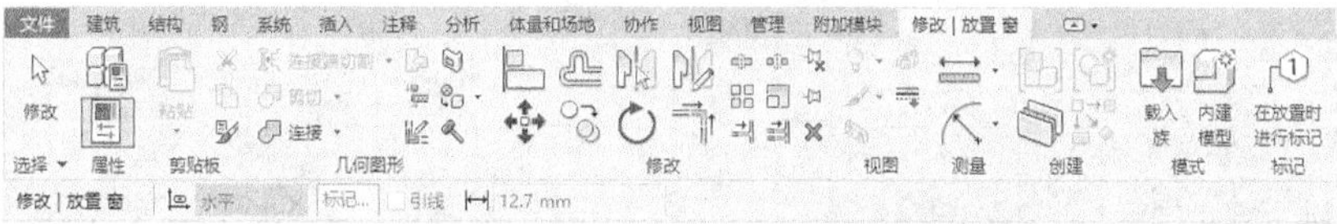

图 8-27 “修改|放置 窗”选项卡和选项栏

（3）在属性选项板中选择窗类型，系统默认的只有固定类型。

（4）单击“模式”面板中的“载入族”按钮，打开“载入族”对话框，选择“China”→“建筑”→“窗”→“普通窗”→“推拉窗”文件夹中的“推拉窗 6.rfa”族文件，如图 8-28 所示，单击“打开”按钮，载入“推拉窗 6.rfa”族文件。

（5）在属性选项板中单击“编辑类型”按钮，打开“类型属性”对话框，如图 8-29 所示，单击“复制”按钮，打开“名称”对话框，输入名称为 2100×1500mm，单击“确定”按钮，返回“类型属性”对话框，更改宽度为 2100.0，高度为 1500.0，设置“框架材质”和“窗扇框材质”为“钢，油漆面层，象牙白，有光泽”，其他采用默认设置，单击“确定”按钮。

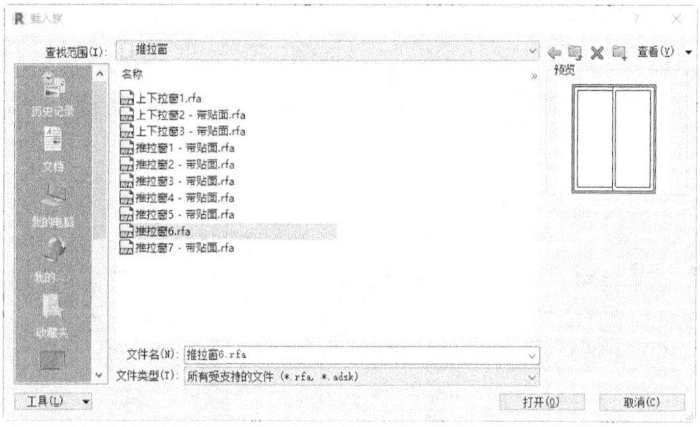

图 8-28 “载入族”对话框

“类型属性”对话框中的选项说明如下。

- 墙闭合：用于设置窗周围的层包络，包括按主体、两者都不、内部、外部和两者。
- 构造类型：设置窗的构造类型。
- 玻璃：设置玻璃的材质，可以单击⋯按钮，打开“材质浏览器”对话框，设置玻璃的材质。
- 框架材质：设置框架的材质。
- 高度：设置窗的高度。
- 宽度：设置窗的宽度。
- 粗略宽度：设置窗的洞口的粗略宽度，可以生成明细表或导出。
- 粗略高度：设置窗的洞口的粗略高度，可以生成明细表或导出。

（6）在属性选项板中设置底高度为 800.0，其他采用默认设置，如图 8-30 所示。

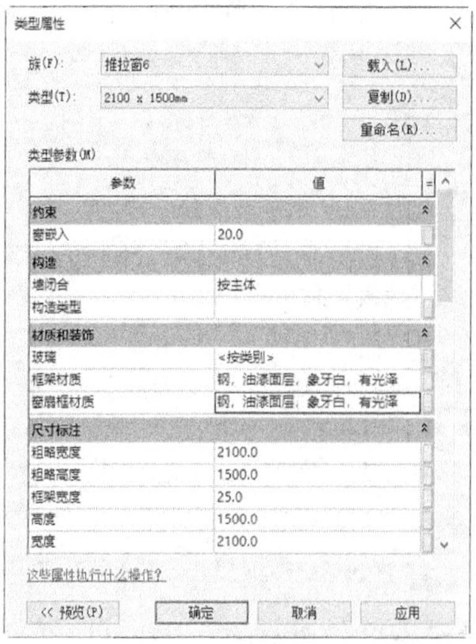

图 8-29 “类型属性”对话框

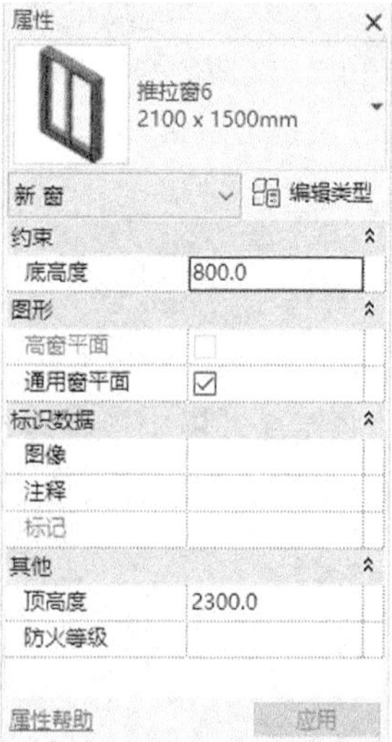

图 8-30 属性选项板

属性选项板中的选项说明如下。

- 底高度：设置相对于放置比例的标高的底高度。
- 注释：显示输入或从下拉列表中选择的注释，输入注释后，便可以为同一类别中图元的其他实例选择该注释，无须考虑类型或族。
- 图像：单击 按钮，打开“管理图像”对话框，添加图像作为窗标记。
- 标记：用于添加自定义标示的数据。
- 顶高度：指定相对于放置此实例的标高的实例顶高度。修改此值不会修改实例尺寸。
- 防火等级：设定当前窗的防火等级。

（7）将光标移到墙上以显示窗的预览图像，在默认情况下，临时尺寸标注指示从窗中心线到最近垂直墙的中心线的距离，如图 8-31 所示。

（8）单击放置窗，Revit 将自动剪切洞口并放置窗，如图 8-32 所示。

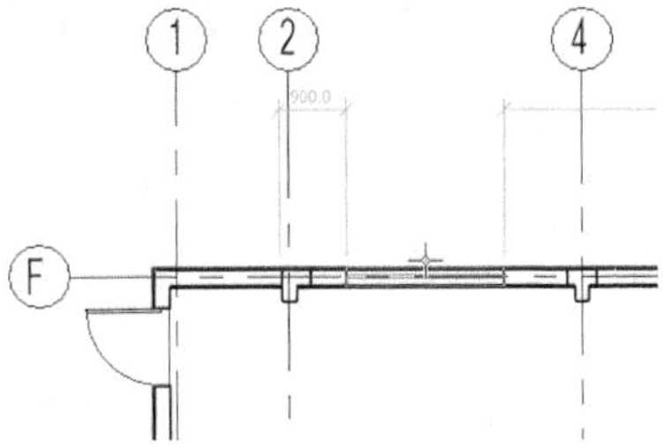

图 8-31　预览窗图像

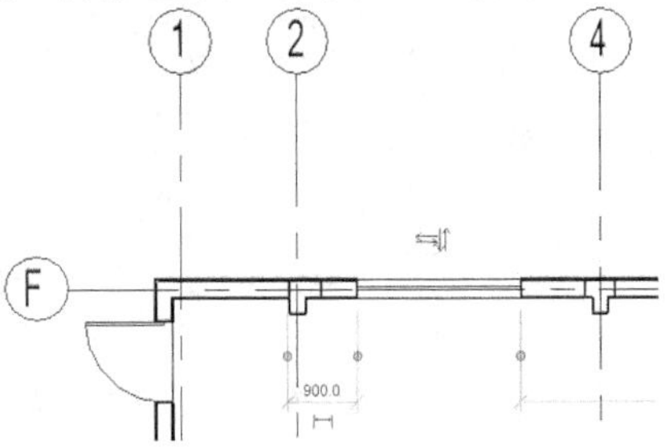

图 8-32　放置推拉窗

（9）采用相同的方法，在其他房间放置 2100×1500mm 推拉窗，如图 8-33 所示。

（10）在属性选项板中单击“编辑类型”按钮，打开“类型属性”对话框，新建“1200×700mm”类型，更改高度为 700.0，宽度为 1200.0，单击“确定”按钮，返回属性选项板，设置底高度为 1600.0，在西侧墙体上放置 1200×700mm 推拉窗，如图 8-34 所示。

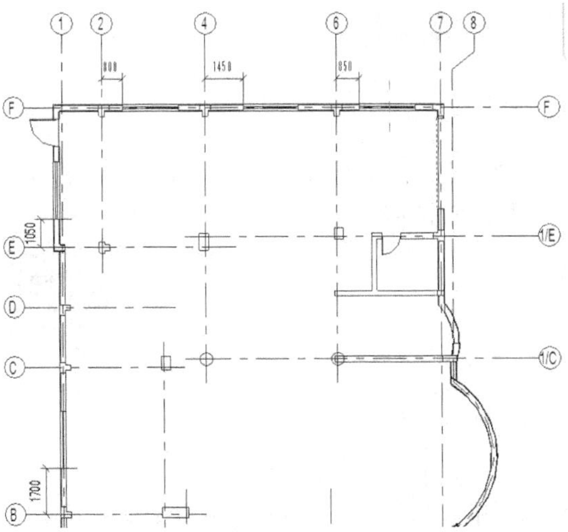

图 8-33　放置 2100×1500mm 推拉窗

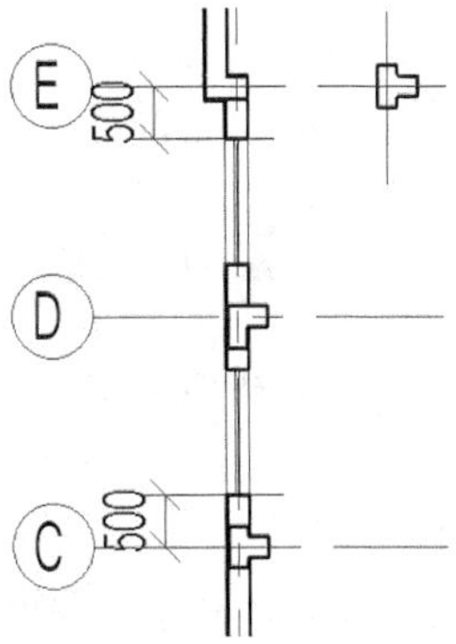

图 8-34　放置 1200×700mm 推拉窗

（11）在属性选项板中单击“编辑类型”按钮，打开“类型属性”对话框，新建“1000×700mm”类型，更改高度为 700.0，宽度为 1000.0，单击“确定”按钮，返回属性选项板，设置底高度为 1600.0，在东侧卫生间墙体上放置 1000×700mm 推拉窗，如图 8-35 所示。

（12）在属性选项板中单击“编辑类型”按钮，打开“类型属性”对话框，新建“900×1400mm”类型，更改宽度为 900.0，高度为 1400.0，单击“确定”按钮，返回属性选项板，设置底高度为 900.0，在楼梯间墙体上放置 900×1400mm 推拉窗，如图 8-36 所示。

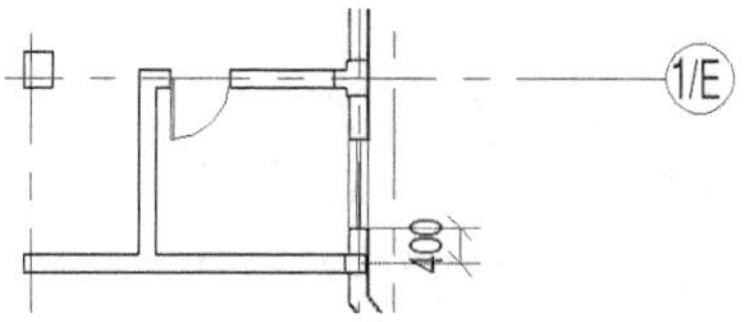

图 8-35　放置 1000×700mm 推拉窗

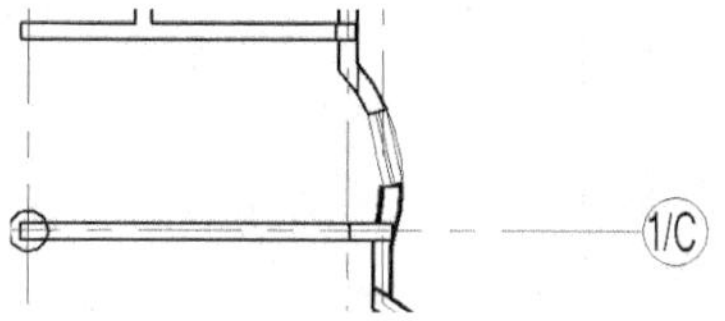

图 8-36　放置 900×1400mm 推拉窗

（13）单击“模式”面板中的“载入族”按钮，打开“载入族”对话框，选择“China”→“建筑”→“窗”→“普通窗”→“组合窗”文件夹中的“组合窗-双层单列（固定+推拉）.rfa”族文件，单击“打开”按钮，载入“组合窗-双层单列（固定+推拉）.rfa”族文件。

（14）在属性选项板中选择“组合窗-双层单列（固定+推拉）1500×1800mm”类型，单击“编辑类型”按钮，打开“类型属性”对话框，单击“复制”按钮，打开“名称”对话框，输入名称为 1500×1500mm，单击“确定”按钮，返回“类型属性”对话框，更改宽度为 1500.0，高度为 1500.0，设置“框架材质”为“钢，油漆面层，象牙白，有光泽”，其他采用默认设置，单击“确定”按钮，返回属性选项板，设置底高度为 700.0，将 1500×1500mm 组合推拉窗放置在如图 8-37 所示的位置。

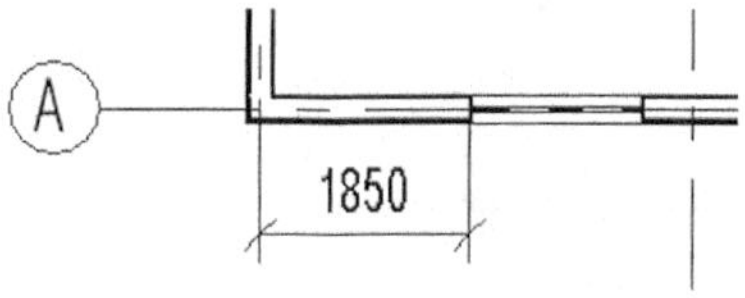

图 8-37　放置 1500×1500mm 组合推拉窗

（15）单击“文件”下拉菜单中的“另存为”→“项目”命令，打开“另存为”对话框，指定保存位置并输入文件名，单击“保存”按钮。

8.2.2　布置 1 层窗

视频：布置第 1 层窗

具体绘制步骤如下。

（1）打开 8.2.1 节绘制的项目文件，将视图切换至 1 层楼层平面视图。

（2）单击“建筑”选项卡“构建”面板中的“窗”按钮（快捷键：DN），打开“修改|放置 窗”选项卡，单击“模式”面板中的“载入族”按钮，打开“载入族”对话

框，选择“China”→“建筑”→“窗”→“普通窗”→“组合窗”文件夹中的“组合窗-双层单列（四扇推拉）-上部双扇.rfa”族文件，单击“打开”按钮，载入“组合窗-双层单列（四扇推拉）-上部双扇.rfa”族文件。

（3）在属性选项板中选择“组合窗-双层单列（四扇推拉）-上部双扇 2100×1800mm”类型，单击“编辑类型”按钮，打开“类型属性”对话框，单击“复制”按钮，打开“名称”对话框，输入名称为 2100×2100mm，单击“确定”按钮，返回“类型属性”对话框，更改宽度为 2100.0，高度为 2100.0，设置“框架材质”为“钢，油漆面层，象牙白，有光泽”，其他采用默认设置，单击“确定”按钮，返回属性选项板，设置底高度为 900.0，将 2100 ×2100mm 组合推拉窗放置在如图 8-38 所示的位置。

（4）在属性选项板中单击“编辑类型”按钮，打开“类型属性”对话框，单击“复制”按钮，打开“名称”对话框，输入名称为 2400×2100mm，单击“确定”按钮，返回“类型属性”对话框，更改宽度为 2400.0，高度为 2100.0，设置“框架材质”为“钢，油漆面层，象牙白，有光泽”，其他采用默认设置，返回属性选项板，设置底高度为 900.0，单击“确定”按钮，将 2400×2100mm 组合推拉窗放置在如图 8-39 所示的位置。

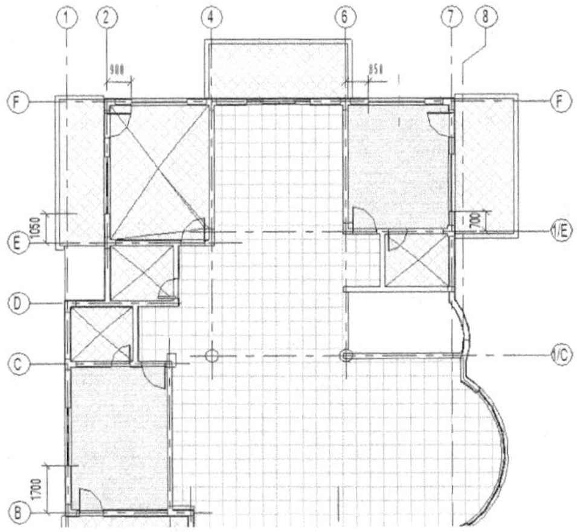

图 8-38　放置 2100×2100mm 组合推拉窗

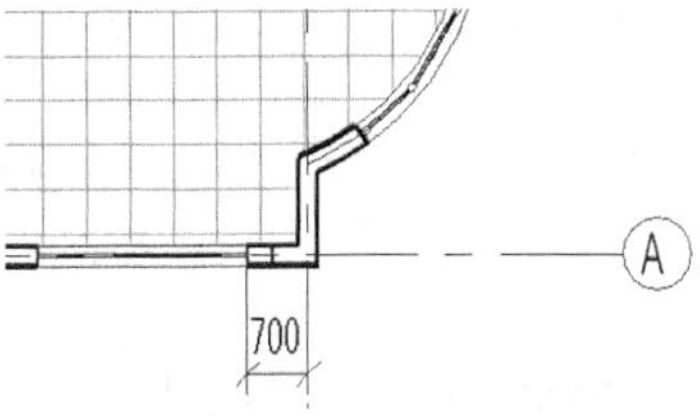

图 8-39　放置 2400×2100mm 组合推拉窗

（5）在属性选项板中选择“组合窗-双层单列（固定+推拉）-1500×2100mm”类型，设置底高度为 900.0，单击“编辑类型”按钮，打开“类型属性”对话框，设置“框架材质”为“钢，油漆面层，象牙白，有光泽”，其他采用默认设置，单击“确定”按钮，将 1500 ×2100mm 组合推拉窗放置在如图 8-40 所示的位置。

（6）在属性选项板中单击“编辑类型”按钮，打开“类型属性”对话框，单击“复制”按钮，打开“名称”对话框，输入名称为 1200×1400mm，单击“确定”按钮，返回“类型属性”对话框，更改宽度为 1200.0，高度为 1400.0，设置“框架材质”为“钢，油漆面层，象牙白，有光泽”，其他采用默认设置，单击“确定”按钮，返回属性选项板，设置底高度为 1600.0，将 1200×1400mm 组合推拉窗放置在如图 8-41 所示的左侧卫生间外墙上。

（7）在属性选项板中选择“推拉窗 6　900×1400mm”类型，设置底高度为 1600.0，将 900×1400mm 组合推拉窗放置在如图 8-42 所示的楼梯间外墙上。

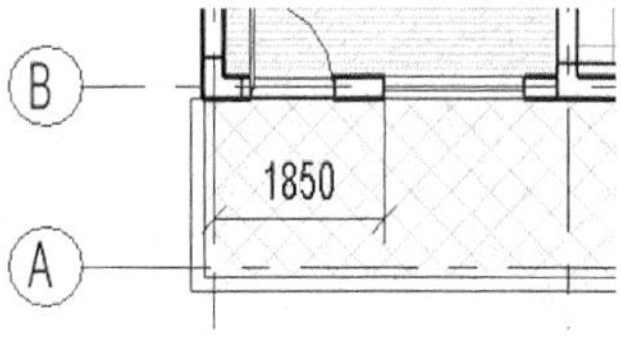

图 8-40　放置 1500×2100mm 组合推拉窗

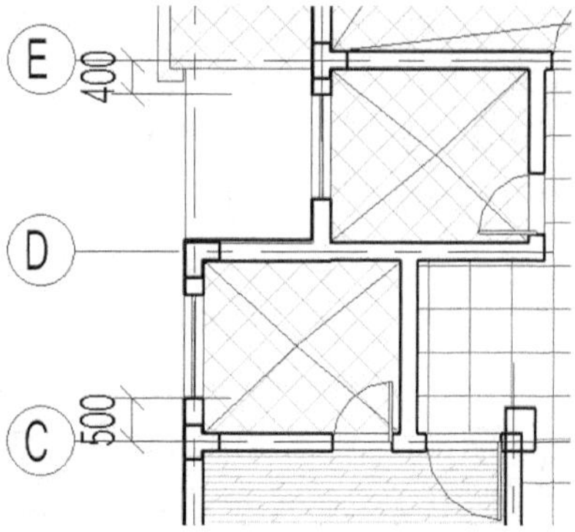

图 8-41　放置 1200×1400mm 组合推拉窗

（8）单击“编辑类型”按钮，打开“类型属性”对话框，单击“复制”按钮，打开“名称”对话框，输入名称为 1000×1400mm，单击“确定”按钮，返回“类型属性”对话框，更改宽度为 1000.0，高度为 1400.0，设置“框架材质”为“钢，油漆面层，象牙白，有光泽”，其他采用默认设置，单击“确定”按钮，将 1000×1400mm 组合推拉窗放置在如图 8-43 所示的右侧卫生间外墙上。

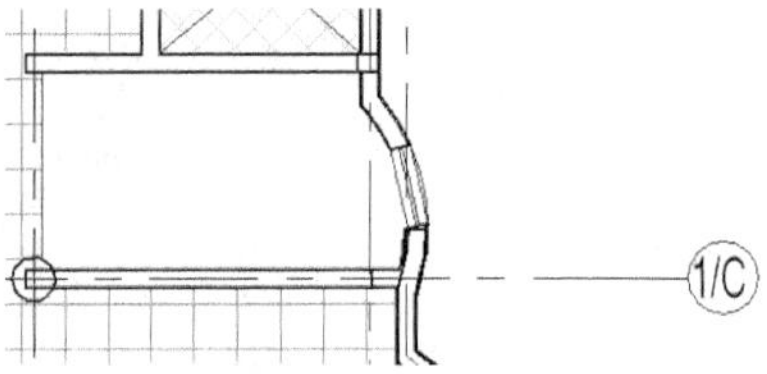

图 8-42　放置 900×1400mm 组合推拉窗

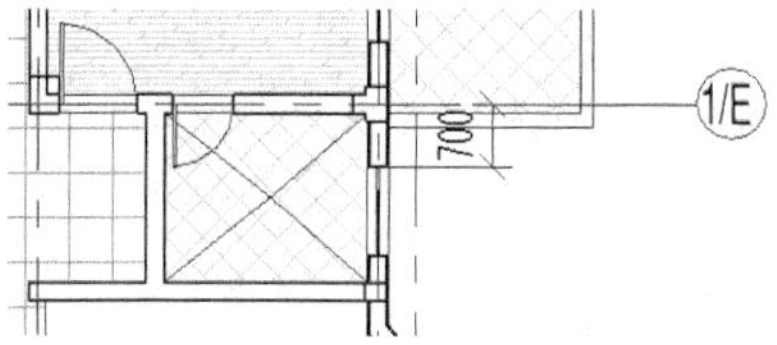

图 8-43　放置 1000×1400mm 组合推拉窗

（9）单击“文件”下拉菜单中的“另存为”→“项目”命令，打开“另存为”对话框，指定保存位置并输入文件名，单击“保存”按钮。

8.2.3　布置 2、3 层窗

视频：布置第 2、3 层窗

（1）打开 8.2.2 节绘制的项目文件，单击“修改”选项卡“创建”面板中的“创建组”按钮（快捷键：GP），打开“创建组”对话框，输入名称为 1 层窗，其他采用默认设置，单击“确定”按钮。

（2）打开“编辑组”面板，单击“添加”按钮，选取视图中所有窗，单击“完成”按钮，完成 1 层窗组的创建。

（3）选取上步创建的 1 层窗组，单击“修改|模型组”选项卡“剪贴板”面板中的“复制到剪贴板”按钮（快捷键：Ctrl+C），然后单击“粘贴”下拉菜单中的“与选定的标高对齐”按钮，打开“选择标高”对话框，选择“2 层”“3 层”标高，单击“确定”按钮，将 1 层窗组复制到 2 层和 3 层。

（4）将视图切换到 3 层建筑平面视图。选取复制的 1 层窗组，单击“修改|模型组”选项卡“成组”面板中的“解组”按钮（快捷键：UG），将复制的 1 层窗组解组。

提示：

可以利用“复制”按钮，分别在各个立面中将窗户向上复制到 2 层和 3 层。

（5）单击“建筑”选项卡“构建”面板中的“窗”按钮（快捷键：DN），在属性选项板中选择“推拉窗 6 900×1400mm”类型，单击“编辑类型”按钮，打开“类型属性”对话框，单击“复制”按钮，打开“名称”对话框，输入名称为 1500×1500mm，单击“确定”按钮，返回“类型属性”对话框，更改宽度为 1500.0，高度为 1500.0，设置“框架材质”为“钢，油漆面层，象牙白，有光泽”，其他采用默认设置，单击“确定”按钮，返回属性选项板，设置底高度为 1500.0，将 1500×1500mm 推拉窗放置在如图 8-44 所示的弧形外墙上。

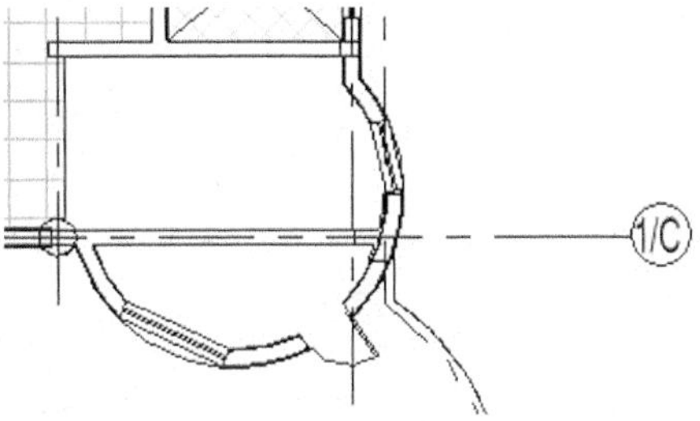

图 8-44 放置 1500×1500mm 推拉窗

（6）单击“文件”下拉菜单中的“另存为”→“项目”命令，打开“另存为”对话框，指定保存位置并输入文件名，单击“保存”按钮。

8.2.4 布置阁楼层窗

视频：布置阁楼层窗

（1）打开 8.2.3 节绘制的项目文件，将视图切换到阁楼层建筑平面视图。

（2）单击“建筑”选项卡“构建”面板中的“窗”按钮（快捷键：DN），在属性选项板中选择“推拉窗 6 1500×1500mm”类型，设置底高度为 900.0，将 1500×1500mm 推拉窗放置在如图 8-45 所示的弧形外墙上。

（3）在属性选项板中选择“推拉窗 6 900×1400mm”类型，单击“编辑类型”按钮，打开“类型属性”对话框，单击“复制”按钮，打开“名称”对话框，输入名称为 980×800mm，单击“确定”按钮，返回“类型属性”对话框，更改宽度为 980.0，高度为 800.0，设置“框架材质”为“钢，油漆面层，象牙白，有光泽”，其他采用默认设置，单击“确定”按钮，返回属性选项板，设置底高度为 550.0，将 980×800mm 推拉窗放置在老虎窗外墙的中间位置，如图 8-46 所示。

（4）在属性选项板中选择“推拉窗 6 900×1400mm”类型，单击“编辑类型”按钮，打开“类型属性”对话框，单击“复制”按钮，打开“名称”对话框，输入名称为 2200×1000mm，单击“确定”按钮，返回“类型属性”对话框，更改宽度为 2200.0，高度为 1000.0，设置“框架材质”为“钢，油漆面层，象牙白，有光泽”，其他采用默认设置，单击“确定”按钮，返回属性选项板，设置底高度为 100.0，将 2200×1000mm 推拉窗放置在拉伸屋顶外墙的中间位置，如图 8-47 所示。

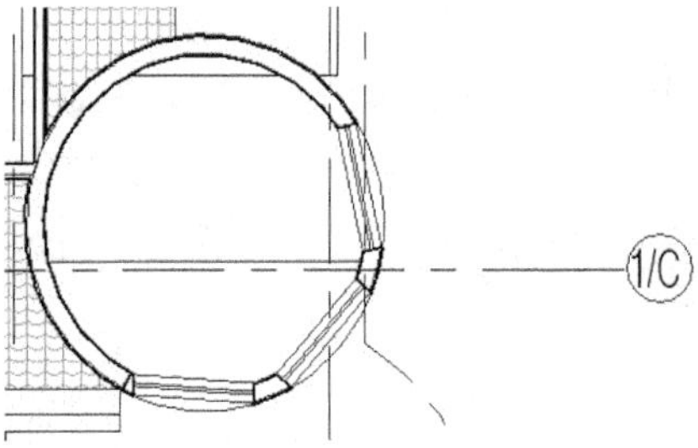

图 8-45　放置 1500×1500mm 推拉窗

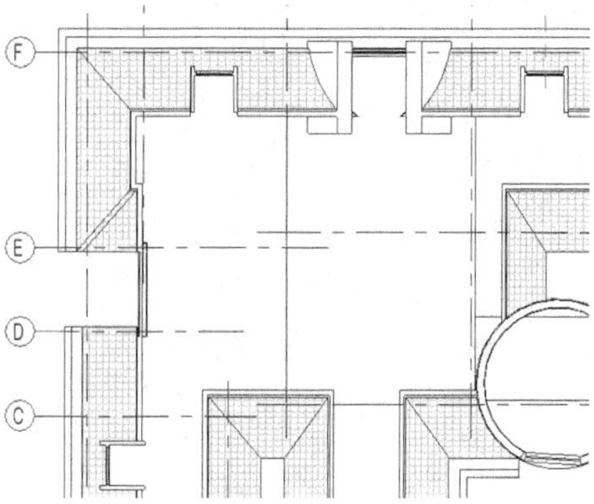

图 8-46　放置 980×800mm 推拉窗

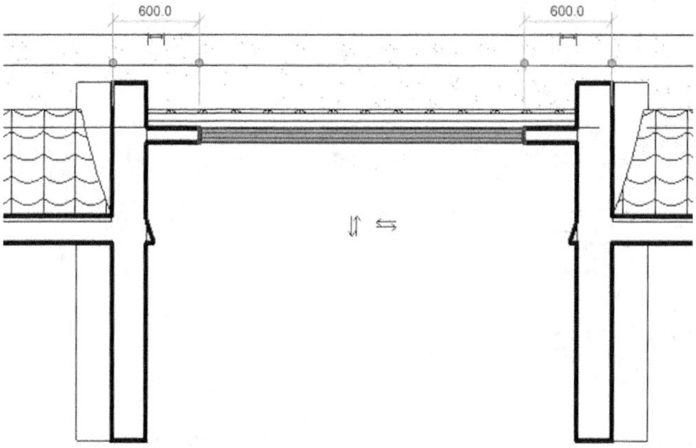

图 8-47　放置 2200×1000mm 推拉窗

（5）单击“文件”下拉菜单中的“另存为”→“项目”命令，打开“另存为”对话框，指定保存位置并输入文件名，单击“保存”按钮。

第 9 章

楼梯坡道

知识导引

楼梯是房屋各楼层间的垂直通道联系部分，是楼层人流疏散必经的通路，楼梯设计应根据使用要求，选择合适的形式，布置恰当的位置，根据使用性质、人流通行情况和防火规范综合确定楼梯的宽度和数量，并根据使用对象和使用场合选择最合适的坡度。

9.1 栏杆扶手

栏杆扶手可以是独立式栏杆扶手，也可以是附加到楼梯、坡道和其他主体的栏杆扶手，如图 9-1 所示。

使用栏杆扶手工具，可以：

- 将栏杆扶手作为独立构件添加到楼层中；
- 将栏杆扶手附着到主体（如楼板、坡道或楼梯）；
- 在创建楼梯时自动创建栏杆扶手；
- 在现有楼梯或坡道上放置栏杆扶手；
- 绘制自定义栏杆扶手路径并将栏杆扶手附着到楼板、屋顶板、楼板边、墙顶、屋顶或地形。

创建栏杆扶手时，扶栏和栏杆将自动按相等间隔放置在栏杆扶手上。

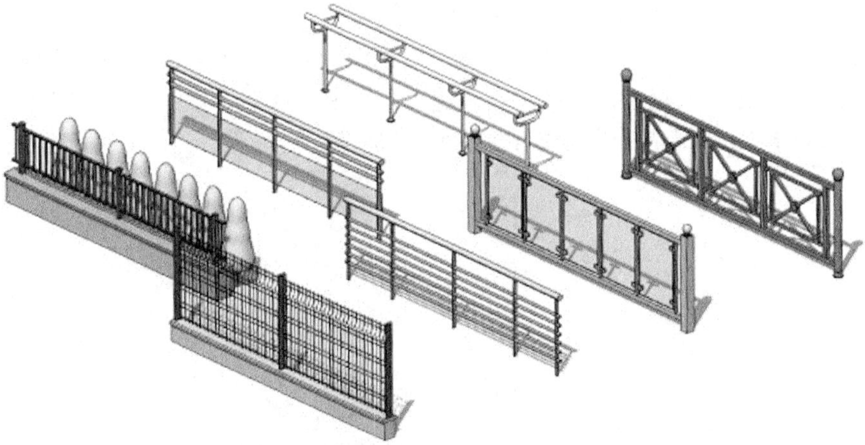

图 9-1　栏杆扶手

9.1.1 绘制阳台栏杆

视频：绘制阳台栏杆

通过绘制栏杆扶手路径来创建栏杆扶手，然后选择一个图元（如楼板或屋顶）作为栏杆扶手主体。

具体绘制步骤如下。

（1）打开 8.2.4 节绘制的项目文件，将视图切换到 1 层楼层平面视图。

（2）单击“插入”选项卡“从库中载入”面板中的“载入族”按钮，打开“载入族”对话框，选择“China”→“建筑”→“栏杆扶手”→“栏杆”→“欧式栏杆”→“葫芦瓶系列”文件夹中的“HFE8012.rfa”族文件，如图 9-2 所示，单击“打开”按钮，载入葫芦瓶栏杆。

图 9-2　“载入族”对话框

（3）单击快速访问工具栏中的“打开”按钮（快捷键：Ctrl+O），打开“打开”对话框，选择“China”→“建筑”→“栏杆扶手”→“栏杆”→“常规栏杆”→“普通栏杆”文件夹中的“支柱-中心柱.rfa”族文件，单击“打开”按钮，打开“支柱-中心柱.rfa”族文件，修改支柱的高度为 900，如图 9-3 所示。

（4）单击“保存”按钮，打开“另存为”对话框，输入文件名为支柱-中心柱 900mm，单击“保存”按钮，保存文件。单击“创建”选项卡“族编辑器”面板中的“载入到项目并关闭”按钮，将其载入到项目文件中。

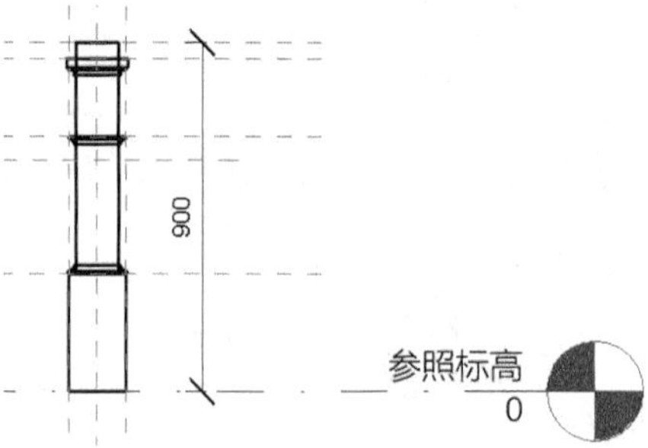

图 9-3　修改支柱高度

（5）单击“插入”选项卡“从库中载入”面板中的“载入族”按钮，打开“载入族”对话框，选择“China”→“轮廓”→“专项轮廓”→“栏杆扶手”文件夹中的“欧式石材栏杆扶手 250×80.rfa”族文件，如图 9-4 所示，单击“打开”按钮，载入栏杆扶手。

（6）单击“建筑”选项卡“构建”面板“栏杆扶手”下拉列表中的“绘制路径”按钮，打开“修改|创建栏杆扶手路径”选项卡和选项栏，如图 9-5 所示。

（7）在属性选项板中选择“栏杆扶手 900mm 圆管”类型，如图 9-6 所示。

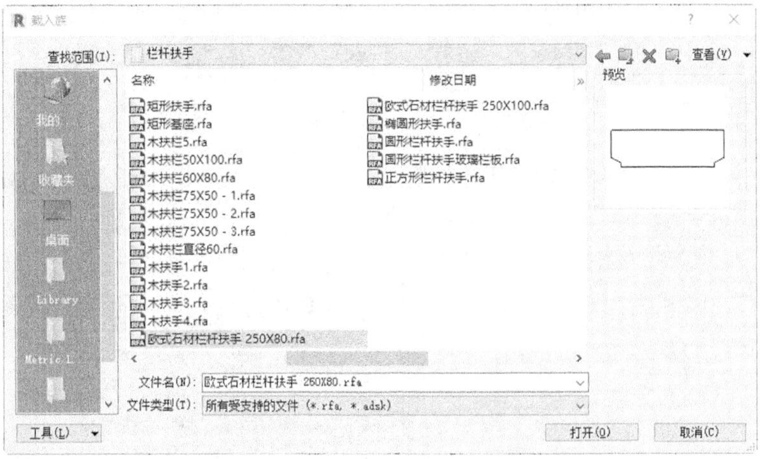

图 9-4　“载入族”对话框

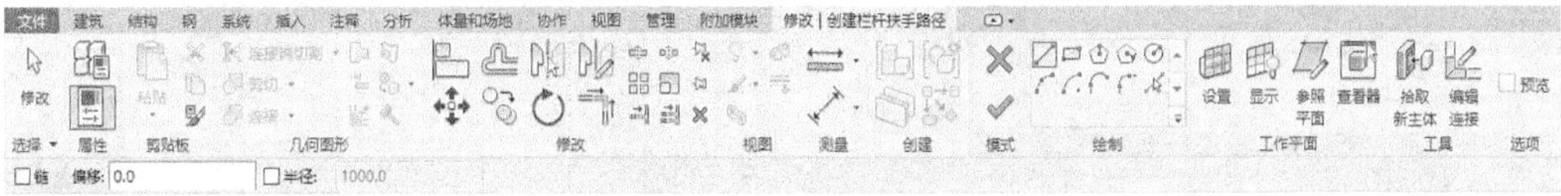

图 9-5　“修改|创建栏杆扶手路径”选项卡和选项栏

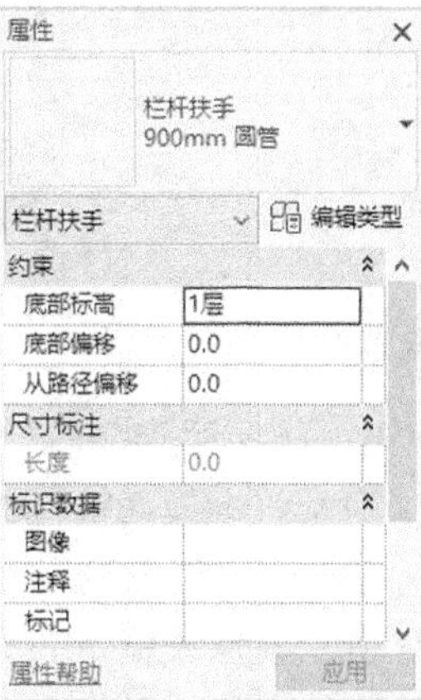

图 9-6　属性选项板

属性选项板中的选项说明如下。

- 底部标高：指定栏杆扶手系统不位于楼梯或坡道上时的底部标高。如果在创建楼梯时自动放置了栏杆扶手，则此值由楼梯的底部标高决定。
- 底部偏移：如果栏杆扶手系统不位于楼梯或坡道上，则此值是楼板或标高到栏杆扶手系统底部的距离。

- 从路径偏移：指定相对于其他主体上踏板、梯边梁或路径的栏杆扶手偏移。如果在创建楼梯时自动放置了栏杆扶手，可以选择将栏杆扶手放置在踏板或梯边梁上。
- 长度：栏杆扶手的实际长度。
- 图像：单击□按钮，打开“管理图像”对话框，添加图像作为栏杆扶手标记。
- 注释：有关图元的注释。
- 标记：应用于图元的标记，如显示在图元多类别标记中的标签。
- 创建的阶段：创建图元的阶段。
- 拆除的阶段：拆除图元的阶段。

（8）单击“编辑类型”按钮□，打开“类型属性”对话框，新建“阳台栏杆”类型，勾选“使用顶部扶栏”复选框，如图 9-7 所示。在“顶部扶栏”组中单击“类型”栏，显示□并单击，打开“类型属性”对话框，新建“欧式栏杆扶手”类型，在“轮廓”下拉列表中选择“欧式石材栏杆扶手 250×80：欧式石材栏杆扶手 250×80”选项，设置“材质”为“粉刷，白色，平滑”，其他采用默认设置，如图 9-8 所示，单击“确定”按钮。

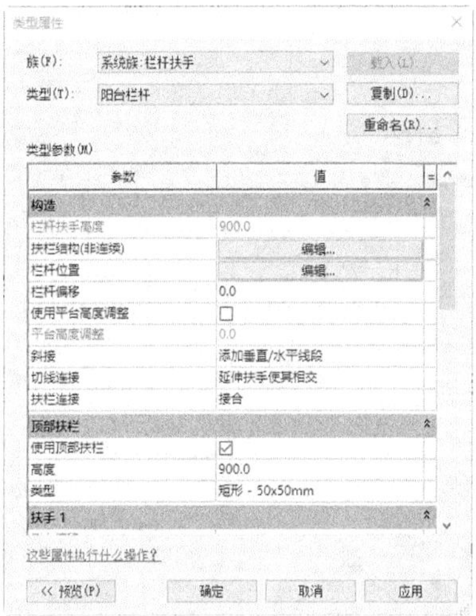

图 9-7　阳台栏杆“类型属性”对话框

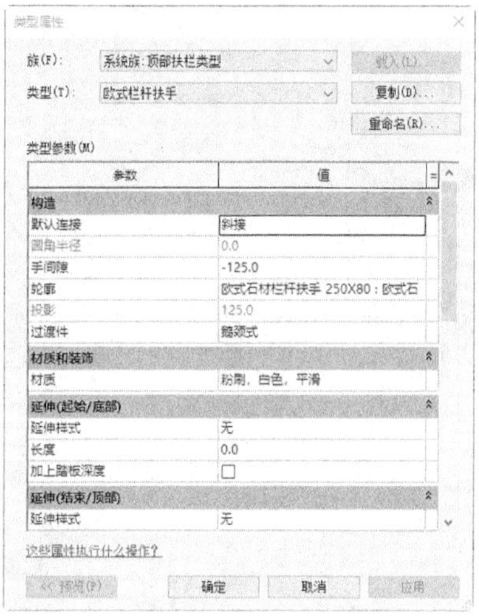

图 9-8　欧式栏杆扶手“类型属性”对话框

阳台栏杆“类型属性”对话框中的选项说明如下。

- 栏杆扶手高度：设置栏杆扶手系统中最高扶栏的高度。
- 扶栏结构（非连续）：单击“编辑”按钮，打开“编辑扶手（非连续）”对话框，在此对话框中可以设置每个扶栏的扶栏编号、高度、偏移、材质和轮廓（形状）。单击“插入”按钮，输入扶栏的名称，以及高度、偏移、轮廓和材质。单击“向上”或“向下”按钮以调整栏杆扶手位置。
- 栏杆位置：单击“编辑”按钮，打开“编辑栏杆位置”对话框，定义栏杆样式。
- 栏杆偏移：距扶栏绘制线的栏杆偏移。通过设置此属性和扶栏偏移的值，可以创建扶栏和栏杆的不同组合。
- 使用平台高度调整：控制平台栏杆扶手的高度。取消此复选框的勾选，则栏杆扶手和平台像在楼梯梯段上一样使用相同的高度。勾选此复选框，则栏杆扶手高度会根据“平台高度调整”设置值进行向上或向下调整。

- 平台高度调整：基于中间平台或顶部平台“栏杆扶手高度”参数的指示值提高或降低栏杆扶手高度。
- 斜接：如果两段栏杆扶手在水平面内相交成一定角度，但没有垂直连接，则可以选择添加垂直/水平或不添加连接件来确定连接方法。
- 切线连接：如果两段相切栏杆扶手在平面中共线或相切，但没有垂直连接，则可以选择添加垂直/水平、不添加连接件或延伸扶栏使其相交来连接。
- 扶栏连接：如果系统无法在栏杆扶手段之间进行连接时创建斜接连接，则可以通过修剪或焊接来进行连接。
- 修剪：使用垂直平面剪切分段。
- 焊接：以尽可能接近斜接的方式连接分段。
- 高度：设置栏杆扶手系统中顶部栏杆的高度。
- 类型：指定顶部扶栏的类型。
- 侧偏移：显示栏杆的偏移值。
- 扶手-高度：扶手类型属性中指定的扶手高度。

（9）单击“扶栏结构（非连续）”栏中的“编辑”按钮，打开“编辑扶手（非连续）”对话框，选取“扶栏 2”“扶栏 3”“扶栏 4”，单击“删除”按钮将其删除，在“轮廓”下拉列表中选择“欧式石材栏杆扶手 250×80：欧式石材栏杆扶手 250×80”选项，设置高度为 0.0，材质为“粉刷，白色，平滑”，如图 9-9 所示，单击“确定”按钮，返回“类型属性”对话框。

（10）单击“栏杆位置”栏中的“编辑”按钮，打开“编辑栏杆位置”对话框，在常规栏的栏杆族中选择“HFE8012:HFE801”，设置相对前一栏杆的距离为 300.0，在支柱中设置起点支柱、转角支柱和终点支柱的栏杆族为支柱-中心柱 900mm：150，对齐为展开样式以匹配，起点支柱的空间距离为 100.0，终点支柱的空间距离为-100.0，转角支柱位置为每段扶手末端，如图 9-10 所示，连续单击“确定”按钮，返回绘图区。

图 9-9　“编辑扶手（非连续）”对话框

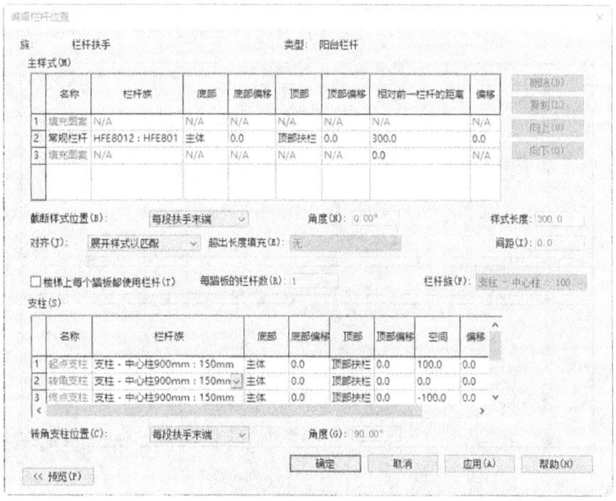

图 9-10　“编辑栏杆位置”对话框

“编辑栏杆位置”对话框中的选项说明如下。

“主样式”栏：自定义栏杆扶手的栏杆。

- 名称：样式内特定栏杆的名称。
- 栏杆族：指定栏杆或支柱族的样式。如果选择“无”，则此样式的相应部分将不显示栏杆或支柱。
- 底部：指定栏杆底端的位置，包括扶栏顶端、扶栏底端或主体顶端。主体可以是楼层、楼板、楼梯或坡道。
- 底部偏移：是指栏杆底端与基面之间的垂直距离，可以是负值或正值。
- 顶部：指定栏杆顶端的位置（常为扶栏）。
- 顶部偏移：是指栏杆顶端与顶之间的垂直距离，可以是负值或正值。
- 相对前一栏杆的距离：控制样式中栏杆的间距。对于第一个栏杆，该属性指定栏杆扶手段起点或样式重复点与第一个栏杆放置位置之间的间距；对于每个后续行，该属性指定新栏杆与上一栏杆的间距。
- 偏移：相对栏杆扶手路径内侧或外侧的距离。
- 截断样式位置：栏杆扶手段上的栏杆样式中断点，包括“每段护手末端”、“角度大于”和“从不”。
- 角度：指定某个样式的中断角度。选择“角度大于”截断样式位置时，此选项可用。
- 样式长度：“相对前一栏杆的距离”列出的所有值的和。
- 对齐：各个栏杆沿栏杆扶手段长度方向进行对齐，包括“起点”、“终点”、“中心”和“展开样式以匹配”。Revit 如何确定起点和终点取决于栏杆扶手的绘制方式，即从右至左，还是从左至右。
  - ✧“起点”表示样式始自栏杆扶手段的始端。如果样式长度不是恰为栏杆扶手长度的倍数，则最后一个样式实例和栏杆扶手段末端之间则会出现多余间隙。
  - ✧“终点”表示样式始自栏杆扶手段的末端。如果样式长度不是恰为栏杆扶手长度的倍数，则最后一个样式实例和栏杆扶手段始端之间则会出现多余间隙。
  - ✧“中心”表示第一个栏杆样式位于栏杆扶手段中心，所有多余间隙均匀分布于栏杆扶手段的始端和末端。
  - ✧“展开样式以匹配”表示沿栏杆扶手段长度方向均匀扩展样式。不会出现多余间隙，且样式的实际位置值不同于“样式长度”中指示的值。
- 超出长度填充：如果栏杆扶手段上出现多余间隙，但无法使用样式对其进行填充，可以指定间隙的填充方式。
- 间距：填充栏杆扶手段上任何多余长度的各个栏杆之间的距离。

“支柱”栏：自定义栏杆扶手的支柱。

- 名称：样式内特定栏杆的名称。
- 栏杆族：指定支柱族的样式。
- 底部：指定支柱底端的位置，包括扶栏顶端、扶栏底端或主体顶端。主体可以是楼层、楼板、楼梯或坡道。
- 底部偏移：是指支柱底端与基面之间的垂直距离，可以是负值或正值。

- 顶部：指定支柱顶端的位置（常为扶栏）。
- 顶部偏移：是指支柱顶端与顶之间的垂直距离，可以是负值或正值。
- 空间：设置相对于指定位置向左或向右移动支柱的距离。
- 偏移：相对栏杆扶手路径内侧或外侧的距离。
- 转角支柱位置：指定栏杆扶手段上转角支柱的位置。
- 角度：指定添加支柱的角度。

（11）单击"绘制"面板中的"线"按钮 ⬚（默认状态下，系统会激活此按钮），绘制栏杆路径，距离阳台边线 100mm，如图 9-11 所示。单击"模式"面板中的"完成编辑模式"按钮 ✓，完成栏杆路径的绘制，如图 9-12 所示。

（12）重复"栏杆路径"命令，在属性选项板中选择"栏杆扶手 阳台栏杆"类型，利用"线"按钮 ⬚，在左侧阳台楼板上绘制栏杆路径，如图 9-13 所示。单击"完成编辑模式"按钮 ✓，绘制的栏杆如图 9-14 所示。

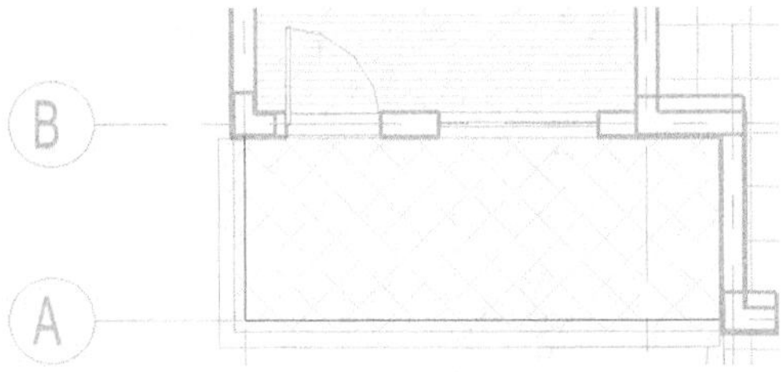

图 9-11　绘制栏杆路径

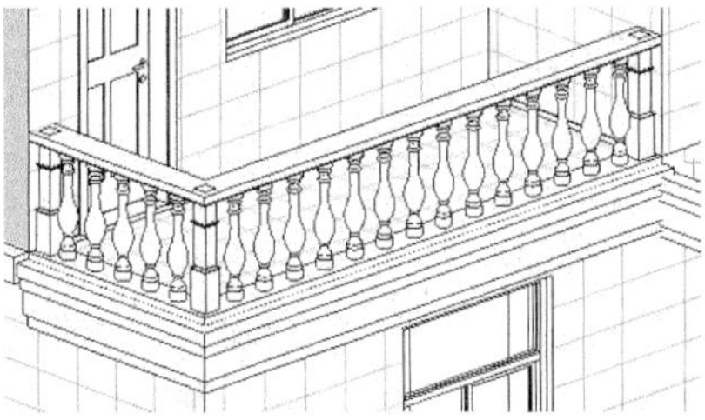

图 9-12　创建栏杆

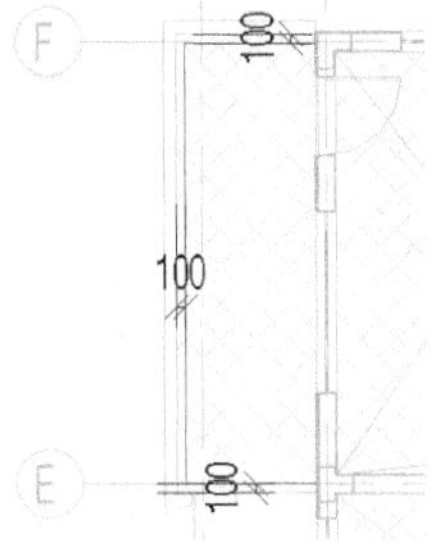

图 9-13　绘制左侧阳台栏杆路径

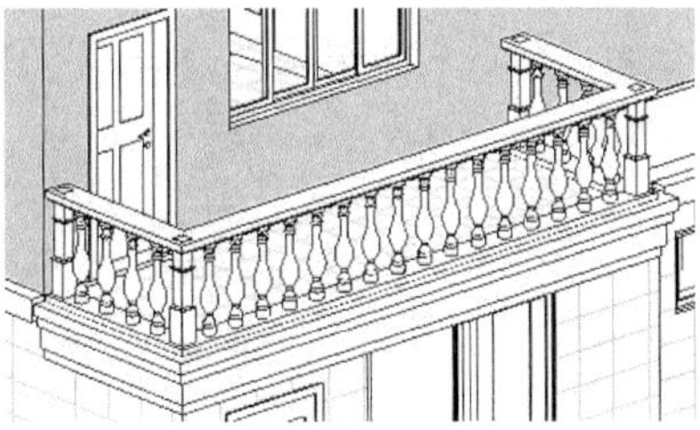

图 9-14　左侧阳台栏杆

（13）重复"栏杆路径"命令，在属性选项板中选择"栏杆扶手 阳台栏杆"类型，利用"线"按钮 ⬚，在北侧阳台楼板上绘制栏杆路径，如图 9-15 所示。单击"完成编辑模式"按钮 ✓，绘制的栏杆如图 9-16 所示。

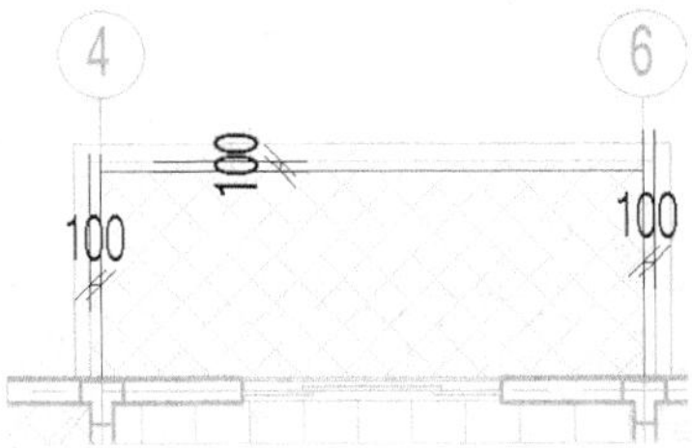

图 9-15　绘制北侧阳台栏杆路径

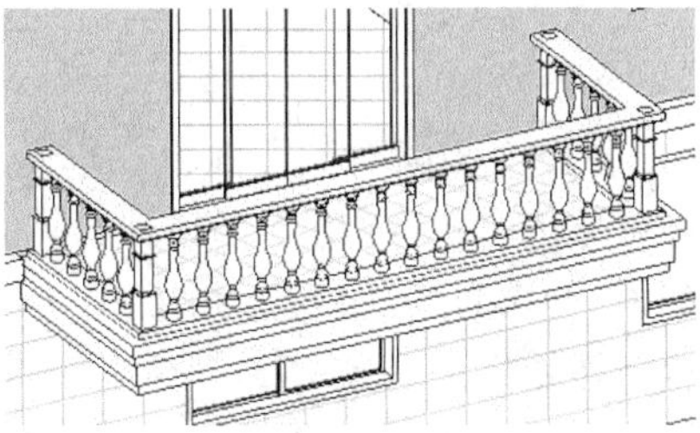

图 9-16　北侧阳台栏杆

（14）重复“栏杆路径”命令，在属性选项板中选择“栏杆扶手 阳台栏杆”类型，利用“线”按钮，在右侧阳台楼板上绘制栏杆路径，如图 9-17 所示。单击“完成编辑模式”按钮，绘制的栏杆如图 9-18 所示。

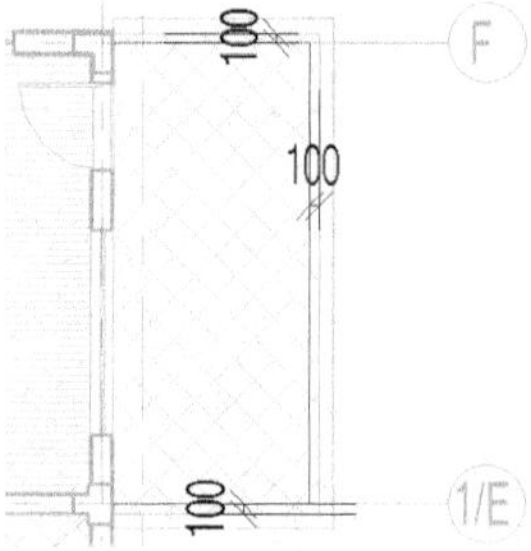

图 9-17　绘制右侧阳台栏杆路径

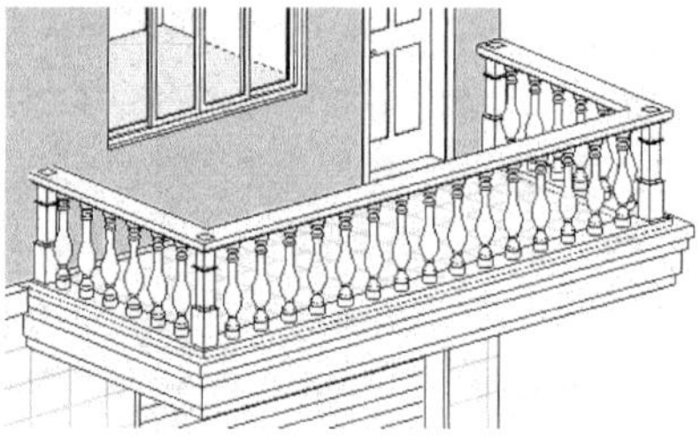

图 9-18　右侧阳台栏杆

（15）双击项目浏览器中“族”→“栏杆扶手”→“支柱-中心柱 900mm”节点下的“150mm”，打开“类型属性”对话框，更改“支柱材质”为“粉刷，白色，平滑”，其他采用默认设置，如图 9-19 所示，单击“确定”按钮，完成支柱材质的更改。

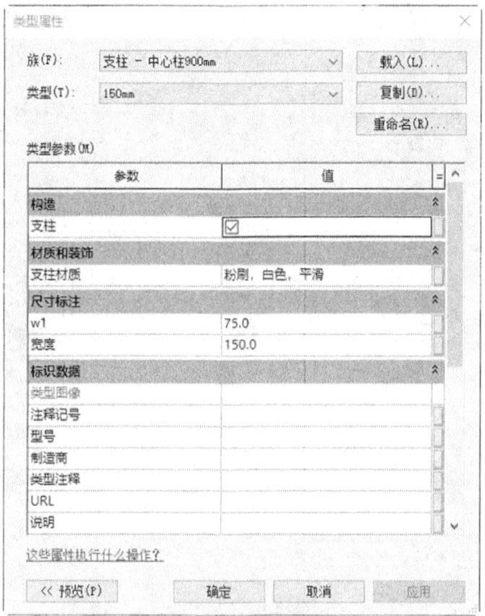

图 9-19　“类型属性”对话框

（16）单击“修改”选项卡“创建”面板中的“创建组”按钮（快捷键：GP），打开“创建组”对话框，输入名称为 1 层阳台栏杆，选取“模型”组类型，单击“确定”按钮。

（17）打开“编辑组”面板，单击“添加”按钮，添加阳台栏杆扶手，单击“完成”按钮，完成 1 层阳台栏杆组的创建。

（18）选取步骤（17）中创建的 1 层阳台栏杆组，单击“剪贴板”面板中的“复制到剪贴板”按钮（快捷键：Ctrl+C），然后单击“粘贴”下拉列表中的“与选定的标高对齐”按钮，打开“选择标高”对话框，选择“2 层”“3 层”标高，单击“确定”按钮，在 2 层和 3 层创建阳台栏杆。

（19）将视图切换到 3 层建筑平面视图。选取复制的 1 层阳台栏杆组，单击“修改|模型组”选项卡“成组”面板中的“解组”按钮（快捷键：UG），将复制的 1 层阳台栏杆组解组。

（20）双击南侧阳台栏杆，打开“修改|绘制路径”选项卡，编辑栏杆路径，单击“线”按钮，继续绘制路径，如图 9-20 所示，单击“完成编辑模式”按钮，完成栏杆扶手的编辑，如图 9-21 所示。

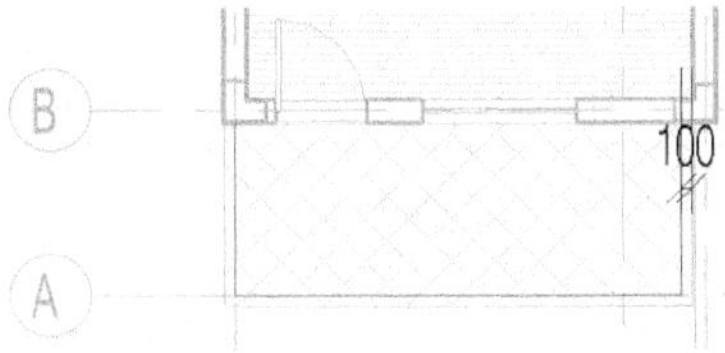

图 9-20　编辑路径

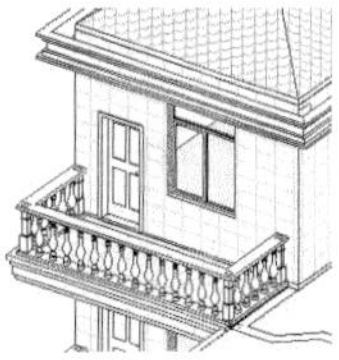

图 9-21　编辑栏杆扶手

（21）单击“文件”下拉菜单中的“另存为”→“项目”命令，打开“另存为”对话框，指定保存位置并输入文件名，单击“保存”按钮。

9.1.2　绘制露台栏杆

视频：绘制露台栏杆

具体操作步骤如下。

（1）打开 9.1.1 节绘制的项目文件，将视图切换至 1 层楼层平面视图。

（2）单击“插入”选项卡“从库中载入”面板中的“载入族”按钮，打开“载入族”对话框，选择“China”→“建筑”→“栏杆扶手”→“栏杆”→“常规栏杆”→“普通栏杆”文件夹中的“支柱-正方形带球.rfa”族文件，单击“打开”按钮，载入支柱。

（3）双击项目浏览器中“族”→“栏杆扶手”→“支柱-正方形带球”节点下的“150mm”，打开“类型属性”对话框，更改“支柱材质”为“粉刷，白色，平滑”，其他采用默认设置，如图 9-22 所示。单击“确定”按钮，完成支柱材质的更改。

（4）单击“建筑”选项卡“构建”面板“栏杆扶手”下拉列表中的“绘制路径”按钮，在属性选项板中设置底部偏移为-50.0，单击“编辑类型”按钮，打开“类型属性”对话框，新建“露台栏杆”类型，单击“栏杆位置”栏中的“编辑”按钮，打开“编辑栏杆位置”对话框，更改起点支柱、转角支柱和终点支柱的栏杆族为支柱-正方形带球：150mm，其他采用默认设置，如图 9-23 所示。

（5）单击“绘制”面板中的“拾取线”按钮，拾取楼板边界为路径，如图 9-24 所示，然后单击“修改”选项卡“修改”面板中的“偏移”按钮（快捷键：OF），在打开的选项栏中选择“数值方式”选项，输入偏移值为 100，将路径向内偏移。单击“完成编辑模式”按钮，完成 1 层露台栏杆的绘制，如图 9-25 所示。

（6）将视图切换至 3 层楼层平面视图。单击“建筑”选项卡“构建”面板“栏杆扶手”下拉列表中的“绘制路径”按钮，打开“修改|绘制路径”选项卡，单击“绘制”面板中的“拾取线”按钮，在选项栏中设置偏移为 100，拾取露台处楼板边线为路径，拖动控制点，调整路径长度，如图 9-26 所示。

（7）在属性选项板中设置底部偏移为-50.0，单击“完成编辑模式”按钮✔，完成 3 层露台栏杆的绘制，如图 9-27 所示。

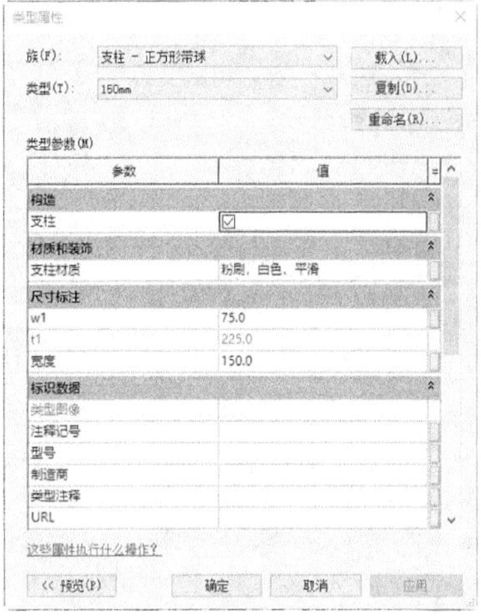

图 9-22 “类型属性”对话框

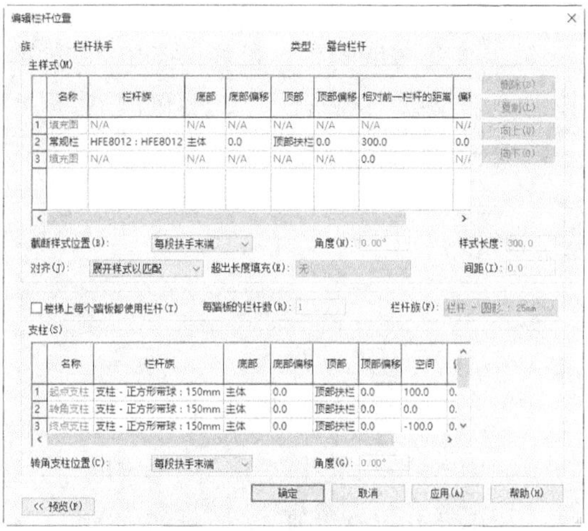

图 9-23 “编辑栏杆位置”对话框

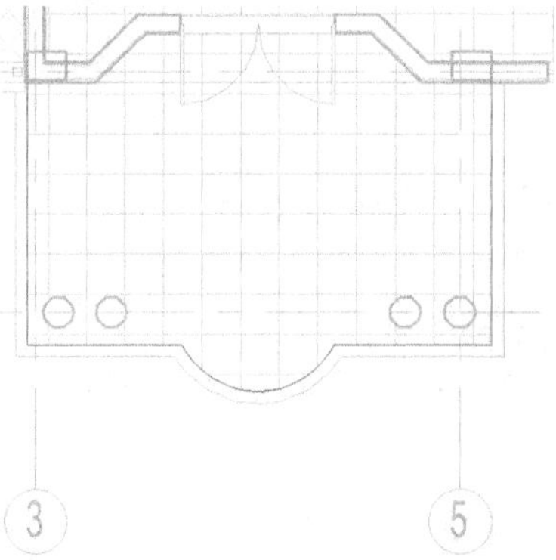

图 9-24 绘制路径

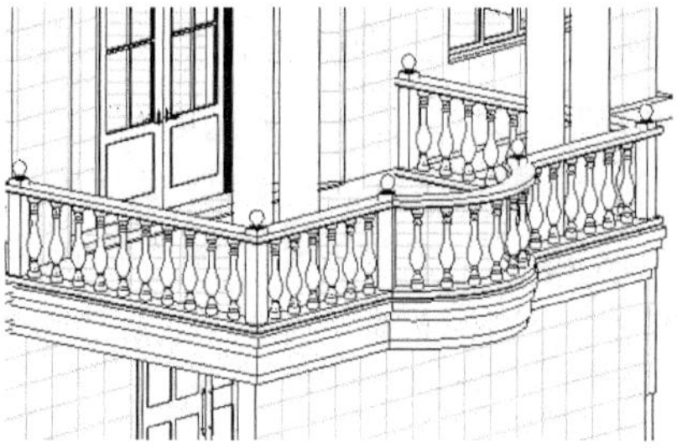

图 9-25 绘制 1 层露台栏杆

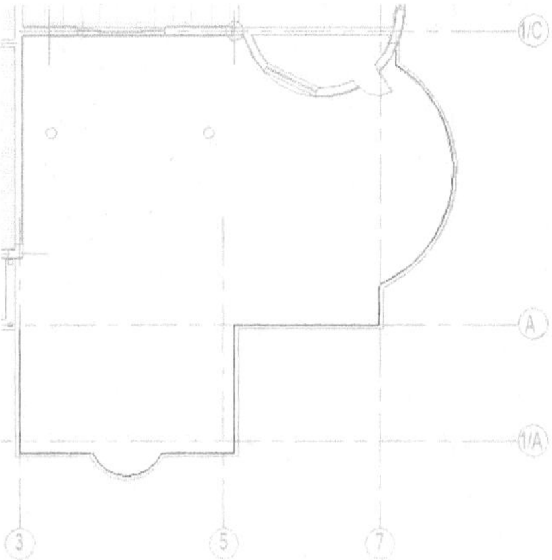

图 9-26 绘制路径

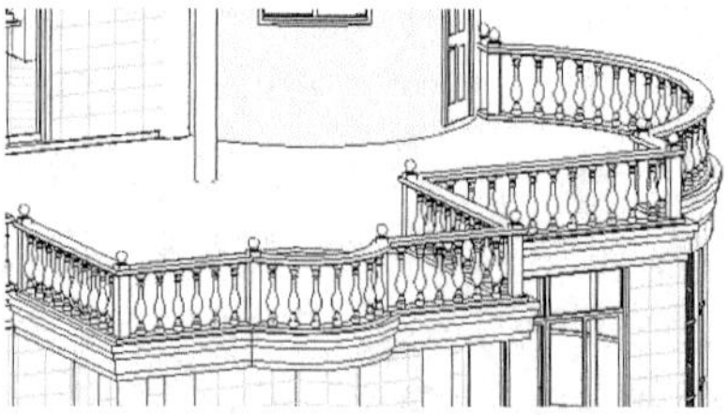

图 9-27 绘制 3 层露台栏杆

（8）单击“文件”下拉菜单中的“另存为”→“项目”命令，打开“另存为”对话框，指定保存位置并输入文件名，单击“保存”按钮。

9.2　楼　　梯

在楼梯零件编辑模式下，可以直接在平面视图或三维视图中装配构件。

楼梯可以包括以下内容。

- 梯段：直梯、螺旋梯段、U 形梯段、L 形梯段、自定义绘制的梯段。
- 平台：在梯段之间自动创建，通过拾取两个梯段，或通过创建自定义绘制的平台。
- 支撑（侧边和中心）：随梯段自动创建，或通过拾取梯段或平台边缘创建。
- 栏杆扶手：在创建期间自动生成，或稍后放置。

9.2.1　绘制室内直梯

视频：绘制室内直梯

具体绘制步骤如下。

（1）打开 9.1.2 节绘制的项目文件，将视图切换到架空层楼层平面视图。

（2）单击“建筑”选项卡“工作平面”面板“参照平面”按钮（快捷键：RP），打开“修改|放置 参照平面”选项卡和选项栏，如图 9-28 所示。

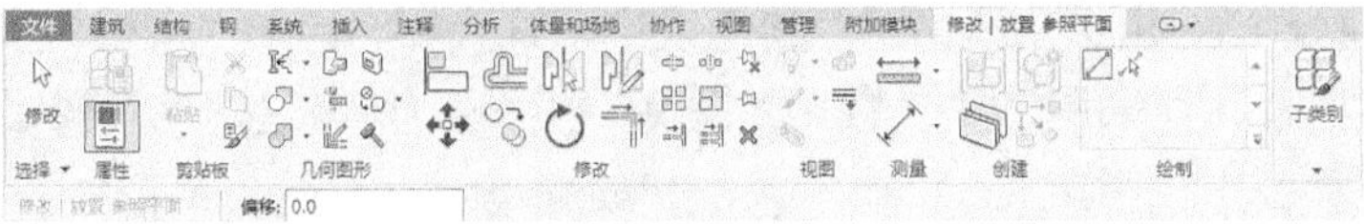

图 9-28　“修改|放置 参照平面”选项卡和选项栏

（3）在楼梯间绘制如图 9-29 所示的参照平面。

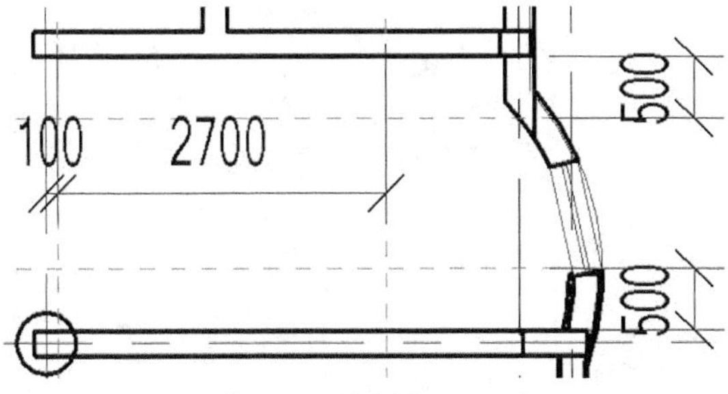

图 9-29　绘制参照平面

（4）单击“建筑”选项卡“构建”面板“楼梯”按钮，打开“修改|创建楼梯”选项卡和选项栏，如图 9-30 所示。

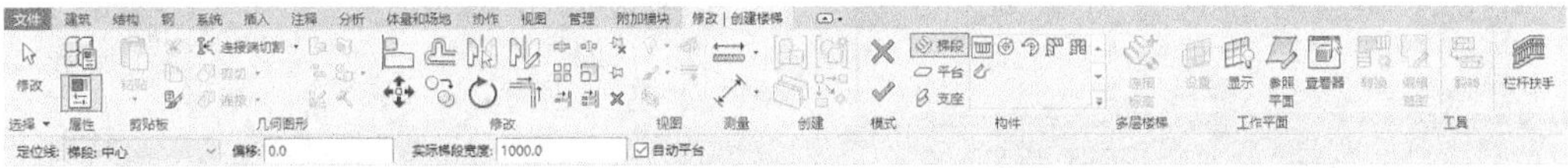

图 9-30　“修改|创建楼梯”选项卡和选项栏

（5）单击“工具”面板中的“栏杆扶手”按钮，打开“栏杆扶手”对话框，选择

“900mm 圆管”选项，如图 9-31 所示，其他采用默认设置，单击“确定”按钮。

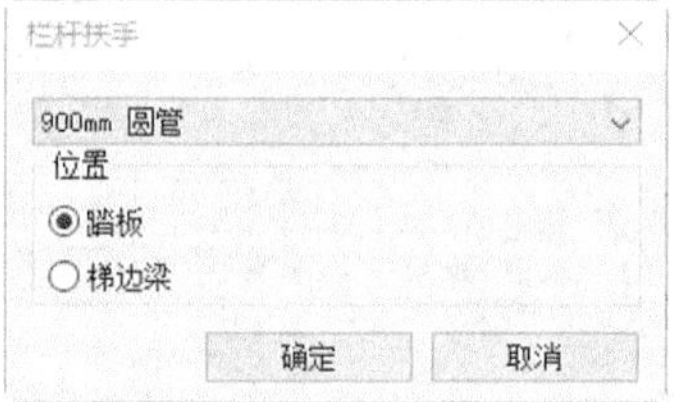

图 9-31 “栏杆扶手”对话框

（6）在选项栏中设置定位线为梯段：中心，偏移为 0.0，实际梯段宽度为 1000.0，并勾选“自动平台”复选框。

（7）在属性选项板中选择“现场浇注楼梯 整体浇注楼梯”类型，单击“编辑类型”按钮，打开“类型属性”对话框，新建“室内楼梯”类型。

（8）在“梯段类型”栏中单击按钮，打开梯段“类型属性”对话框，设置整体式材质为混凝土-现场浇注混凝土，取消勾选“踏板”复选框，设置楼梯前缘长度为 20.0，楼梯前缘轮廓为楼梯前缘-半径：20mm，应用楼梯前缘轮廓为前侧、左侧和右侧，其他采用默认设置，如图 9-32 所示，单击“确定”按钮。

（9）返回“类型属性”对话框，在“平台类型”栏中单击按钮，打开平台“类型属性”对话框，新建“100mm 厚度”类型，设置整体厚度为 100.0，整体式材质为混凝土-现场浇注混凝土，如图 9-33 所示，其他采用默认设置，单击“确定”按钮，返回“类型属性”对话框，其他采用默认设置，如图 9-34 所示，单击“确定”按钮，完成室内楼梯类型的创建。

（10）在属性选项板中设置底部标高为架空层，顶部标高为 1 层，所需踢面数为 20，实际踏板深度为 300.0，如图 9-35 所示。

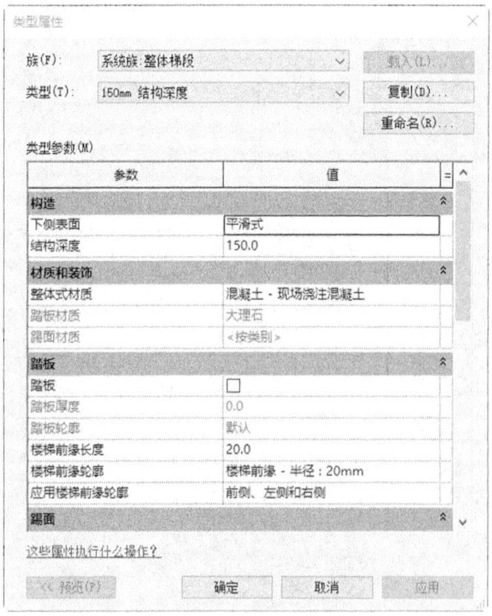

图 9-32 梯段“类型属性”对话框

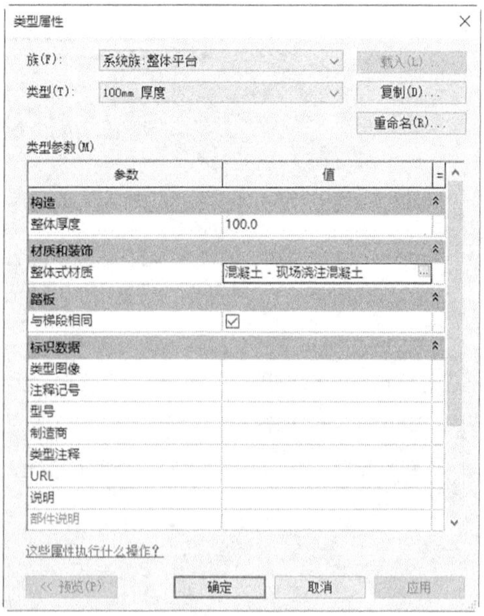

图 9-33 平台“类型属性”对话框

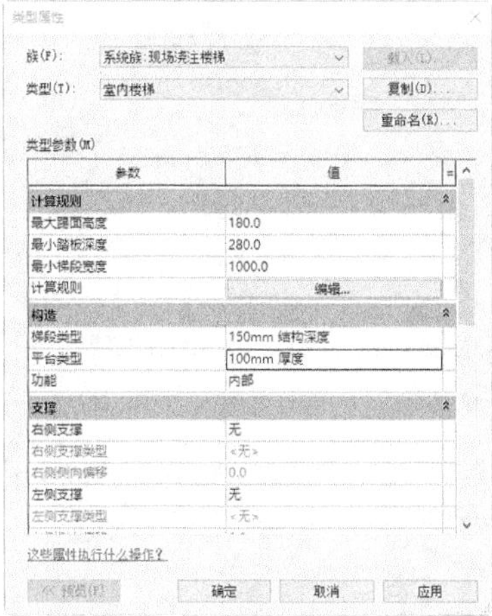

图 9-34　“类型属性”对话框

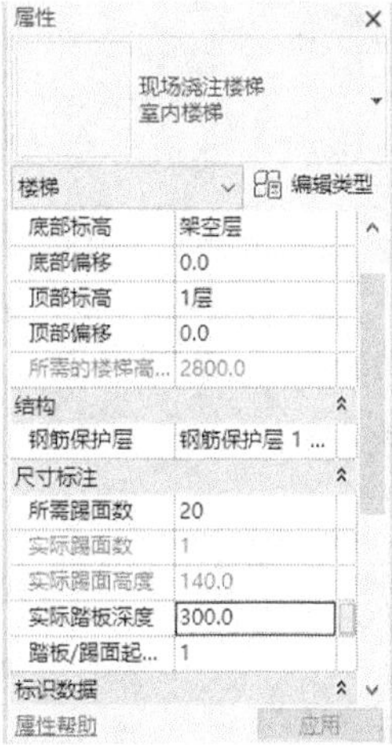

图 9-35　属性选项板

属性选项板中的选项说明如下。

- 底部标高：设置楼梯的基面。
- 底部偏移：设置楼梯相对于底部标高的偏移量。
- 顶部标高：设置楼梯的顶部。
- 顶部偏移：设置楼梯相对于顶部标高的偏移量。
- 所需踢面数：踢面数是基于标高间的高度计算得出的。
- 实际踢面数：通常，此值与所需踢面数相同，但如果未向给定梯段完整添加正确的踢面数，则这两个值也可能不同。
- 实际踢面高度：显示实际踢面高度。
- 实际踏板深度：设置此值以修改踏板深度，而不必创建新的楼梯类型。

（11）单击“构件”面板中的“梯段”按钮和“直梯”按钮（默认状态下，系统会激活这两个按钮），在左侧参照平面与上端水平参照平面的交点处单击确定梯段的起点，沿着水平方向向右移动光标，此时系统会显示从梯段起点到光标当前位置已创建的踢面数及剩余踢面数，在参照平面交点处单击完成第一个梯段的创建，如图 9-36 所示。

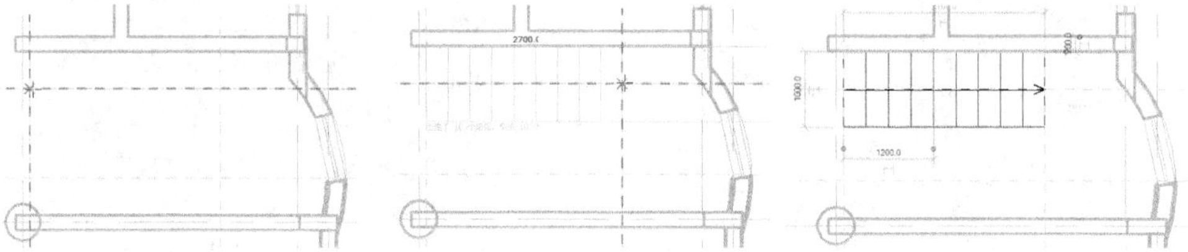

（a）确定梯段起点　（b）确定梯段终点　（c）完成第一个梯段

图 9-36　绘制第一个梯段

（12）捕捉右侧参照平面与下端水平参照平面的交点为第二个梯段的起点，沿着水平方向向左移动光标，此时系统会显示从梯段起点到光标当前位置已创建的踢面数及剩余踢面数，在参照平面交点处单击完成第二个梯段的创建，默认情况下，在创建梯段时会自动创建栏杆扶手，如图 9-37 所示。

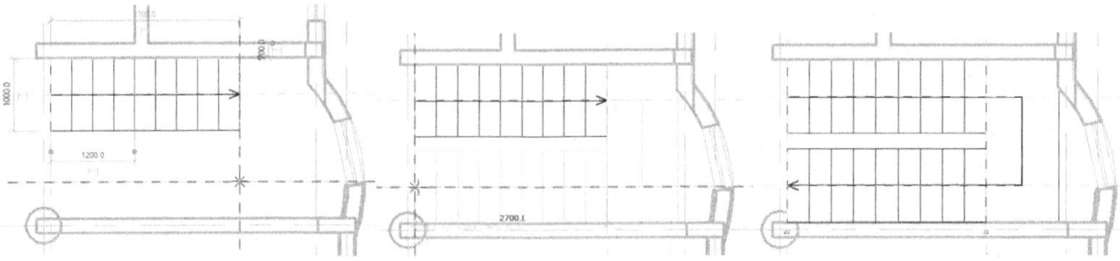

(a) 确定第二个梯段的起点　　(b) 确定第二个梯段的终点　　(c) 自动生成平台

图 9-37　绘制第二个梯段

（13）单击"模式"面板中的"完成编辑模式"按钮✔，完成楼梯的创建，如图 9-38 所示。

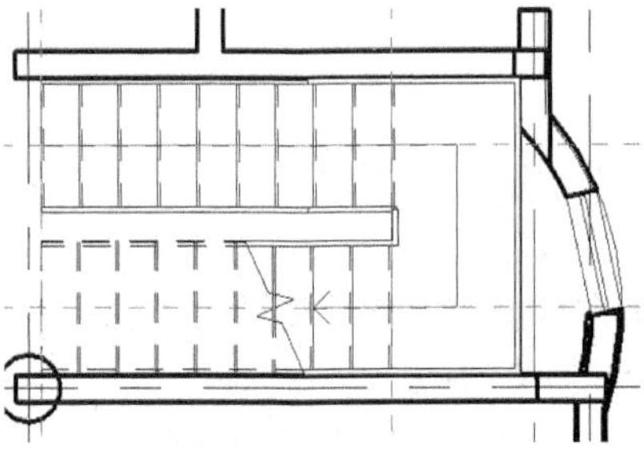

图 9-38　创建楼梯

（14）将视图切换至三维视图，在属性选项板中勾选"剖面框"复选框，根据建筑模型显示剖面框，选取剖面框，显示剖面框上的控制点，拖动南面上的控制点，调整剖面框的剖切位置，剖切到楼梯间观察楼梯，如图 9-39 所示。

（15）从图 9-39 中可以看出，楼梯没有达到楼板面，需要调整实际踢面高度，选取楼梯，在属性选项板中更改所需踢面数为 19，调整楼梯高度，如图 9-40 所示。

图 9-39　剖切图形　　　　　　　　　　图 9-40　调整楼梯高度

（16）将视图切换至架空层建筑平面。在视图中选取如图 9-41 所示的邻墙的扶手栏杆，按 Delete 键将其删除，如图 9-42 所示。

（17）选取楼梯，双击平台，使其成编辑状态，选取平台并将其删除，如图 9-43 所示。

（18）单击"修改|创建楼梯"选项卡"构件"面板中的"平台"按钮▱和"创建草图"按钮✎，打开"修改|创建楼梯>绘制平台"选项卡，单击"边界"按钮↳和"拾取

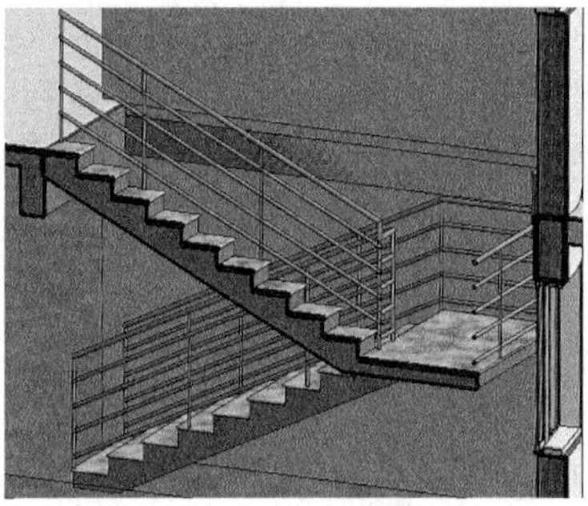

线”按钮，拾取墙体边线和楼梯边线作为平台边界，然后单击“修改”面板中的“修剪/延伸为角”按钮，使其形成闭合边界，如图 9-44 所示。

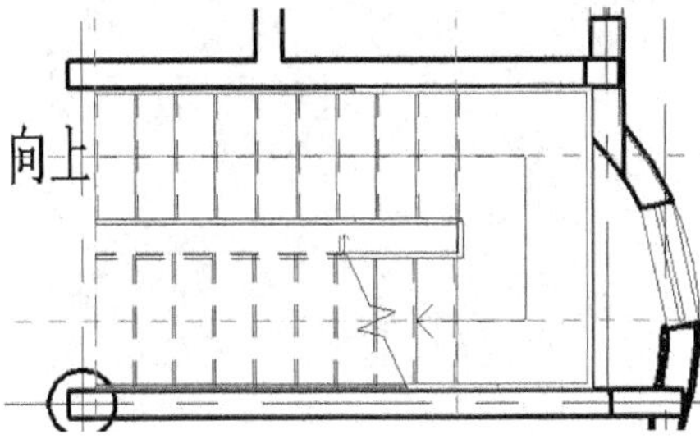

图 9-41　选取扶手栏杆

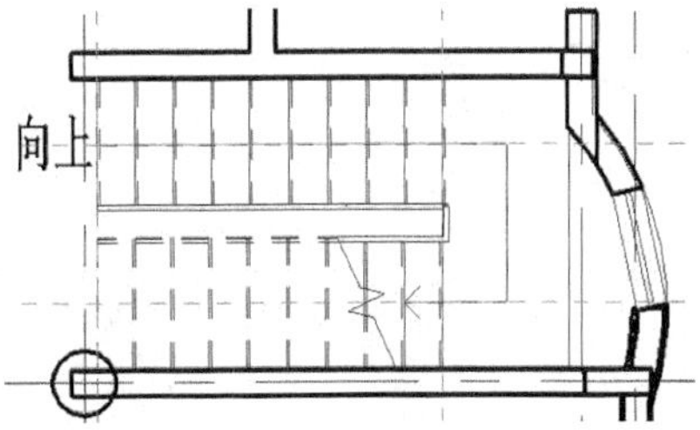

图 9-42　删除扶手栏杆

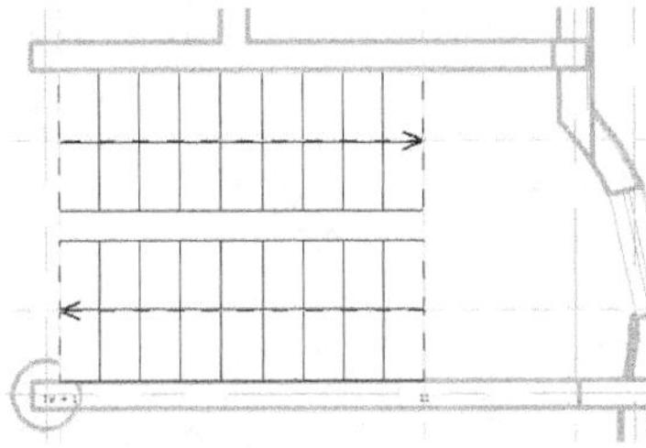

图 9-43　删除平台

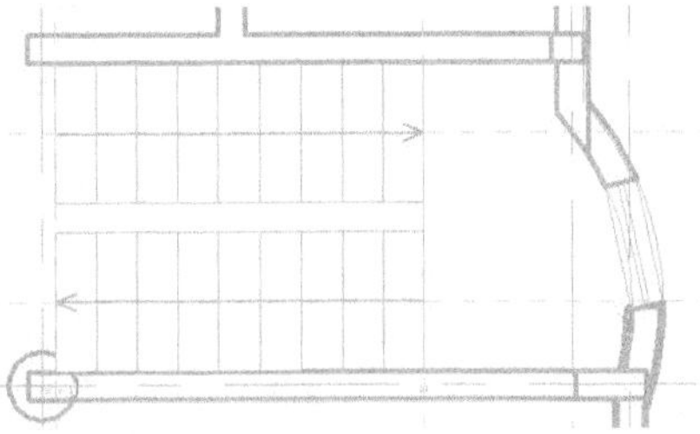

图 9-44　绘制平台边界

（19）在属性选项板中设置相对高度为 1473.7，单击“完成编辑模式”按钮，完成平台的绘制，如图 9-45 所示。

（20）将视图切换至 1 层建筑平面，调整参照平面的位置，如图 9-46 所示。

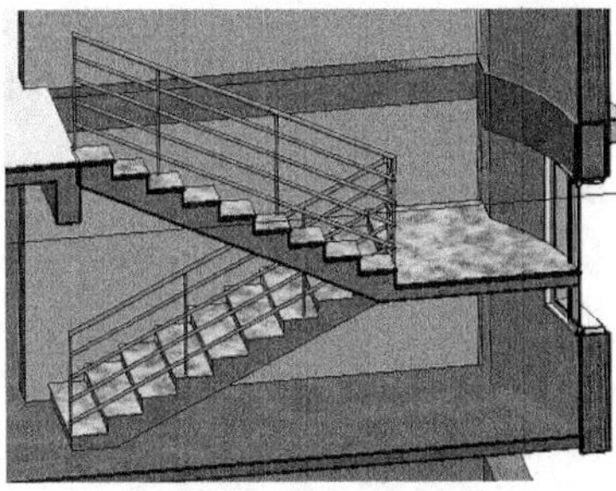

图 9-45　创建平台

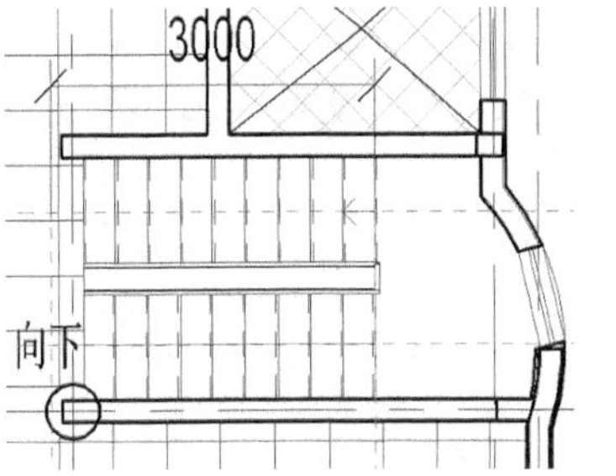

图 9-46　调整参照平面

（21）单击“建筑”选项卡“构建”面板“楼梯”按钮，在属性选项板中设置底部标高为 1 层，顶部标高为 2 层，所需踢面数为 20，实际踏板深度为 300，单击“构件”面板中的“梯段”按钮和“直梯”按钮，采用上述方法，绘制 1 层至 2 层楼梯，如图 9-47 所示。

（22）采用上述方法，删除靠墙楼梯扶手，然后编辑平台，平台高度为 1980，结果如图 9-48 所示。

（23）将视图切换至 1 层建筑平面。选取 1 层至 2 层楼梯，打开如图 9-49 所示的“修改|楼梯”选项卡，单击“多层楼梯”面板中的“选择标高”按钮，打开“转到视图”对话框，选择“立面：东”选项，如图 9-50 所示，单击“打开视图”按钮，切换到东立面视图，并打开“修改|多层楼梯”选项卡。

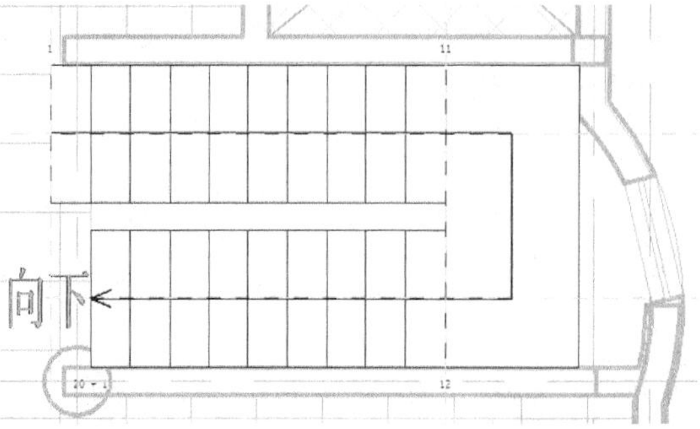

图 9-47　绘制 1 层至 2 层楼梯

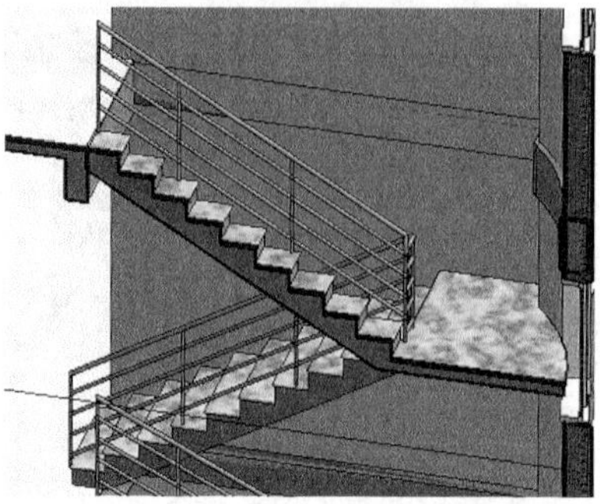

图 9-48　编辑 1 层至 2 层楼梯

图 9-49　“修改|楼梯”选项卡

图 9-50　“转到视图”对话框

（24）选取 3 层标高线和阁楼层标高线，单击“模式”面板中的“完成”按钮✔，完成 2 层到阁楼层楼梯的创建，如图 9-51 所示。

（25）从图 9-51 中可以看出，楼梯间的梁和窗户不符合要求。选取 1 层的弧形梁，在属性选项板中更改起点标高偏移和终点标高偏移为-1420，然后分别选取 2 层、3 层和阁楼层的弧形梁，更改起点标高偏移和终点标高偏移为-1720。

（26）分别选取架空层、1 层和 2 层楼梯间弧形墙体上的窗户，调整高度，删除 3 层楼梯间弧形墙体上的窗户，如图 9-52 所示。

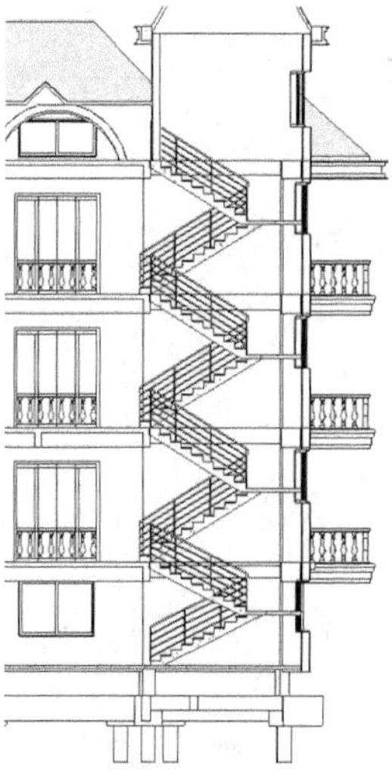

图 9-51　创建 2 层到阁楼层楼梯

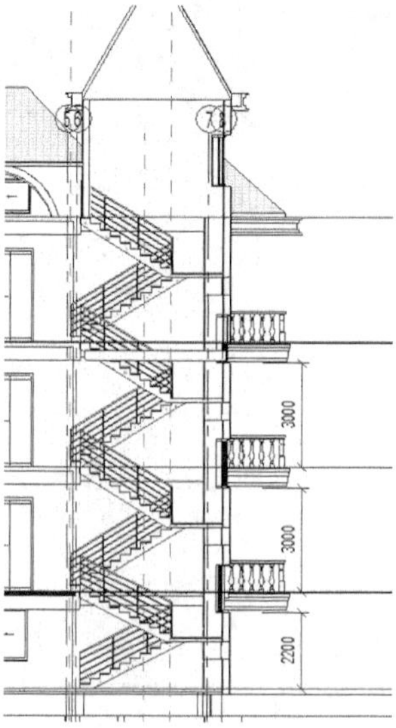

图 9-52　整理窗户

提示：

如果窗户没有裁剪上一层墙体，单击“修改”选项卡“几何图形”面板中的“连接”按钮，将这两层的墙体连接成一体即可，如图 9-53 所示。

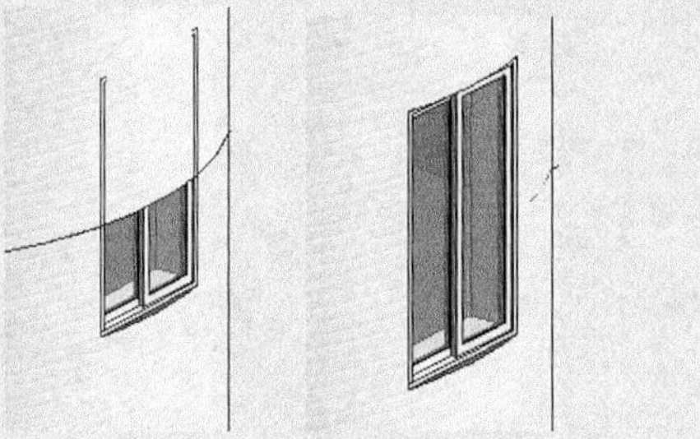

图 9-53　编辑墙体

（27）分别切换视图到 1 层、2 层和 3 层，调整楼梯间墙体与楼梯台阶对齐。

（28）将东立面标记放置在楼梯间，将视图切换至东立面视图，可以看出，楼梯通往阁楼层的墙体是封闭的。单击“建筑”选项卡“洞口”面板中的“墙洞口”按钮，选择阁楼层上的弧形墙体。在墙上单击确定矩形的起点，然后移动光标到适当位置单击确定矩形对角点，绘制一个矩形洞口，如图 9-54 所示。

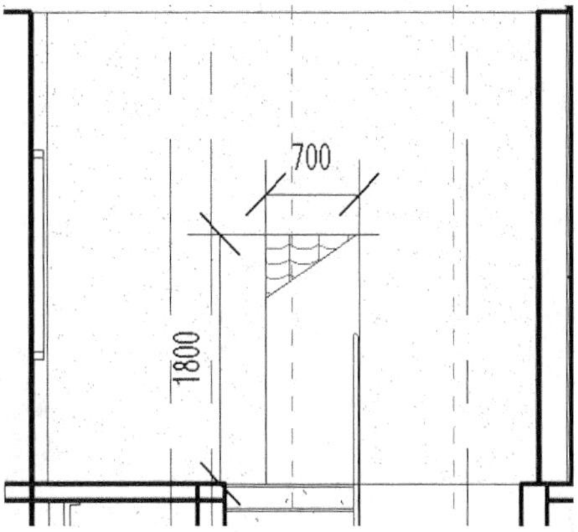

图 9-54　绘制矩形洞口

（29）单击“文件”下拉菜单中的“另存为”→“项目”命令，打开“另存为”对话框，指定保存位置并输入文件名，单击“保存”按钮。

9.2.2　绘制室内螺旋梯

视频：绘制室内螺旋梯

（1）打开 9.2.1 节绘制的项目文件，将视图切换至 2 层建筑平面视图。

（2）单击“建筑”选项卡“构建”面板“楼梯”按钮，打开“修改|创建楼梯”选项卡和选项栏，在选项栏中设置实际梯段宽度为 1200.0，取消勾选“自动平台”复选框。

（3）在属性选项板中设置底部标高为 1 层，顶部标高为 2 层，所需踢面数为 24，实际踏板深度为 300.0，如图 9-55 所示。

（4）单击“构件”面板中的“梯段”按钮和“圆心-端点螺旋”按钮，在视图中大堂适当位置指定圆心、起点和端点绘制螺旋梯，如图 9-56 所示。

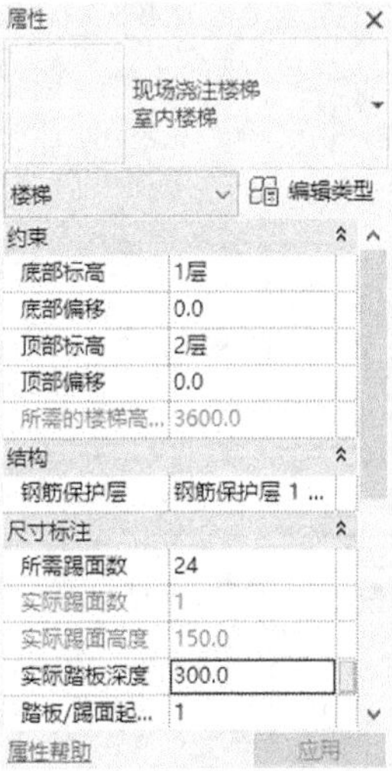

图 9-55　属性选项板

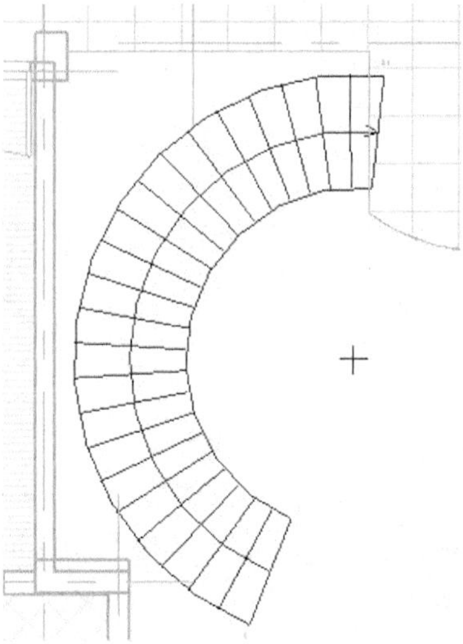

图 9-56　绘制螺旋梯

（5）选取螺旋梯，显示楼梯临时尺寸，双击半径尺寸进行修改，更改半径值为 2700.0，如图 9-57 所示。

（6）单击“修改”面板中的“对齐”按钮，选取楼板竖直边，然后选取楼梯边，使其对齐并锁定，如图 9-58 所示。

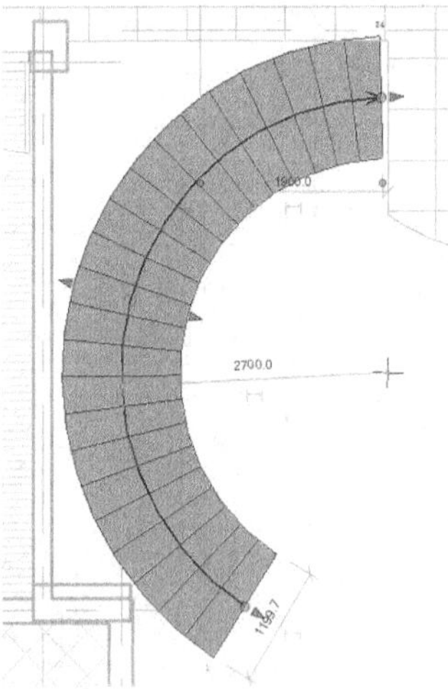

图 9-57　更改半径

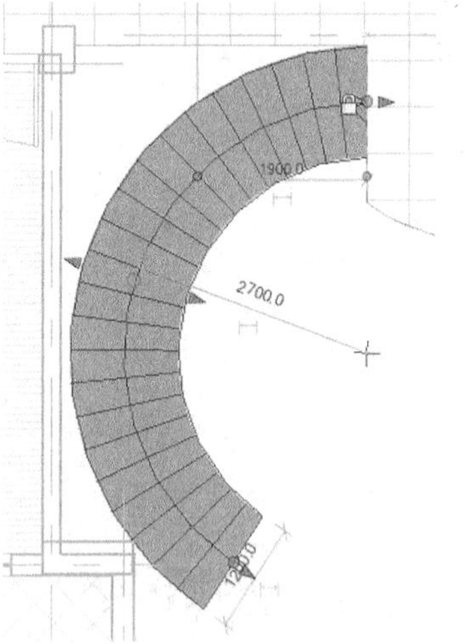

图 9-58　对齐楼梯

（7）在属性选项板中调整所需踢面数为 23，使楼梯与楼板平齐，单击“完成编辑模式”按钮，完成螺旋梯的绘制，如图 9-59 所示。

（8）单击“建筑”选项卡“构建”面板“栏杆扶手”下拉列表中的“绘制路径”按钮，打开“修改|创建栏杆扶手路径”选项卡和选项栏，单击“线”按钮，在属性选项板中选择“玻璃嵌板-底部填充”类型，沿着楼板边绘制栏杆路径，如图 9-60 所示。

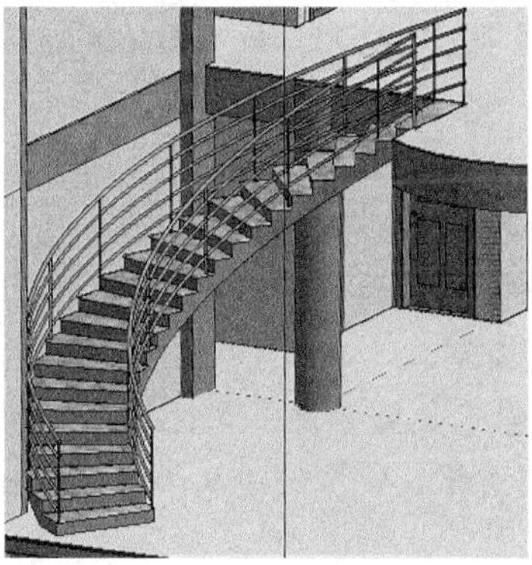

图 9-59　绘制螺旋梯

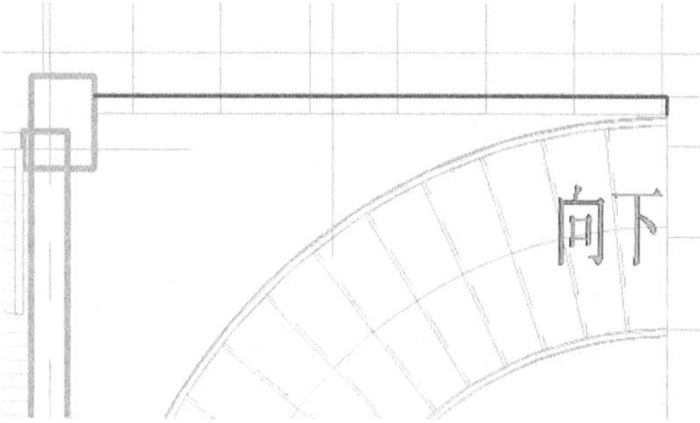

图 9-60　绘制栏杆路径

（9）单击“完成编辑模式”按钮，完成一侧栏杆的绘制，如图 9-61 所示。

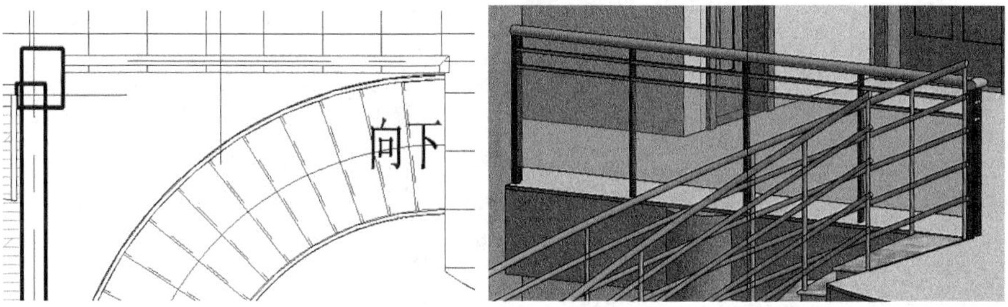

图 9-61　绘制一侧栏杆

（10）单击“建筑”选项卡“构建”面板“栏杆扶手”下拉列表中的“绘制路径”按钮，打开“修改|创建栏杆扶手路径”选项卡和选项栏，单击“拾取线”按钮，在选项栏中设置偏移为 100.0，拾取楼板边，绘制栏杆路径，如图 9-62 所示。单击“完成编辑模式”按钮，完成另一侧栏杆的绘制。

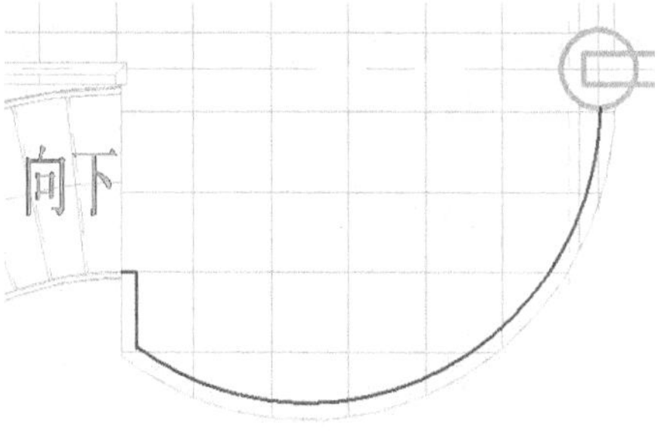

图 9-62　绘制栏杆路径

（11）单击“文件”下拉菜单中的“另存为”→“项目”命令，打开“另存为”对话框，指定保存位置并输入文件名，单击“保存”按钮。

9.2.3　绘制室外楼梯

视频：绘制室外楼梯

（1）打开 9.2.2 节绘制的项目文件，将视图切换到 1 层楼层平面视图。

（2）单击“建筑”选项卡“构建”面板“楼梯”按钮，打开“修改|创建楼梯”选项卡和选项栏。

（3）单击“工具”面板中的“栏杆扶手”按钮，打开“栏杆扶手”对话框，选择“露台栏杆”选项，如图 9-63 所示，其他采用默认设置，单击“确定”按钮。

（4）在属性选项板中选择“现场浇注楼梯 室内楼梯”类型，单击“编辑类型”按钮，打开“类型属性”对话框，新建“室外楼梯”类型。

（5）在“梯段类型”栏中单击按钮，打开梯段“类型属性”对话框，设置整体式材质为混凝土-现场浇注混凝土，取消勾选“踏板”复选框，其他采用默认设置，如图 9-64 所示，连续单击“确定”按钮。

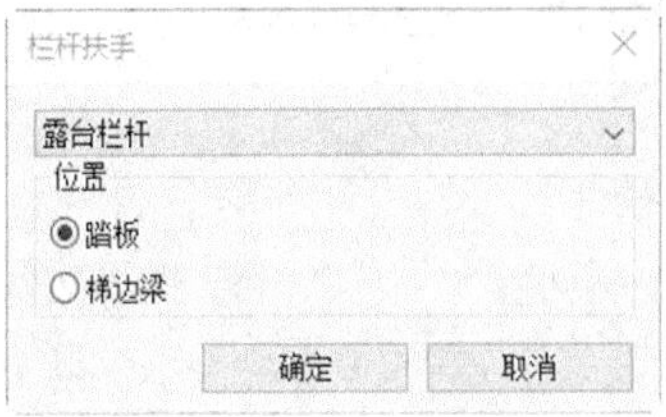

图 9-63 “栏杆扶手”对话框

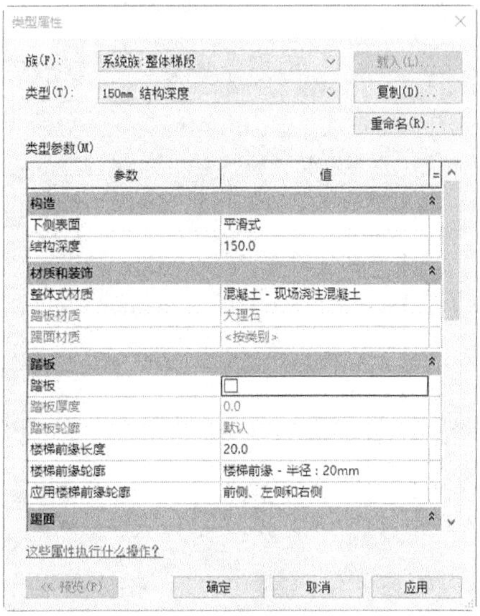

图 9-64 梯段“类型属性”对话框

（6）在属性选项板中设置底部标高为架空层，顶部标高为 1 层，所需踢面数为 15，实际踏板深度为 300.0，如图 9-65 所示。

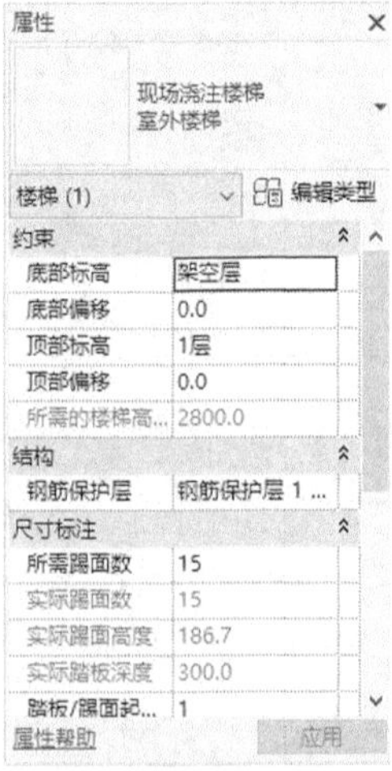

图 9-65 属性选项板

（7）单击“修改|创建楼梯”选项卡“构件”面板中的“梯段”按钮和“创建草图”按钮，打开“修改|创建楼梯>绘制梯段”选项卡，如图 9-66 所示。

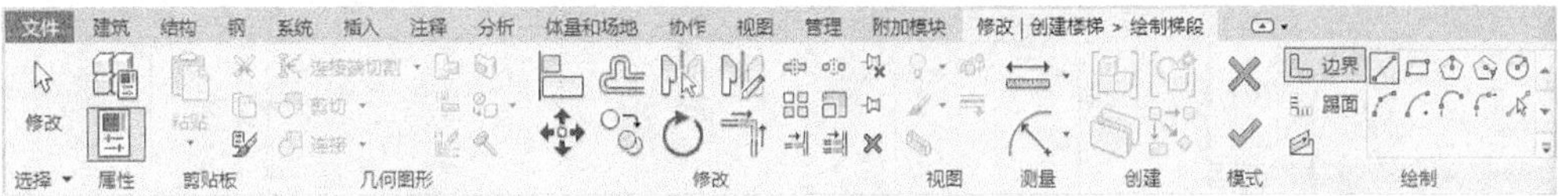

图 9-66　“修改|创建楼梯>绘制梯段”选项卡

（8）单击“绘制”面板中的“边界”按钮、“线”按钮和“起点-终点-半径弧”按钮，绘制楼梯边界，如图 9-67 所示。

（9）单击“绘制”面板中的“踢面”按钮和“线”按钮，连接楼梯边界左端点，绘制第一条踢面线，单击“修改”面板中的“复制”按钮，复制踢面线，间距为 300，然后调整踢面线的长度，直至边界线，结果如图 9-68 所示。

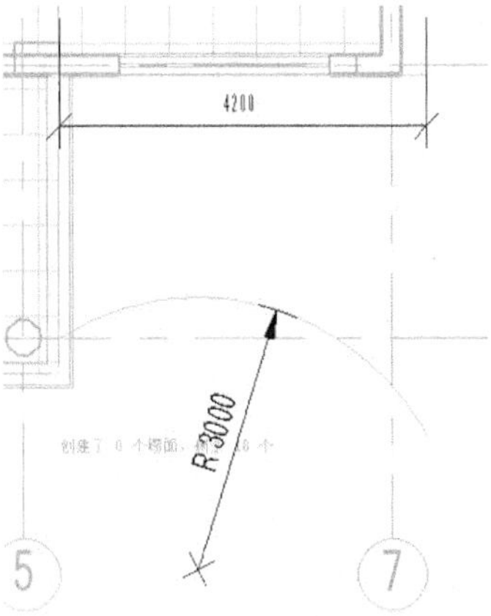

图 9-67　绘制楼梯边界

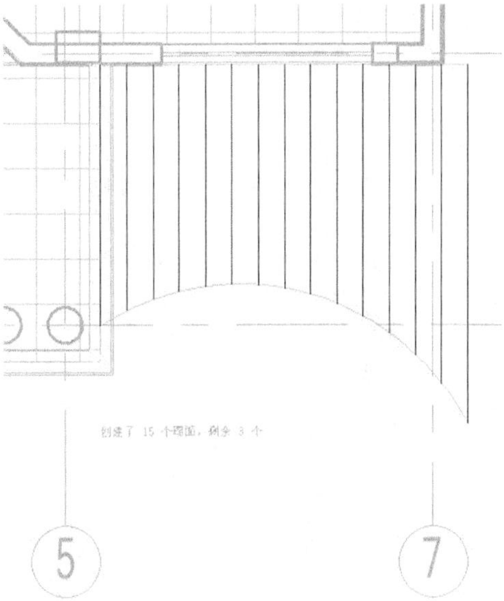

图 9-68　绘制踢面

（10）单击“绘制”面板中的“楼梯路径”按钮和“线”按钮，捕捉第一条踢面线的中点绘制水平线直到最后一条踢面线作为楼梯路径，确定楼梯走向，如图 9-69 所示。

（11）单击“完成编辑模式”按钮，完成室外楼梯的绘制，如图 9-70 所示。

（12）从图 9-70 可以看出，楼梯的方向不正确。选取楼梯，单击“向上翻转楼梯方向”按钮，调整楼梯方向，如图 9-71 所示。

（13）选取室外楼梯靠墙体的栏杆将其删除。选取另一侧栏杆，在属性选项板中单击“编辑类型”按钮，打开“类型属性”对话框，新建“室外楼梯栏杆”类型，单击“扶栏结构（非连续）”栏中的“编辑”按钮，打开“编辑扶手（非连续）”对话框，删除“扶栏 1”，连续单击“确定”按钮，完成栏杆的编辑。

（14）双击露台上的栏杆，对栏杆路径进行编辑，如图 9-72 所示。单击“完成编辑模式”按钮，完成露台栏杆的编辑。选取露台的楼梯边缘，拖动控制点调整其长度直至室外楼梯处。

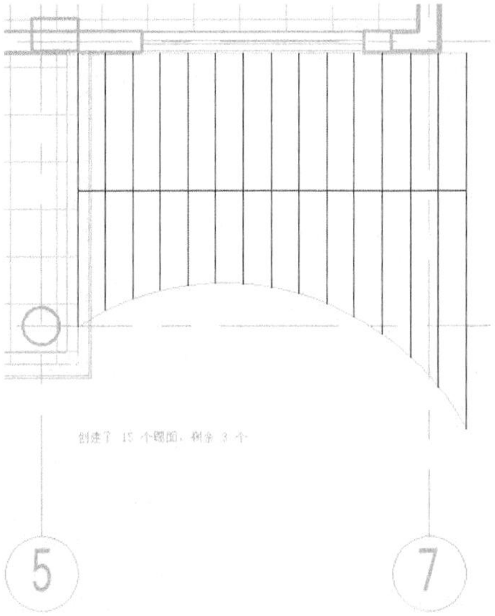

图 9-69　绘制楼梯路径

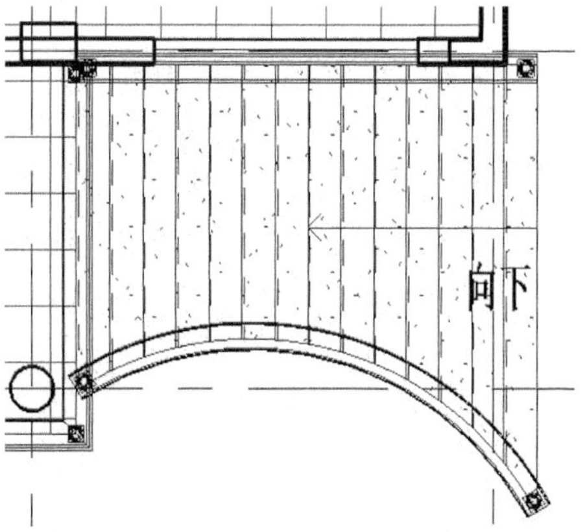

图 9-70　室外楼梯

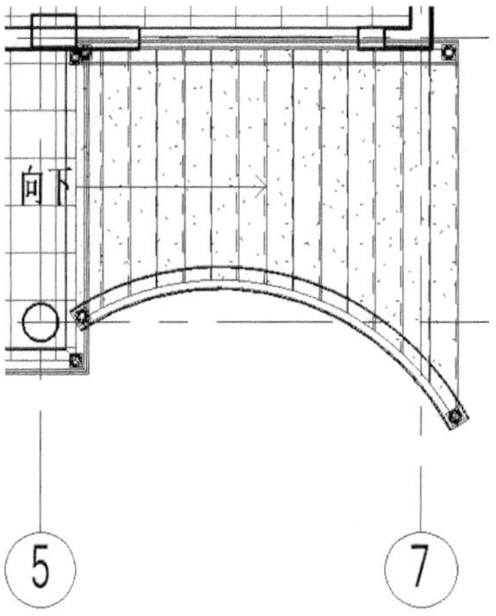

图 9-71　调整楼梯方向

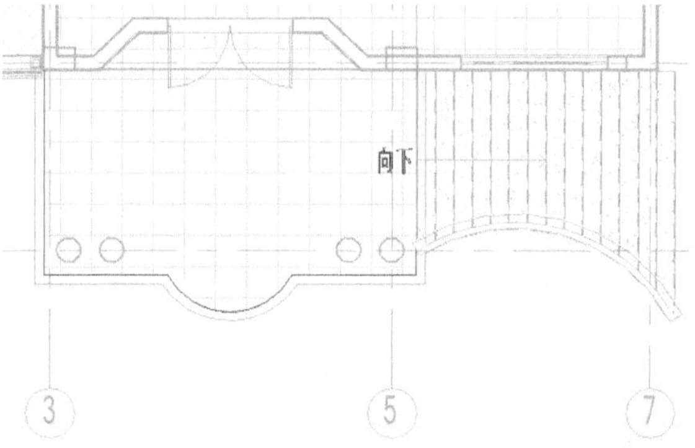

图 9-72　编辑露台栏杆

（15）将视图切换至架空层楼层平面。单击“建筑”选项卡“构建”面板“楼板”下拉列表中的“楼板：建筑”按钮，在属性选项板中选择“现场浇注混凝土 150mm”类型，单击“绘制”面板中的“边界线”按钮、“线”按钮和“起点-终点-半径弧”按钮，绘制边界线，如图 9-73 所示。

（16）单击“模式”面板中的“完成编辑模式”按钮，完成楼梯地板的创建，如图 9-74 所示。

（17）将视图切换至南立面视图，单击“建筑”选项卡“洞口”面板中的“墙洞口”按钮，选择露台下的墙体。在墙上单击确定矩形的起点，然后移动光标到适当位置，单击确定矩形对角点，绘制一个矩形洞口，如图 9-75 所示。

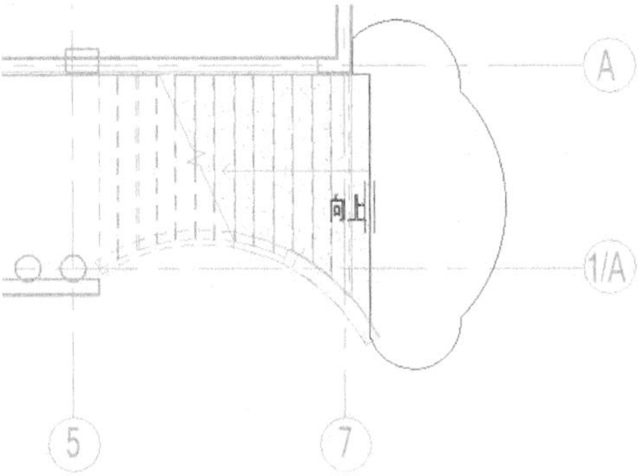

图 9-73　绘制边界线

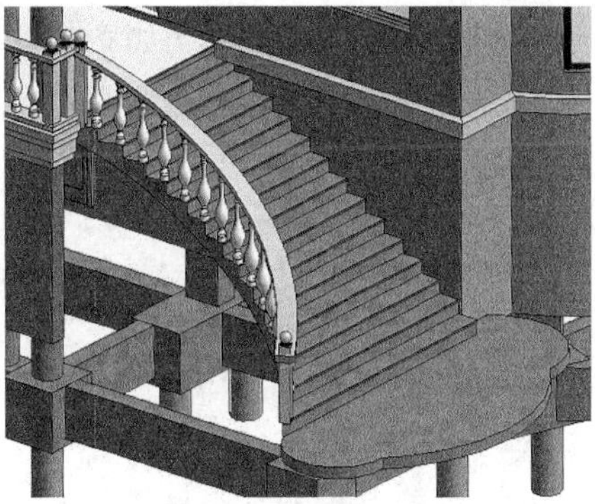

图 9-74　楼梯地板

图 9-75　绘制矩形洞口

（18）单击“文件”下拉菜单中的“另存为”→“项目”命令，打开“另存为”对话框，指定保存位置并输入文件名，单击“保存”按钮。

9.3　坡　　道

视频：坡道

可使用与绘制楼梯所用的相同工具和程序来绘制坡道。

通过在平面视图或三维视图中绘制一段坡道或绘制边界线来创建坡道。

具体创建步骤如下。

（1）打开 9.2.3 节绘制的项目文件，将视图切换到架空层楼层平面视图。

（2）单击“建筑”选项卡“构建”面板“坡道”按钮，打开“修改|创建坡道草图”选项卡，如图 9-76 所示。

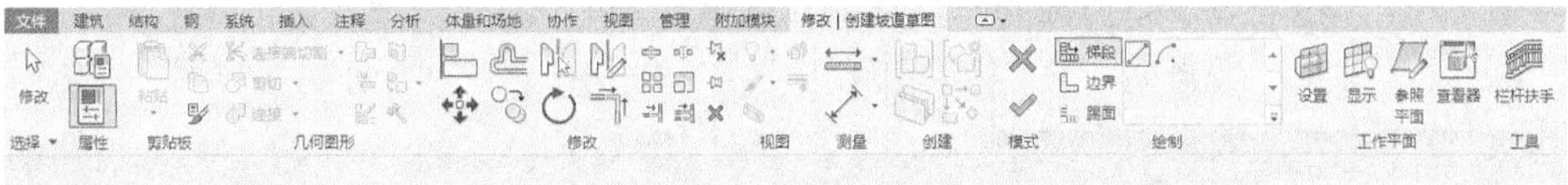

图 9-76　“修改|创建坡道草图”选项卡

（3）在属性选项板中设置底部标高为室外地坪，顶部标高为架空层，宽度为 4200.0，其他采用默认设置，如图 9-77 所示。

属性选项板中的选项说明如下。

- 底部标高：设置坡道的基准。
- 底部偏移：设置距底部标高的坡道偏移。
- 顶部标高：设置坡道的顶。
- 顶部偏移：设置距顶部标高的坡道偏移。
- 多层顶部标高：设置多层建筑中的坡道顶部。
- 文字（向上）：指定向上文字。
- 文字（向下）：指定向下文字。
- 向上标签：指示是否显示向上文字。
- 向下标签：指示是否显示向下文字。
- 在所有视图中显示向上箭头：指示是否在所有视图中显示向上箭头。
- 宽度：坡道的宽度。

（4）单击“编辑类型”按钮，打开“类型属性”对话框，设置造型为实体，功能为外部，坡道最大坡度（1/x）为 7.500000，其他采用默认设置，如图 9-78 所示，单击“确定”按钮。

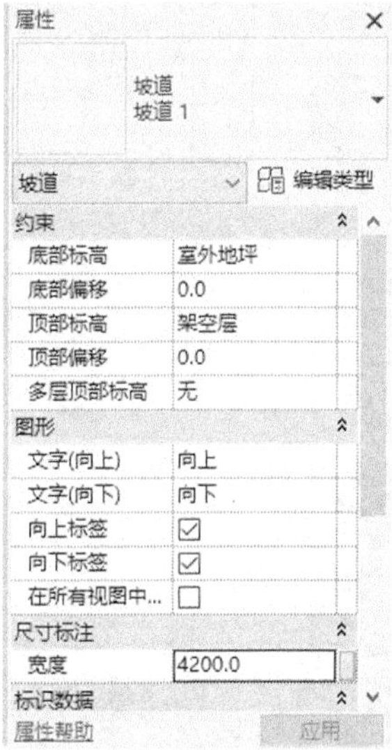

图 9-77　属性选项板

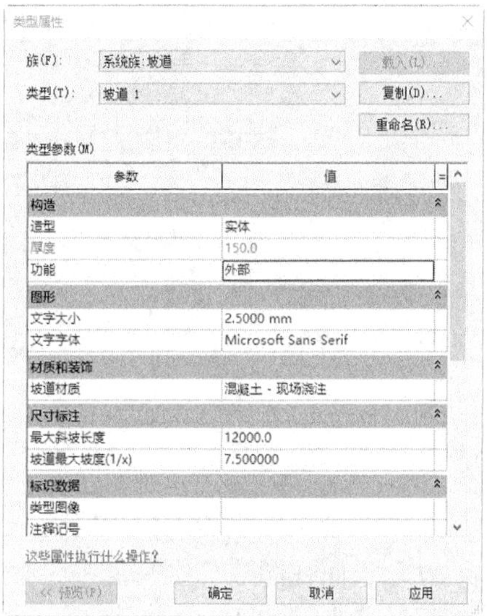

图 9-78　“类型属性”对话框

“类型属性”对话框中的选项说明如下。

- 厚度：设置坡道的厚度。
- 功能：指示坡道是内部的（默认值）还是外部的。
- 文字大小：坡道向上文字和向下文字的字体大小。
- 文字字体：坡道向上文字和向下文字的字体。
- 坡道材质：为渲染而应用于坡道表面的材质。
- 最大斜坡长度：指定要求平台前坡道中连续踢面高度的最大数量。

（5）单击“工具”面板中的“栏杆扶手”按钮，打开“栏杆扶手”对话框，选择“无”选项，如图 9-79 所示。

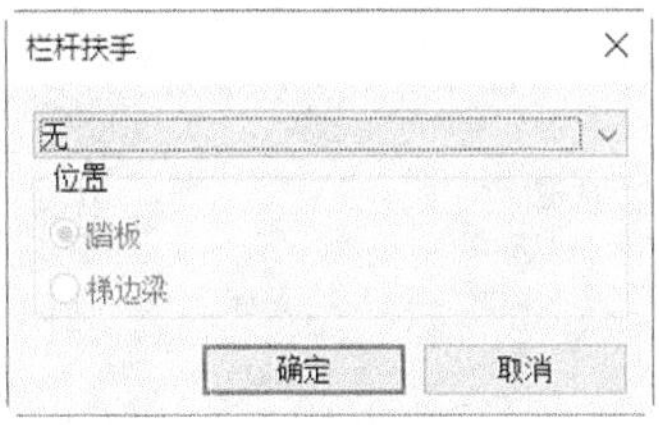

图 9-79　“栏杆扶手”对话框

（6）单击“绘制”面板中的“梯段”按钮和“线”按钮，捕捉卷帘门的中点作为坡道的起点，向右移动光标，当显示完整坡道预览时，单击完成坡道绘制，如图 9-80 所示。

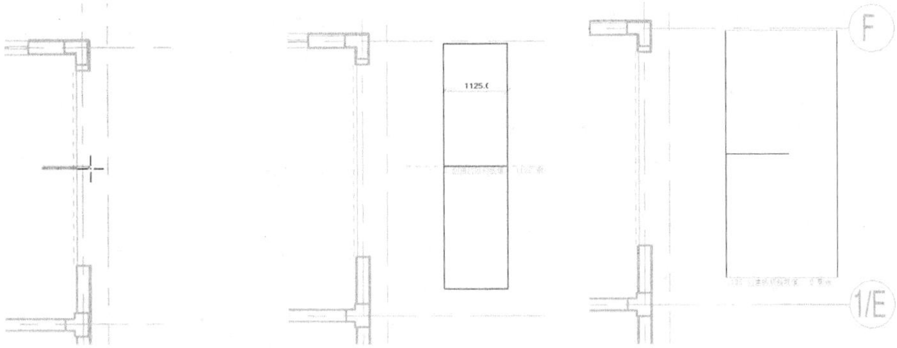

（a）确定坡道起点　　（b）确定坡道端点　　（c）预览坡道

图 9-80　绘制坡道

（7）单击“模式”面板中的“完成编辑模式”按钮，完成坡道的创建，绘制的方向决定坡道的上升方向，如图 9-81 所示。

（8）选取坡道，使坡道处于编辑状态，单击“向上翻转楼梯方向”按钮，调整坡道方向，如图 9-82 所示。

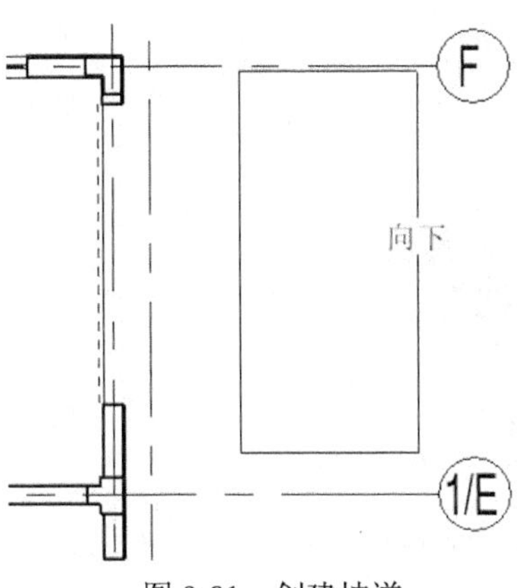

图 9-81　创建坡道

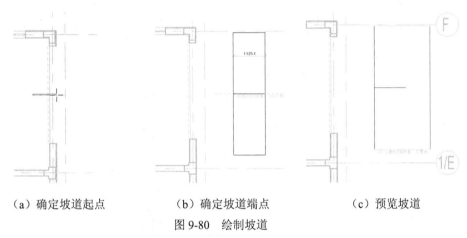

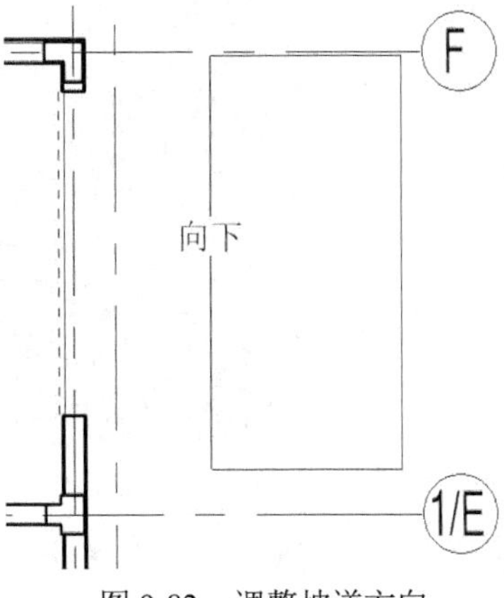

图 9-82　调整坡道方向

（9）单击“修改”选项卡“修改”面板中的“对齐”按钮，先选择外墙面，然后选择坡道侧面，并锁定，如图 9-83 所示。采用相同的方法，将坡道的上边线与外墙面对齐，按 Esc 键退出对齐命令。

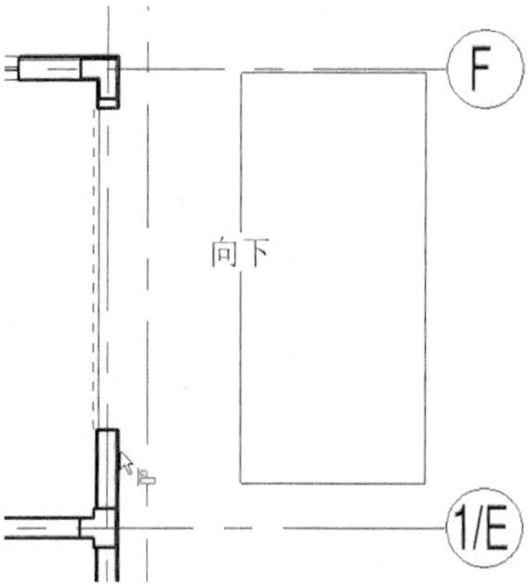

（a）选取墙面

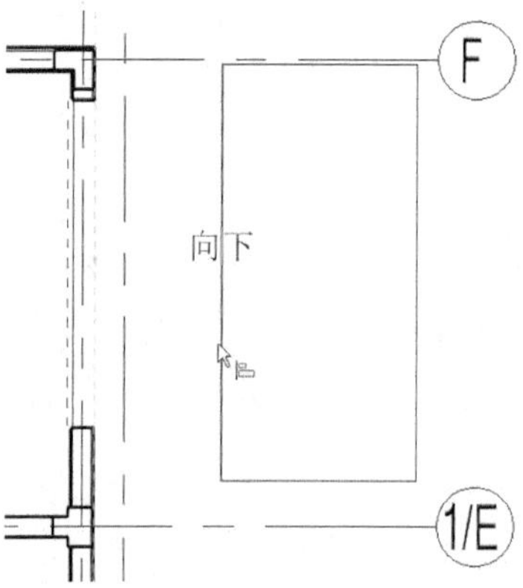

（b）选取坡道侧面

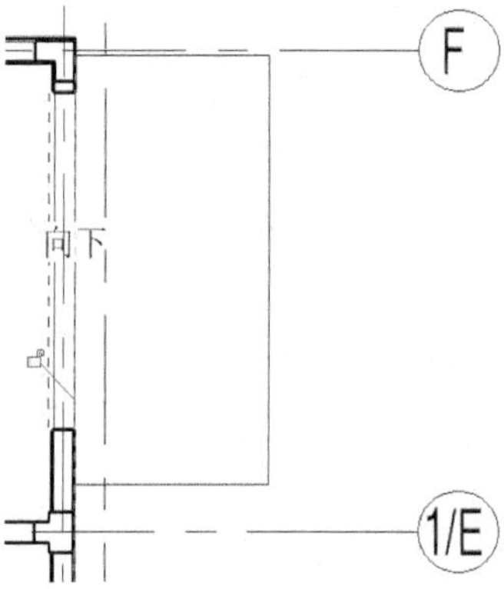

（c）对齐

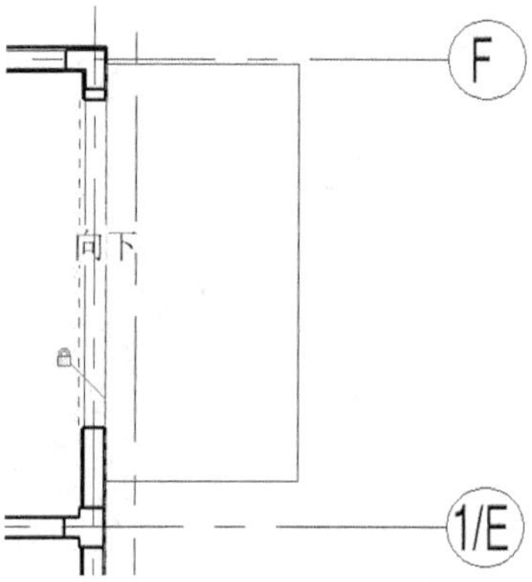

（d）锁定

图 9-83　对齐坡道

（10）切换到三维视图，观察车库处的坡道，如图 9-84 所示。

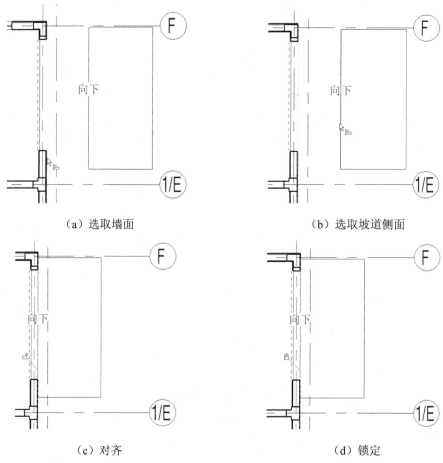

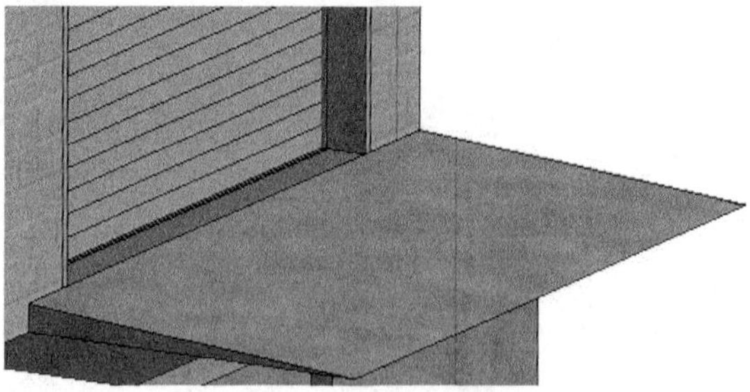

图 9-84　车库坡道

（11）单击“文件”下拉菜单中的“另存为”→“项目”命令，打开“另存为”对话框，指定保存位置并输入文件名，单击“保存”按钮。

第 10 章

布　　局

知识导引

在前面章节中已经完成主体建筑模型的创建，本章主要介绍室内的家具布局和室外的场地创建及布局。

10.1　室内布局

10.1.1　家具布局

视频：家具布置

家具布局主要是利用“放置构件”命令将独立构件放置在建筑模型中。

具体操作步骤如下。

1. 布置卫生间

（1）打开 9.3 节绘制的项目文件，将视图切换到 1 层楼层平面视图。

（2）单击“建筑”选项卡“构建”面板中“构件”下拉列表中的“放置构件”按钮（快捷键：CM），打开“修改|放置 构件”选项卡和选项栏，如图 10-1 所示。

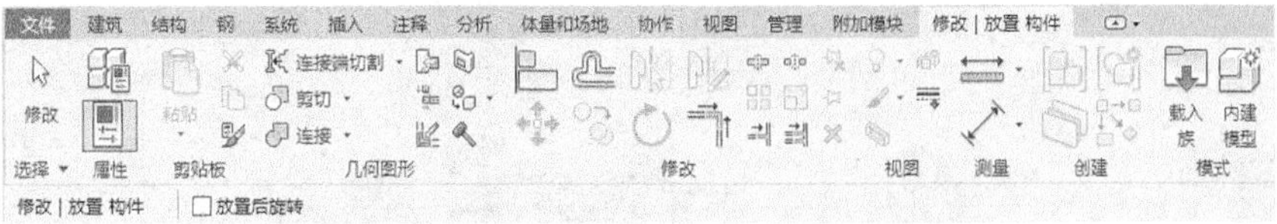

图 10-1　“修改|放置 构件”选项卡和选项栏

（3）单击“模式”面板中的“载入族”按钮，打开“载入族”对话框，选择“建筑”→“卫生器具”→“3D”→“常规卫浴”→“浴盆”文件夹中的“浴盆 1 3D.rfa”族文件，如图 10-2 所示，单击“打开”按钮，载入浴盆族文件。

（4）单击墙放置浴盆，单击“翻转实例开门方向”按钮，调整浴盆的方向，如图 10-3 所示。

（5）单击“模式”面板中的“载入族”按钮，打开“载入族”对话框，选择“建筑”→“卫生器具”→“3D”→“常规卫浴”→“坐便器”文件夹中的“全自动坐便器-落地式.rfa”族文件，单击“打开”按钮，载入坐便器族文件。

（6）将坐便器放置在卫生间靠墙的位置，按空格键调整坐便器的放置方向，如图 10-4 所示。

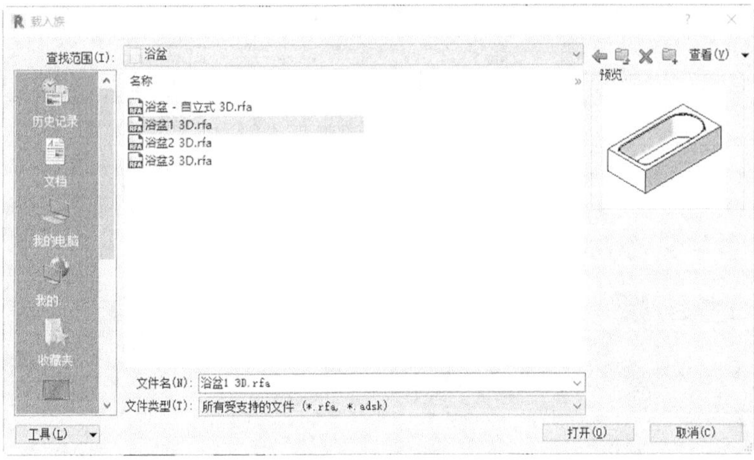

图 10-2 “载入族”对话框

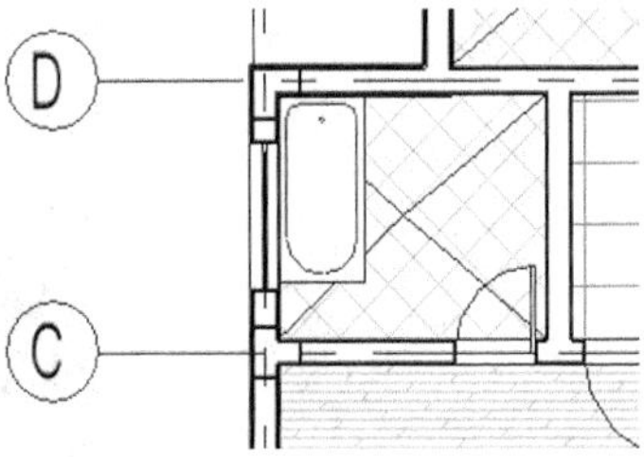

图 10-3 放置浴盆

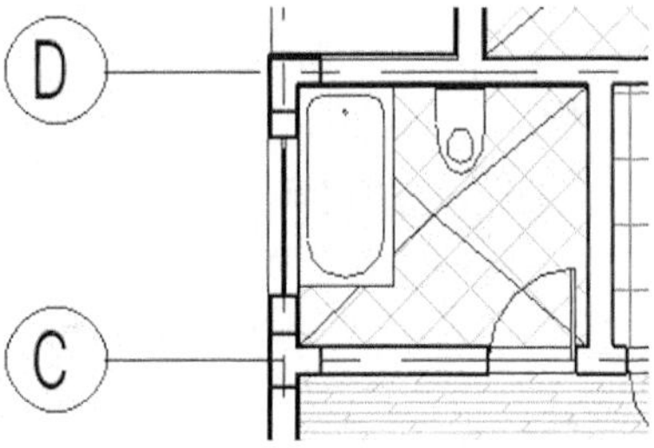

图 10-4 放置坐便器

（7）单击“模式”面板中的“载入族”按钮，打开“载入族”对话框，选择“建筑”→“卫生器具”→“3D”→“常规卫浴”→“洗脸盆”文件夹中的“立柱式洗脸盆.rfa”族文件，单击“打开”按钮，载入洗脸盆族文件。

（8）将洗脸盆放置在卫生间靠墙的位置，按空格键调整洗脸盆的放置方向，如图 10-5 所示。

（9）采用上述方法，布置另外 2 个卫生间，如图 10-6 所示。

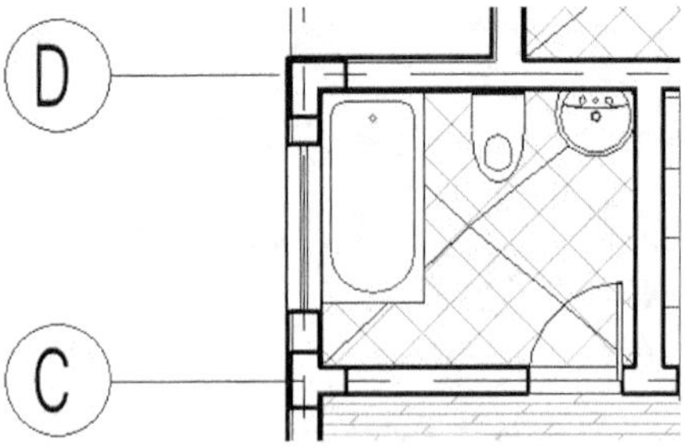

图 10-5 放置洗脸盆

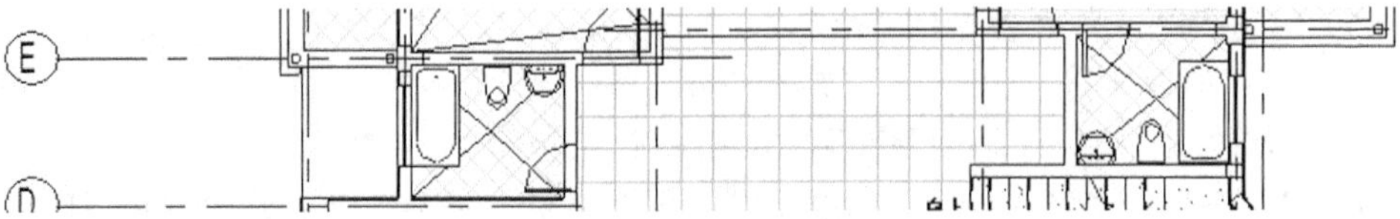

图 10-6 布置卫生间

2. 布置厨房

（1）单击“建筑”选项卡“构建”面板中“构件”下拉列表中的“放置构件”按钮（快捷键：CM），在打开的选项卡中单击“模式”面板中的“载入族”按钮，打开“载入族”对话框，选择“建筑”→“橱柜”→“家用厨房”文件夹中的“底柜-转角装置-成角度.rfa”族文件，如图 10-7 所示，单击“打开”按钮，载入厨房底柜族文件。

（2）将底柜放置在厨房转角位置处，按空格键调整放置方向，如图 10-8 所示。

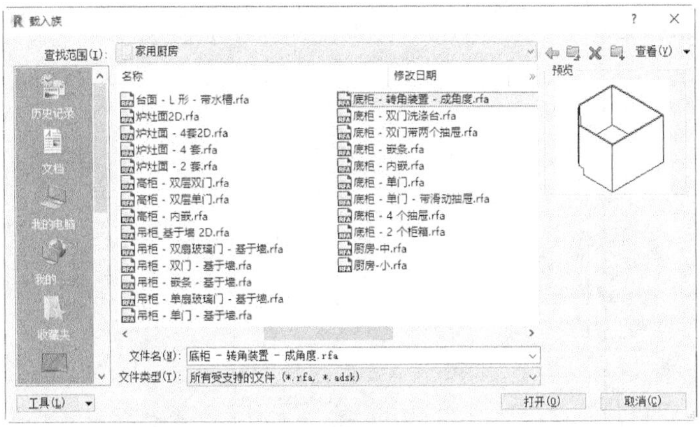

图 10-7　“载入族”对话框

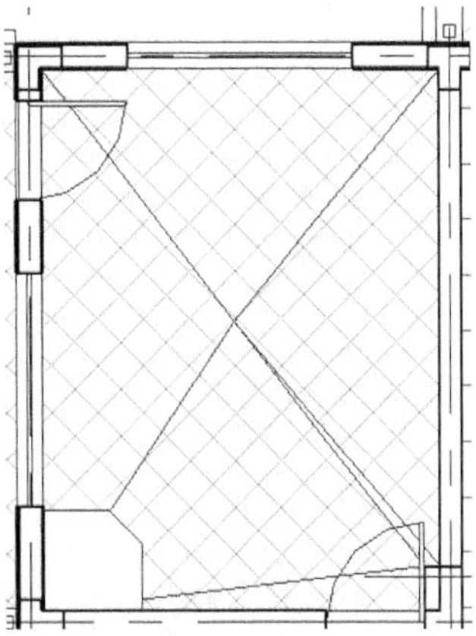

图 10-8　放置转角底柜

（3）单击“模式”面板中的“载入族”按钮，打开“载入族”对话框，选择“建筑”→“橱柜”→“家用厨房”文件夹中的“底柜-双门带两个抽屉.rfa”族文件，单击“打开”按钮，载入厨房底柜族文件。

（4）在属性选项板中单击“编辑类型”按钮，打开“类型属性”对话框，新建“900×600mm”类型，更改宽度为 900.0，高度为 700.0，其他采用默认设置，如图 10-9 所示，单击“确定”按钮。

（5）将底柜放置在厨房转角位置处，按空格键调整放置方向。继续新建“800×600mm”类型，将其布置，结果如图 10-10 所示。

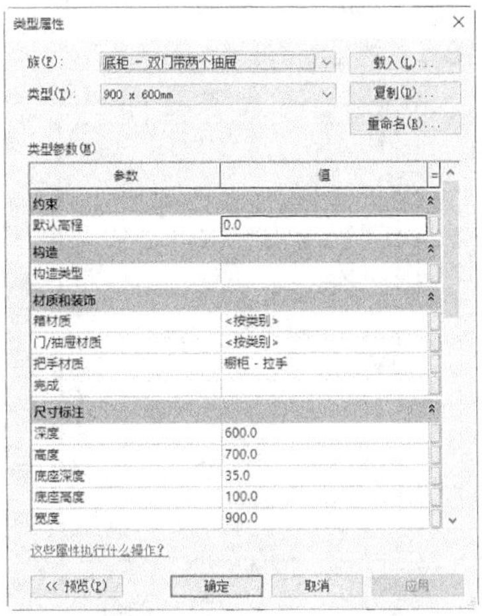

图 10-9　“类型属性”对话框

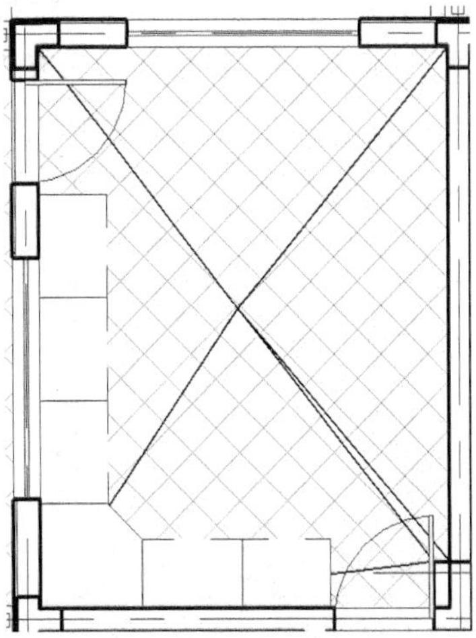

图 10-10　放置底柜

（6）单击“模式”面板中的“载入族”按钮，打开“载入族”对话框，选择“建筑”→“橱柜”→“家用厨房”文件夹中的“台面-L 形- 带水槽开口 2.rfa”族文件，单击“打开”按钮，载入厨房台面族文件。

（7）将厨房台面放置在厨房靠墙的位置，通过拖动控制点，调整台面的长度和水槽的位置，如图 10-11 所示，也可以直接属性选项板中设置具体尺寸，如图 10-12 所示。

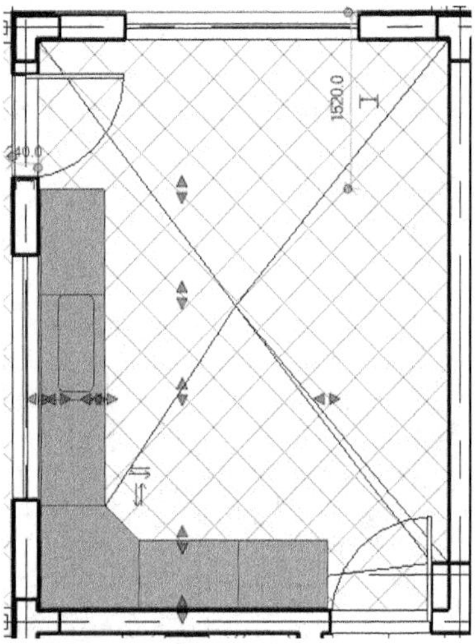

图 10-11　放置台面

图 10-12　属性选项板

（8）单击“模式”面板中的“载入族”按钮，打开“载入族”对话框，选择“建筑”→“卫生器具”→“3D”→“常规卫浴”→“污水槽”文件夹中的“厨房水槽-双槽 3D.rfa”族文件，单击“打开”按钮，载入水槽族文件。

（9）在属性选项板中设置柜台高度为 750.0，将水槽放置在台面上水槽位置处，如图 10-13 所示。

（10）单击“模式”面板中的“载入族”按钮，打开“载入族”对话框，选择配套源文件中的“炉面灶-2 套”族文件，单击“打开”按钮，载入炉面灶族文件。

（11）在属性选项板中单击“编辑类型”按钮，打开“类型属性”对话框，设置柜台高度为 800.0，将炉面灶放置在台面上，如图 10-14 所示。

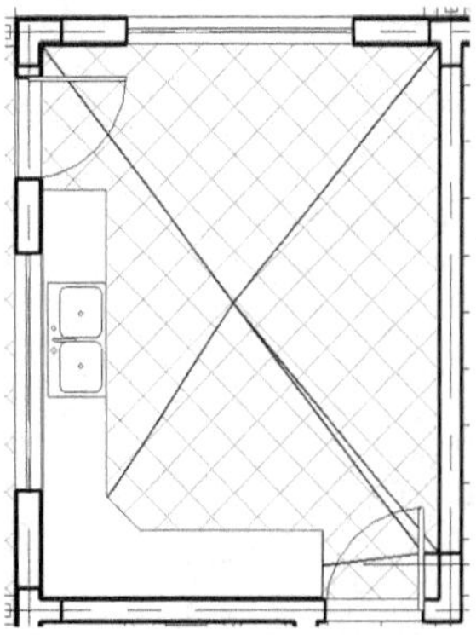

图 10-13　放置水槽

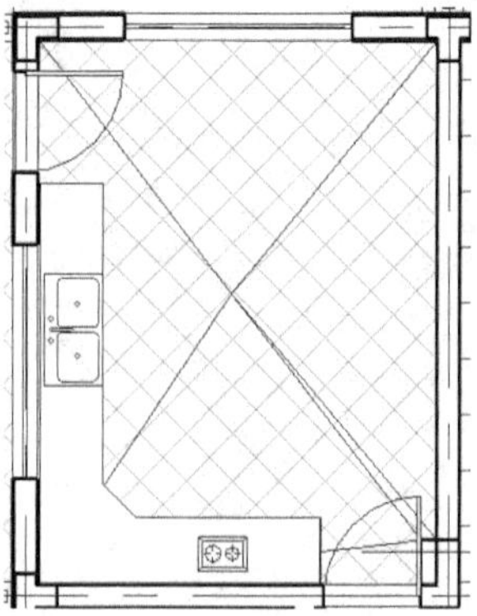

图 10-14　放置炉面灶

（12）单击“模式”面板中的“载入族”按钮，打开“载入族”对话框，选择“建筑”→“专用设备”→“住宅设施”→“家用电器”文件夹中的“电冰箱.rfa”族文件，单击“打开”按钮，载入电冰箱族文件。

（13）在属性选项板中选择“电冰箱 850×760mm”类型，将电冰箱放置在厨房右上角，按空格键调整放置方向，如图 10-15 所示。

3．布置餐厅

（1）单击“建筑”选项卡“构建”面板中“构件”下拉列表中的“放置构件”按钮（快捷键：CM），在打开的选项卡中单击“模式”面板中的“载入族”按钮，打开“载入族”对话框，选择“建筑”→“家具”→“3D”→“桌椅”→“桌椅组合”文件夹中的“餐桌-圆形带餐椅.rfa”族文件，单击“打开”按钮，载入圆形带餐椅族文件。

（2）在属性选项板中选择“餐桌-圆形带餐椅 2134mm 直径”类型，将餐椅放置在餐厅的中间位置，如图 10-16 所示。

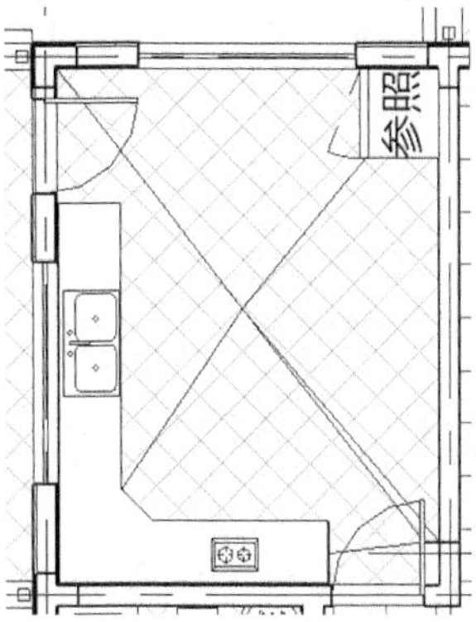

图 10-15　放置电冰箱

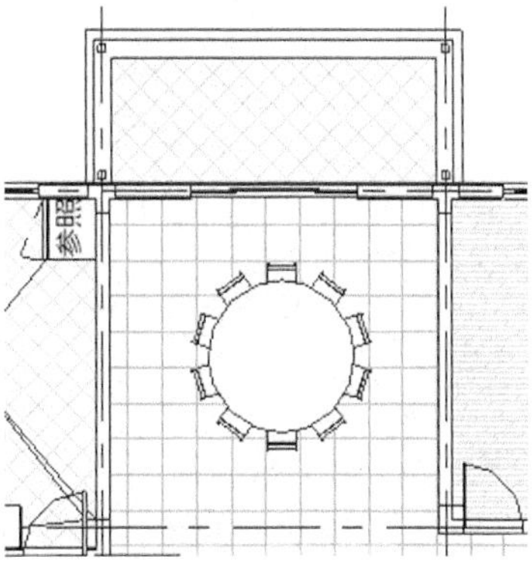

图 10-16　放置餐椅

4．布置卧室

（1）单击“建筑”选项卡“构建”面板中“构件”下拉列表中的“放置构件”按钮（快捷键：CM），在打开的的选项卡中单击“模式”面板中的“载入族”按钮，打开“载入族”对话框，选择“建筑”→“家具”→“3D”→“床”文件夹中的“双人床带床头柜.rfa”族文件，单击“打开”按钮，载入双人床带床头柜族文件。

（2）将双人床带床头柜放置在卧室靠右侧墙的中间位置，按空格键调整放置方向，如图 10-17 所示。

（3）单击“模式”面板中的“载入族”按钮，打开“载入族”对话框，选择“建筑”→“家具”→“3D”→“柜子”文件夹中的“衣柜 2.rfa”族文件，单击“打开”按钮，载入衣柜族文件。

（4）将衣柜放置在卧室左上角，按空格键调整放置方向，如图 10-18 所示。

（5）单击“模式”面板中的“载入族”按钮，打开“载入族”对话框，选择“建筑”→“家具”→“3D”→“沙发”文件夹中的“双人沙发 1.rfa”族文件，单击“打开”按钮，载入双人沙发族文件。

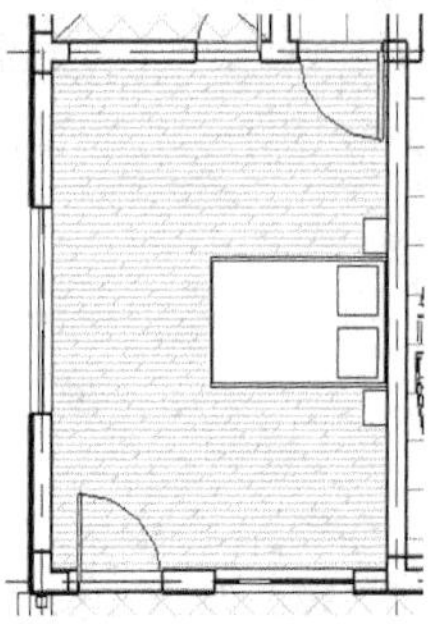

图 10-17　放置双人床带床头柜

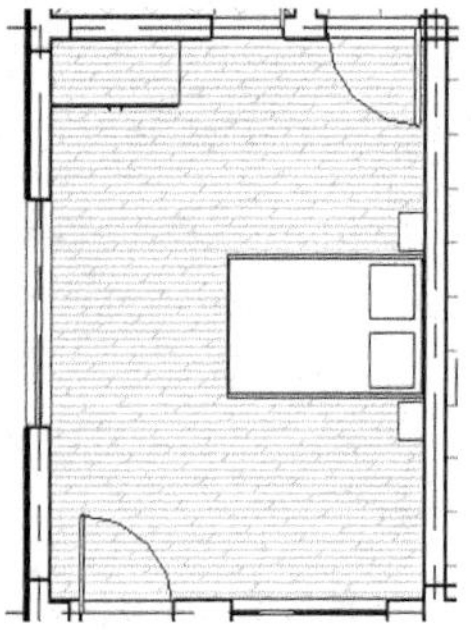

图 10-18　放置衣柜

（6）将双人沙发放置在卧室南侧靠窗户的位置，如图 10-19 所示。

（7）采用相同的方法，布置另一个卧室，如图 10-20 所示。

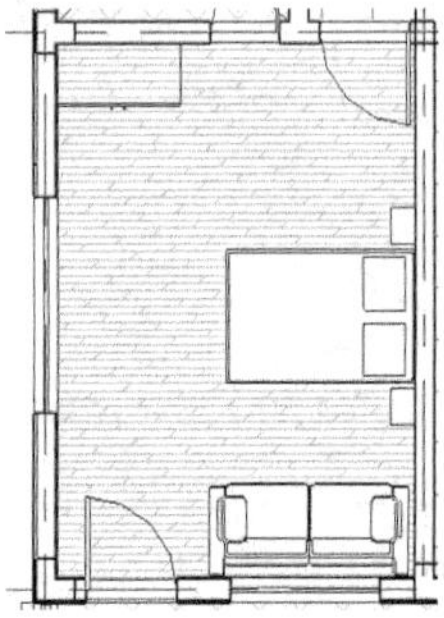

图 10-19　放置双人沙发

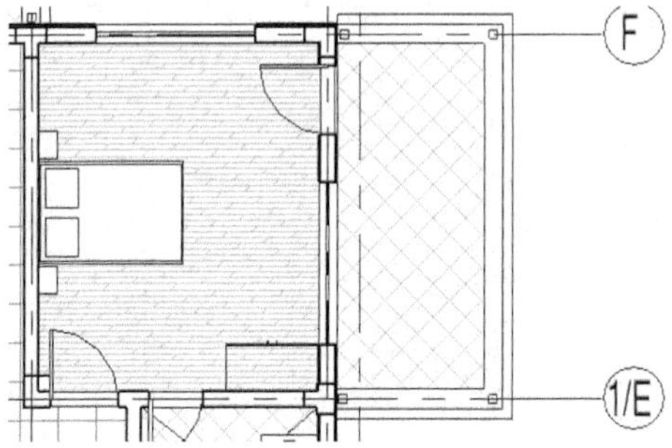

图 10-20　布置另一个卧室

读者可以按照 1 层家具的布置方法布置 2 层、3 层家具，这里就不再一一介绍。

（8）单击“文件”下拉菜单中的“另存为”→“项目”命令，打开“另存为”对话框，指定保存位置并输入文件名，单击“保存”按钮。

10.1.2　创建房间

视频：创建房间

使用“房间”工具在平面视图中创建房间，或将其添加到明细表内便于以后放置在模型中。选择一个房间后可检查其边界，修改其属性，将其从模型中删除或移至其他位置。可以根据所创建的房间边界，得到房间面积。

具体绘制过程如下。

（1）打开 10.1.1 节绘制的项目文件，单击“建筑”选项卡“房间和面积”面板中的“房间”按钮（快捷键：RM），打开“修改|放置房间”选项卡和选项栏，如图 10-21 所示。

“修改|放置房间”选项卡和选项栏的选项说明如下。

- 自动放置房间：单击此按钮，在当前标高上的所有闭合边界区域中放置房间。
- 在放置时进行标记：如果要随房间显示房间标记，则选中此按钮，如果要在放置房间时忽略房间标记，则取消选中此按钮。
- 高亮显示边界：如果要查看房间边界图元，则选中此按钮，Revit 将以金黄色高亮显示所有房间边界图元，并显示一个警告对话框。

- 上限：指定测量房间上边界的标高。如果要向标高 1 楼层平面添加一个房间，并希望该房间从标高 1 扩展到标高 2 或标高 2 上方的某个点，则可将“上限”指定为“标高 2”。
- 偏移：输入房间上边界距该标高的距离。输入正值表示向“上限”标高上方偏移，输入负值表示向其下方偏移。
- ：指定所需房间的标记方向，分别有水平、垂直和模型 3 个方向。
- 引线：指定房间标记是否带有引线。
- 房间：可以选择“新建”创建新的房间，或者从列表中选择一个现有房间。

（2）在属性选项板中选择“标记_房间-无面积-施工-仿宋-3mm-0-80”类型，其他采用默认设置，如图 10-22 所示。

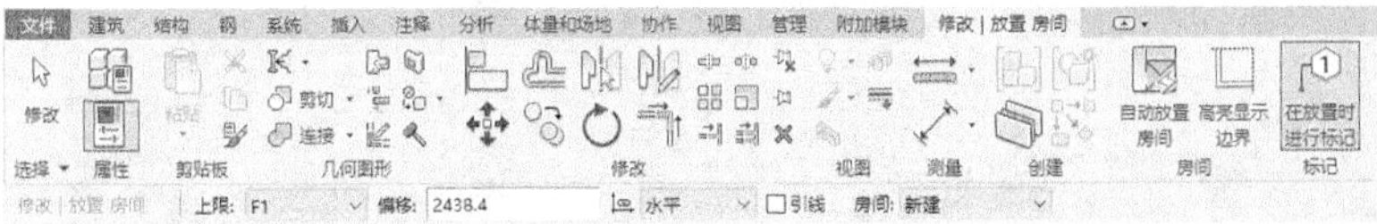

图 10-21 “修改|放置房间”选项卡和选项栏

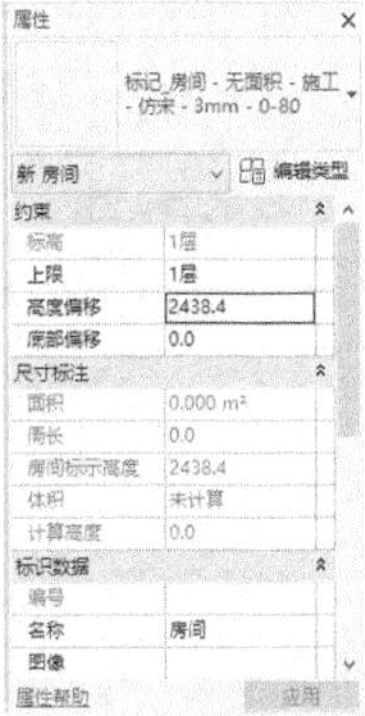

图 10-22 属性选项板

属性选项板中的选项说明如下。

- 标高：房间所在的底部标高。
- 上限：测量房间上边界时所基于的标高。
- 高度偏移：从“上限”标高开始测量到房间上边界之间的距离。输入正值表示向“上限”标高上方偏移，输入负值表示向其下方偏移。输入 0（零）将使用为“上限”指定的标高。
- 底部偏移：从底部标高（由“标高”参数定义）开始测量到房间下边界之间的距离。输入正值表示向底部标高上方偏移，输入负值表示向底部标高下方偏移。输入 0（零）表示使用底部标高。
- 面积：根据房间边界图元计算得出的净面积。
- 周长：房间的周长。
- 房间标示高度：房间可能的最大高度。
- 体积：启用了体积计算时计算的房间体积。
- 编号：指定的房间编号。此值对于项目中的每个房间都必须是唯一的。如果此值已被使用，Revit 会发出警告信息，但允许继续使用它。
- 名称：房间名称。
- 注释：用户指定的有关房间的信息。
- 占用：房间的占有类型。

- 部门：将使用房间的部门。
- 基面面层：基面的面层信息。
- 天花板面层：天花板的面层信息，如大白浆。
- 墙面面层：墙面的面层信息，如刷漆。
- 地板面层：地板的面层信息，如地毯。
- 占用者：使用房间的人、小组或组织的名称。

（3）在绘图区中将光标放置在封闭的区域中，此时房间高亮显示，如图 10-23 所示。

（4）单击放置房间标记，如图 10-24 所示。

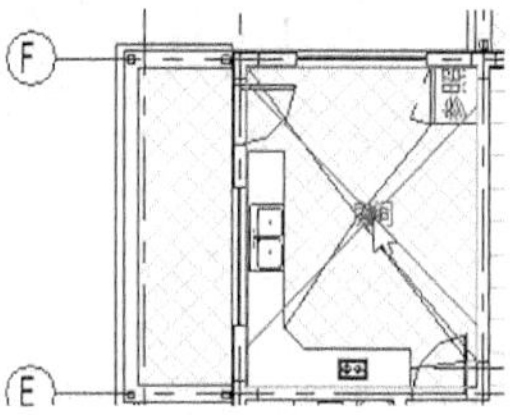

图 10-23　预览房间

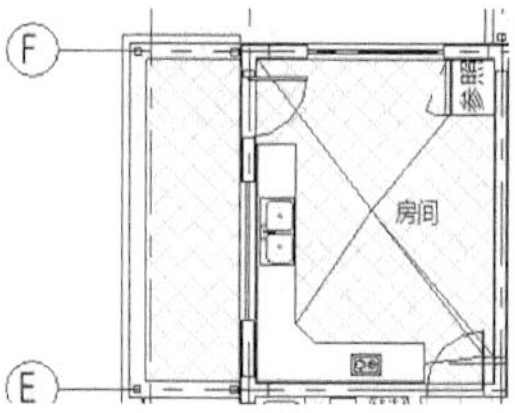

图 10-24　放置房间标记

（5）选取房间名称进入编辑状态，此时房间以红色线段显示，双击房间名称，在文本框中输入房间名称为厨房，按 Enter 键确定，如图 10-25 所示。

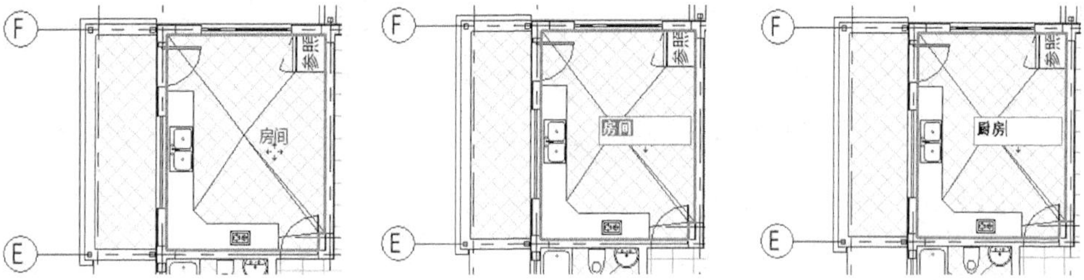

（a）选取房间　　（b）编辑房间　　（c）输入房间名称

图 10-25　更改房间名称

（6）单击“建筑”选项卡“房间和面积”面板中的“房间”按钮（快捷键：RM），打开“修改|放置房间”选项卡和选项栏。

（7）在属性选项板中的“名称”栏中输入“卧室”，然后将房间标记放在卧室区域，如图 10-26 所示。

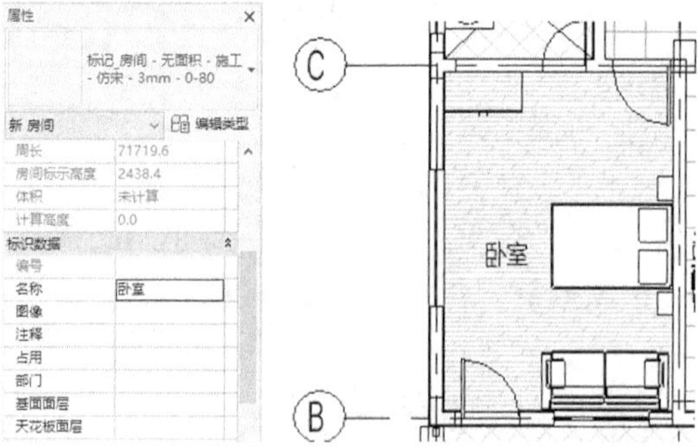

图 10-26　创建卧室房间标记

（8）重复上述方法，创建其他房间标记，如图 10-27 所示。

（9）单击“建筑”选项卡“房间和面积”面板中的“房间 分隔”按钮，打开“修改|放置 房间分隔”选项卡和选项栏，如图 10-28 所示。

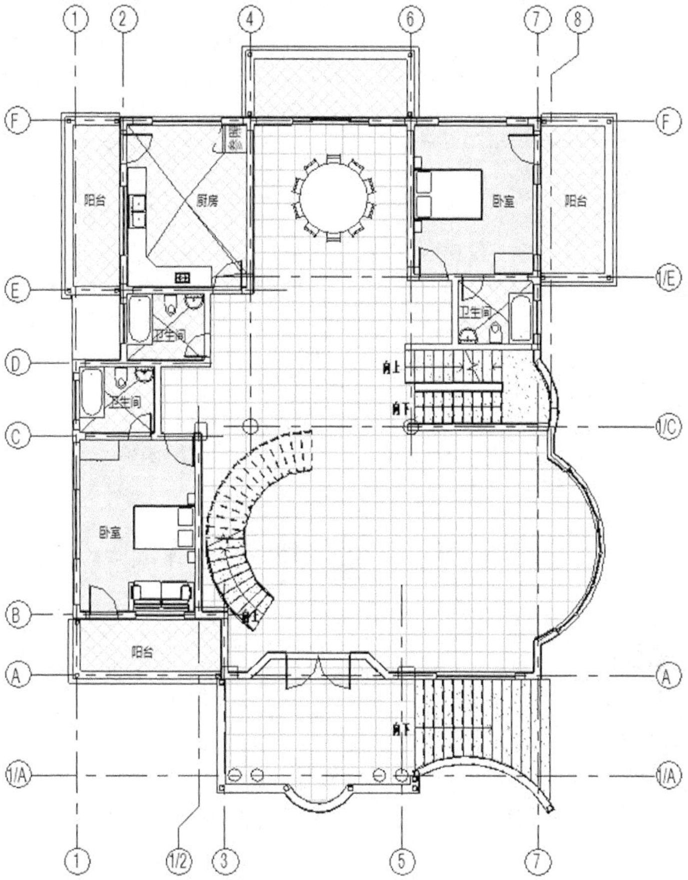

图 10-27　创建房间标记

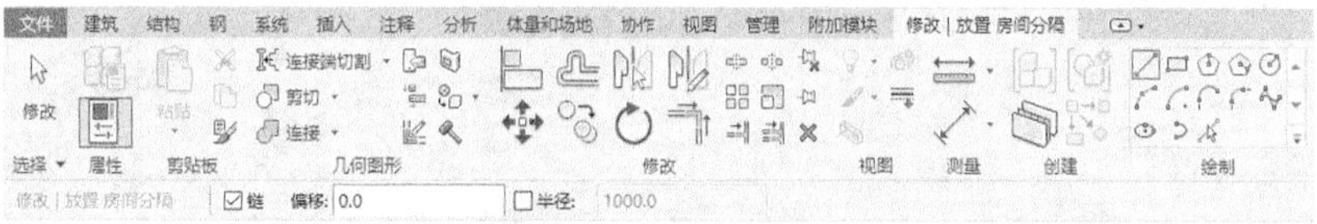

图 10-28　“修改|放置 房间分隔”选项卡和选项栏

（10）单击“绘制”面板中的“线”按钮，将楼梯间、饭厅和大堂之间绘制分隔线，如图 10-29 所示。

（11）单击“建筑”选项卡“房间和面积”面板中的“房间”按钮（快捷键：RM），打开“修改|放置房间”选项卡和选项栏，添加饭厅、大堂和楼梯间的房间标记，结果如图 10-30 所示。

（12）单击“文件”下拉菜单中的“另存为”→“项目”命令，打开“另存为”对话框，指定保存位置并输入文件名，单击“保存”按钮。

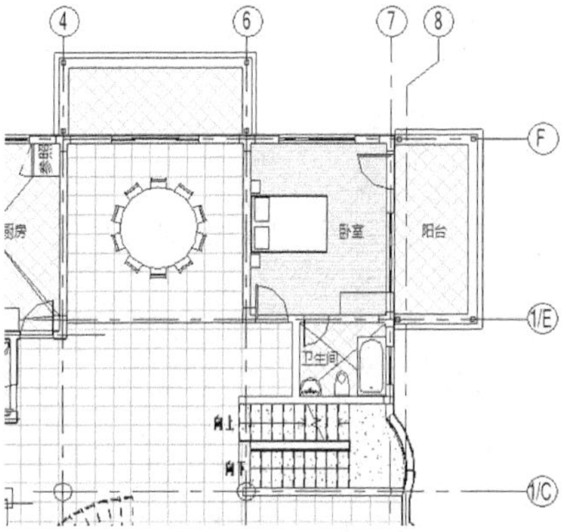

图 10-29　绘制分隔线

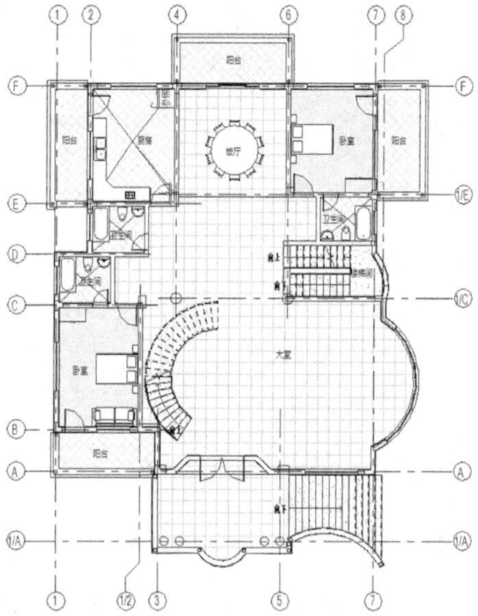

图 10-30　添加房间标记

10.2　室外布局

10.2.1　创建地形

视频：创建地形

通过在绘图区域中放置点来创建地形表面。

具体创建步骤如下。

（1）打开 10.1.2 节绘制的项目文件，将视图切换到架空层楼层平面视图。

（2）单击“体量和场地”选项卡“场地建模”面板中的“地形表面”按钮，打开“修改|编辑表面”选项卡和选项栏，如图 10-31 所示。

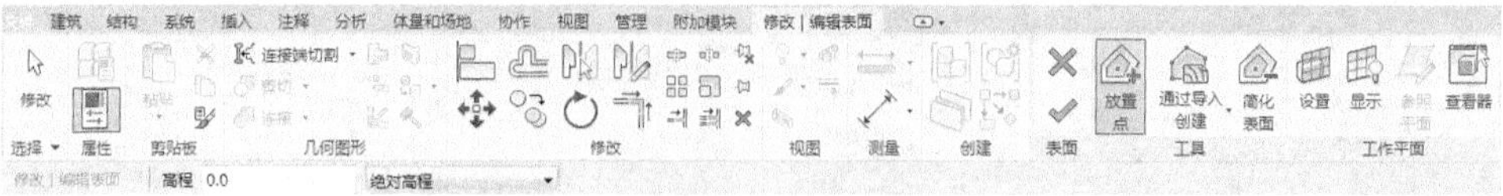

图 10-31　“修改|编辑表面”选项卡和选项栏

“修改|编辑表面”选项卡和选项栏中的选项说明如下。

- 绝对高程：点显示在指定的高程处（从项目基点）。
- 相对于表面：通过该选项，可以将点放置在现有地形表面上的指定高程处，从而编辑现有地形表面。要使该选项的使用效果更明显，需要在着色的三维视图中工作。

（3）系统默认激活“放置点”按钮，在选项栏中设置高程为-150.0。

（4）在绘图区域中适当位置单击放置点，如图 10-32 所示。

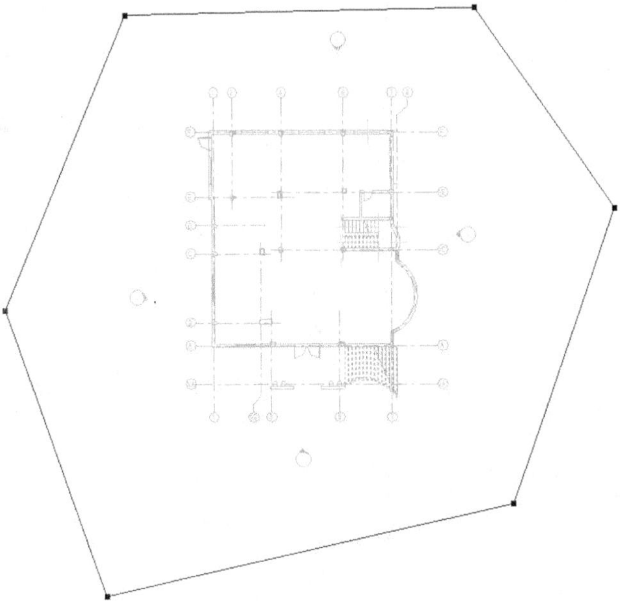

图 10-32　放置点

提示：

如果需要，在放置其他点时可以修改选项栏上的高程。

（5）单击“表面”面板中的“完成表面”按钮✔，完成地形的绘制，将视图切换到三维视图，结果如图 10-33 所示。

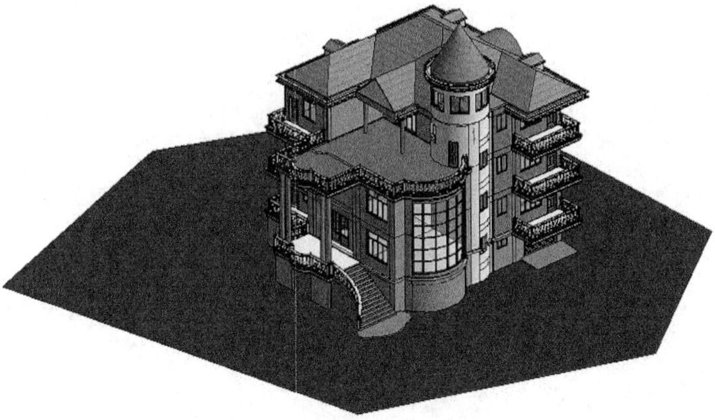

图 10-33　创建场地

（6）选取场地，在属性选项板的“材质”栏中单击…按钮，打开“材质浏览器”对话框，在材质库中选择“AEC 材质”→“其他”，在列表中选择“草”材质，单击“将材质添加到文档中”按钮，将其添加到项目材质列表中，勾选“使用渲染外观”复选框，设置表面填充图案的前景图案为场地-草地，如图 10-34 所示，单击“确定”按钮，设置场地的材质为草。

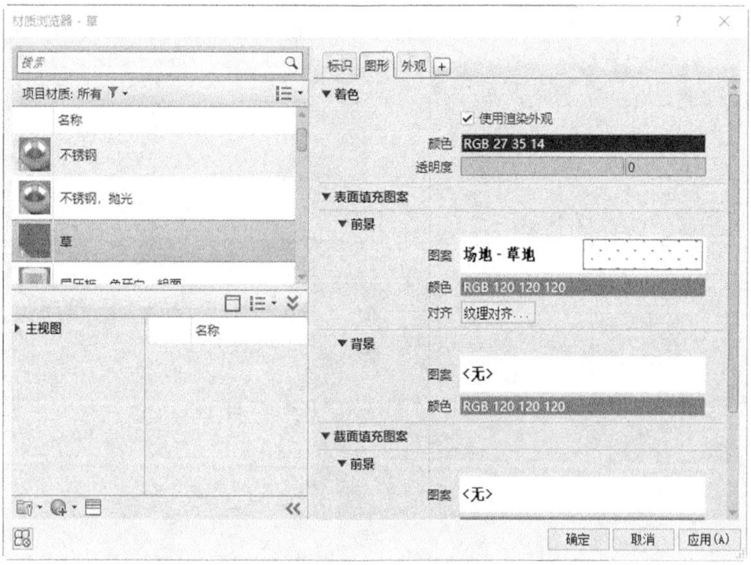

图 10-34 “材质浏览器”对话框

（7）在“修改|地形”选项卡中单击“编辑表面”按钮，打开“修改|编辑表面”选项卡，单击“放置点”按钮，在选项栏中设置高程为-300.0，继续放置点，如图 10-35 所示。

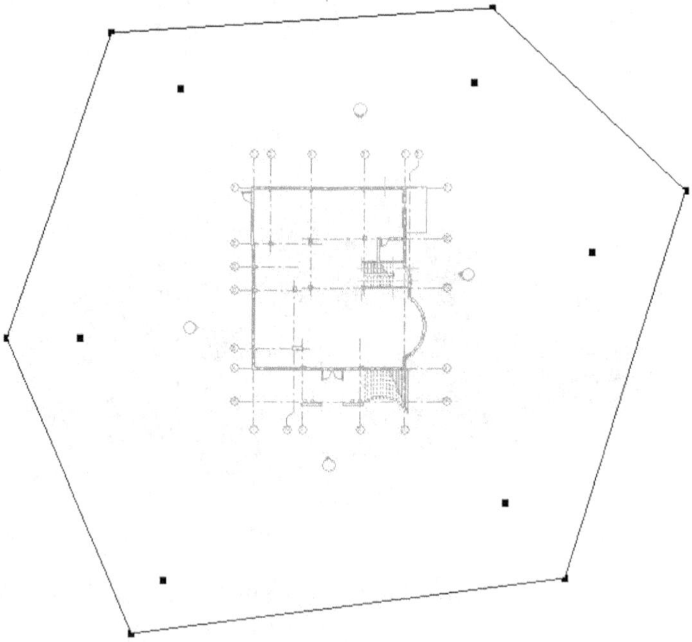

图 10-35 放置点

（8）单击“表面”面板中的“完成表面”按钮，完成地形的绘制。

（9）单击“文件”下拉菜单中的“另存为”→“项目”命令，打开“另存为”对话框，指定保存位置并输入文件名，单击“保存”按钮。

10.2.2　创建道路

视频：创建道路

子面域定义可应用不同属性集（如材质）的地形表面区域。例如，可以使用子面域在平整表面、道路或岛上绘制停车场。创建子面域不会生成单独的表面。

具体绘制过程如下。

（1）打开 10.2.1 节绘制的项目文件。

（2）单击“体量和场地”选项卡“修改场地”面板中的“子面域”按钮，打开“修改|创建子面域边界”选项卡和选项栏，如图 10-36 所示。

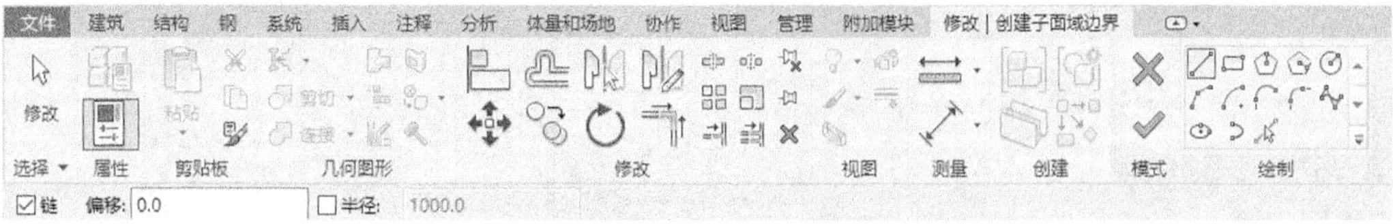

图 10-36　“修改|创建子面域边界”选项卡和选项栏

（3）单击“绘制”面板中的“线”按钮和“圆角弧”按钮，绘制到车库的道路边界，如图 10-37 所示。

（4）在属性选项板的“材质”栏中单击按钮，打开“材质浏览器”对话框，选择“混凝土，沙/水泥找平”材质，并勾选“使用渲染外观”复选框，其他采用默认设置，单击“确定”按钮。

（5）单击“模式”面板中的“完成编辑”按钮，完成到车库的道路的绘制，如图 10-38 所示。

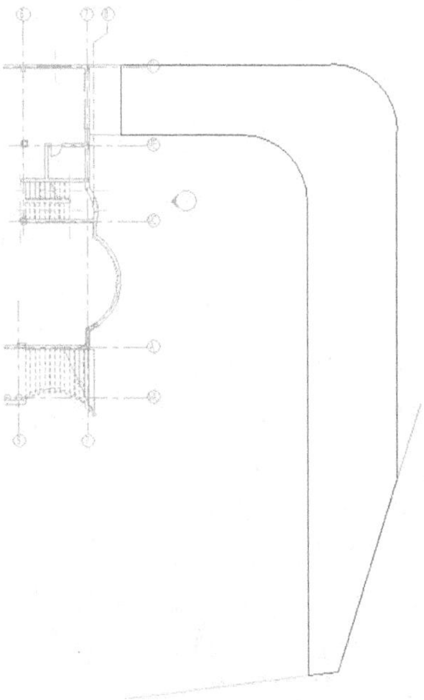

图 10-37　绘制道路边界

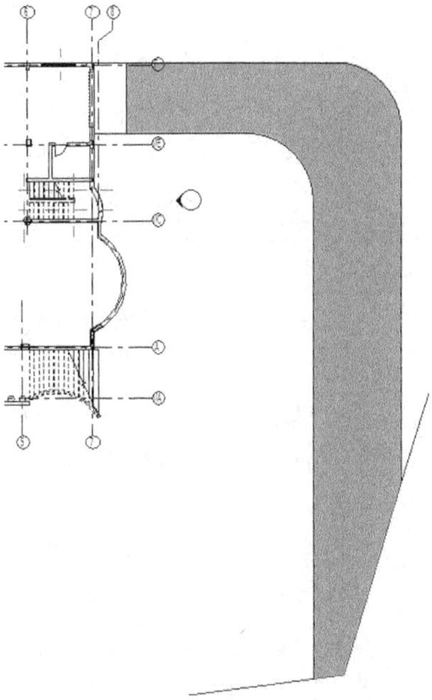

图 10-38　创建到车库的道路

注意：

使用单个闭合环创建地形表面子面域。如果创建多个闭合环，则只有第一个环用于创建子面域，其余环将被忽略。

（6）重复“子面域”命令，单击“绘制”面板中的“线”按钮、“样条曲线”按钮和“拾取线”按钮，绘制道路边界，如图 10-39 所示。

（7）在属性选项板的“材质”栏中单击按钮，打开“材质浏览器”对话框，在材质库中选择“AEC 材质”→“石料”，在列表中选择“卵石”材质，单击“将材质添加到文档中”按钮，将其添加到项目材质列表中，勾选“使用渲染外观”复选框，设置表面填充图案中的前景图案为场地-铺地卵石，单击“确定”按钮。

（8）单击“模式”面板中的“完成编辑”按钮，完成到道路的绘制，如图 10-40 所示。

（9）单击“文件”下拉菜单中的“另存为”→“项目”命令，打开“另存为”对话框，指定保存位置并输入文件名，单击“保存”按钮。

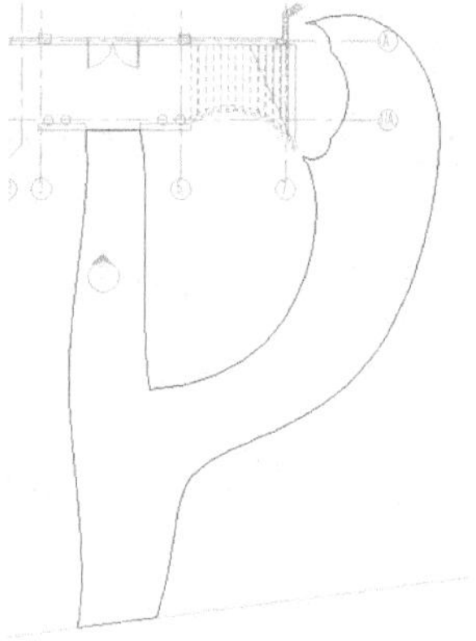

图 10-39　绘制道路边界

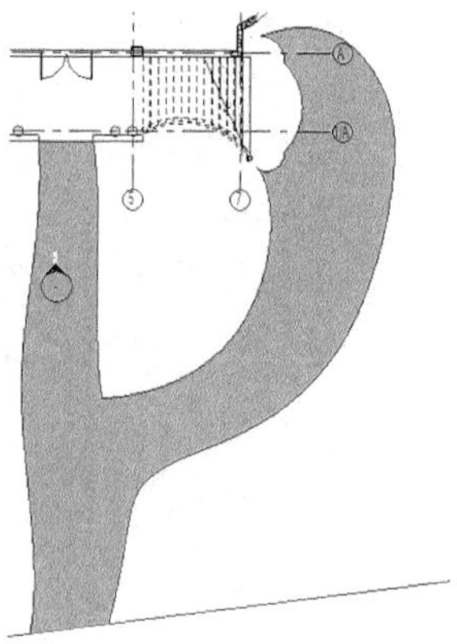

图 10-40　创建道路

10.2.3　场地布局

可在场地平面中放置场地专用构件（如树、电线杆和消防栓）。

具体绘制过程如下。

视频：场地布置

（1）打开 10.2.2 节绘制的项目文件。

（2）单击“体量和场地”选项卡“场地建模”面板中的“场地构件”按钮，在打开的选项卡中单击“模式”面板中的“载入族”按钮，打开“载入族”对话框，选择“建筑”→“场地”→“附属设施”→“景观小品”文件夹中的“喷水池.rfa”族文件，如图 10-41 所示，单击“打开”按钮，载入喷水池族文件。

（3）将喷水池放置到场地上的适当位置，如图 10-42 所示。

（4）重复“场地构件”命令，在打开的选项卡中单击“模式”面板中的“载入族”按钮，打开“载入族”对话框，选择“建筑”→“植物”→“3D”→“乔木”文件夹中的“白杨 3D.rfa”族文件，单击“打开”按钮，载入白杨族文件。

（5）将白杨放置到沿着场地四周进行布置，如图 10-43 所示。

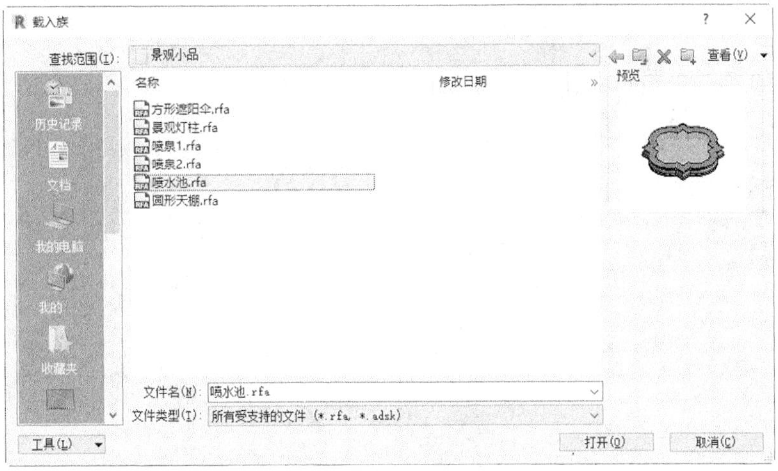

图 10-41　“载入族”对话框

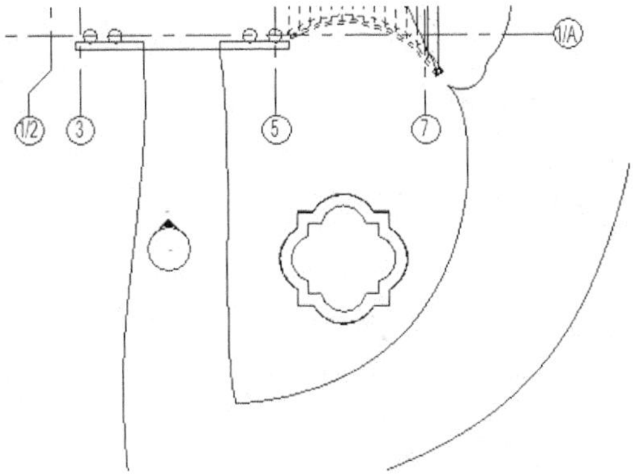

图 10-42　放置喷水池

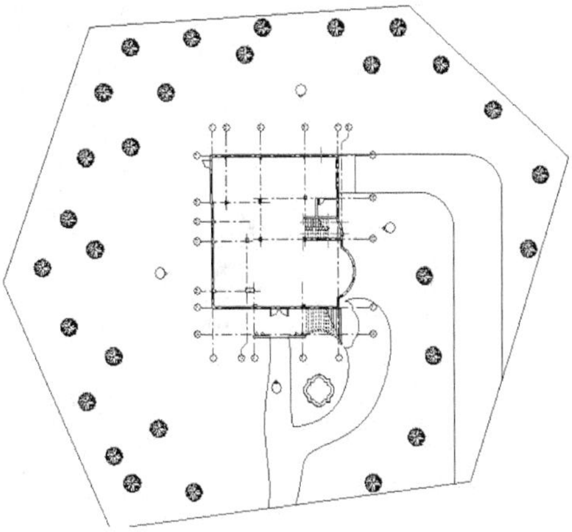

图 10-43　放置白杨

（6）重复“场地构件”命令，在打开的选项卡中单击“模式”面板中的“载入族”按钮，打开“载入族”对话框，选择“建筑”→“植物”→“3D”→“乔木”文件夹中的“粉单竹 3D.rfa”族文件，单击“打开”按钮，载入粉单竹族文件。

（7）将粉单竹放置到沿着场地的西北角，如图 10-44 所示。

（8）单击“体量和场地”选项卡“场地建模”面板中的“场地构件”按钮，在打开的选项卡中单击“模式”面板中的“载入族”按钮，打开“载入族”对话框，选择“建筑”→“植物”→“3D”→“草本”文件夹中的“向日葵 3D.rfa”族文件。

（9）单击“打开”按钮，将向日葵放置到弧形幕墙位置，如图 10-45 所示。

（10）单击“体量和场地”选项卡“场地建模”面板中的“场地构件”按钮，在打开的选项卡中单击“模式”面板中的“载入族”按钮，打开“载入族”对话框，选择“建筑”→“植物”→“3D”→“草本”文件夹中的“花 3D.rfa”族文件。

（11）单击“打开”按钮，将花沿卵石道路两侧放置，如图 10-46 所示。

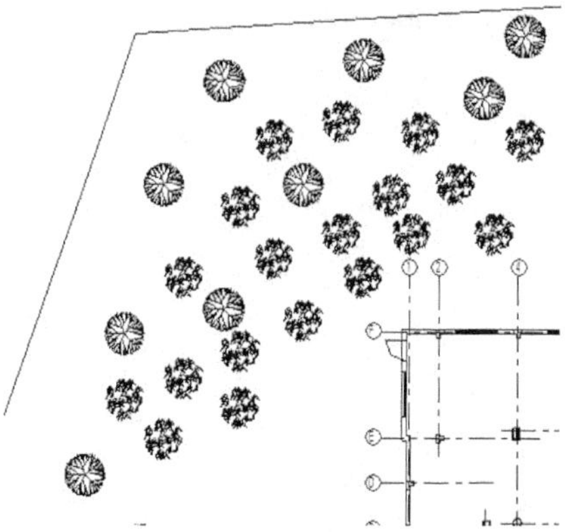

图 10-44　放置粉单竹

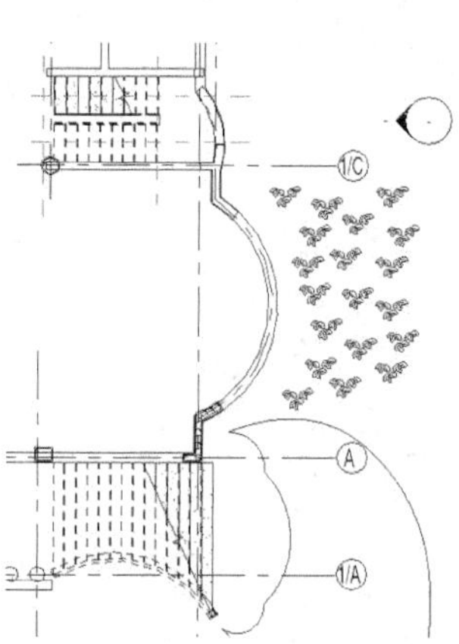

图 10-45　放置向日葵

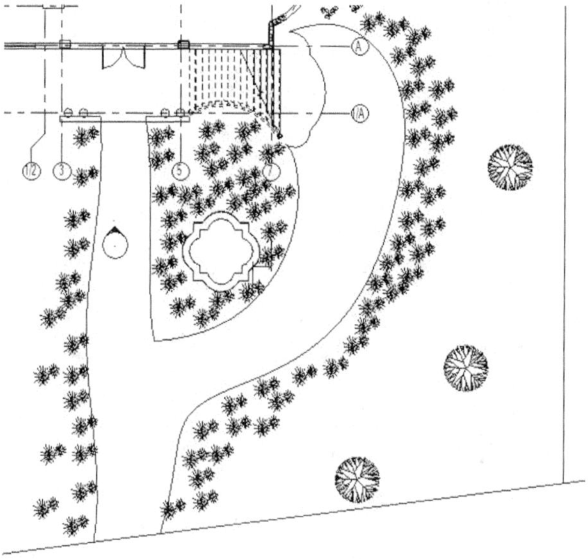

图 10-46　放置花

（12）单击“文件”下拉菜单中的“另存为”→“项目”命令，打开“另存为”对话框，指定保存位置并输入文件名，单击“保存”按钮。

第11章

出　图

知识导引

完成主体建筑和场外布局后，需要利用“漫游”命令来观察整体建筑模型的效果，如果没有问题，则将三维模型转换为二维图纸指导施工。

11.1 漫　游

通过定义建筑模型的路径，并创建动画或一系列图像，向客户展示模型。

漫游是指沿着定义的路径移动的相机，此路径由帧和关键帧组成。关键帧是指可在其中修改相机方向和位置的可修改帧。在默认情况下，漫游可以创建为一系列透视图，但也可以创建为正交三维视图。可以在平面视图中创建漫游，也可以在其他视图（包括三维视图、立面视图及剖面视图）中创建漫游。

11.1.1 创建漫游

视频：创建漫游

具体操作步骤如下。

（1）打开10.2.3节创建的项目文件。

（2）单击“视图”选项卡“创建”面板“三维视图”下拉列表中的“漫游”按钮，打开“修改|漫游”选项卡和选项栏，如图11-1所示。

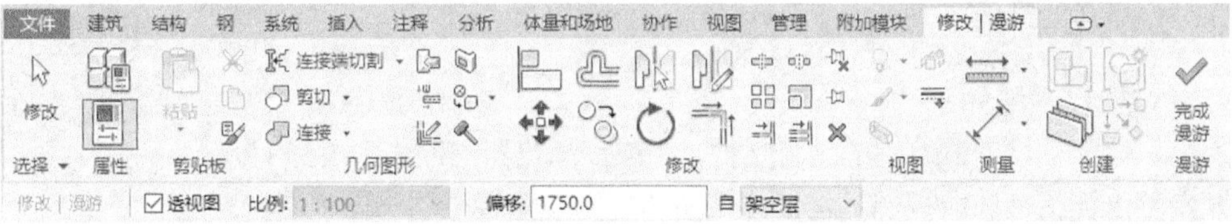

图11-1　“修改|漫游”选项卡和选项栏

（3）在当前视图的住宅外围任意位置单击作为漫游路径的开始位置，然后单击逐个放置关键帧，如图11-2所示。

（4）继续放置关键帧，路径围绕住宅一周完成绘制，如图11-3所示。

（5）单击“漫游”面板中的“完成漫游”按钮，结束路径的绘制。

（6）在项目浏览器中新增漫游视图“漫游1”，双击“漫游1”，打开漫游1视图，如图11-4所示。

（7）单击“文件”下拉菜单中的“另存为”→“项目”命令，打开“另存为”对话框，指定保存位置并输入文件名，单击“保存”按钮。

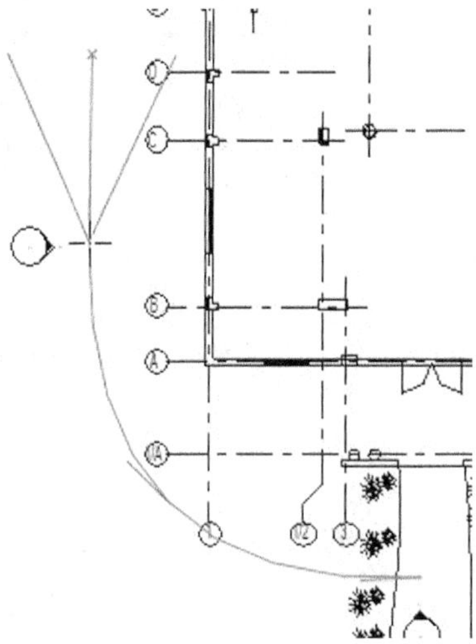

图 11-2　绘制路径

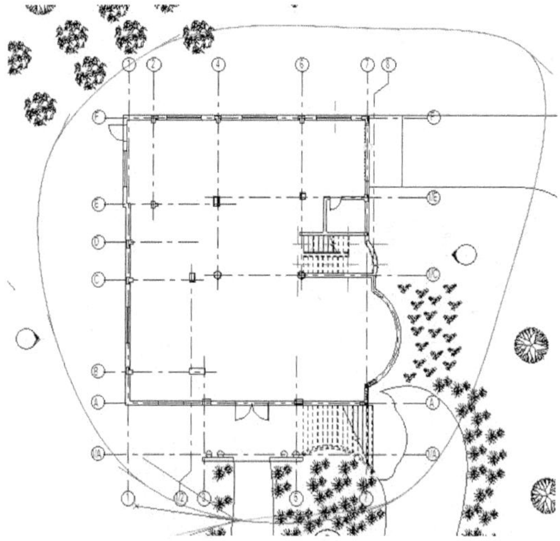

图 11-3　完成路径绘制

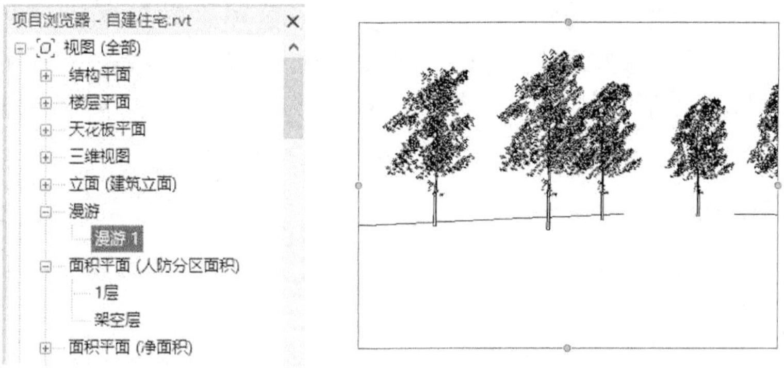

图 11-4　漫游视图

11.1.2　编辑漫游

视频：编辑漫游

具体操作步骤如下。

（1）打开 11.1.1 节绘制的项目文件，在项目浏览器中双击“漫游 1”，打开漫游 1 视图，选取视图，然后将视图切换到架空层楼层平面视图。

（2）单击“修改|相机”选项卡“漫游”面板中的“编辑漫游”按钮，打开“编辑漫游”选项卡和选项栏，如图 11-5 所示。

图 11-5　“编辑漫游”选项卡和选项栏

（3）此时漫游路径上会显示关键帧，如图 11-6 所示。

（4）在选项栏中设置控制为路径，路径上的关键帧变为控制点，拖动控制点，可以调整路径形状，如图 11-7 所示。

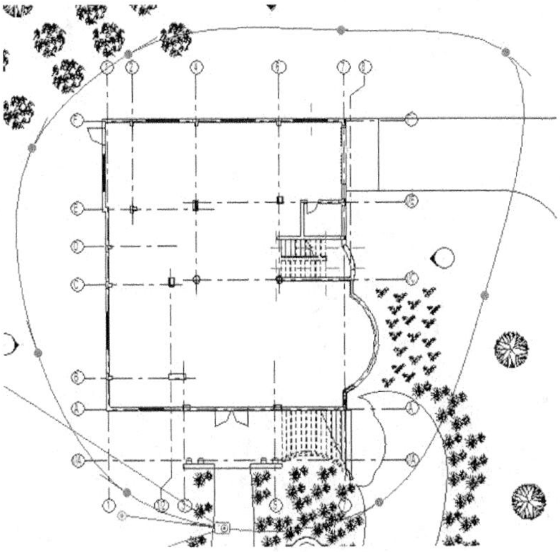

图 11-6　显示关键帧

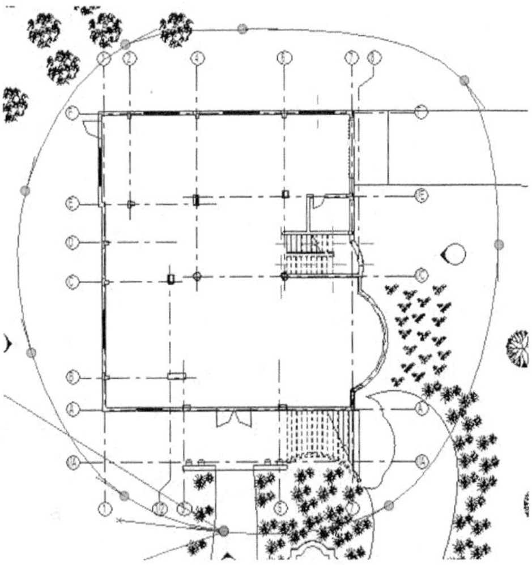

图 11-7　编辑路径

（5）在选项栏中设置控制为添加关键帧，然后在路径上单击添加关键帧，如图 11-8 所示。

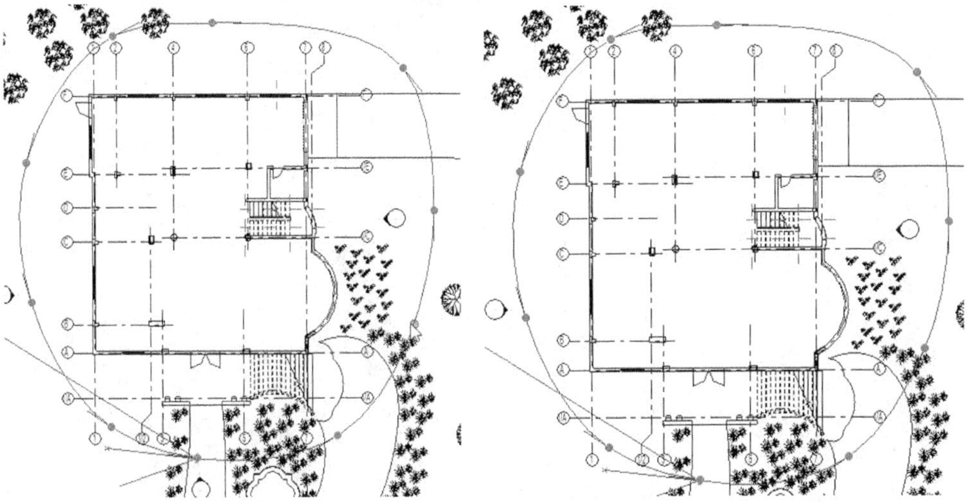

图 11-8　添加关键帧

（6）在选项栏中设置控制为删除关键帧，然后在路径上单击要删除的关键帧，删除关键帧，如图 11-9 所示。

（7）单击选项栏中的“共”后面的“300”字样，打开“漫游帧”对话框，更改总帧数为 200，勾选“指示器”复选框，输入帧增量为 10，如图 11-10 所示，单击“确定”按钮，结果如图 11-11 所示。图 11-11 中的红点（圆点）代表自行设置的关键帧，蓝点（正方形点）代表系统添加的指示帧。

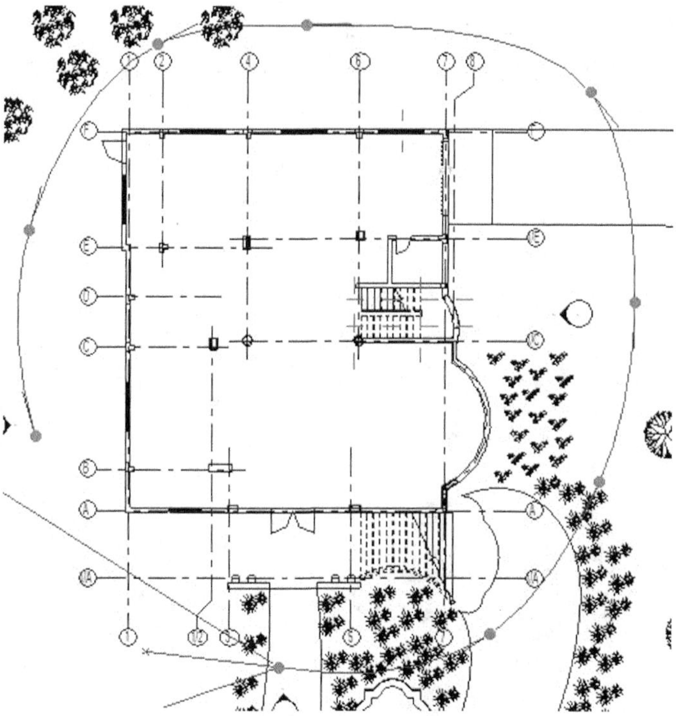

图 11-9　删除关键帧

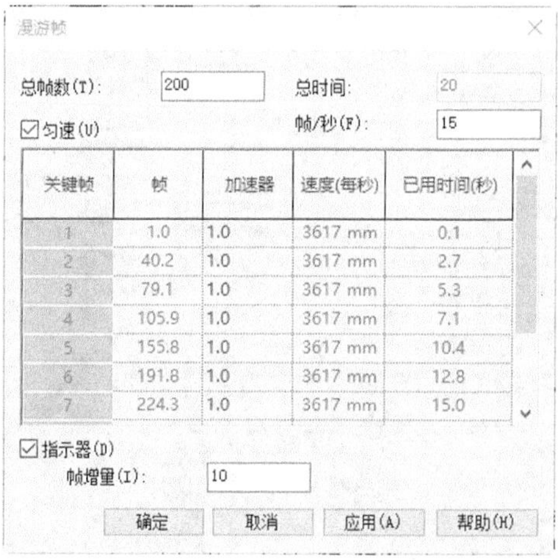

图 11-10　“漫游帧”对话框

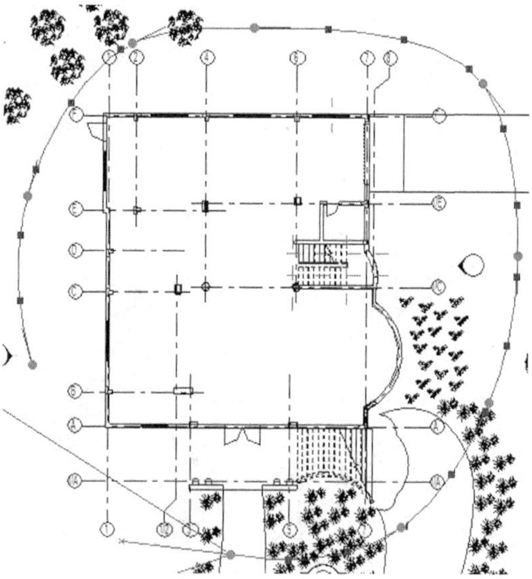

图 11-11　添加指示帧

（8）“编辑漫游”选项栏中的 200 帧是整个漫游完成的帧数，如果要播放漫游，则在“编辑漫游”选项栏中输入“1”并按 Enter 键，表示从第一帧开始播放。

（9）在“编辑漫游”选项栏中设置控制为活动相机，然后拖曳相机控制相机角度，使相机朝向建筑模型，如图 11-12 所示，单击“下一关键帧”按钮▷‖，调整关键帧上相机角度使其朝向建筑模型，采用相同的方法，调整其他关键帧的相机角度。

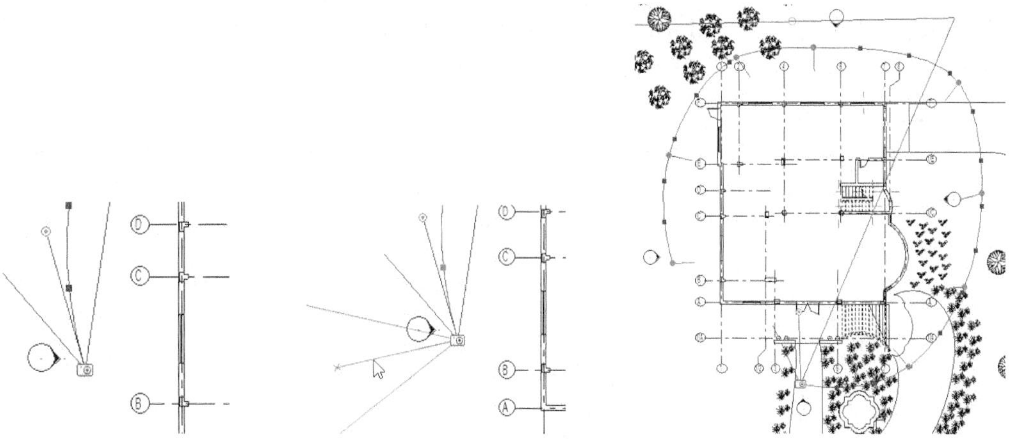

（a）选取相机　　（b）拖曳相机　　（c）调整其他关键点上的相机角度

图 11-12　调整相机角度

（10）在“编辑漫游”选项栏中输入“1”，单击“漫游”面板中的“播放”按钮▷，开始播放漫游，若中途要停止播放，可以按 Ese 键结束播放。

（11）将视图切换至漫游 1 视图，调整裁剪区域的控制点，使建筑模型显示，如图 11-13 所示。然后在属性选项板中取消“裁剪区域可见”复选框的勾选，不显示裁剪区域。

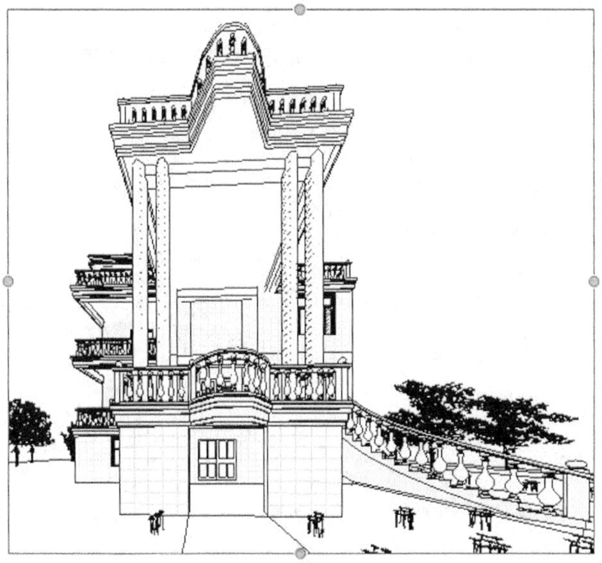

图 11-13　调整裁剪区域

（12）单击“文件”下拉菜单中的“另存为”→“项目”命令，打开“另存为”对话框，指定保存位置并输入文件名，单击“保存”按钮。

11.1.3　导出漫游文件

视频：导出漫游文件

可以将漫游导出为 AVI 或图像文件。

将漫游文件导出为图像文件时，漫游的每个帧都会保存为单个文件。可以导出所有帧或一定范围的帧。

具体操作步骤如下。

（1）打开 11.1.2 节绘制的项目文件，单击“文件”→“导出”→“图像和动画”→“漫游”命令，打开“长度/格式”对话框，如图 11-14 所示。

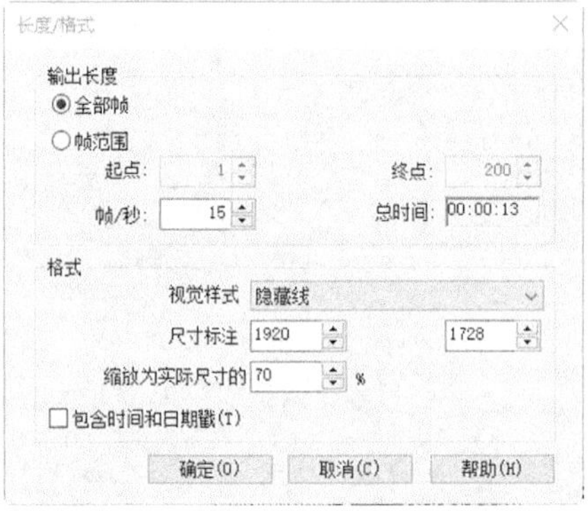

图 11-14　“长度/格式”对话框

“长度/格式”对话框中的选项说明如下。

- 全部帧：导出整个动画。
- 帧范围：选择此选项，指定该范围内的起点帧和终点帧。
- 帧/秒：设置导出后漫游的速度，默认为 15 帧/秒，播放速度比较快，建议设置为 3~4 帧/秒，速度比较合适。
- 视觉样式：设置导出后漫游中图像的视觉样式，包括线框、隐藏线、着色、带边框着色、一致的颜色、真实、带边框的真实感和渲染。
- 尺寸标注：指定帧在导出文件中的大小，如果输入一个尺寸标注的值，软件会计算并显示另一个尺寸标注的值以保持帧的比例不变。
- 缩放为实际尺寸的：输入缩放百分比，软件会计算并显示相应的尺寸标注。
- 包含时间和日期戳：勾选此复选框，在导出的漫游动画或图片上会显示时间和日期。

（2）在“长度/格式”对话框中单击“全部帧”单选按钮，设置帧/秒为 15，视觉样式为真实，其他采用默认设置，单击“确定”按钮。

（3）打开“导出漫游”对话框，设置保存路径、文件名和文件类型，如图 11-15 所示，单击“保存”按钮。

（4）打开“视频压缩”对话框，默认压缩程序为全帧（非压缩的），产生的文件非常大，选择“Microsoft Video 1”压缩程序，如图 11-16 所示，单击“确定”按钮，将漫游文件导出为 AVI 文件。

（5）单击“文件”下拉菜单中的“另存为”→“项目”命令，打开“另存为”对话框，指定保存位置并输入文件名，单击“保存”按钮。

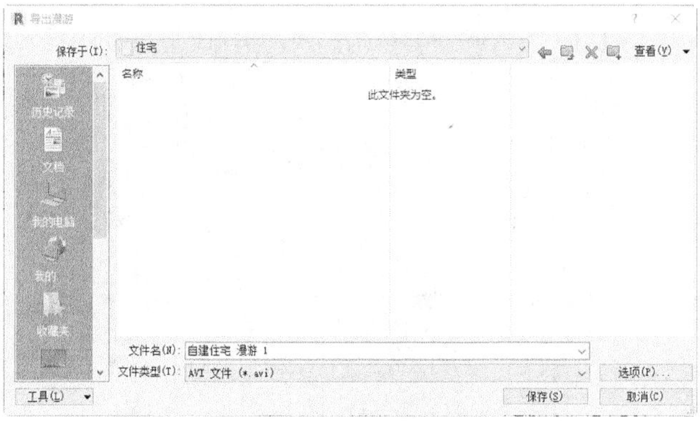

图 11-15　“导出漫游”对话框

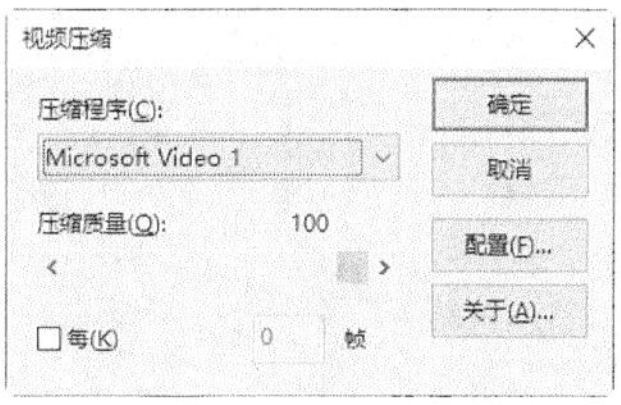

图 11-16　“视频压缩”对话框

11.2　相机视图

在渲染之前，一般要先创建相机透视图，生成不同地点、不同角度的场景。

11.2.1　创建外景视图

视频：创建外景视图

（1）打开 11.1.3 节绘制的项目文件，将视图切换到架空层楼层平面视图。

（2）单击“视图”选项卡“创建”面板“三维视图”下拉列表中的“相机”按钮，在平面视图的右下角放置相机，如图 11-17 所示。

（3）移动鼠标，确定相机的方向，如图 11-18 所示。

（4）单击放置相机视点，系统自动创建一张三维视图，同时在项目浏览器中增加了“相机视图：三维视图 1”，如图 11-19 所示。

（5）调整裁剪区域的控制点，使建筑模型显示，如图 11-20 所示。

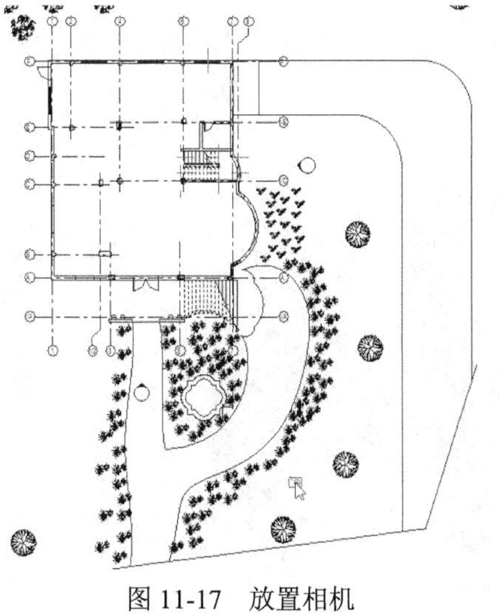

图 11-17　放置相机

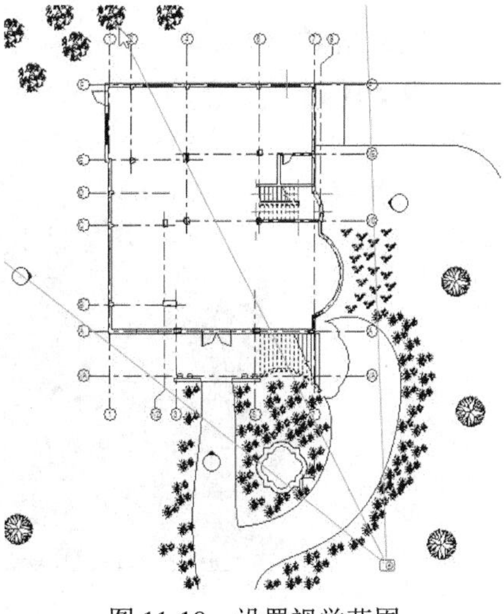

图 11-18　设置视觉范围

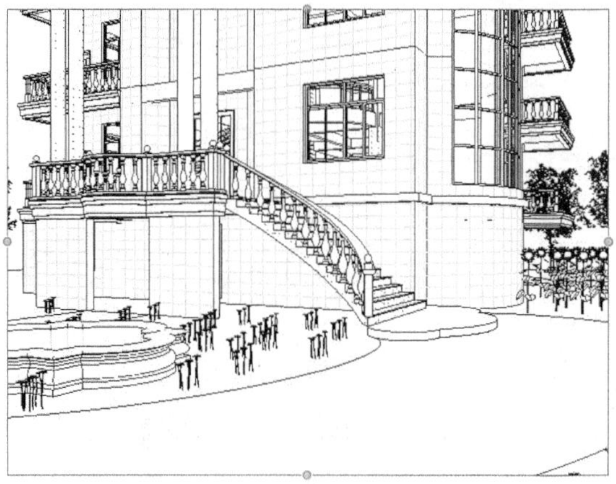

图 11-19　三维视图

图 11-20　更改尺寸后的三维视图

（6）在属性选项板中设置详细程度为精细，投影模式为正交，视点高度为 17000.0，视图如图 11-21 所示。

图 11-21　调整视图

（7）选取相机视图视口，拖动视口左边上的控制点，改变视图范围，单击“控制”栏中的“视觉样式”按钮，在打开的菜单中选择“着色”选项，效果图如图 11-22 所示。

图 11-22　着色效果

（8）在项目浏览器中选择步骤（7）中创建的三维视图 1，单击鼠标右键，在弹出的快捷菜单中选择“重命名”选项，输入名称为外景视图。

（9）单击“文件”下拉菜单中的“另存为”→“项目”命令，打开“另存为”对话框，指定保存位置并输入文件名，单击“保存”按钮。

11.2.2　渲染外景视图

视频：渲染外景视图

渲染视图以创建三维模型的照片级真实感图像。

（1）打开 11.2.1 节绘制的项目文件，在项目浏览器的“三维视图”节点下双击“外景”，将视图切换到外景视图。

（2）单击“视图”选项卡“演示视图”面板中的“渲染”按钮，打开“渲染”对话框，设置“质量设置”为“最佳”，“分辨率”为“屏幕”，“照明方案”为“室外：仅日光”，“背景样式”为“天空：少云”，如图 11-23 所示，单击“日光设置”栏中的“选择太阳位置”按钮，打开“日光设置”对话框，单击“照明”单选按钮，设置“预设”为“来自右上角的日光”，如图 11-24 所示，其他采用默认设置，单击“确定”按钮，返回“渲染”对话框。

“渲染”对话框中的选项说明如下。

- 区域：勾选此复选框，在三维视图中，Revit 会显示渲染区域边界。选择渲染区域，并使用蓝色夹具来调整其尺寸。对于正交视图，也可以拖曳渲染区域以在视图中移动其位置。
- 质量：为渲染图像指定所需的质量，包括绘图、中、高、最佳、自定义和编辑 6 种。
  - ✧ 绘图：尽快渲染，生成预览图像。模拟照明和材质，阴影缺少细节。渲染速度最快。
  - ✧ 中：快速渲染，生成预览图像，获得模型的总体印象。模拟粗糙和半粗糙材质。该设置最适用于没有复杂照明或材质的室外场景。渲染速度中等。
  - ✧ 高：相对中等质量，渲染所需时间较长。照明和材质更准确，尤其对于镜面（金属类型）材质。对软性阴影和反射进行高质量渲染。该设置最适用于有简单的照明的室内和室外场景。渲染速度慢。
  - ✧ 最佳：以较高的照明和材质精确度渲染。以高质量水平渲染半粗糙材质的软性阴影和柔和反射。此渲染质量对复杂的照明环境尤为有效，生成所需的时间最长。渲染速度最慢。
  - ✧ 自定义：使用“渲染质量设置”对话框中指定的设置。渲染速度取决于自定义设置。
- 分辨率：选择“屏幕”选项，为屏幕显示生成渲染图像；选择“打印机”选项，生成供打印的渲染图像。
- 照明：在方案中选择照明方案，如果选择了日光方案，可以在日光设置中调整日光的照明设置。如果选择使用人造灯光的照明方案，则单击“人造灯光”按钮，打开“人造灯光”对话框控制渲染图像中的人造灯光。

- 背景：可以为渲染图像指定背景，背景可以是单色、天空和云或者自定义图像，注意创建包含自然光的内部视图时，天空和云背景可能会影响渲染图像中灯光的质量。
- 调整曝光：单击此按钮，打开“曝光控制”对话框，可将真实世界的亮度值转换为真实的图像，曝光控制模仿人眼对与颜色、饱和度、对比度和眩光有关的亮度值的反应。

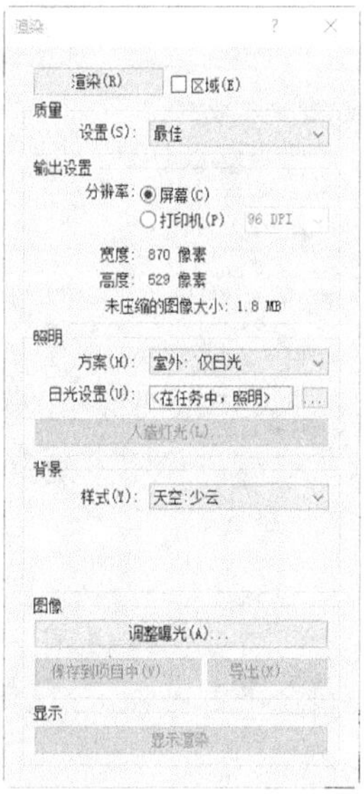

图 11-23 “渲染”对话框

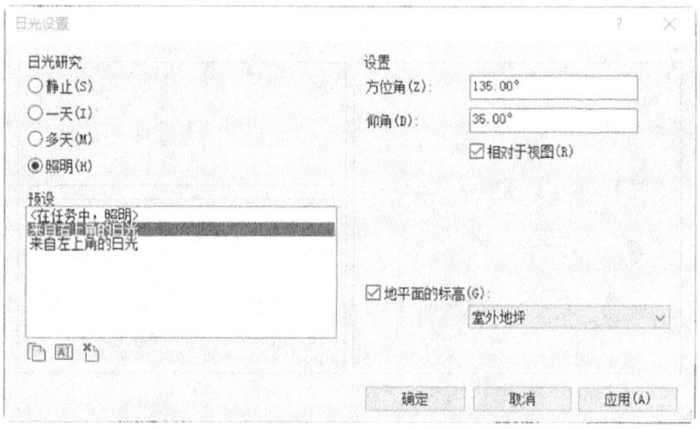

图 11-24 “日光设置”对话框

（3）单击“渲染”对话框中的“渲染”按钮，打开如图 11-25 所示的“渲染进度”对话框，显示渲染进度，勾选“当渲染完成时关闭对话框”复选框，则渲染完成后自动关闭对话框，渲染结果如图 11-26 所示。

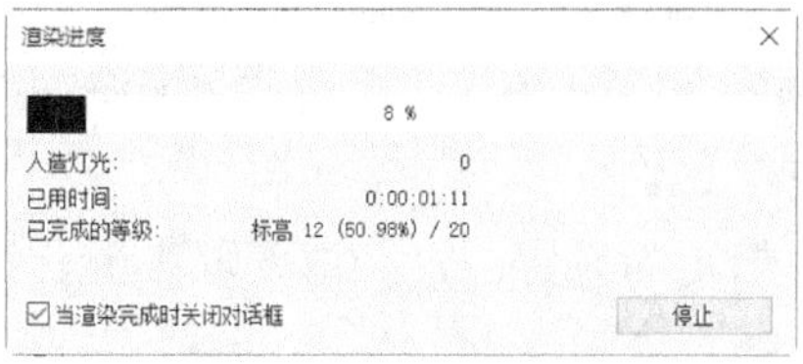

图 11-25 “渲染进度”对话框

图 11-26 渲染结果

（4）单击“渲染”对话框中的“调整曝光”按钮，打开“曝光控制”对话框，拖动各个选项的滑块调整数值，也可以直接输入数值，如图 11-27 所示，单击“应用”按钮，结果如图 11-28 所示，然后单击“确定”按钮，关闭“曝光控制”对话框。

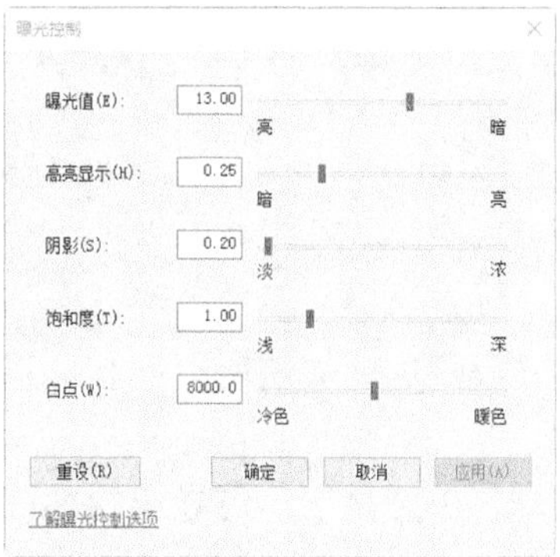

图 11-27　“曝光控制”对话框

图 11-36　调整曝光后的图形

“曝光控制”对话框中的选项说明如下。

- 曝光值：渲染图像的总体亮度。此设置类似于具有自动曝光的摄影机中的曝光补偿设置。输入一个介于-6（较亮）和 16（较暗）之间的值。
- 高亮显示：图像最亮区域的灯光级别。输入一个介于 0（较暗的高亮显示）和 1（较亮的高亮显示）之间的值。默认值为 0.25。
- 阴影：图像最暗区域的灯光级别。输入一个介于 0.1（较亮的阴影）和 1（较暗的阴影）之间的值。默认值为 0.20。
- 饱和度：渲染图像中颜色的亮度。输入一个介于 0（灰色/黑色/白色）和 5（更鲜艳的色彩）之间的值。默认值为 1.00。
- 白点：在渲染图像中显示为白色的光源色温。此设置类似于数码相机上的“白平衡”设置。如果渲染图像看上去橙色太浓，则减小“白点”值。如果渲染图像看上去太蓝，则增大“白点”值。

（5）单击“渲染”对话框中的“保存到项目中”按钮，打开“保存到项目中”对话框，输入名称为住宅外景视图，如图 11-29 所示。

（6）单击“确定”按钮，将渲染完的图像保存在项目中，如图 11-30 所示。

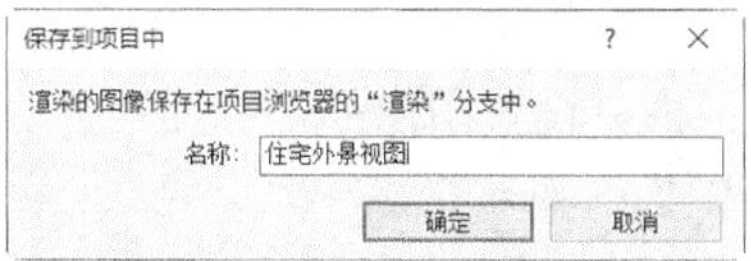

图 11-29　“保存到项目中”对话框

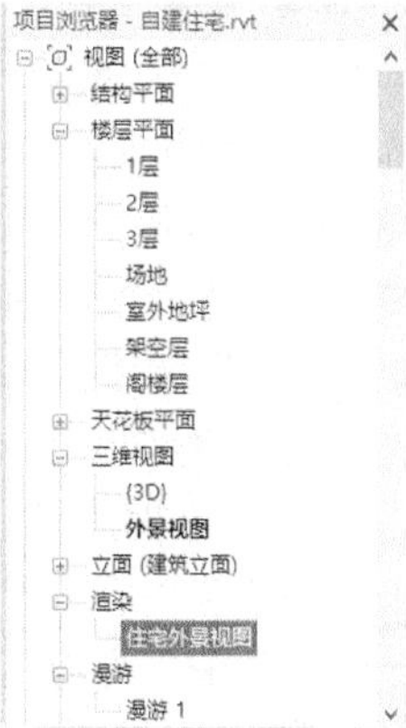

图 11-30　项目浏览器

（7）关闭“渲染”对话框后，视图显示为相机视图，双击项目中的“住宅外景视图”，打开渲染图像。

（8）单击“文件”→“导出”→“图像和动画”→“图像”命令，打开如图 11-31 所示的“导出图像”对话框。

“导出图像”对话框的选项说明如下。

- 修改：根据需要修改图像的默认路径和文件名。
- 导出范围：指定要导出的图像。
- 当前窗口：单击“当前窗口”单选按钮，可导出绘图区域的所有内容，包括当前查看区域以外的部分。
- 当前窗口可见部分：单击“当前窗口可见部分”单选按钮，可导出绘图区域中当前可见的任何部分。
- 所选视图/图纸：单击“所选视图/图纸”单选按钮，可导出指定的图纸和视图。单击“选择”按钮，打开如图 11-32 所示的“视图/图纸集”对话框，选择所需的图纸和视图，单击“确定”按钮。

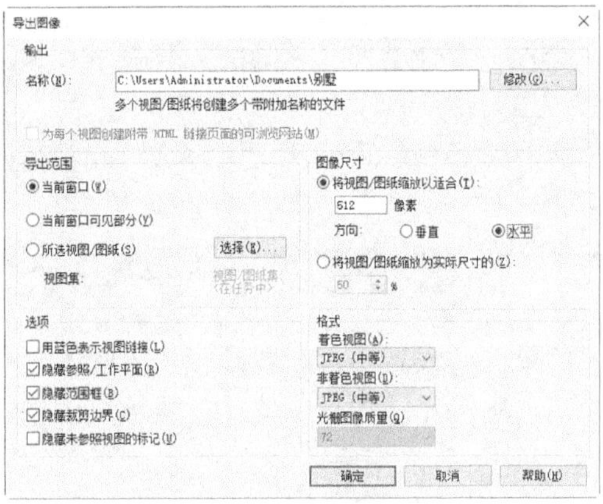

图 11-31　“导出图像”对话框

图 11-32　“视图/图纸集”对话框

- 图像尺寸：指定图像显示属性。
- 将视图/图纸缩放以适合：指定图像的输出尺寸和方向，Revit 将在水平或垂直方向将图像缩放到指定数目的像素。
- 将视图/图纸缩放为实际尺寸的：输入百分比，Revit 将按指定的缩放设置输出图像。
- 选项：选择所需的输出选项。在默认情况下，导出的图像中的链接以黑色显示。勾选“用蓝色表示视图链接”复选框，显示蓝色链接；勾选“隐藏参照/工作平面”、“隐藏范围框”、“隐藏裁剪边界”和“隐藏未参照视图的标记”复选框，在导出的视图中隐藏不必要的图形部分。
- 格式：选择着色视图和非着色视图的输出格式。

（9）单击“修改”按钮，打开“指定文件”对话框，设置图像的保存路径和文件名，如图 11-33 所示，单击“保存”按钮，返回“导出图像”对话框。

（10）在“图像尺寸”选区中设置“方向”为“水平”，在“格式”选区中设置“着色视图”和“非着色视图”为“JPEG（无失真）”，其他采用默认设置，如图 11-34 所示，单击“确定”按钮，导出图像。

（11）单击“文件”下拉菜单中的“另存为”→“项目”命令，打开“另存为”对话框，指定保存位置并输入文件名，单击“保存”按钮。

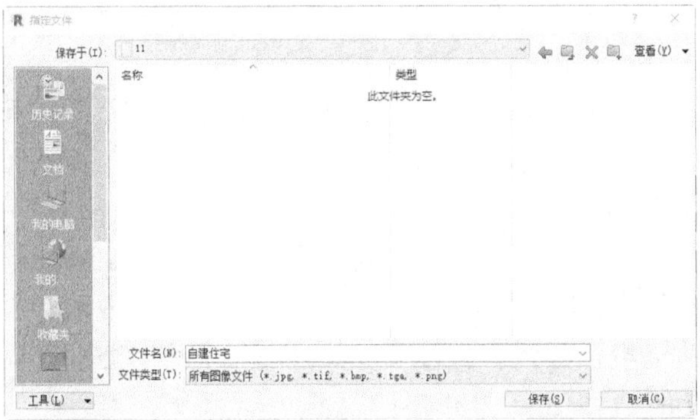

图 11-33　“指定文件”对话框

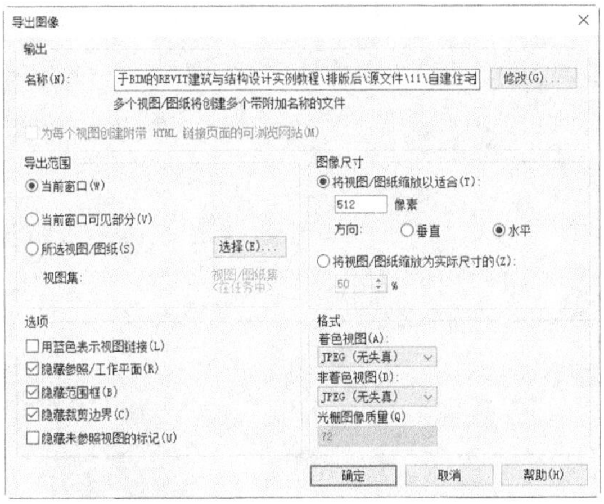

图 11-34　设置导出图像参数

11.3　施　工　图

施工图设计是建筑设计的最后阶段，它的主要任务是满足施工要求，即在初步设计或技术设计的基础上，综合建筑、结构等各工种，相互交底，深入了解材料供应、施工技术、设备等条件，把满足工程施工的各项具体要求反映在图纸上。施工图主要通过图纸把设计者的意图和全部设计结果表达出来，作为施工的依据，施工图是设计和施工工作的桥梁。

11.3.1　创建平面图

视频：创建平面图

具体操作步骤如下。

（1）打开 11.2.2 节绘制的项目文件，将视图切换到 1 层楼层平面视图。

（2）在项目浏览器中选择“楼层平面”→“1 层”节点，单击鼠标右键，在弹出的快捷菜单中选择“复制视图”→“带细节复制”选项，如图 11-35 所示。

（3）生成 1 层副本 1 视图，单击鼠标右键，在打开的快捷菜单中单击“重命名”命令，将其重命名为一层平面图，并切换至此视图。

（4）单击“视图”选项卡“图形”面板中的“可见性/图形”按钮，打开“楼层平面：一层平面图的可见性/图形替换”对话框，在“注释类别”选项卡中取消“参照平面”和“立面”复选框的勾选，单击“确定”按钮。

（5）在项目浏览器中“族”→“注释符号”→“标记_门”节点下选取标记_门，拖曳标记_门到视图中的门位置，打开“修改|标记”选项卡，取消选项栏中“引线”复选框的勾选，在视图中选取门标记，如图 11-36 所示，单击放置门标记。继续对所有门添加标记，如图 11-37 所示。

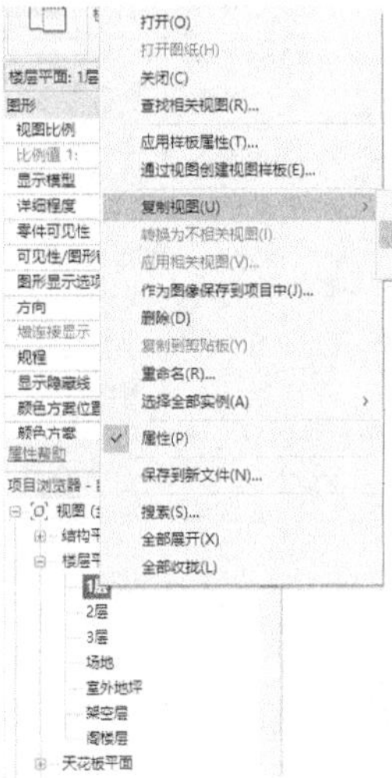

图 11-35　快捷菜单

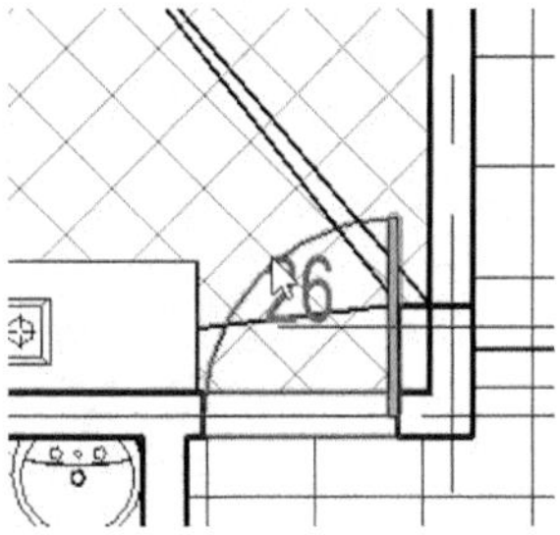

图 11-36　选取门标记

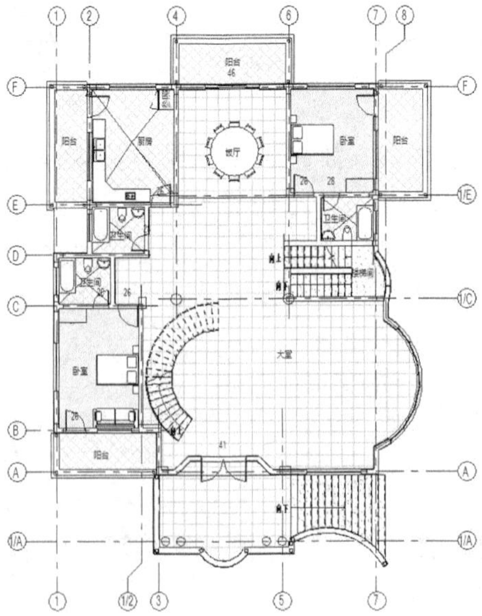

图 11-37　添加门标记

（6）选取门标记，拖曳调整门标记的位置，然后在属性管理器中调整门标记的方向为垂直，如图 11-38 所示。采用相同的方法，调整其他门标记。

（7）双击门标记，使其处于编辑状态，更改门标记内容，如图 11-39 所示。

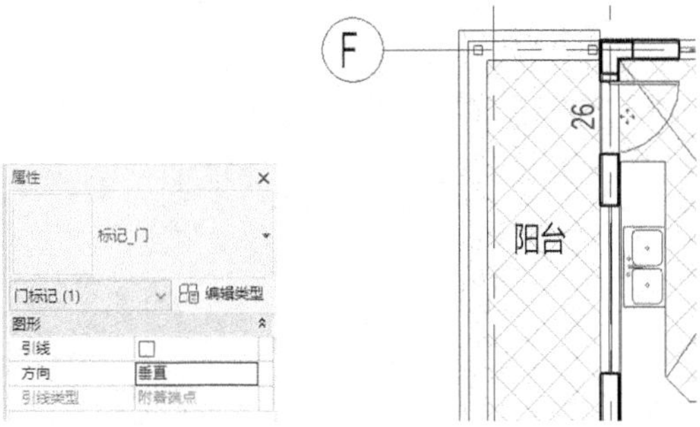

图 11-38　修改门标记

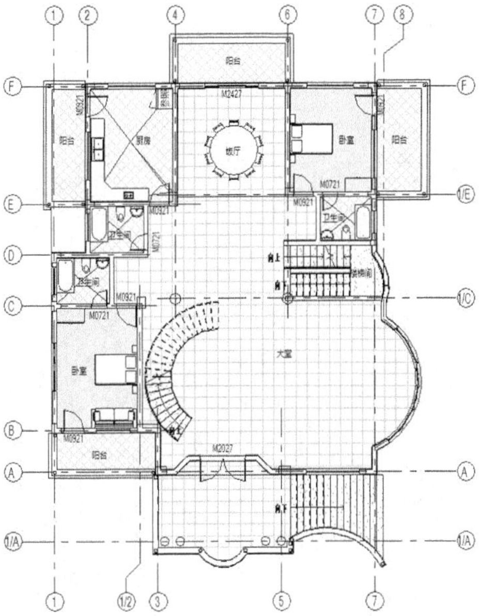

图 11-39　更改门标记内容

（8）单击“注释”选项卡“标记”面板中的“按类别标记”按钮，打开“修改|标记”选项卡和选项栏，如图 11-40 所示。

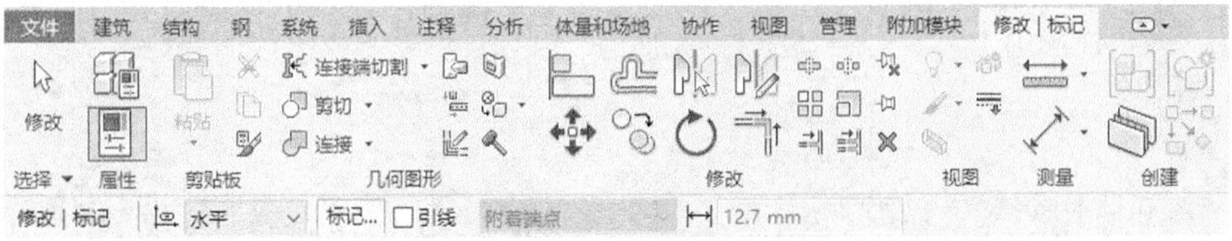

图 11-40　“修改|标记”选项卡和选项栏

（9）在视图中选取窗标记，如图 11-41 所示，单击放置窗标记。继续对所有窗添加标记，如图 11-42 所示。

（10）选取窗标记，拖曳调整窗标记的位置，然后在属性管理器中调整窗标记的方向为垂直，然后更改窗标记内容，结果如图 11-43 所示。

（11）选取轴线控制点，调整轴线的长度，空出放置尺寸的位置。

（12）单击“注释”选项卡“尺寸标注”面板中的“对齐”按钮，在属性选项板中选择“线性尺寸标注样式 对角线-3mm RomanD-引线-文字在上”类型，标注细节尺寸，如图 11-44 所示。

（13）单击“注释”选项卡“尺寸标注”面板中的“对齐”按钮，标注外部尺寸，如图 11-45 所示。

（14）单击“视图”选项卡“图纸组合”面板中的“图纸”按钮，打开“新建图纸”对话框，在列表中选择 A2 公制图纸，单击“确定”按钮，新建 A101-未命名图纸。

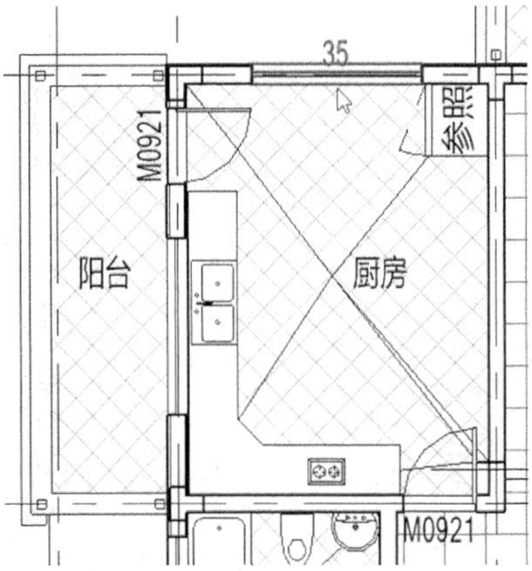

图 11-41　选取窗显示标记

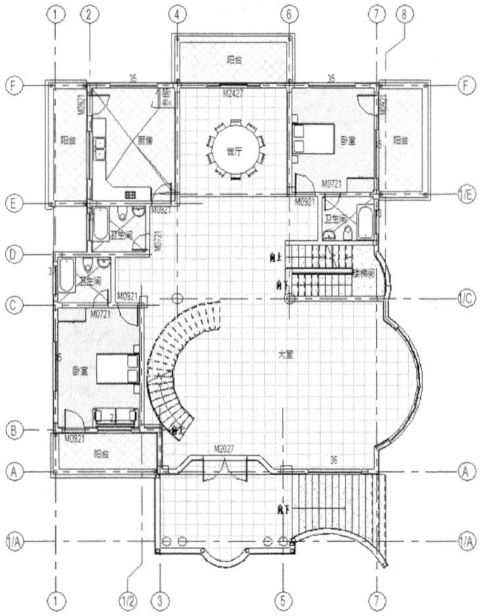

图 11-42　添加窗标记

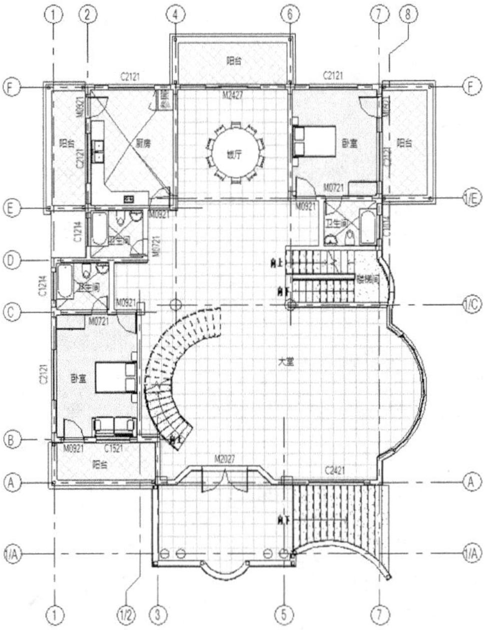

图 11-43　窗标记

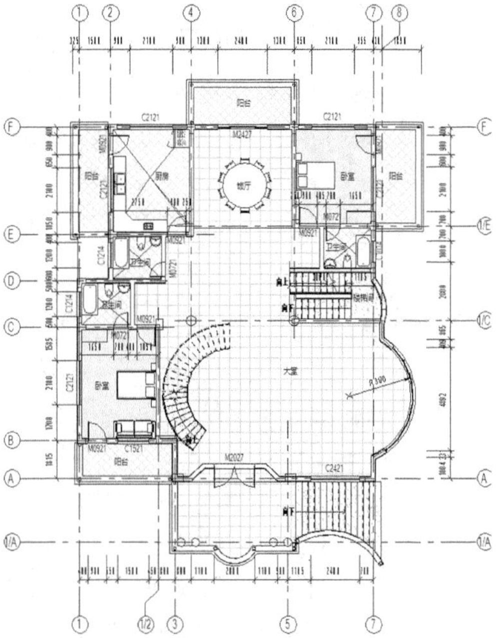

图 11-44　标注细节尺寸

（15）单击“视图”选项卡“图纸组合”面板中的“放置视图”按钮，打开“视图”对话框，选择“楼层平面：一层平面图”视图，如图 11-46 所示，然后单击“在图纸中添加视图”按钮，将视图添加到图纸中，结果如图 11-47 所示。

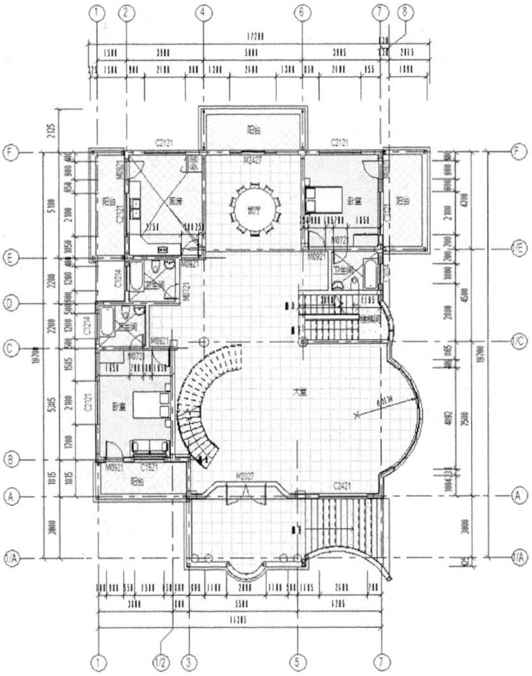

图 11-45　标注外部尺寸

图 11-46　“视图”对话框

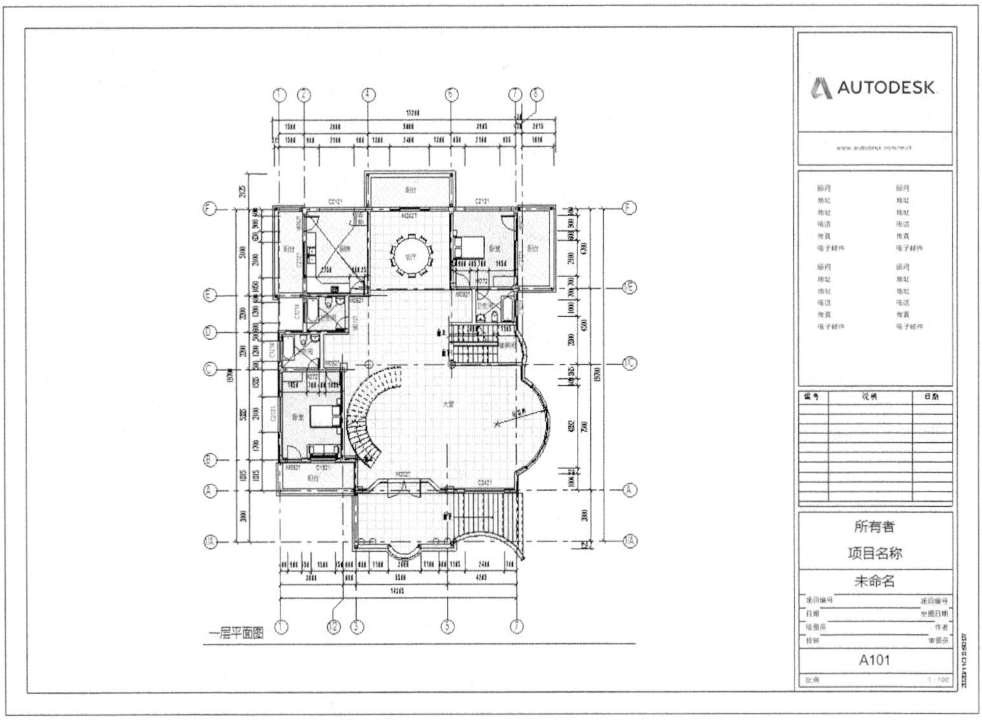

图 11-47　添加视图到图纸

（16）选取图纸中的视口标题，在属性选项板中选择“视口 没有线条的标题”类型，并将标题移动到图纸中适当位置。

（17）单击“注释”选项卡“文字”面板中的“文字”按钮 **A**，打开如图 11-48 所示的“修改|放置文字”选项卡，在属性选项板中选择“文字 5mm 常规_仿宋”类型，输入比例为 1：100，结果如图 11-49 所示。

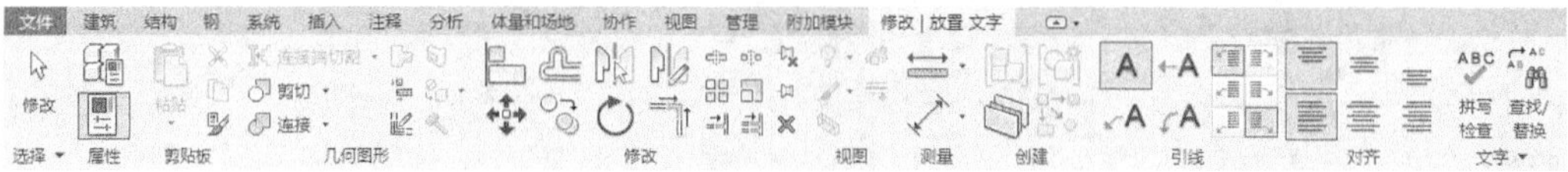

图 11-48 “修改|放置文字”选项卡

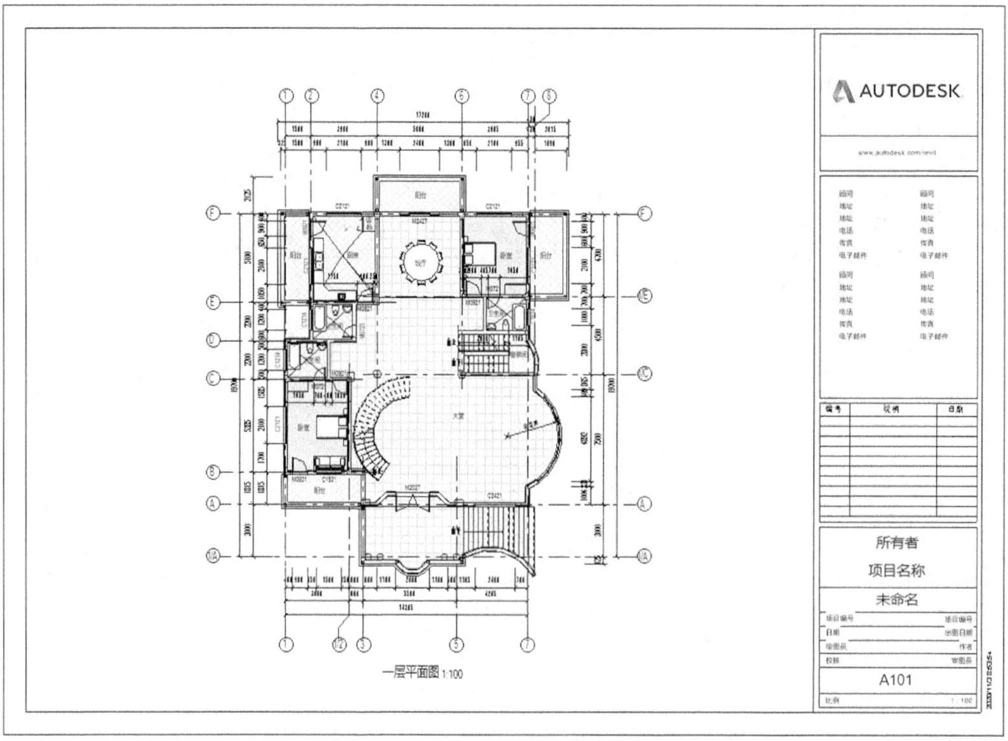

图 11-49 输入文字

（18）在项目浏览器中的“A101-未命名”上单击鼠标右键，在弹出的快捷菜单中选择“重命名”选项，打开“图纸标题”对话框，输入名称为一层平面图，如图 11-50 所示，单击“确定”按钮，完成图纸的命名。

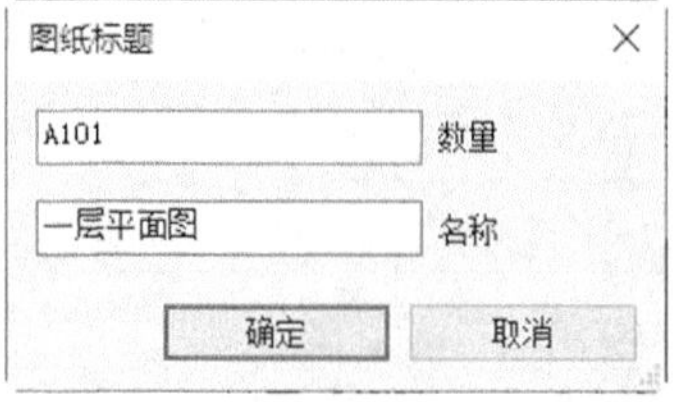

图 11-50 “图纸标题”对话框

（19）单击“文件”下拉菜单中的“另存为”→“项目”命令，打开“另存为”对话框，指定保存位置并输入文件名，单击“保存”按钮。

读者可以根据一层平面图的创建方法，创建住宅的二层平面图和三层平面图，这里就不再一一进行介绍了。

（20）单击“文件”下拉菜单中的“另存为”→“项目”命令，打开“另存为”对话框，指定保存位置并输入文件名，单击“保存”按钮。

11.3.2　创建立面图

视频：创建立面图

具体操作步骤如下。

（1）打开 11.3.1 节绘制的项目文件，将视图切换至南立面。

（2）在项目浏览器中选择“立面”→“南”节点，单击鼠标右键，在弹出的快捷菜单中选择“复制视图”→“带细节复制”选项，将新复制的立面图重命名为南立面图。

（3）单击“视图”选项卡“图形”面板中的“可见性/图形”按钮，打开“立面：南立面图的可见性/图形替换”对话框，在“模型类别”选项卡中分别取消“场地”、“植物”、“结构钢筋”和“结构钢筋网区域”复选框的勾选，在“注释类别”选项卡中取消“参照平面”复选框的勾选，单击“确定”按钮，使钢筋、参照平面等图元不可见，整理后的南立面图如图 11-51 所示。

图 11-51　整理后的南立面图

（4）按住 CTRL 键，选取视图中所有结构标高线，单击“修改|标高”选项卡“视图”面板“隐藏”下拉列表中的“隐藏图形”按钮，或单击鼠标右键，在弹出的快捷菜单中选择“在视图中隐藏”→“图元”选项，隐藏结构标高线，采用相同的方法，隐藏轴线，如图 11-52 所示。

图 11-52　隐藏轴线和标高线

（5）单击“注释”选项卡“尺寸标注”面板中的“对齐”按钮，标注内部尺寸，如图 11-53 所示。

图 11-53　标注内部尺寸

（6）单击“注释”选项卡“尺寸标注”面板中的“对齐”按钮，标注外部尺寸，如图 11-54 所示。

图 11-54　标注外部尺寸

（7）单击“注释”选项卡“尺寸标注”面板中的“高程点”按钮，打开“修改|放置尺寸标注”选项卡和选项栏，如图 11-55 所示。系统默认激活“高程点”按钮，在属性选项板中选择“三角形（项目）”类型，标注屋顶的高程，如图 11-56 所示。

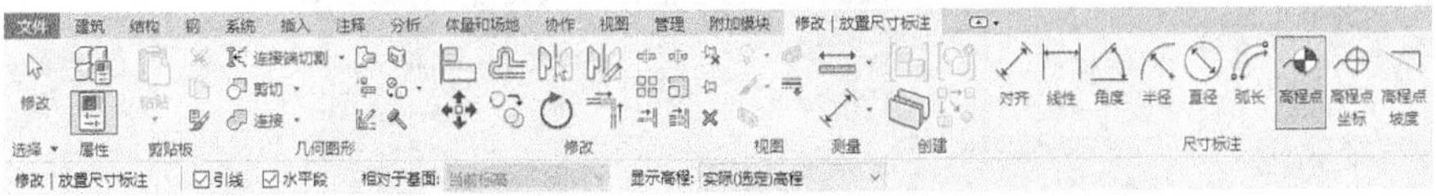

图 11-55　“修改|放置尺寸标注”选项卡和选项栏

图 11-56　标注屋顶的高程

（8）单击“注释”选项卡“标记”面板中的“材质标记”按钮，打开“修改|标记材质”选项卡和选项栏，如图 11-57 所示。

图 11-57　“修改|标记材质”选项卡和选项栏

（9）在选项栏中勾选“引线”复选框，在视图中选取要标记材质的对象，将标记拖曳到适当位置单击放置，完成材质标记的添加，然后修改材质，如图 11-58 所示。

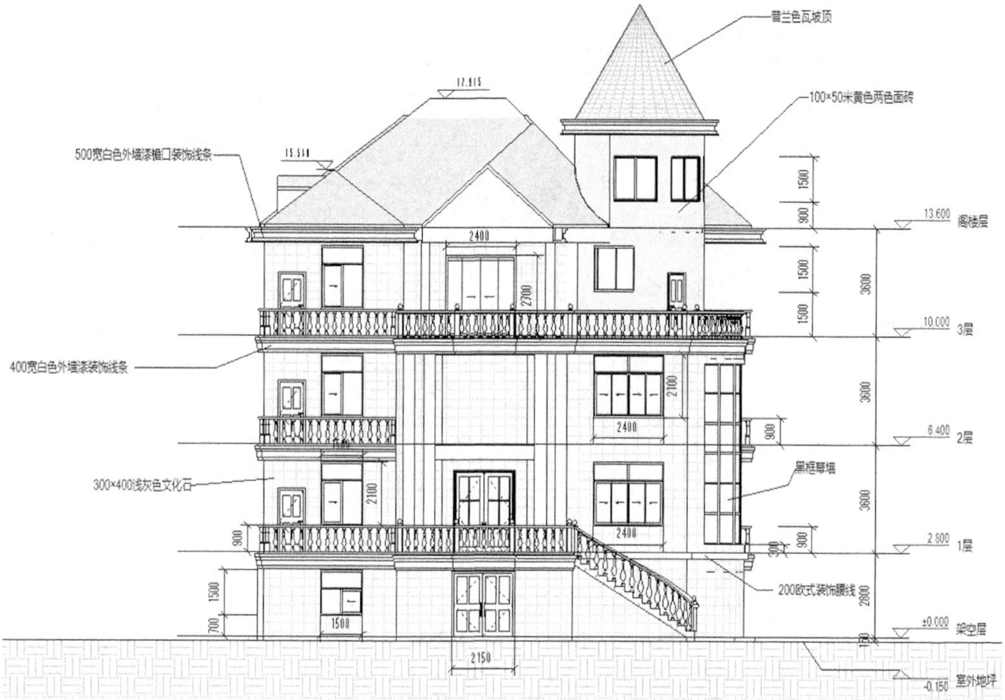

图 11-58　添加材质标记

（10）在属性选项板中勾选“裁剪视图”复选框，调整视图控制点，裁剪视图，如图 11-59 所示。

（11）单击“视图”选项卡“图纸组合”面板中的“图纸”按钮，打开“新建图纸”对话框，在列表中选择“A3 公制”图纸，单击“确定”按钮，新建 A102-未命名图纸。

（12）单击“视图”选项卡“图纸组合”面板中的“视图”按钮，打开“视图”对话框，选择“立面：南立面图”视图，然后单击“在图纸中添加视图”按钮，将视图添加到图纸中，如图 11-60 所示。

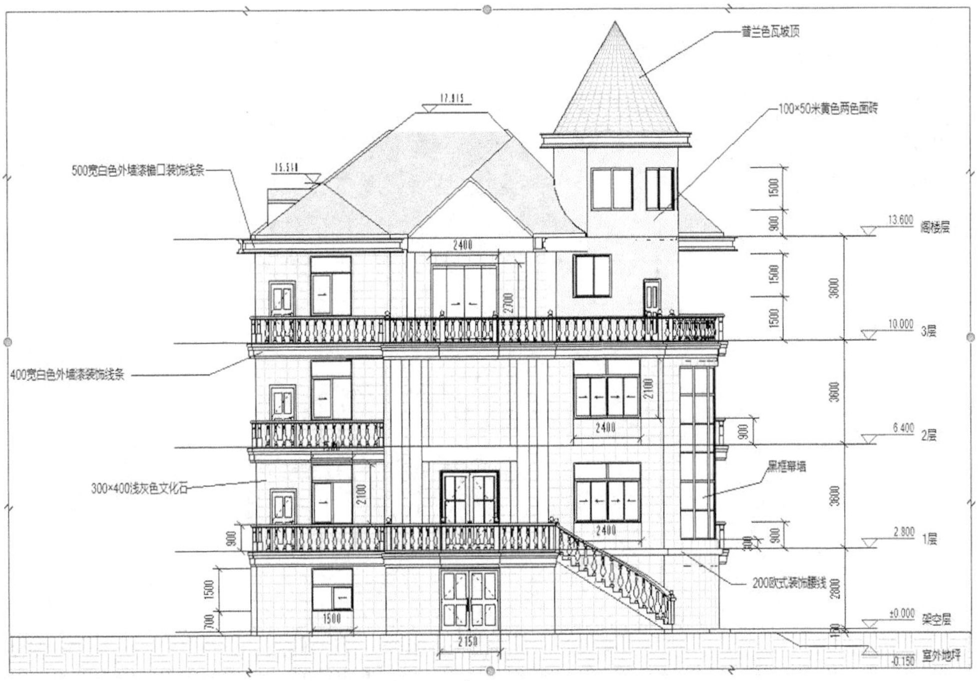

图 11-59　裁剪视图

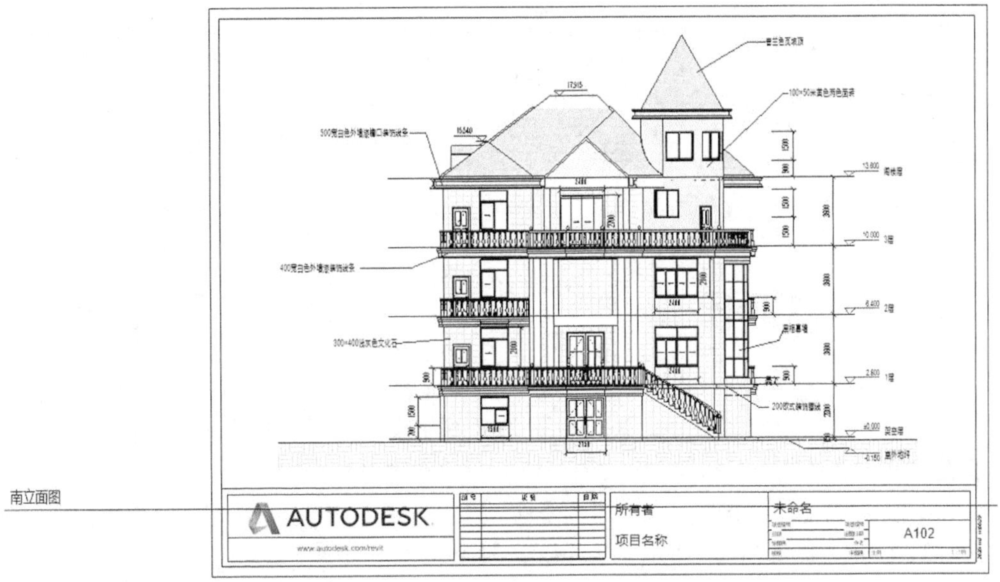

图 11-60　添加视图到图纸

（13）选取图纸中视口标题，在属性选项板中选择“视口 没有线条的标题”类型，并将标题移动到图纸中适当位置。

（14）单击“注释”选项卡“文字”面板中的“文字”按钮 A，在属性选项板中选择“文字 5mm 常规_仿宋”类型，输入比例为 1：100，结果如图 11-61 所示。

（15）在项目浏览器中的“A102-未命名”上单击鼠标右键，在弹出的快捷菜单中选择“重命名”选项，打开“图纸标题”对话框，输入名称为南立面图，单击“确定”按钮，完成图纸的命名。

（16）单击“文件”下拉菜单中的“另存为”→“项目”命令，打开“另存为”对话框，指定保存位置并输入文件名，单击“保存”按钮。

读者可以根据南立面图的创建方法，创建住宅的东立面图、西立面图和北立面图，这里就不再一一进行介绍了。

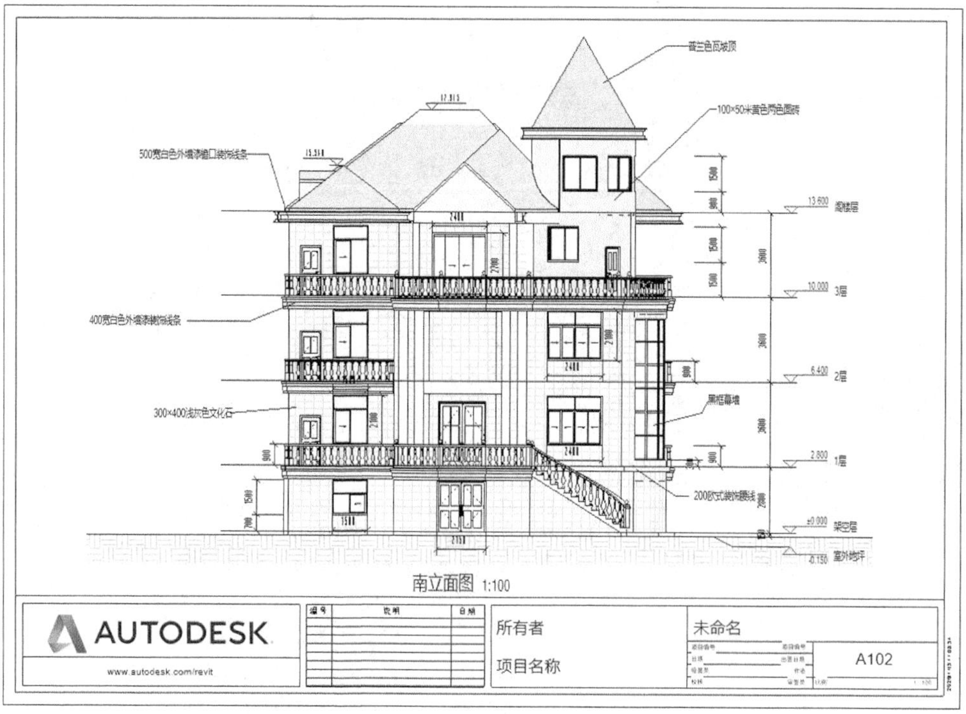

图 11-61　输入文字

11.3.3　创建剖面图

视频：创建剖面图

具体操作步骤如下。

（1）打开 11.3.2 节绘制的项目文件，将视图切换到 1 层楼层平面视图。

（2）单击“视图”选项卡“创建”面板中的“剖面”按钮，打开“修改|剖面”选项卡和选项栏，如图 11-62 所示，采用默认设置。

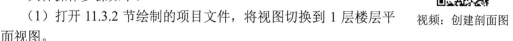

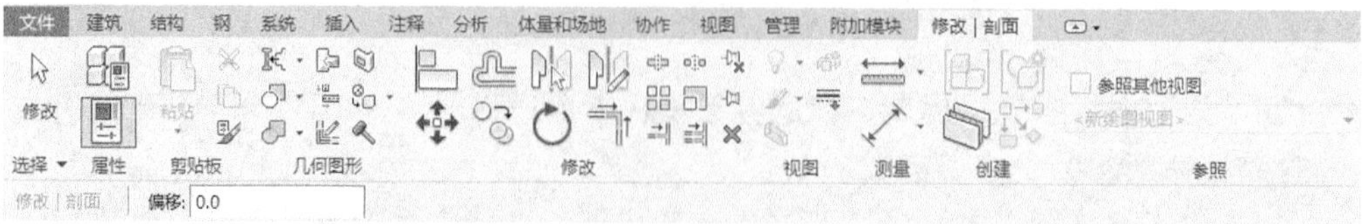

图 11-62　“修改|剖面”选项卡和选项栏

（3）在视图中绘制剖面线，然后调整剖面线的位置，如图 11-63 所示。

（4）在绘制完剖面线后，系统自动创建剖面图，在项目浏览器的“剖面（建筑剖面）”节点下双击“剖面 1”，打开剖面 1 视图，如图 11-64 所示。

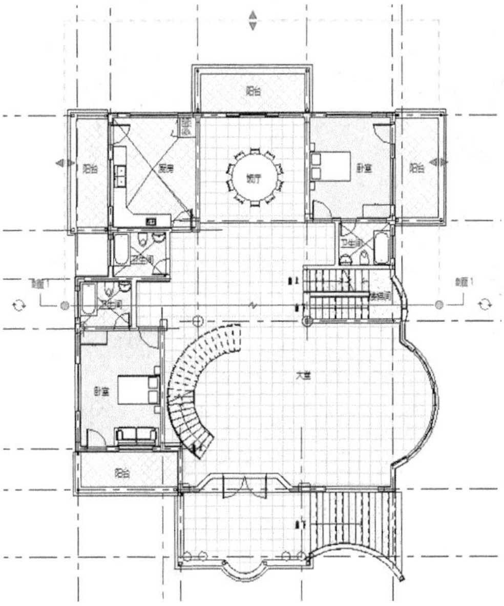

图 11-63　绘制剖面线

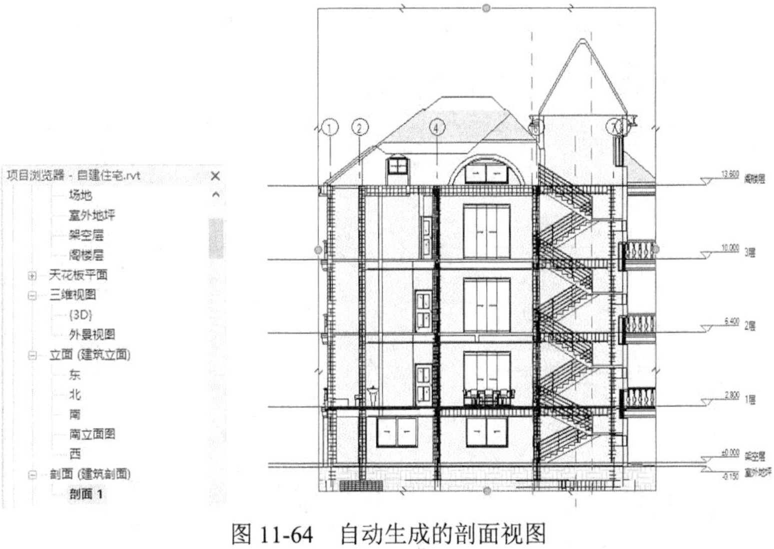

图 11-64　自动生成的剖面视图

（5）单击“视图”选项卡“图形”面板中的“可见性/图形”按钮，打开“剖面：剖面 1 的可见性/图形替换”对话框，在“模型类别”选项卡中分别取消“卫浴装置”、“家具”、“结构钢筋”、“结构区域钢筋”和“结构钢筋网区域”复选框的勾选，在“注释类别”选项卡中取消“参照平面”和“轴网”复选框的勾选，单击“确定”按钮，然后隐藏家具和参照平面等，剖面图如图 11-65 所示。

（6）选取裁剪区域边框，拖动控制点，裁剪视图，在属性选项板中取消“裁剪区域可见”复选框的勾选，隐藏视图中的裁剪区域和结构标高线，如图 11-66 所示。

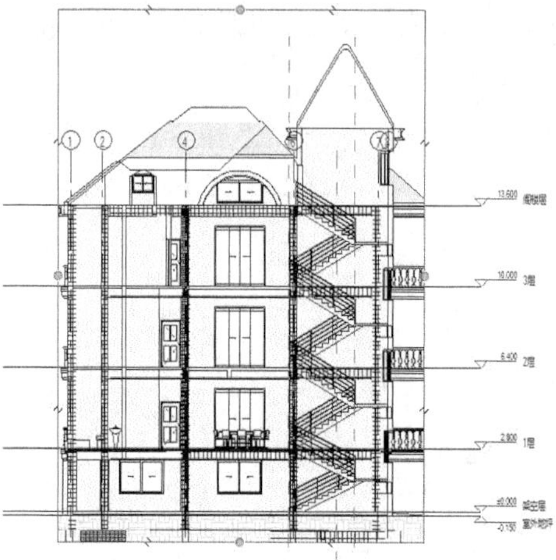

图 11-65　整理剖面图

图 11-66　调整裁剪区域

（7）单击“注释”选项卡“尺寸标注”面板中的“对齐”按钮，标注尺寸，如图 11-67 所示。

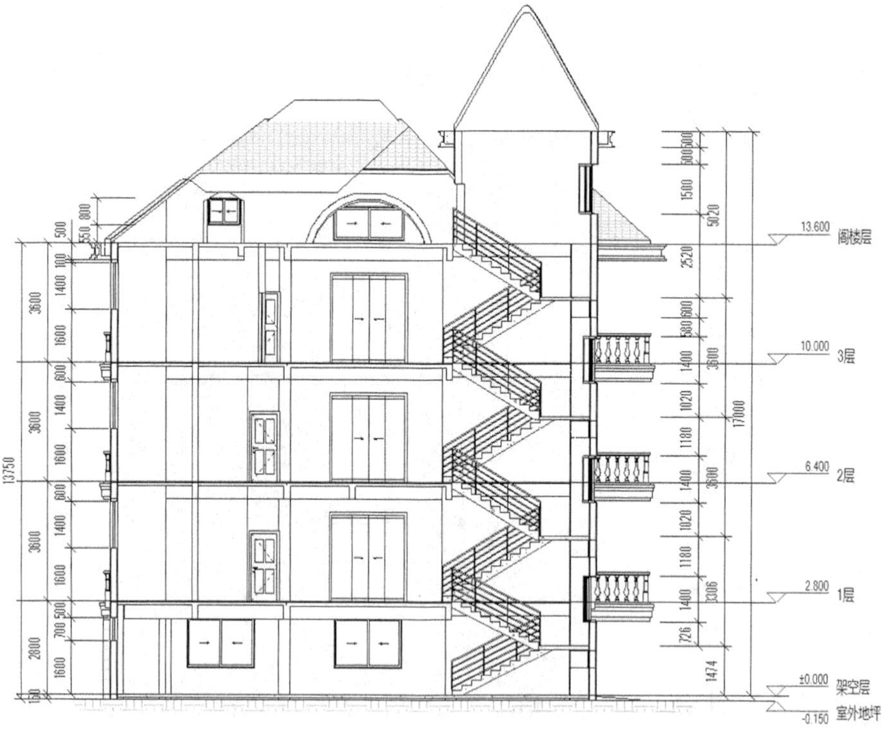

图 11-67　标注尺寸

（8）单击“视图”选项卡“图纸组合”面板中的“图纸”按钮，打开“新建图纸”对话框，在列表中选择 A3 公制图纸，单击“确定”按钮，新建 A103-未命名图纸。

（9）单击“视图”选项卡“图纸组合”面板中的“放置视图”按钮，打开“视图”对话框，选择“剖面：剖面 1”视图，然后单击“在图纸中添加视图”按钮，将视图添加到图纸中，如图 11-68 所示。

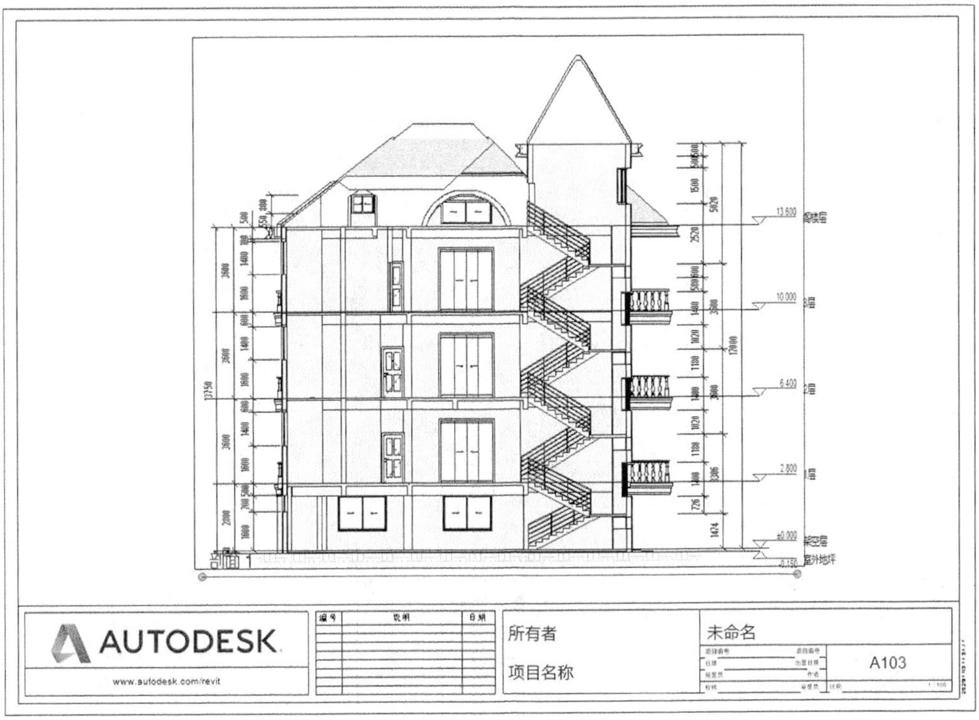

图 11-68　添加视图到图纸

（10）选取图纸中的视口标题，在属性选项板中选择“视口 没有线条的标题”类型，并将标题移动到图纸中适当位置，然后在属性选项板中更改视图名称为 1-1 剖面图，如图 11-69 所示。

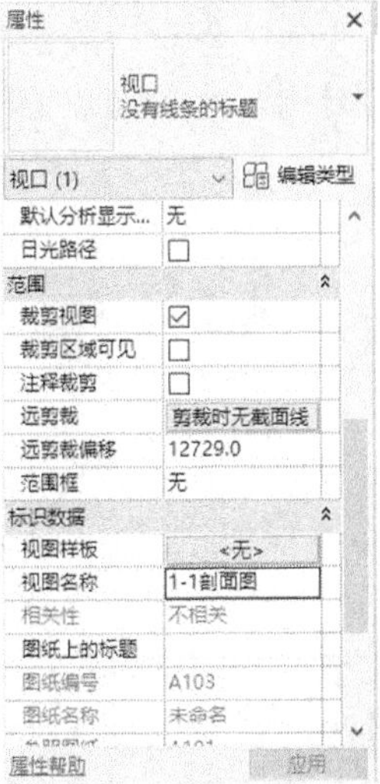

图 11-69　属性选项板

（11）单击“注释”选项卡“文字”面板中的“文字”按钮 A，在属性选项板中选择“文字 5mm 常规_仿宋”类型，输入比例为 1：100，结果如图 11-70 所示。

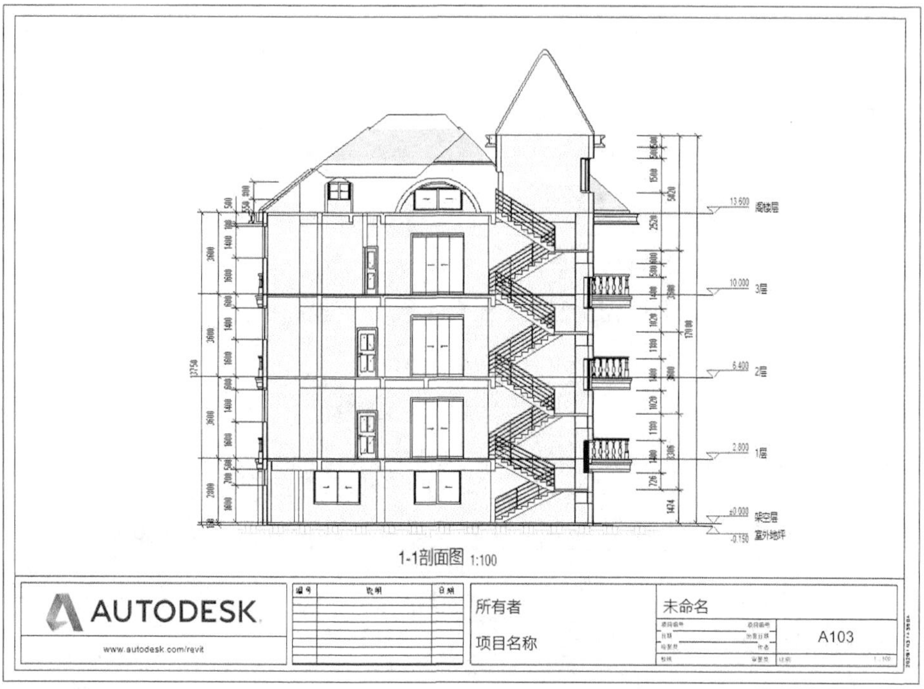

图 11-70　输入文字

（12）在项目浏览器中的“A103-未命名”上单击鼠标右键，在弹出的快捷菜单中选择“重命名”选项，打开“图纸标题”对话框，输入名称为 1-1 剖面图，单击“确定”按钮，完成图纸的命名。

（13）单击“文件”下拉菜单中的“另存为”→“项目”命令，打开“另存为”对话框，指定保存位置并输入文件名，单击“保存”按钮。

读者可以根据 1-1 剖面图的创建方法，创建住宅的东西方向的 2-2 剖面图，这里就不再一一进行介绍了。

11.4　明　细　表

明细表以表格形式显示信息，这些信息是从项目中的图元属性中提取的。明细表可以列出要编制明细表的图元类型的每个实例，或根据明细表的成组标准将多个实例压缩到一行中。

如果对模型的修改会影响明细表，则明细表将自动更新以反映这些修改。例如，如果移动一面墙，则房间明细表中的平方英尺也会相应更新。

修改模型中建筑构件的属性时，相关明细表会自动更新。例如，可以在模型中选择一扇门并修改其制造商属性。门明细表将反应制造商属性的变化。

11.4.1　创建门明细表

视频：创建门明细表

具体操作步骤如下。

（1）打开 11.3.3 节绘制的项目文件。

（2）单击“视图”选项卡“创建”面板“明细表”下拉列表中的“明细表/数量”按钮，打开“新建明细表”对话框，如图 11-71 所示。

（3）在“类别”列表框中选择“门”对象类型，输入名称为住宅-门明细表，单击“建筑构件明细表”单选按钮，其他采用默认设置，如图 11-72 所示，单击“确定”按钮。

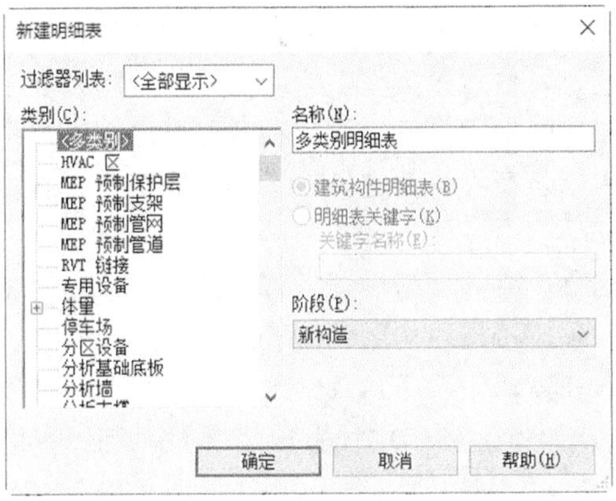

图 11-71　“新建明细表”对话框

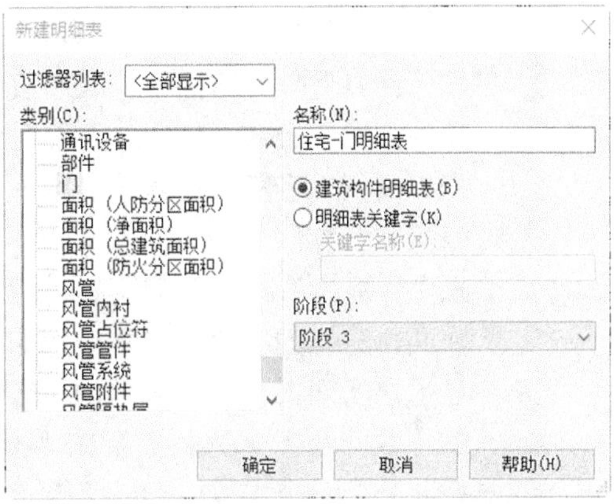

图 11-72　设置参数

（4）打开“明细表属性”对话框，在“选择可用的字段”下拉列表中选择“门”选项，在“可用的字段”列表框中依次选择类型、高度、宽度、注释、合计和框架类型，单击“添加参数”按钮，将其添加到“明细表字段”列表框中，单击“上移”按钮和“下移”按钮，调整“明细表字段”列表框中的排序，如图 11-73 所示。

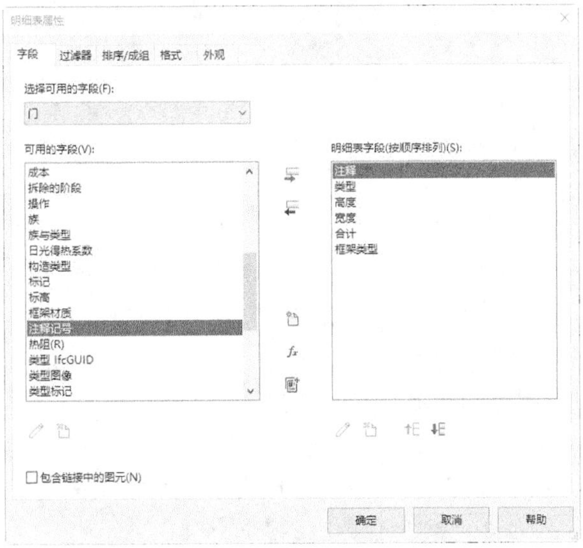

图 11-73　“明细表属性”对话框

“明细表属性”对话框中的选项说明如下。

- “可用的字段”列表框：显示“选择可用的字段”下拉列表中设置的类别中所有可用在明细表中显示的实例参数和类型参数。
- 添加参数：将字段添加到“明细表字段”列表框中。
- 移除参数：从“明细表字段”列表框中删除字段，移除合并参数时，合并参数会被删除。
- 上移和下移：将列表框中的字段上移或下移。
- 新建参数：添加自定义字段，单击此按钮，打开“参数属性”对话框，选择添加项目参数还是共享参数。
- 添加计算参数 f_x：单击此按钮，打开如图 11-74 所示“计算值”对话框。
  - ✧ 在“计算值”对话框中输入字段的名称，设置其类型，然后输入使用明细表中现有字段的公式。例如，如果要根据房间面积计算占用负荷，可以添加一个根据“面积”字段计算而来的称为“占用负荷”的自定义字段。公式支持和族编辑器中一样的数学功能。
  - ✧ 在“计算值”对话框中输入字段的名称，将其类型设置为百分比，然后输入要取其百分比的字段的名称。例如，如果按楼层对房间明细表进行成组，则可以显示该房间占楼层总面积的百分比。在默认情况下，百分比是根据整个明细表的总数计算出来的。如果在“排序/成组”选项卡中设置成组字段，则可以选择此处的一个字段。
- 合并参数：合并单个字段中的参数。单击此按钮，打开如图 11-75 所示的“合并参数”对话框，选择要合并的参数，以及可选的前缀、后缀和分隔符。

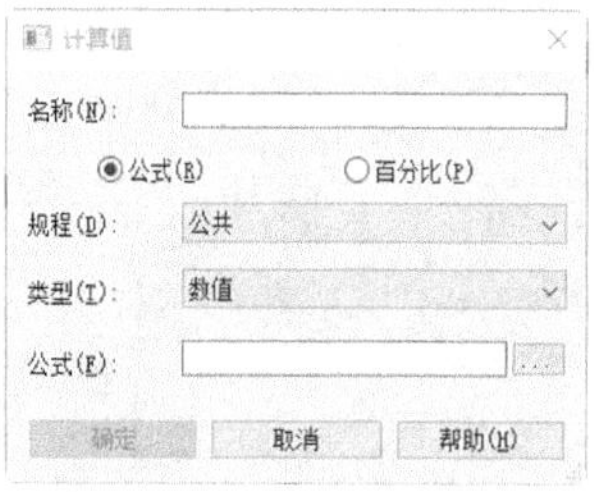

图 11-74 “计算值”对话框

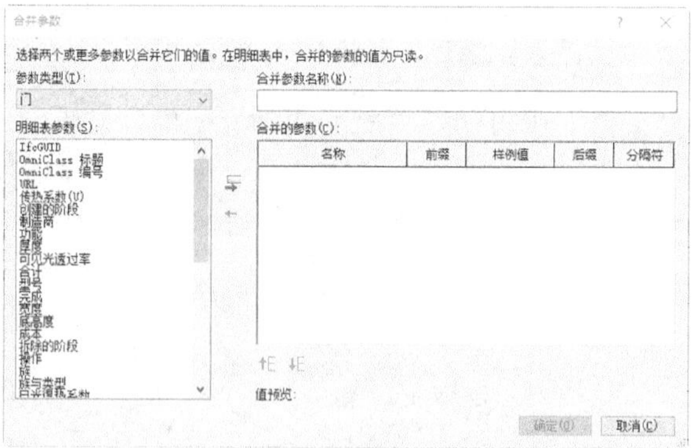

图 11-75 “合并参数”对话框

（5）在“排序/成组”选项卡中设置排序方式为“类型”，排序方式为“升序”，取消勾选“逐项列举每个实例”复选框，如图 11-76 所示。

“排序/成组”选项卡中的选项说明如下。

- 排序方式：选择“升序”或“降序”。
- 页眉：勾选此复选框，将排序参数值作为排序组的页眉。
- 页脚：勾选此复选框，在排序组下方添加页脚信息。
- 空行：勾选此复选框，在排序组间插入一空行。

- 逐项列举每个实例：勾选此复选框，在单独的行中显示图元的所有实例。取消勾选此复选框，则多个实例会根据排序参数压缩到同一行中。

（6）在“外观”选项卡的“图形”选区中勾选“网格线”和“轮廓”复选框，设置网格线为细线，轮廓为中粗线，取消勾选“页眉/页脚/分隔符中的网格”和“数据前的空行”复选框，在“文字”选区中勾选“显示标题”和“显示页眉”复选框，分别设置标题文本、标题和正文为 5mm 常规_仿宋，如图 11-77 所示。

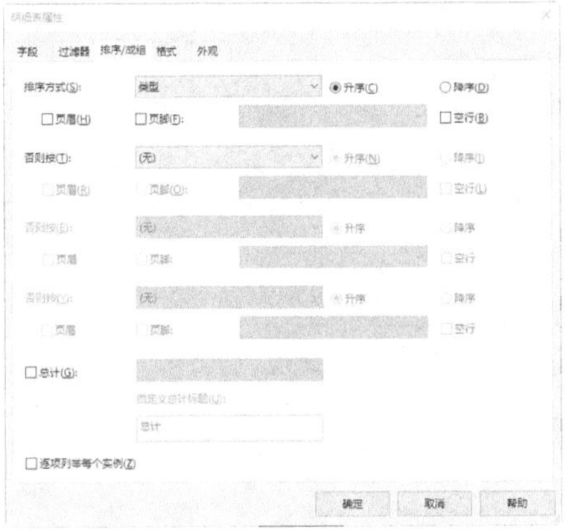

图 11-76　“排序/成组”选项卡

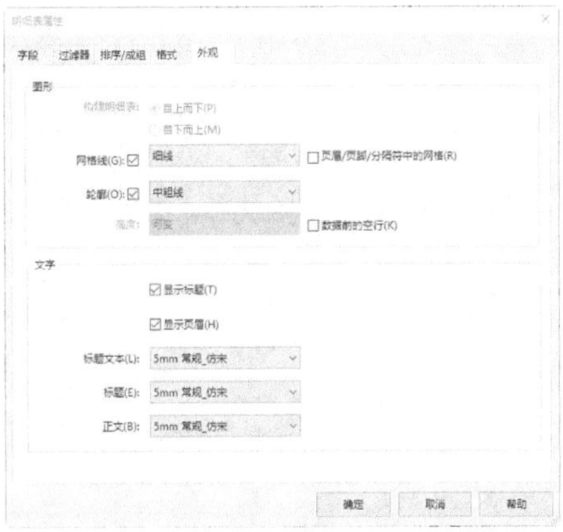

图 11-77　“外观”选项卡

“外观”选项卡中的选项说明如下。

- 网格线：勾选此复选框，在明细表行周围显示网格线。从“网格线”下拉列表中选择网格线样式。
- 页眉/页脚/分隔符中的网格：将垂直网格线延伸至页眉、页脚和分隔符。
- 数据前的空行：勾选此复选框，在数据行前插入空行，会影响图纸上的明细表部分和明细表视图。
- 显示标题：显示明细表的标题。
- 显示页眉：显示明细表的页眉。
- 标题文本/标题/正文：在其下拉列表中选择文字类型。

（7）在“明细表属性”对话框中单击“确定”按钮，完成明细表属性的设置，系统自动生成“住宅-门明细表”，如图 11-78 所示。

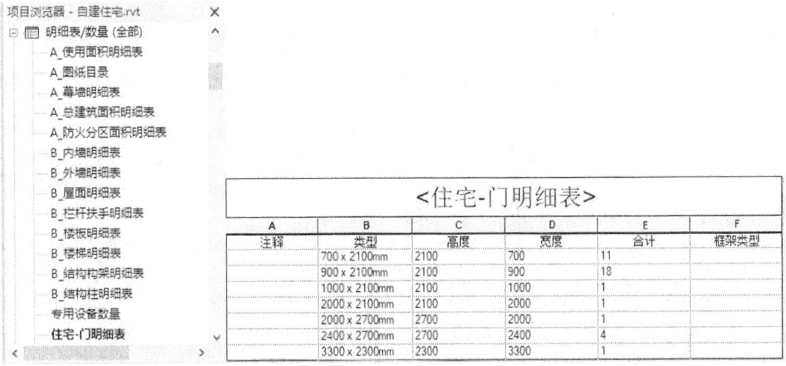

图 11-78　生成明细表

（8）按住鼠标左键并拖动鼠标选取“高度”和“宽度”页眉，单击“修改明细表/数量”选项卡“外观”面板中的“成组”按钮，合并生成新标头单元格，如图 11-79 所示。

<住宅-门明细表>					
A	B	C	D	E	F
注释	类型	高度	宽度	合计	框架类型
	700 x 2100mm	2100	700	11	
	900 x 2100mm	2100	900	18	
	1000 x 2100mm	2100	1000	1	
	2000 x 2100mm	2100	2000	1	
	2000 x 2700mm	2700	2000	1	
	2400 x 2700mm	2700	2400	4	
	3300 x 2300mm	2300	3300	1	

图 11-79　生成新标头单元格

（9）单击新标头单元格，进入文字输入状态，输入文字为洞口尺寸，如图 11-80 所示。

<住宅-门明细表>					
A	B	C	D	E	F
		洞口尺寸			
注释	类型	高度	宽度	合计	框架类型
	700 x 2100mm	2100	700	11	
	900 x 2100mm	2100	900	18	
	1000 x 2100mm	2100	1000	1	
	2000 x 2100mm	2100	2000	1	
	2000 x 2700mm	2700	2000	1	
	2400 x 2700mm	2700	2400	4	
	3300 x 2300mm	2300	3300	1	

图 11-80　输入文字

（10）单击单元格，进入编辑状态，输入新的文字，修改其他标头名称，如图 11-81 所示。

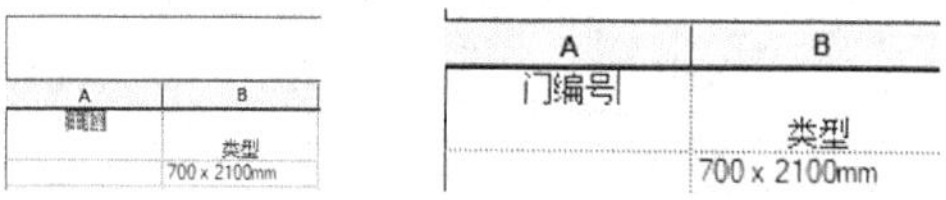

（a）单击单元格　　（b）输入文字

<住宅-门明细表>					
A	B	C	D	E	F
		洞口尺寸			
门编号	注释	高度	宽度	数量	类型
	700 x 2100mm	2100	700	11	
	900 x 2100mm	2100	900	18	
	1000 x 2100mm	2100	1000	1	
	2000 x 2100mm	2100	2000	1	
	2000 x 2700mm	2700	2000	1	
	2400 x 2700mm	2700	2400	4	
	3300 x 2300mm	2300	3300	1	

（c）更改标头

图 11-81　修改标头名称

（11）在属性选项板的“格式”栏中单击“编辑”按钮 编辑... ，打开“明细表属性”对话框的“格式”选项卡，在“字段”列表框中选择“合计”（注意该字段已修改为“数量”）选项，设置对齐为中心线，如图 11-82 所示，单击“确定”按钮，“数量”列的数值全部居中显示，采用相同的方法，调整其他列，如图 11-83 所示。

（12）选择“700×2100mm”单元格，在“修改明细表/数量”选项卡的“图元”面板中单击“在模型中高亮显示”按钮，系统切换至包含该图元的视图中，并打开如图 11-84 所示的“显示视图中的图元”对话框，单击“显示”按钮，切换不同的视图，当切换至一层平面图时，单击“关闭”按钮退出对话框。

（13）在一层平面图中打开该类型的属性选项板，在“框架类型”栏中输入“单扇平开门”，在“注释”栏中输入“M0721”，如图 11-85 所示，单击“应用”按钮，此时住宅-门明细表中的注释和类型单元格的内容同属性选项板中的一样，如图 11-86 所示。

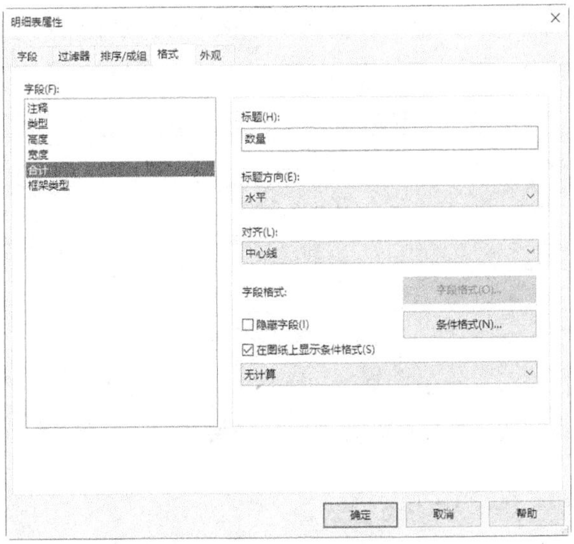

图 11-82　“格式”选项卡

<住宅-门明细表>

A	B	C	D	E	F
		洞口尺寸			
门编号	注释	高度	宽度	数量	类型
	700 x 2100mm	2100	700	11	
	900 x 2100mm	2100	900	18	
	1000 x 2100mm	2100	1000	1	
	2000 x 2100mm	2100	2000	1	
	2000 x 2700mm	2700	2000	1	
	2400 x 2700mm	2700	2400	4	
	3300 x 2300mm	2300	3300	1	

图 11-83　居中显示

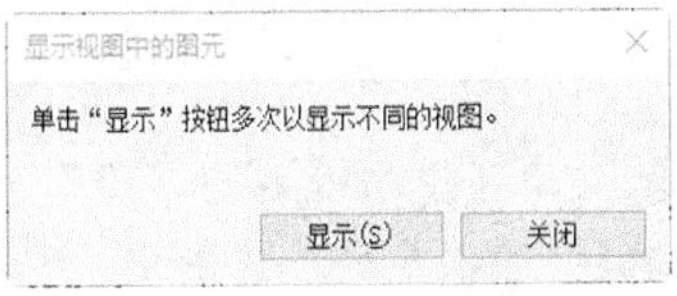

图 11-84　“显示视图中的图元”对话框

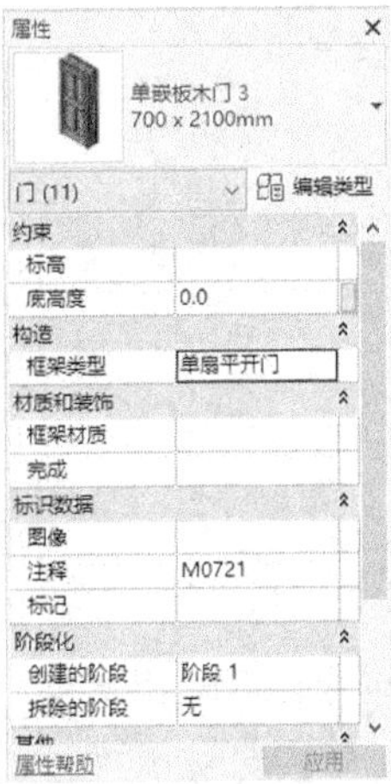

图 11-85　属性选项板

<住宅-门明细表>

A	B	C	D	E	F
		洞口尺寸			
门编号	注释	高度	宽度	数量	类型
M0721	700 x 2100mm	2100	700	11	单扇平开门
	900 x 2100mm	2100	900	18	
	1000 x 2100mm	2100	1000	1	
	2000 x 2100mm	2100	2000	1	
	2000 x 2700mm	2700	2000	1	
	2400 x 2700mm	2700	2400	4	
	3300 x 2300mm	2300	3300	1	

图 11-86　修改 700×2100mm 门的单元格内容

（14）采用相同的方法，修改其他门的单元格内容，如图 11-87 所示。

<住宅-门明细表>					
A	B	C	D	E	F
		洞口尺寸			
门编号	注释	高度	宽度	数量	类型
M0721	700 x 2100mm	2100	700	11	单扇平开门
M0921	900 x 2100mm	2100	900	18	单扇平开门
M1021	1000 x 2100mm	2100	1000	1	单扇平开门
M2021	2000 x 2100mm	2100	2000	1	双扇平开门
M2027	2000 x 2700mm	2700	2000	1	双扇平开门
M2427	2400 x 2700mm	2700	2400	4	推拉门
M3323	3300 x 2300mm	2300	3300	1	卷帘门

图 11-87　修改单元格内容

（15）单击“文件”下拉菜单中的“另存为”→“项目”命令，打开“另存为”对话框，指定保存位置并输入文件名，单击“保存”按钮。

11.4.2　创建材质提取明细表

具体操作步骤如下。

视频：创建材质提取明细表

（1）打开 11.4.1 节绘制的项目文件。

（2）单击“视图”选项卡“创建”面板“明细表”下拉列表中的“材质提取”按钮，打开“新建材质提取”对话框，如图 11-88 所示。

（3）在“类别”列表框中选择“墙”对象类型，输入名称为住宅-墙材质提取，其他采用默认设置，如图 11-89 所示，单击“确定”按钮。

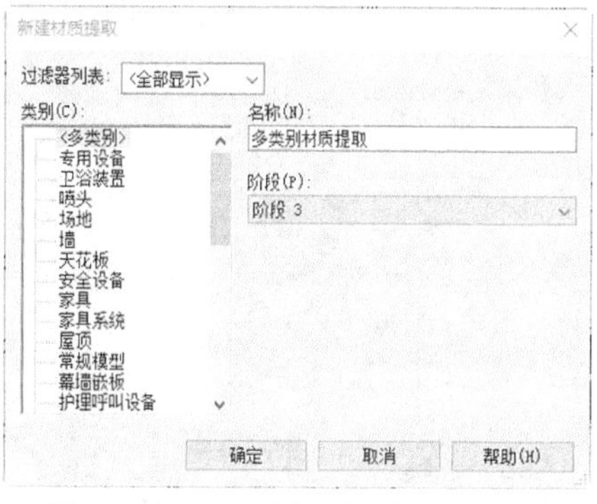

图 11-88　“新建材质提取”对话框

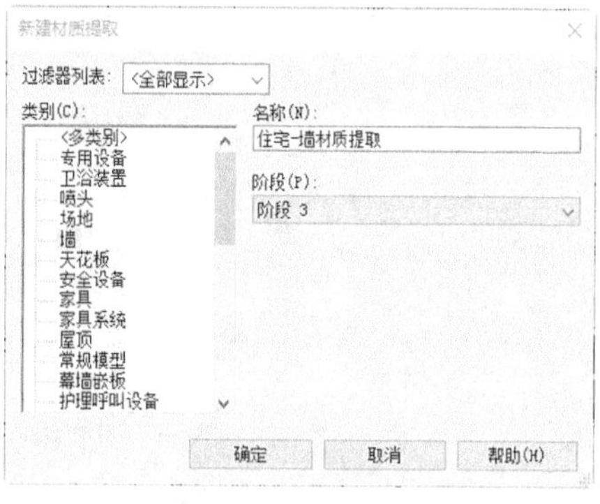

图 11-89　设置参数

（4）打开“材质提取属性”对话框的“字段”选项卡，在“可用的字段”列表框中依次选择“材质：名称”、“材质：面积”、“材质：体积”和“材质：注释”，单击“添加参数”按钮，将其添加到“明细表字段”列表框中，如图 11-90 所示。

（5）在“排序/成组”选项卡中设置排序方式为“材质：名称”，排序方式为“升序”，取消勾选“逐项列举每个实例”复选框，如图 11-91 所示。

（6）在“材质提取属性”对话框中单击“确定”按钮，完成明细表属性设置，系统自动生成住宅-墙材质明细表，如图 11-92 所示。

（7）从图 11-92 中可以看出，“材质：面积”和“材质：体积”列内容为空白。在属性选项板的“格式”栏中单击“编辑”按钮 编辑... ，打开“材质提取属性”对话框的“格式”选项卡，在“字段”列表框中选择“材质：面积”选项，勾选“在图纸上显示条件格式”复选框，并设置“条件格式”为“计算总数”，如图 11-93 所示，单击“确定”按钮，在“材质：面积”单元格中生成面积；采用相同的方法，在“材质：体积”单元格中生成体积，如图 11-94 所示。

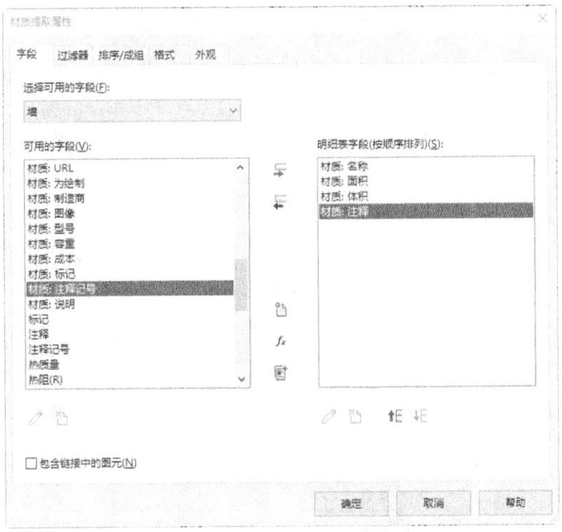

图 11-90　“字段”选项卡

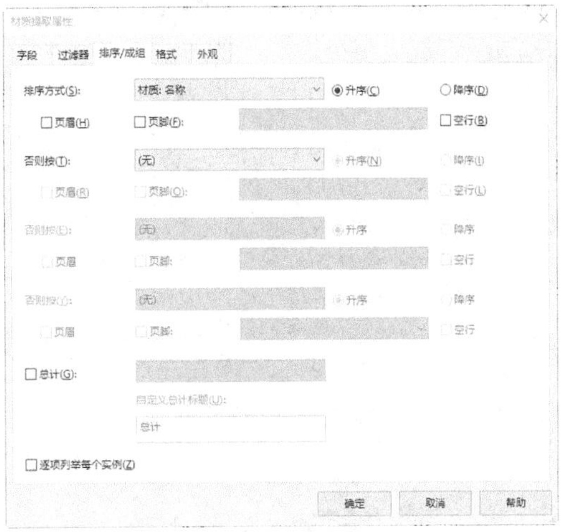

图 11-91　“排序/成组”选项卡

<住宅-墙材质提取>			
A	B	C	D
材质: 名称	材质: 面积	材质: 体积	材质: 注释
CMU，轻质			
混凝土 - 沙/水泥找平			
砖, 浅色混合, 顺砌			
砖, 深色混合, 顺砌			
砖，空心			
粉刷，白色，平滑			

图 11-92　住宅-墙材质明细表

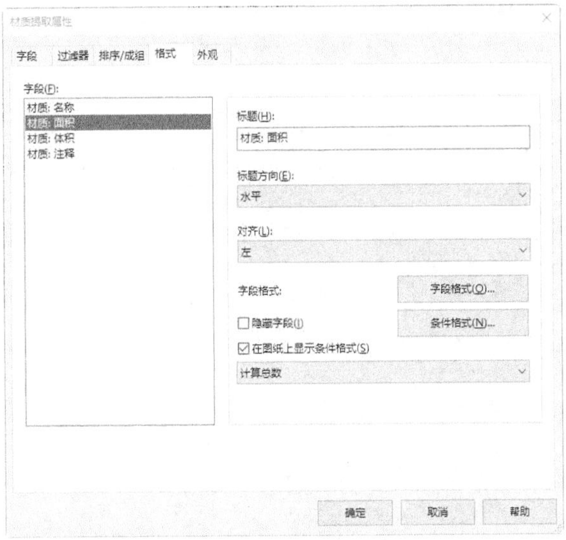

图 11-93　“格式”选项卡

<住宅-墙材质提取>			
A	B	C	D
材质: 名称	材质: 面积	材质: 体积	材质: 注释
CMU，轻质	323 m^2	3.23 m^3	
混凝土 - 沙/水泥找平	701 m^2	13.97 m^3	
砖, 浅色混合, 顺砌	98 m^2	0.96 m^3	
砖, 深色混合, 顺砌	281 m^2	2.81 m^3	
砖，空心	1171 m^2	218.01 m^3	
粉刷，白色，平滑	1617 m^2	18.23 m^3	

图 11-94　材质面积和体积

（8）在属性选项板的“外观”栏中单击“编辑”按钮 编辑... ，打开“材质提取属性”对话框的“外观”选项卡，在“图形”选区中勾选“网格线”和“轮廓”复选框，设置网格线为细线，轮廓为中粗线，取消勾选“页眉/页脚/分隔符中的网格”和“数据前的空行”复选框，在“文字”选区中勾选“显示标题”和“显示页眉”复选框，分别设置标题文本、标题和正文为 5mm 常规_仿宋，如图 11-95 所示，单击“确定”按钮，结果如图 11-96 所示。

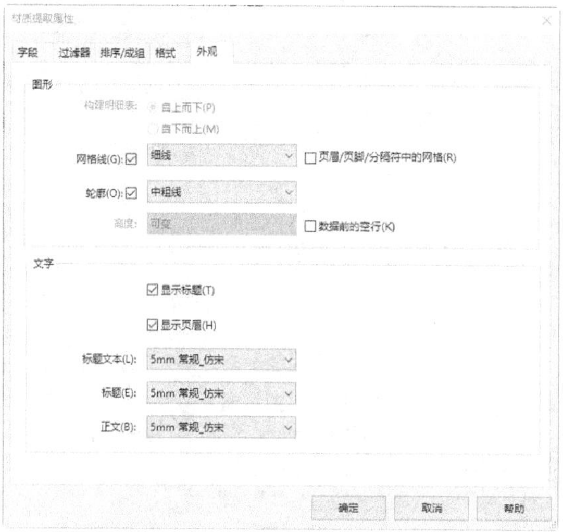

图 11-95 “外观”选项卡

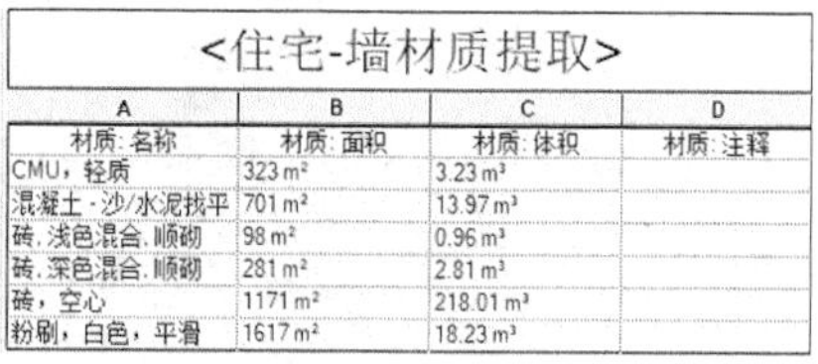

<住宅-墙材质提取>

A	B	C	D
材质: 名称	材质: 面积	材质: 体积	材质: 注释
CMU，轻质	323 m²	3.23 m³	
混凝土 - 沙/水泥找平	701 m²	13.97 m³	
砖, 浅色混合, 顺砌	98 m²	0.96 m³	
砖, 深色混合, 顺砌	281 m²	2.81 m³	
砖，空心	1171 m²	218.01 m³	
粉刷，白色，平滑	1617 m²	18.23 m³	

图 11-96 更改明细表外观

（9）单击“文件”下拉菜单中的“另存为”→“项目”命令，打开“另存为”对话框，指定保存位置并输入文件名，单击“保存”按钮。

附录 A　快捷命令

A

快　捷　键	命　　令	路　　径
AR	阵列	修改→修改
AA	调整分析模型	分析→分析模型工具；上下文选项卡→分析模型
AP	添加到组	上下文选项卡→编辑组
AD	附着详图组	上下文选项卡→编辑组
AT	风管末端	系统→HVAC
AL	对齐	修改→修改

B

快　捷　键	命　　令	路　　径
BM	结构框架：梁	结构→结构
BR	结构框架：支撑	结构→结构
BS	结构梁系统；自动创建梁系统	结构→结构；上下文选项卡→梁系统

C

快　捷　键	命　　令	路　　径
CO/CC	复制	修改→修改
CG	取消	上下文选项卡→编辑组
CS	创建类似	修改→创建
CP	连接端切割：应用连接端切割	修改→几何图形
CL	柱；结构柱	建筑→构建；结构→结构
CV	转换为软风管	系统→HVAC
CT	电缆桥架	系统→电气
CN	线管	系统→电气
Ctrl+Q	关闭文字编辑器	上下文选项卡→编辑文字；文字编辑器

D

快　捷　键	命　　令	路　　径
DI	尺寸标注	注释→尺寸标注；修改→测量；创建→尺寸标注；上下文选项卡→尺寸标注
DL	详图 线	注释→详图
DR	门	建筑→构建
DT	风管	系统→HVAC
DF	风管管件	系统→HVAC

续表

快 捷 键	命 令	路 径
DA	风管附件	系统→HVAC
DC	检查风管系统	分析→检查系统
DE	删除	修改→修改

E

快 捷 键	命 令	路 径
EC	检查线路	分析→检查系统
EE	电气设备	系统→电气
EX	排除构件	关联菜单
EW	弧形导线	系统→电气
EW	编辑尺寸界线	上下文选项卡→尺寸界线
EL	高程点	注释→尺寸标注；修改→测量；上下文选项卡→尺寸标注
EG	编辑组	上下文选项卡→成组
EH	在视图中隐藏：隐藏图元	修改→视图
EU	取消隐藏图元	上下文选项卡→显示隐藏的图元
EOD	替换视图中的图形：按图元替换	修改→视图
EOG	图形由视图中的图元替换：切换假面	
EOH	图形由视图中的图元替换：切换半色调	

F

快 捷 键	命 令	路 径
FG	完成	上下文选项卡→编辑组
FR	查找/替换	注释→文字；创建→文字；上下文选项卡→文字
FT	结构基础：墙	结构→基础
FD	软风管	系统→HVAC
FP	软管	系统→卫浴和管道
F7	拼写检查	注释→文字；创建→文字；上下文选项卡→文字
F8/Shift+w	动态视图	
F5	刷新	
F9	系统浏览器	视图→窗口

G

快 捷 键	命 令	路 径
GP	创建组	创建→模型；注释→详图；修改→创建；创建→详图；建筑→模型；结构→模型
GR	轴网	建筑→基准；结构→基准

H

快　捷　键	命　　令	路　　径
HH	隐藏图元	视图控制栏
HI	隔离图元	视图控制栏
HC	隐藏类别	视图控制栏
HR	重设临时隐藏/隔离	视图控制栏
HL	隐藏线	视图控制栏

I

快　捷　键	命　　令	路　　径
IC	隔离类别	视图控制栏

L

快　捷　键	命　　令	路　　径
LD	荷载	分析→分析模型
LO	热负荷和冷负荷	分析→报告和明细表
LG	链接	上下文选项卡→成组
LL	标高	创建→基准；建筑→基准；结构→基准
LI	模型线；边界线；线形钢筋	创建→模型；创建→详图；创建→绘制；修改→绘制；上下文选项卡→绘制
LF	照明设备	系统→电气
LW	线处理	修改→视图

M

快　捷　键	命　　令	路　　径
MD	修改	创建→选择；插入→选择；注释→选择；视图→选择；管理→选择
MV	移动	修改→修改
MM	镜像	修改→修改
MP	移动到项目	关联菜单
ME	机械设备	系统→机械
MS	MEP 设置：机械设置	管理→设置
MA	匹配类型属性	修改→剪贴板

N

快　捷　键	命　　令	路　　径
NF	线管配件	系统→电气

O

快　捷　键	命　　令	路　　径
OF	偏移	修改→修改

P

快捷键	命令	路径
PP/Ctrl+1/VP	属性	创建→属性；修改→属性；上下文选项卡→属性
PI	管道	系统→卫浴和管道
PF	管件	系统→卫浴和管道
PA	管路附件	系统→卫浴和管道
PX	卫浴装置	系统→卫浴和管道
PT	填色	修改→几何图形
PN	锁定	修改→修改
PC	捕捉到点云	捕捉
PS	配电盘 明细表	分析→报告和明细表
PC	检查管道 系统	分析→检查系统

R

快捷键	命令	路径
RM	房间	建筑→房间和面积
RT	房间标记；标记房间	建筑→房间和面积；注释→标记
RY	光线追踪	视图控制栏
RR	渲染	视图→演示视图；视图控制栏
RD	在云中渲染	视图→演示视图；视图控制栏
RG	渲染库	视图→演示视图；视图控制栏
R3	定义新的旋转中心	关联菜单
RA	重设分析模型	分析→分析模型工具
RO	旋转	修改→修改
RE	缩放	修改→修改
RB	恢复已排除构件	关联菜单
RA	恢复所有已排除成员	上下文选项卡→成组；关联菜单
RG	从组中删除	上下文选项卡→编辑组
RC	连接端切割：删除连接端切割	修改→几何图形
RH	切换显示隐藏 图元模式	上下文选项卡→显示隐藏的图元；视图控制栏
RC	重复上一个命令	关联菜单

S

快捷键	命令	路径
SA	选择全部实例：在整个项目中	关联菜单
SB	楼板；楼板：结构	建筑→构建；结构→结构
SK	喷头	系统→卫浴和管道
SF	拆分面	修改→几何图形
SL	拆分图元	修改→修改

续表

快捷键	命令	路径
SU	其他设置：日光设置	管理→设置
SI	交点	捕捉
SE	端点	捕捉
SM	中点	捕捉
SC	中心	捕捉
SN	最近点	捕捉
SP	垂足	捕捉
ST	切点	捕捉
SW	工作平面网格	捕捉
SQ	象限点	捕捉
SX	点	捕捉
SR	捕捉远距离对象	捕捉
SO	关闭捕捉	捕捉
SS	关闭替换	捕捉
SD	带边缘着色	视图控制栏

T

快捷键	命令	路径
TL	细线	视图→图形；快速访问工具栏
TX	文字标注	注释→文字；创建→文字
TF	电缆桥架配件	系统→电气
TR	修剪/延伸	修改→修改
TG	按类别标记	注释→标记；快速访问工具栏

U

快捷键	命令	路径
UG	解组	上下文选项卡→成组
UP	解锁	修改→修改
UN	项目单位	管理→设置

V

快捷键	命令	路径
VV/VG	可见性/图形	视图→图形
VR	视图范围	上下文选项卡→区域；“属性”选项卡
VH	在视图中隐藏类别	修改→视图
VU	取消隐藏类别	上下文选项卡→显示隐藏的图元
VOT	图形由视图中的类别替换：切换透明度	
VOH	图形由视图中的类别替换：切换半色调	
VOG	图形由视图中的图元替换：切换假面	

W

快 捷 键	命 令	路 径
WF	线框	视图控制栏
WA	墙	建筑→构建；结构→结构
WN	窗	建筑→构建
WC	层叠窗口	视图→窗口
WT	平铺窗口	视图→窗口

Z

快 捷 键	命 令	路 径
ZZ/ZR	区域放大	导航栏
ZX/ZF/ZE	缩放匹配	导航栏
ZC/ZP	上一次平移/缩放	导航栏
ZV/ZO	缩小两倍	导航栏
ZA	缩放全部以匹配	导航栏
ZS	缩放图纸大小	导航栏

数字

快 捷 键	命 令	路 径
32	二维模式	导航栏
3F	飞行模式	导航栏
3W	漫游模式	导航栏
3O	对象模式	导航栏